金东航 主编

牛病诊疗
与处方手册

NIUBING ZHENLIAO
YU CHUFANG SHOUCE

化学工业出版社

·北京·

图书在版编目（CIP）数据

牛病诊疗与处方手册/金东航主编. —北京：化学
工业出版社，2021.7（2023.11重印）
ISBN 978-7-122-39122-3

Ⅰ.①牛…　Ⅱ.①金…　Ⅲ.①牛病-诊疗-手册②牛
病-处方-手册　Ⅳ.①S858.23-62

中国版本图书馆 CIP 数据核字（2021）第 084745 号

责任编辑：邵桂林　　　　　　　　　　　装帧设计：史利平
责任校对：宋　玮

出版发行：化学工业出版社（北京市东城区青年湖南街 13 号　邮政编码 100011）
印　　装：北京科印技术咨询服务有限公司数码印刷分部
710mm×1000mm　1/16　印张 20¼　字数 442 千字
2023 年 11 月北京第 1 版第 3 次印刷

购书咨询：010-64518888　　　　　　　售后服务：010-64518899
网　　址：http://www.cip.com.cn

定　　价：85.00 元　　　　　　　　　　　　版权所有　违者必究

编写人员名单

主　　编　金东航
副 主 编　张英海　白海浪　张志刚　宁秀云　马玉忠
编　　者　（按姓氏拼音为序）
　　　　　　白海浪　曹立辉　耿朋忠　顾宪锐　胡文斌
　　　　　　金东航　李景新　李睿文　刘　刚　刘明超
　　　　　　刘雪涛　刘耀权　马玉忠　宁　鹏　宁秀云
　　　　　　牛俊生　渠雄周　石　刚　史书军　田　朝
　　　　　　王　浩　王　鹏　王　强　王林国　姚旭旺
　　　　　　叶宝娜　张　健　张英海　张志刚

前　　言

　　"三农"问题一直是党中央最为关注的问题之一。近年来，各级政府不断制定相关政策，加大财政投入，对农业和农村经济结构进行战略性调整。其中，畜牧业是农村经济链条上的重要一环，大力发展畜牧业，对促进农业结构优化升级、解决粮食转化增值问题，提高土地使用率和农业整体效益、增加农民收入、改善人们膳食结构、提高国民体质具有重要意义。近几年来，我国畜牧业取得了长足发展，综合生产能力显著提高，肉、蛋、奶等主要畜产品产量居世界前列，畜牧业已经成为我国农业农村经济的支柱产业和农民收入的重要来源，进入了一个生产不断发展、质量稳步提高、综合生产能力不断增强的新阶段。

　　牛肉及牛奶富含蛋白质、矿物质和维生素，而且脂肪、胆固醇等含量比较低，是理想的营养保健食品。随着人们对牛肉、牛奶的需求量日益增长，大大促进了养牛业的发展。尤其是自非洲猪瘟疫情和新冠肺炎疫情发生以来，国际与国内市场的变化，使得国内对牛羊肉的需求有所增加。由于牛饲养数量不断增多、牛群流动广泛、疫病监测和控制力度不强等众多因素，导致牛病旧病未除，新病又现。为了有效地预防、诊断和治疗牛病，将牛的发病率和死亡率控制在最低程度，从而促进养牛业健康、稳步发展，我们根据当前的牛生产实际需要，组织有关专家和一线工作人员编写了《牛病诊疗与处方手册》一书。

　　全书结合养牛业生产实际和牛病现状，从牛病的综合防控技术、牛病诊疗技术以及牛传染病、寄生虫病、营养代谢病、中毒病、普通内科病、外科病和产科病的诊疗和处方等方面进行了介绍，以通俗的语言简明扼要地介绍了每种病的病原或病因、诊断要点，然后针对这种疾病重点介绍了若干种治疗用药处方或其他一些治疗措施，并且说明了在用药时的相关注意事项。

　　本书内容编写中最突出的特点是，在简介疾病的前提下，以用药和处方为重点和主体，详细介绍了各种药物的用途、治疗剂量、用药时间等，非常直观和明了，具有较强的实用性、针对性和可操作性。作为一部实用的工具书，可供广大兽医工作者和养牛专业户（场）的技术人员、饲养管理人员参考使用。也可作为农村牛的疾病防控科技培训的辅助教材、农业大专院校和高职高专院校畜牧兽医专业师生的参考用书。

　　由于时间仓促、编者水平有限，疏漏、不妥之处在所难免，敬请有关专家、广大同仁和读者不吝赐教，给予批评指正。

在本书的编写过程中，参阅了有关教科书、论文、网络内容及著作，由于篇幅所限，在此未能一一列出，望谅解，并在此特致谢意。

本书得到河北省重点研发计划项目"奶牛主要常见疾病高效综合防治及安全用药关键技术研究（19226611D）"资助，由衷表示感谢。

编　者

2021 年 6 月

目　录

第一章　我国牛病发生现状与综合防控技术

第一节　我国牛病发生现状 …………… 1
　一、牛病特点 ………………………… 1
　二、牛场疾病现状的流行特点 ……… 2
第二节　牛病综合防控技术 …………… 3
　一、加强科学的饲养管理理念 ……… 3
　二、建立防疫制度并认真贯彻 ……… 4

　三、严格执行卫生和消毒制度 ……… 6
　四、制定免疫程序并严格实施 ……… 11
　五、有计划地进行药物预防及驱虫 … 19
　六、细心观察牛群，及时发现、及时
　　　诊治或扑灭疫病 ………………… 19
　七、牛常发病的防控保健技术措施 … 23

第二章　牛病的诊疗技术

第一节　牛病诊断技术 ………………… 26
　一、临床诊断技术 …………………… 26
　二、流行病学诊断技术 ……………… 36
　三、病理剖检诊断技术 ……………… 37
　四、治疗观察诊断技术 ……………… 41
　五、实验室诊断技术 ………………… 41
　六、综合诊断技术 …………………… 46

第二节　牛病治疗技术 ………………… 46
　一、牛的接近与保定技术 …………… 46
　二、给药技术和用药技术 …………… 50
　三、外科手术技术 …………………… 67
　四、物理治疗技术 …………………… 69
　五、中兽医治疗技术 ………………… 71
　六、其他治疗技术 …………………… 89

第三章　牛传染病的诊疗与处方

第一节　常见病毒性传染病的诊疗与
　　　　处方 …………………………… 93
　一、口蹄疫 …………………………… 93
　二、狂犬病 …………………………… 95
　三、蓝舌病 …………………………… 97
　四、牛传染性鼻气管炎 ……………… 99
　五、牛流行热 ………………………… 102
　六、牛病毒性腹泻/黏膜病 ………… 105
　七、牛副流感 ………………………… 107
　八、新生犊牛病毒性腹泻 …………… 109
　九、牛呼吸道合胞体病毒感染 ……… 111
　十、伪狂犬病 ………………………… 112

　十一、牛海绵状脑病 ………………… 114
　十二、牛白血病 ……………………… 115
　十三、牛瘟 …………………………… 117
第二节　常见细菌性传染病的诊疗与
　　　　处方 …………………………… 118
　一、炭疽病 …………………………… 118
　二、巴氏杆菌病 ……………………… 121
　三、布氏杆菌病 ……………………… 124
　四、坏死杆菌病 ……………………… 126
　五、犊牛大肠杆菌病 ………………… 128
　六、犊牛副伤寒 ……………………… 130
　七、李氏杆菌病 ……………………… 132

八、传染性角膜结膜炎 …………… 134
九、结核病 …………………… 135
十、副结核病 ………………… 138
十一、放线杆菌病 …………… 139
十二、犊牛肺炎链球菌病 …… 142
十三、犊牛梭菌性肠炎 ……… 143
十四、破伤风 ………………… 145
十五、传染性胸膜肺炎 ……… 148

十六、牛冬痢 ………………… 150
十七、牛气肿疽 ……………… 152
第三节　其他传染病的诊疗与
　　　　处方 ………………… 153
一、附红细胞体病 …………… 153
二、牛皮肤真菌病（牛钱癣）… 155
三、衣原体病 ………………… 156
四、钩端螺旋体病 …………… 159

第四章　牛寄生虫病的诊疗与处方

第一节　牛原虫病的诊疗与处方 …… 162
一、球虫病 …………………… 162
二、弓形虫病 ………………… 165
三、梨形虫病 ………………… 167
四、伊氏锥虫病 ……………… 171
第二节　牛节肢动物病的诊疗与
　　　　处方 ………………… 173
一、螨病 ……………………… 173
二、牛皮蝇蛆病 ……………… 176
三、蜱病 ……………………… 179

第三节　牛蠕虫病的诊疗与处方 …… 181
一、牛蛔虫病 ………………… 181
二、肝片吸虫病 ……………… 183
三、消化道绦虫病 …………… 186
四、肺线虫病 ………………… 188
五、脑多头蚴病 ……………… 189
六、消化道线虫病 …………… 191
七、日本分体吸虫病 ………… 193
八、牛眼虫病 ………………… 195
九、棘球蚴病 ………………… 196

第五章　牛营养代谢病的诊疗与处方

第一节　维生素缺乏症的诊疗与
　　　　处方 ………………… 199
一、维生素 A 缺乏症 ………… 199
二、硒和维生素 E 缺乏症 …… 201
第二节　常量元素和微量元素缺乏症
　　　　的诊疗与处方 ……… 202
一、佝偻病 …………………… 202
二、骨软症 …………………… 204

三、异嗜癖 …………………… 206
四、母牛倒地不起综合征 …… 207
五、铜缺乏症 ………………… 208
第三节　糖、脂肪及蛋白质代谢障碍
　　　　疾病的诊疗与处方 … 209
一、牛酮病 …………………… 209
二、奶牛肥胖综合征 ………… 212

第六章　牛中毒病的诊疗与处方

第一节　饲料中毒病的诊疗与
　　　　处方 ………………… 214
一、硝酸盐和亚硝酸盐中毒 … 214
二、氢氰酸中毒 ……………… 215
三、瘤胃酸中毒 ……………… 217
四、黄曲霉毒素中毒 ………… 219

五、栎树叶中毒 ……………… 220
第二节　其他中毒病的诊疗与
　　　　处方 ………………… 222
一、有机磷农药中毒 ………… 222
二、氟中毒 …………………… 224
三、硒中毒 …………………… 225

四、食盐中毒 ·············· 227　　五、尿素中毒 ·············· 228

第七章　牛普通内科病和外科病的诊疗与处方

第一节　普通内科病的诊疗与
　　　　处方 ·············· 231
　　一、口炎 ·············· 231
　　二、食道阻塞 ·············· 232
　　三、前胃弛缓 ·············· 234
　　四、瘤胃积食 ·············· 236
　　五、瘤胃臌胀 ·············· 238
　　六、创伤性网胃腹膜炎 ·············· 242
　　七、瓣胃阻塞 ·············· 244
　　八、皱胃变位与扭转 ·············· 247
　　九、皱胃阻塞 ·············· 249
　　十、皱胃溃疡 ·············· 251
　　十一、胃肠炎 ·············· 252
　　十二、肠变位 ·············· 254
　　十三、肠便秘 ·············· 256
　　十四、感冒 ·············· 258

　　十五、支气管炎 ·············· 260
　　十六、肺炎 ·············· 262
　　十七、尿石病 ·············· 264
　　十八、日热病和热射病 ·············· 266
第二节　普通外科病的诊疗与
　　　　处方 ·············· 268
　　一、创伤 ·············· 268
　　二、脓肿 ·············· 269
　　三、蜂窝织炎 ·············· 271
　　四、风湿病 ·············· 272
　　五、骨折 ·············· 274
　　六、眼病 ·············· 276
　　七、蹄病 ·············· 279
　　八、乳头状瘤 ·············· 282
　　九、疝 ·············· 283
　　十、脱肛和直肠脱 ·············· 284

第八章　牛普通产科病的诊疗与处方

第一节　妊娠期疾病和分娩期疾病
　　　　的诊疗与处方 ·············· 287
　　一、流产 ·············· 287
　　二、阴道脱出 ·············· 289
　　三、难产与助产 ·············· 291
第二节　产后期疾病的诊疗与
　　　　处方 ·············· 293
　　一、胎衣不下 ·············· 293
　　二、子宫脱出 ·············· 296
　　三、生产瘫痪 ·············· 298
　　四、子宫内膜炎 ·············· 300
　　五、乳腺炎 ·············· 302
第三节　不育症的诊疗与处方 ·············· 305

　　一、母牛的不育 ·············· 305
　　二、公牛的不育 ·············· 306
第四节　新生犊牛疾病的诊疗与
　　　　处方 ·············· 307
　　一、新生犊牛窒息 ·············· 307
　　二、新生犊牛孱弱 ·············· 308
　　三、新生犊牛胎粪停滞 ·············· 309
　　四、新生犊牛搐搦症 ·············· 310
　　五、新生犊牛脐炎 ·············· 310
　　六、新生犊牛脐出血 ·············· 311
　　七、新生犊牛腹泻 ·············· 311
　　八、新生犊牛肛门及肠道闭锁 ·············· 312
　　九、新生犊牛败血症 ·············· 314

参考文献

第一章 我国牛病发生现状与综合防控技术

第一节 我国牛病发生现状

一、牛病特点

牛是反刍动物，属于偶蹄目、反刍亚目、洞角科。牛亚科分为牛属、水牛属。

（一）牛个体成本巨大，个体治疗在牛病防治中具有重要意义

1头奶牛从出生到产犊泌乳（投入生产）一般需要 27 个月的时间，如果每日的饲养成本按人民币 20 元计算，这 27 个月的累积成本就是：$27 \times 30 \times 20 = 16200$ 元。这样巨大的培养成本投入，是任何家畜都无法与之相比的，这就要求养殖户或牛场的兽医必须高度关心每一头牛的健康状况。在严格做好例行的群防、群治的工作基础上，针对个体病例及时进行诊断治疗是提高养牛经济效益的一个重要途径，因为治愈 1 头奶牛可挽回经济损失近两万元人民币，和猪场、羊场、鸡场相比，牛场兽医在个体病例治疗上花的时间更长；对牛而言，个体诊断、个体治疗、个体护理工作的重要性就显得更为突出。

（二）牛饲养寿命较长（15～20 岁），各种内科、外科、产科疾病较多

牛属于大动物，饲养年限较长，其自然年龄为 15～20 岁，奶牛的生产寿命一般为 6～8 岁，牛饲养年限较长这一特点，导致了牛的内科病、外科病和产科病的预防和诊疗就成了牛场兽医的主要预防和诊疗工作。

（三）牛有四个胃，相对于单胃动物来说，消化系统疾病增多

牛是反刍动物，有四个胃，分别为瘤胃、网胃、瓣胃和皱胃（真胃），由于消化器官数量增多，相对于单胃动物来说，牛的胃病种类增多。牛病的这一特点，实际上是由牛的消化系统的结构特点所决定的，牛以草为本，为了消化草它竟然有四个胃。过去有"牛胃马肠"之说，这句谚语通俗地说明了牛的胃病类型要多于马。随着饲养目标和饲养模式的发展变化，在牛的胃病中，前胃疾病数量相对有所下降，而皱胃疾病数量却明显增多，呈现胃病后移的趋势。

（四）牛病治疗用药途径相对单一，导致牛病防治难度加大

牛是草食动物，以草为本。牛对饲料、饲草的消化主要是通过瘤胃中的细菌、纤毛虫等微生物，以发酵的形式来完成的，如果我们在治疗牛病时，给牛口服抗生素，就会杀死或破坏牛瘤胃中的细菌和纤毛虫等微生物区系，导致牛对饲草、饲料无法进行消化，引起牛抗生素中毒。这一特点就严重限制了我们在牛病防治中的用药途径，我们只能采取注射等方式进行给药治疗，这就增加了牛病防治的难度。

（五）牛耐冷怕热，牛病多发期是暑期，尤其奶牛

奶牛保健的重要时期是暑期，高温季节不仅仅会影响奶牛的生产性能，胎衣不下、子宫内膜炎、酮病、产后瘫痪、蹄病等疾病的发病率会显著增高，对我国绝大多数地区来说，夏季是奶牛疾病的多发期。这与奶牛的生理特点有直接关系，奶牛耐寒不耐热，它最适宜的生理温度为 10～16℃，5～20℃是奶牛生产的最适宜温度。当环境温度在 21～25℃时，其生理功能将会受到影响；环境温度大于 25℃时，将会导致其生产性能下降、牛奶的生理生化指标、奶的质量会出现异常。当气温低于−13℃时，奶牛的产奶量才会由于寒冷而受到影响。在奶牛的饲养管理中，减少或防止夏季高温、高热应激对奶牛生产性能的影响，一直是奶牛夏季饲养管理中的一个突出问题，奶牛热应激表现尤为突出。当然，在我国内蒙古、东北等地，寒冬时乳头冻伤也是一个问题。

二、牛场疾病现状的流行特点

（一）牛病种类增加，而且发病率加大，带来的危害也日趋严重

1. 老病再度回升

新中国成立以来，我国对危害严重的动物传染病（包括牛传染病）开展了大规模的防控，除了彻底消灭牛瘟和牛肺疫外，还使许多在我国长期流行的牛传染病（如结核病、炭疽、布氏杆菌病、口蹄疫等）得到了有效控制。但是，近年来，口蹄疫、结核病、炭疽、布氏杆菌病等牛传染病的发生和流行，又呈上升趋势。值得注意的是，在这些再度回升的老病中，不少都是对人类健康有严重威胁的人兽共患传染病，如结核病、布氏杆菌病、炭疽等。

2. 新病增多

近年来，我国养殖业发展迅速，从国外引进种畜（禽）和动物产品的种类和数量显著增加，使牛疫病旧病尚未根除新病又开始出现。当前发生率较高的牛病，主要有轮状病毒感染、口蹄疫、恶性卡他热、冠状病毒感染、大肠杆菌病、牛流行热等疫病。另外，还致使诸如牛蓝舌病、赤羽病、牛病毒性腹泻-黏膜病、牛传染性鼻气管炎、牛结节性皮肤病和梅迪-维斯纳病等疫病传入我国。目前这些新出现的牛传染病，有些仅在局部地区出现，尚未引起广泛传播流行，有些则仅在血清学检查时为阳性反应，尚未出现有临床症状的患病动物，但这类疾病具有较大的潜在危险性，在防控工作中绝不能掉以轻心。

3. 肢蹄病和繁殖障碍性疾病的发病率增高

这也是一直困扰养牛业的一大难题，其中，肢蹄病种类繁多，病因复杂。国内某些牛场牛的肢蹄病发病率甚至高达 30％以上，造成牛泌乳量下降、繁殖率降低、运动障碍等，往往会对养牛业的经济造成较大损失。而牛繁殖障碍性疾病的病因可分为非传染性病因和传染性病因两类，两者对奶牛的繁殖能力都会造成严重影响。此外，随着管理的进步和规模的增大，过多的精料以及过少的干物质往往会导致牛营养代谢病频发。

（二）牛源性人兽共患传染病显著增多

当前，如结核病、炭疽、沙门氏病菌、布氏杆菌病等常见的牛源性人兽共患传染病严重危害着食品安全和人的健康，而我国则是世界上人结核病最严重的两个国家之一。世界范围内约有10％的人结核病原菌来自牛分枝杆菌，交叉传播成为导致我国结核病流行的一个重要原因。

（三）牛病种类复杂，多病原混合，细菌抗药性增强

当前，牛多病原的混合感染已经比较普遍，其中典型的有犊牛腹泻、牛乳腺炎以及子宫内膜炎。而其中引起牛乳房和子宫内膜炎的病原最常见的就有二十几种，其中包含真菌、病毒、细菌等等，导致牛发病的往往是两种以上的病原共同作用，加上细菌耐药性的增强以及耐药性菌株的增加，更容易造成多重耐药，使得牛病的诊治难度加大。

（四）寄生虫病发生机会增加

规模牛场由于牛群密度大，牛舍温度升高，为寄生虫的繁殖、生长、传播提供了温床，寄生虫病一年四季都可能发生。牛场的寄生虫种类繁多，如毛滴虫病（影响牛的繁殖）、牛疥癣病（引起发痒，皮肤患部被毛部分或全部脱落，病牛迅速消瘦等）以及牛壁虱病等，对牛的危害严重，常常造成牛群饲料转化率下降、生长发育不良、生长缓慢。

第二节　牛病综合防控技术

事业做得大小和发展得快慢，在很大程度上取决于观念。对于牛场的防疫也是如此。有的牛场疾病很少，兽医天天闲得没有事做。药没多用，活没多干，钱没少赚；而有的牛场天天治病，兽医总是忙不过来。药没少买，牛没少病，死淘没少，劲没少费，就是钱没多赚，甚至还赔钱。区别何在？不同的理念。

通过走访发现，牛场不同的经营管理观念会有不同的效益。有的牛场主动防疫观念淡薄，往往不见牛病不用药，预防牛病花1分钱也心痛，而治疗牛病花10元钱也舍得；病牛只要有一口气也舍不得淘汰，一天没有死亡也尽量抢救，可谓"救死扶伤"，十足的"人道主义"。而有的牛场以预防为主，平时加强卫生管理和环境控制，主动注射疫苗和使用预防性药物，发现病牛及时诊疗或淘汰，把疾病控制在萌芽状态，即坚持以预防为主，治疗仅仅作为一种辅助手段。

经验和教训告诉我们：防重于治，平安无事；治重于防，买空药房。倡导"防病不见病，见病不治病"的理念，可以贯彻健康养殖的精神，饲养健康牛群，提供绿色产品，保障人、牛安全。实现"防病不见病，见病不治病"的理念，应该从饲养管理入手，从重点疫病防控着眼，做好各项防控工作。

一、加强科学的饲养管理理念

（一）饲养健康牛群

基础牛群的健康状况对安全生产至关重要。如果基础打不好，后患无穷。一般

而言，应坚持自繁自养的原则，有计划有目的地从外地引牛。引进牛前，必须对提供牛的牛场进行周密地调查，对引进牛进行检疫。

（二）提供良好环境

良好的生活环境对于保持牛体健康至关重要。比如在牛场建筑设计和布局方面应科学合理，净道和污道不可混用和交叉，周围没有污染源；常年保持牛舍及其周围环境的清洁卫生、整齐，创造园林式的生态环境。运动场无石头、硬块及积水，每天清扫牛舍、牛圈、牛床、牛槽；粪便、污物及时清除出场，进行堆积发酵处理。禁止在牛舍及其周围堆放垃圾和其他废弃物，病牛尸体及污水污物进行无害化处理，胎衣深埋。夏季做好防暑降温及消灭蚊蝇工作。冬季做好防寒保温工作，如架设防风墙，牛床上与运动场内铺设垫料、褥草等。牛场内设专用病牛隔离舍和粪便处理场所，配套相应设施。避免噪声、其他动物的闯入和无关人员进入牛场。

（三）提供安全饲料，防止病从口入

有一个适宜的饲养标准；根据当地饲料资源，经过反复筛选，确定最佳的全混合日粮（TMR）。严把饲料原料质量关，特别是防止购入发霉饲料，控制有毒性饲料用量（如棉籽饼类），避免使用有害饲料（如生豆粕），禁止饲喂有毒饲草等；防止饲料在加工、晾晒、保存、运输和饲喂过程中发生营养的破坏和质量的变化，如日光暴晒会造成维生素的破坏、贮存时间过长会使营养流失、遭受风吹雨淋会发生霉烂变质、接触粪便或有毒有害物质会被污染等。不要在被工业"三废"和农药污染的地区放牧饮水。除饲料的安全外，还要注意饮水的安全卫生，防止病从口入。

（四）制定合理的饲养管理程序

根据牛的生物学特性和本场实际情况，以牛为本，人员主动适应牛，合理安排饲养和管理程序，并形成固定模式，使饲养管理工作规范化、程序化、制度化。

（五）主动淘汰危险牛

原则上讲，牛场不治病（主要是指病原微生物引起的传染病），有了患病的个体牛可立即淘汰。理论和实践都表明，淘汰1只危险牛（患有传染病的牛）远比治疗这只牛的意义大得多。

二、建立防疫制度并认真贯彻

（一）进入场区要消毒

在牛场和生产区门口及不同牛舍间，设消毒池或紫外线消毒室，池内消毒液要经常保持有效浓度，进场人员和车辆等必须经消毒后方可入内。牛场工作人员进入生产区，应换工作服、穿好工作鞋、戴上工作帽，并经彻底消毒后进入，出来时脱换。在场区内不能随便串岗串舍。非饲养人员未经许可不得进入牛舍。

（二）场内谢绝参观，禁止闲杂人员和有害动物进入场内

牛场原则上谢绝入区进舍参观，必须参观者或检查者按场内工作人员对待，严格遵守各种消毒规章制度。严禁牛毛、牛皮及牛商贩、场外车辆、用具进入场区。已调出的牛严禁再返回牛舍，场区内不准饲养其他畜禽。牛场要做到人员、清粪车、饲喂用具等相对固定，不准乱拿乱用。

（三）搞好牛场环境卫生，定期防疫消毒

首先饲养人员要注意个人卫生，结核病人不能在养牛场工作。牛栏、牛舍及周围环境应天天打扫，经常保持清洁、干燥，使牛舍内温度、湿度、光照适宜，空气清新无臭味、不刺眼。食槽、水槽和其他器具也应保持清洁，定期对牛栏、地板、产箱、工作服等进行清洗、消毒。全场每隔半年进行1次大清除和消毒，清扫的粪便及其他污物等应集中堆放于远离牛舍的地方，并进行焚烧、喷洒化学消毒药、掩埋或做生物发酵消毒处理。生物发酵经30d左右，方可作为肥料使用。

（四）杀虫、灭鼠、防兽，消灭传染媒介

蚊、蝇、蜱、跳蚤、老鼠等是许多病原微生物的宿主和携带者，能传播多种传染病和寄生虫病，要采取综合措施设法消灭。

1. 杀虫

蚊、蝇、蚤、蜱、螨等吸血昆虫会侵袭牛并传播疫病，因此，在养牛生产中，要采取有效的措施防止和消灭这些昆虫。

（1）搞好牛场环境卫生，消灭昆虫滋生场所　保持环境清洁、干燥，是杀灭蚊蝇的基本措施。蚊虫需在水中产卵、孵化和发育，蝇蛆也需在潮湿的环境及粪便等废弃物中生长。因此，应填平无用的污水池、土坑、水沟和洼地。保持排水系统畅通，对阴沟、沟渠等定期疏通，勿使污水贮积。对贮水池等容器加盖，以防蚊蝇飞入产卵。对不能清除或加盖的防火贮水器，在蚊蝇滋生季节，应定期换水。永久性水体（如鱼塘、池塘等），蚊虫多滋生在水浅而有植被的边缘区域，应修整边岸，加大坡度和填充浅湾，能有效地防止蚊虫滋生。牛舍内的粪便应定时清除，并及时处理，贮粪池应加盖并保持四周环境的清洁。

（2）多法杀虫，减少危害

① 物理杀虫法。包括以喷灯火焰喷烧昆虫聚居的墙壁、用具等缝隙，或以火焰焚烧昆虫聚居的垃圾等废物；利用100～160℃的干热空气，杀灭用具和其他物品上的昆虫及其虫卵；用沸水或蒸汽烧烫车船、牛舍和衣物上的昆虫；仪器诱杀，如某些专用灯具、器具；机械的拍、打、捕、捉等方法，亦能杀灭一部分昆虫。

② 生物杀虫法。是以昆虫的天敌或病菌及雄虫绝育技术等方法来杀灭昆虫。如池塘养鱼即可达到鱼类治蚊的目的；细菌制剂——内毒素杀灭吸血蚊的幼虫，效果良好。

③ 化学杀虫法。是使用天然或人工合成的毒物，以不同的剂型（粉剂、乳剂、油剂、水悬剂、颗粒剂、缓释剂等），通过不同途径（胃毒、触杀、熏杀、内吸等），毒杀或驱逐蚊蝇。目前使用的杀虫剂往往同时兼有两种或两种以上的杀虫作用，主要种类有有机磷杀虫剂、拟除虫菊酯类杀虫剂、昆虫生长调节剂和驱避剂等。化学杀虫法具有使用方便、见效快等优点，是当前杀灭蚊蝇的较好方法。

2. 灭鼠

鼠是牛的某些传染病病原体的携带者和传播者，鼠还盗食饲料、咬坏物品、污染饲料和饮水，危害极大，牛场必须加强灭鼠。

（1）先消除鼠类动物滋生和活动的环境并防止鼠类进入建筑物　鼠类多从墙基、天棚、瓦顶等处窜入室内，在设计施工时注意墙基最好用水泥制成，碎石和砖砌的墙基应用灰浆抹缝。墙面应平直光滑，防鼠沿粗糙墙面攀登。砌缝不严的空心墙体，易使鼠隐匿营巢，要填补抹平。为防止鼠类爬上屋顶，可将墙角处做成圆弧形。墙体上部与天棚衔接处应砌实，不留空隙。瓦顶房屋应缩小瓦缝和瓦、椽间的空隙并填实。用砖、石铺设的地面，应衔接紧密并用水泥灰浆填缝。各种管道周围要用水泥填平。通气孔、地脚窗、排水沟（粪尿沟）出口均应安装孔径小于1厘米的铁丝网，以防鼠窜入。

（2）器械灭鼠　器械灭鼠方法简单易行，效果可靠，对人、畜无害。灭鼠器械种类繁多，主要方式有笼、夹、关、压、卡、翻、扣、淹、粘、电等。近年来还研究和采用电灭鼠与超声波灭鼠等方法。

（3）化学灭鼠　化学灭鼠效率高、使用方便、成本低、见效快，缺点是能引起人、畜中毒，有些老鼠对灭鼠药物有选择性、拒食性和耐药性。所以，使用时需选好药剂和注意使用方法，以保安全有效。灭鼠药剂种类很多，主要有灭鼠剂、熏蒸剂、烟剂、化学绝育剂等。牛场的鼠类以饲料库、牛舍最多，是灭鼠的重点场所。饲料库可用熏蒸剂毒杀。投放的毒饵要远离牛栏和牛舍，并防止毒饵混入饲料。鼠尸应及时清理，以防被人、畜误食而发生二次中毒。选用鼠吃惯了的食物作饵料，突然投放，饵料充足，分布广泛，以保证灭鼠的效果。同时，要防止这些药物对环境造成的污染。

三、严格执行卫生和消毒制度

积极做好牛场的环境卫生与消毒工作，能有效预防和控制牛的疾病发生，确保牛的质量，获得更大的经济效益。

（一）牛场的卫生

牛场卫生主要包括牛舍内空气卫生（空气新鲜，有害气体浓度低）、牛栏牛床卫生（特别是牛床垫料的卫生）、牛体卫生（特别是乳房卫生和外阴卫生）、饲料卫生、饮水卫生、用具卫生（食槽、水槽、饲料车、料箱等）及饲养人员的自身卫生等。

1. 舍内空气卫生

舍内空气卫生要求人进入后没有刺鼻、刺眼和不舒服的感觉，无论春夏秋冬四季粪便和尿液都要及时清理，保持通风干燥，尤其是雨季和冬季一定要保证舍内通风，使空气清新，减少呼吸道病的发生。

2. 牛栏牛床卫生

牛栏牛床卫生要求每天对被粪、尿污染或被其他病牛排泄物或分泌物污染或感染的牛栏牛床及时清理和消毒。

3. 牛体卫生

一般健康的牛均有自洁功能，牛体无需特别照顾和清理。牛体卫生主要指对母牛的乳房进行认真检查、清洗和消毒，避免受乳腺炎的困扰。环境的污浊也很容易使牛体被毛被污染，应及时清理和洗刷。

4. 饲料、饮水及用具卫生

把好入口关主要是保证饲料和饮水的卫生，同时注意用具的定期消毒和清洗。

5. 饲养人员的自身卫生

饲养人员要严格执行自身卫生、消毒和隔离制度，以免成为病原菌的携带者和传播者。工作人员在进入牛场前要更换工作服，工作服要洁净卫生。牛场门口设有消毒池、消毒室和紫外线灯消毒设备。进入牛场人员均应从头到脚消毒。接触过病牛的饲养人员要自我隔离，严禁在没有经过任何消毒和处理而直接进入健康牛舍。工作人员在上岗前要进行全面健康体检，患有人兽共患传染病（如结核、布病等）的人员严禁进入牛场生产区，以免将病原微生物带入场区，给牛场造成巨大经济损失。

（二）牛场的消毒

消毒是贯彻"预防为主"方针的一项重要措施。消毒是利用物理、化学或生物学方法杀灭或清除外界环境中的病原体，从而切断其传播途径、防止疫病流行的措施。消毒的目的就是消灭被传染源散播于外界环境中的病原体，以切断传播途径，阻止疫病的发生和继续蔓延，从而做到防患于未然。加强和搞好消毒工作对牛疫病的防控具有重要的现实意义。

1. 消毒的范围

消毒的范围包括居室、圈舍、围栏、地面、车辆、排泄物、用具、日常器械、玻璃、搪瓷、衣物、敷料、橡胶制品、食槽、饮水器、牛等的消毒。

2. 消毒的种类

按照消毒的目的，消毒可分为以下3种。

（1）预防性消毒（又称定期消毒）　结合平时的饲养管理，对圈舍、场地、用具和饮水等进行的常规的定期消毒，以达到预防传染病的目的。预防性消毒是牛场的常规工作之一，是预防牛传染病的重要措施之一。

（2）临时消毒（又称紧急消毒、随时消毒）　在已经发生传染病的情况下，为了及时消灭刚从患病牛体内排出的病原体而采取的消毒措施。消毒的对象包括患病牛所在的圈舍、隔离场地以及被患病牛的分泌物、排泄物污染和可能污染的一切场所、用具和物品。一般在解除封锁前，进行定期的多次消毒，患病牛隔离圈舍应每天消毒2次以上或随时进行消毒。此时的消毒剂应该交替使用，避免多次使用单一消毒剂。

（3）终末消毒（又称巩固消毒、善后消毒）　是指患病牛全部痊愈或死亡后，经2周再没有新的病例发生；或在疫区解除封锁之前为了消灭疫区内可能残留的病原体所进行的全面彻底的大规模消毒。

3. 消毒的方法

常用的消毒方法主要包括机械性清除、物理消毒法、化学消毒法和生物热消毒法等。

（1）机械性清除　用机械的方法，如清扫、洗刷、通风换气等清除病原体，是最普通、最常用的一种消毒方法，也是日常的卫生工作之一。机械性清除可除去环境中85%的病原体，并为药物消毒创造条件。在清除之前，应该根据圈舍或场地是否干燥、病原危害性的大小决定是用清水或消毒剂喷洒，以避免打扫时尘土飞扬，造成病原体散播，影响人和牛的健康。如发生传染病，特别是烈性传染病时，需与其他消毒方法共同配合，先用药物消毒，然后再用机械清除。清扫出来的污物，应进行发酵、掩埋、焚烧或者用其他消毒剂处理。

通风换气也是清除消毒的一种。由于牛的活动、咳嗽、鸣叫及饲养管理过程，如清扫地面、分发饲料及通风除臭等机械设备运行和舍内牛的饮水、排泄及饲养管理过程用水等导致舍内空气含有大量的尘埃、水气，微生物容易附着，特别是疫情发生时，尤其是经呼吸道传染的疾病发生时，空气中病原微生物的含量会更高。所以适当通风，借助通风经常地排出污秽气体和水气，特别是在冬、春季节，可在短时间内迅速降低舍内病原微生物的数量，加快舍内水分蒸发，保持干燥，可使除芽孢、虫卵以外的病原失活，起到消毒作用。但排出的污浊空气容易污染场区和其他畜舍，为减少或避免这种污染，最好采用纵向通风系统，风机安装在排污道一侧，牛舍之间保持 40～50 米的卫生间距。有条件的牛场，可以在通风口安装过滤器，过滤空气中的微粒和杀灭空气中微生物，把经过过滤的舍外空气送入舍内，有利于舍内空气的新鲜洁净。如适用电除尘器来净化牛舍空气中的尘埃和微生物，效果更好。

（2）物理消毒法　物理消毒法包括阳光消毒、紫外线消毒和高温消毒。

① 阳光消毒。阳光是天然的消毒剂，其光谱中的紫外线具有较强的杀菌能力，阳光的灼热和蒸发水分引起的干燥亦有杀菌作用。一般病毒和非芽孢性病原菌，在直射的阳光下经过几分钟至几个小时可以被杀死，就是抵抗力很强的细菌芽孢，经连续几天的强烈的阳光反复暴晒，也能使其毒力变弱或被杀死。因此，阳光对于牛的用具和物品等消毒具有很大的现实意义，应该被充分利用。牛的饲槽、垫草、饲草等在直射阳光下照射 2～3 小时，可杀死大多数病原微生物。

② 紫外线消毒。在饲养场的某些特殊场所，可使用人工紫外线进行消毒。对消毒室、兽医室等使用紫外线灯管消毒时，需要注意灯管的高度，一般在距离灯管1.5～2 米处为有效消毒范围，对于污染物表面进行消毒，一般距离控制在 1 米以内，消毒时间一般为 1～2 小时。

③ 高温消毒。高温消毒是最彻底的消毒方法之一，包括火焰灼烧及烘烤、煮沸消毒及蒸汽消毒。

火焰灼烧及烘烤。是最简单而有效的消毒方法。火焰灼烧即利用火焰喷射器喷出的火焰来消毒牛笼具、地面、墙壁以及兽医使用的接种针、剪、刀、接种环等不怕热的金属器材，温度可达到 400～800℃，可消除蜘蛛网、牛毛，消毒效果好，但要注意防火安全；烘烤即在干燥的情况下，利用热空气灭菌以达到消毒的目的，灭菌时，将灭菌的物品放入烘烤箱内，使温度逐渐上升到 160℃，维持 2 小时，则可杀死全部细菌及芽孢。

煮沸消毒。是牛养殖场所经常使用且效果确实的消毒方法。大部分非芽孢病原微生物在 100℃ 的沸水中迅速死亡。大多数芽孢煮沸后 15～30 分钟内亦能致死。煮沸 1～2 小时可消灭所有的病原体（细菌、病毒及芽孢）。各种金属器械、木质、玻璃用具、衣物等都可以进行煮沸消毒。将煮不坏的被污染物品放入锅内，加水浸没物品，加少许碱，如 1%～2% 的小苏打、0.5% 的肥皂或者苛性钠等，可使蛋白、脂肪溶解，防止金属生锈，提高沸点，增强灭菌作用。

蒸汽消毒。也是牛养殖场所经常使用且效果确实的消毒方法。蒸汽消毒与煮沸消毒的效果相似，是指通过高压水蒸气中的热量使病原体丧失活性的灭菌方法。本法常使用高压灭菌器，灭菌时将压力保持在 0.1～0.137MPa，温度为 121.6～126.6℃，维持 30 分钟即可保证杀死全部的病毒、细菌及其芽孢。本法常用于玻璃器皿、纱布、金属器械等灭菌，也可用于患病牛或其尸体的化制处理。

（3）化学消毒法　牛场常用的化学消毒方法包括熏蒸消毒、浸泡消毒、饮水消毒和喷雾消毒等。

① 熏蒸消毒。多用于全牛舍的整体消毒。按每立方米空间 25 毫升福尔马林、12.5 克高锰酸钾的比例配齐。将福尔马林放入金属容器中，面积较大时，分放多点，密闭所有门窗，由里向外逐个加入高锰酸钾，简单搅拌后迅速离开，关闭门窗，密闭 24 小时后通风换气，至无福尔马林气味后方可进牛。

② 浸泡消毒。常用来消毒兽医用一些器械、料槽等，浸泡一定时间后取出，用清水洗净后晒干即可。

③ 喷雾消毒。是用喷雾器喷雾空间、牛栏、墙壁等，要使消毒对象均匀地喷上消毒药水。有时可带牛消毒。

④ 饮水消毒。是将消毒药物按规定比例加入水中，消毒一定时间后使用，如在牛饮用水中加入漂白粉。

（4）生物热消毒法　利用某种生物来杀灭或清除病原微生物的方法，称为生物热消毒。主要用于污染物及粪便的无害化处理。从牛场清理的粪便和污物可集中堆放在远离牛舍较偏僻处，压实，或在上加盖塑料薄膜，利用粪便中的微生物发酵产热，可使温度达 70℃以上。经过一段时间，可以杀死病原体（芽孢除外）、寄生虫卵等达到消毒目的，同时又保持了粪便的良好肥效。国内外都很重视此方法的研究和应用。

4. 常用消毒剂

在选用消毒剂时，主要考虑其有效性、安全性及经济性等特点。牛场一般常用的消毒剂有：

（1）含氯消毒剂　主要包括漂白粉、二氯异氰尿酸钠及三氯异氰尿酸钠等。它们能够杀灭附着于物体表面的细菌、芽孢、病毒及真菌等微生物，杀菌作用强。该类消毒剂成本低，残留少，消毒效果好，常被广泛使用。常被用来消毒牛舍、笼具及车辆等。另外，该消毒剂还可用于饮水的消毒。后面两种消毒剂在近中性水中消毒持续有效时间可达 7 天。缺点是对金属有腐蚀性。

（2）碱类消毒药　主要包括氢氧化钠（火碱）、碳酸钠（食用碱）、生石灰及草木灰等。氢氧化钠，高效消毒药，3％～5％水溶液作用半小时以上，对各种病原均有杀灭作用，但不能带牛消毒；生石灰（氧化钠）与水生成碱性物质，可杀灭病毒、虫卵、繁殖型细菌，但对芽孢无效。可涂布于被消毒的地面、围栏、树、墙壁；草木灰撒在圈舍地面上，可杀灭部分细菌和病毒，但注意灰中不能带火星。以上碱类消毒剂都是直接或间接地以碱性物质对病原微生物进行杀灭。碱类消毒剂腐蚀性较强，因此在消毒一些物品时要谨慎。如氢氧化钠对纺织品及金属制品有腐蚀性，不宜使用。有的使用后要用清水进行清洗干净。而碳酸钠常用热水配成 4％的溶液用来洗刷或浸泡饲料槽和饮水用具，亦可用于消毒牛舍。草木灰在被雨水淋湿之后，渗透到地面，可用于对牛场地面的消毒，特别是对野外放养场地的消毒，这种方法既可以做到清洁场地，又能有效地杀灭病原菌。生石灰在溶于水后变成氢氧化钙，同时又产生热量，通常配成10%~20%的水溶液对牛场地板或墙壁进行消毒。另外，生石灰也用于对病死牛无害化处理，其方法是在掩埋病死牛时，先撒上生石灰粉，再盖上泥土，能够有效地杀死病原微生物。

（3）氧化剂类　主要有过氧乙酸、过氧化氢及高锰酸钾等。该类消毒液对细菌、病毒、芽孢和真菌均有强烈的杀灭作用。过氧乙酸用途广泛，缺点是不稳定，对金属的腐蚀性较大；消毒时可配成0.1%的浓度，对牛舍、饲料槽、用具、车辆、食品车间地面及墙壁进行喷雾消毒，也可以带牛消毒。过氧化氢主要用于空气消毒、皮肤消毒、黏膜消毒。臭氧消毒在纯净水厂大行其道，主要是消毒之后无残留。高锰酸钾是一种强氧化剂，高效、价廉，常与福尔马林一起用来进行牛舍的熏蒸消毒；遇到有机物即起氧化作用，因此，不仅可以消毒，还可以除臭，低浓度时还有收敛作用，常配成0.01%的水溶液，治疗胃肠道疾病；0.05%的溶液可以消毒皮肤、黏膜和创伤，也用于洗胃，使毒物氧化而分解；高浓度时对组织有刺激性和腐蚀性；0.4%的溶液通常用来消毒料槽及用具，效果显著。

（4）表面活性剂类　主要包括新洁尔灭和百毒杀等。新洁尔灭是一种阳离子表面活性剂，具有洁净、杀菌消毒和灭藻作用，广泛用于杀菌、消毒、防腐、乳化、去垢、增溶等，该药还具有高效、低毒、可溶于水、不受水硬度影响、使用方便、成本低等优点；它对畜禽组织无刺激性，作用快、毒性小，对金属及橡胶无腐蚀性；0.1%溶液用于器械用具的消毒，0.05%~0.1%溶液用于手术的局部消毒；但要避免与阴离子活性剂（如肥皂等）共用，否则会降低消毒的效果。百毒杀也是一种双链季铵盐，其能够迅速杀灭病毒、细菌；霉菌、真菌及藻类致病微生物，药效持续时间约10天，其特点是性质稳定、安全性好、无刺激性和腐蚀性，非常适合于饲养场地、笼舍、用具、饮水器、车辆等的消毒；另外，也可用于存有活牛场地的消毒。

（5）酚类　主要包括来苏儿和复合酚。来苏儿为50%的甲酚皂溶液，常用于手及皮肤、器械、环境的消毒及处理排泄物，但不适用于对芽孢和病毒的消毒。复合酚又名消毒灵、农乐等，杀菌作用强，可以杀灭细菌、病毒和霉菌，对多种寄生虫卵也有杀灭效果，该药的杀菌作用持续时间也长，通常施药一次药效可维持5~7天。主要用于牛舍、设备器械、场地的消毒。但注意不能与碱性药物或其他消毒药混合使用。这些酚类消毒剂均不能在奶牛场中使用。

5. 牛消毒常用的消毒器具

主要有以下几种：

（1）高压清洗机　是养殖场常用的冲洗设备，可以冲洗养殖场场地、圈舍建筑、养殖场设施、设备、车辆等。

（2）喷雾器　用于喷洒消毒剂，可依据环境情况使用手动式、机动式或电动式喷雾器。手动式喷雾器可用于单栋牛圈舍消毒，机动式喷雾器可用于环境消毒，电动式常用于封闭式圈舍消毒。

（3）火焰灭菌器　用于圈舍墙面、墙角及设备消毒，可酌情使用酒精、汽油或天然气作燃料的火焰消毒器。

（4）煮沸消毒器和高压灭菌器　用于兽医诊疗器械的煮沸消毒，比如使用完毕的注射器、针头等，必须进行煮沸或者高压灭菌后再使用。

（5）电热干烤箱　用于玻璃器皿，如烧杯、烧瓶、吸管、试管、离心管、培养玻璃注射器、针头、滑石粉、凡士林及液状石蜡等的灭菌。

（6）紫外线灯　一般常用的灭菌紫外线灯是低压汞气灯，用石英制成灯管。适用于圈舍的垫草、用具、进出的人员等的消毒。

（7）消毒液机　现用现制快速生产含氯消毒液。适用于畜禽养殖场、屠宰场、运输车船、人员以及发生疫情的病员污染区的大面积消毒。

6. 消毒操作的注意事项

为了使消毒达到消毒的目的，消毒时要注意以下事项。

（1）消毒前先清扫卫生，尽可能消除影响消毒效果的不利因素（粪、尿、垃圾）。

（2）稀释浓度是杀灭抗性最强的病原微生物所必需的最低浓度。

（3）药液用量任何有效的消毒必须彻底湿润被消毒的表面，进行消毒的药液用量最低限度是每平方米 0.3 升，一般为每平方米 0.3～0.5 升。

（4）消毒液作用的时间要尽可能长，保持消毒液与病原微生物接触，一般半小时以上效果较好。

（5）现用现配，混合均匀，避免边加水边消毒现象。

（6）不同性质的消毒液不能混合使用。

（7）定期轮换使用消毒剂。

四、制定免疫程序并严格实施

一定要制定合理的免疫程序并认真严格地去实施。选择好适合当地的各种牛的疫苗，按照防疫程序和疫苗的操作规程去进行，以确保免疫接种的效果。

（一）疫苗与免疫接种

1. 疫苗

用于人工主动免疫的生物制剂可统称为疫苗，包括用细菌、支原体、螺旋体和衣原体等制成的菌苗、用病毒制成的疫苗和用细菌外毒素制成的类毒素。

2. 疫苗的种类

疫苗总体可分为传统的疫苗与生物技术疫苗两大类。传统疫苗目前应用最广泛，包括活疫苗、灭活疫苗和类毒素；生物技术疫苗包括基因工程重组亚单位疫苗、基因工程重组活载体疫苗、基因缺失疫苗以及核酸疫苗、合成肽疫苗、抗独特型疫苗等，这类疫苗目前在实际生产中的应用数量和种类有限。

（1）活疫苗　又称弱毒疫苗，让病原微生物毒力逐渐减弱或丧失，但保持良好的免疫原性，用这种活的病原微生物制成的疫苗称为弱毒苗。例如布氏杆菌病活疫苗、牛巴氏杆菌弱毒疫苗、牛瘟牛化弱毒疫苗、牛传染性胸膜肺炎活疫苗等。优点是免疫效果好、接种途径多。缺点是可能出现毒力返祖；贮存、运输要求条件较高；免疫效果受免疫动物用药状况影响。

（2）灭活疫苗 又称死疫苗，是将免疫原性好的细菌、病毒经人工培养后，用物理和化学方法将其灭活，使其失去感染性和毒性，但保留免疫原性，并结合相应的佐剂，接种动物后产生主动免疫，起到预防疾病的作用。灭活疫苗根据所用佐剂不同又可分为氢氧化铝胶佐剂灭活疫苗（如牛巴氏杆菌铝胶灭活疫苗、牛沙门氏菌灭活疫苗）、油乳佐剂灭活疫苗（如牛口蹄疫灭活疫苗）、蜂胶佐剂灭活疫苗等。优点是安全性能好，一般不存在散毒和毒力返祖的危险；一般只需在 2～8℃下贮藏和运输，贮藏和运输条件易于满足；受母源抗体干扰少。缺点是接种途径少；产生免疫保护所需时间长；疫苗吸收慢，注射部位易形成结节，影响肉的品质。

（3）类毒素 是将细菌在生长繁殖中产生的外毒素，用适当浓度（0.3％～0.4％）的甲醛溶液处理后，使其毒性消失而仍保留其免疫原性的制剂，称为类毒素。类毒素经过盐析并加入适量的磷酸铝或氢氧化铝胶等，即为吸附精制类毒素。注入动物机体后吸收较慢，可较久地刺激机体产生高滴度抗体以增强免疫效果。如破伤风类毒素，注射一次，免疫期 1 年，第二年再注射 1 次，免疫期可达 4 年。

3. 免疫接种

免疫接种是指用人工方法将疫苗引入动物体内刺激机体产生特异性免疫力，使该动物对某种病原体由易感的转变为不易感的一种疫病预防措施。

4. 免疫接种的类型

根据免疫接种进行的时机不同，可将其分为预防接种和紧急接种两大类。

（1）预防接种 在经常发生某些传染病的地区，或有某些传染病潜在的地区，或经常受到邻近地区某些传染病威胁的地区，为了防患于未然，在平时有计划地给健康畜禽群进行的疫苗免疫接种，称为预防接种。

（2）紧急接种 是指在发生传染病时，为了迅速控制和扑灭疫病的流行，而对疫区和受威胁区域尚未发病的畜禽群体进行应急性免疫接种。在疫区应用疫苗作紧急接种时，必须对所有受到传染威胁的畜群逐只进行详细观察和检查，仅能对正常无病的畜禽以疫苗进行紧急接种。

特别强调的是，对病畜禽及可能已受感染而处于潜伏期的畜禽，必须在严格消毒的情况下立即隔离，不能再接种疫苗。由于在外表正常无病的畜禽中可能混有一部分潜伏期患病动物，这部分患病动物在接种疫苗后不能获得保护，反而会促使其更快发病或死亡，因此在紧急免疫接种后的短期内，畜禽群中发病动物数量有可能增多，但由于这些急性传染病的潜伏期较短，而疫苗接种后大多数未感染动物很快就能产生抵抗力，因此发病率不久即可下降，最终使疫情很快停息。某些流行性强大的传染病（如口蹄疫等），其疫点周围 5～10 千米为受威胁区，必须进行紧急免疫接种，其目的是建立"免疫带"以包围疫区，防止其扩散蔓延。但这一措施必须与疫区的封锁、隔离、消毒等综合措施相配合才能取得较好的效果。

紧急接种除使用疫苗外，也常用免疫血清。免疫血清虽然安全有效，但常因用量大、价格高、免疫期短，大群使用往往供不应求，目前在生产上很少使用。

（二）牛常用的疫苗

1. 口蹄疫疫苗

（1）口蹄疫 O 型、A 型活疫苗 用于预防牛 O 型、A 型口蹄疫。疫苗注射后

14 天产生免疫力，免疫持续期为 4～6 个月。注射前应充分摇匀，肌内或皮下注射。成年牛每头注射 4 毫升，1 岁以下犊牛注射 2 毫升。经常发生疫情的易感动物，每年注射 2 次，以后每年注射 1 次。

（2）牛口蹄疫灭活疫苗（O 型，NMXW-99、NMZG-99 株）　主要用于预防牛 O 型口蹄疫，免疫期为 6 个月。肌内注射，牛每头 3 毫升。

（3）牛口蹄疫 O 型灭活疫苗　用于各种年龄的黄牛、水牛、奶牛、牦牛预防接种和紧急接种，注射疫苗后 2～3 周产生免疫力，免疫持续期为 6 个月。注射疫苗前应充分摇匀，肌内注射。成年牛注射 3 毫升，1 岁以下犊牛注射 2 毫升。

（4）口蹄疫 O 型、亚洲 I 型二价灭活疫苗（OJMS＋JSL 株）　预防牛、羊 O 型、亚洲 I 型口蹄疫，免疫期为 6 个月。肌内注射，牛每头 3 毫升。首次接种 4 周后，采用相同接种途径和剂量再接种 1 次。

（5）牛口蹄疫 O 型、A 型二价灭活疫苗　预防牛、羊 O 型、A 型口蹄疫。肌内注射。6 月龄以上牛，每头 2 毫升。

2. 伪狂犬病疫苗

（1）伪狂犬病活疫苗（伪克灵）　用于预防牛的伪狂犬病。注射后 6 天，即可产生坚强免疫力，免疫期为 1 年。用法：按瓶签注明的头份加 PBS 或特定稀释液稀释，肌内注射；1 岁以上牛用 3 头份；5～12 月龄牛用 2 头份；2～4 月龄犊牛第一次用 1 头份，断乳后再注射 2 头份。

（2）牛羊伪狂犬病弱毒冻干疫苗　专供预防牛、羊的伪狂犬病。疫区和受威胁区进行免疫接种。2～4 月龄犊牛每头第一次臀部肌内注射 1 毫升，断奶后再注射 2 毫升；5～12 月龄牛每头注射 2 毫升；12 月龄以上的牛每头注射 3 毫升，保护期可达 1 年。

（3）牛羊伪狂犬病氢氧化铝甲醛灭活疫苗　预防牛、羊的伪狂犬病。每年秋季接种 1 次，颈部皮下注射，成年牛 10 毫升，犊牛 8 毫升，必要时 6～7 天后加强注射 1 次，免疫期 1 年。

3. 炭疽疫苗

（1）无毒炭疽芽孢菌苗　预防炭疽，可用于除山羊以外的各种动物。被接种动物要健康。大动物注射于颈部或肩胛后缘的皮下，1 岁以上的大动物注射 1 毫升，1 岁以下的大动物注射 0.5 毫升。注射后 14 天产生免疫力，免疫期 1 年。

（2）II 号炭疽芽孢苗　预防各种动物的炭疽病。不论牛只的大小，颈侧部每头每次皮下注射 1 毫升，注射后 14 天产生免疫力，免疫期 1 年。

4. 布氏杆菌疫苗

布氏杆菌疫苗对检疫阴性的牛进行免疫预防。我国现有 3 种疫苗。

（1）布氏杆菌羊型 5 号（M5）冻干弱毒疫苗　用于预防牛、羊布氏杆菌病。用于 3～8 个月龄的犊牛，皮下注射每头 250 亿活菌。若为气雾吸入，则室内气雾时每头 250 亿活菌，室外气雾时每头 400 亿活菌。免疫期为 1 年。

（2）牛布氏杆菌 19 号疫苗　用于预防牛、羊布氏杆菌病。只用于处女犊牛。即 6～8 个月龄皮下注射 1 次，18～20 月龄再注射 1 次，每头注射 5 毫升。免疫期为 6 年。

以上两种疫苗，公牛、成年母牛和孕牛均不宜使用。

（3）布氏杆菌猪型 2 号（S2）冻干菌苗　用于预防牛、羊布氏杆菌病。公牛、母牛均可口服免疫，每头一律为 500 亿活菌。不受怀孕的限制，可在配种前 1～2 个月进行，也可在怀孕期使用，免疫期为 3 年。孕牛不宜采用注射法与气雾法免疫。

5. 气肿疽疫苗

本品包括牛气肿疽甲醛菌苗和牛气肿疽明矾菌苗两种。用于健康牛、羊的免疫接种，预防牛、羊的气肿疽。注射疫苗 14 天后产生免疫力，免疫期为 6 个月。不论年龄大小，牛颈部或肩胛后缘皮下注射 5 毫升，对 6 月龄以下经过免疫的牛犊，在 6 月龄时应再免疫 1 次。

6. 牛巴氏杆菌-气肿疽（干粉）菌苗

用于预防牛出血性败血病和气肿疽病。注射 15 天后产生免疫力，免疫期为 1 年。临用前以 20％氢氧化铝稀释液稀释，使每毫升中含有 1 头份，摇匀，每头牛肌内或皮下注射 1 毫升。

7. 牛传染性胸膜肺炎活疫苗（C88003 株）

用于预防牛肺疫。注射本疫苗的牛能产生良好的免疫力，免疫期为 1 年。C88003 株用于黄牛、奶牛、牦牛和犏牛。液体苗与冻干苗均用 20％氢氧化铝胶生理盐水稀释，液体苗按原苗胸水量稀释成 500 倍数，冻干苗按冻干前装量稀释成 50 倍液，成年牛臀部肌内注射 2 毫升，6～12 个月小牛肌内注射 1 毫升。

8. 牛巴氏杆菌病疫苗

（1）牛巴氏杆菌病氢氧化铝菌苗　用于健康牛的免疫接种，预防牛巴氏杆菌病。注射后 21 天产生免疫力，免疫期 9 个月。皮下或肌内注射，体重在 100 千克以下的牛注射 4 毫升，100 千克以上的牛注射 6 毫升。历年发生牛巴氏杆菌病的地区，在春季或秋季定期预防接种 1 次；在长途运输前随时加强免疫 1 次。

（2）牛巴氏杆菌病油乳剂疫苗　用于健康牛的免疫接种，预防牛巴氏杆菌病。免疫效果较好，免疫期较长，注射后 21 天产生免疫力，免疫期 9 个月。肌内注射，犊牛 4～6 月龄初免，3～6 个月后再免疫 1 次，每头牛注射 3 毫升。

（3）牛巴氏杆菌病弱毒菌苗　用于预防牛巴氏杆菌病。接种后 21 天产生免疫力，免疫期为 1 年。本菌苗注射时用 20％氢氧化铝胶生理盐水稀释，气雾免疫时用蒸馏水稀释，稀释后应充分振摇均匀。注射免疫时每头周岁以上牛，皮下或肌内注射 1 毫升（含 2 亿活菌），周岁以下犊牛减半注射；室内气雾免疫，不论大小牛每头 8 亿活菌（每平方米面积用苗量按 1 头份计算）。

9. 牛沙门氏菌病灭活苗

疫苗可用于不同品种、不同年龄的牛的免疫，用于预防牛沙门氏菌病。疫苗免疫期较短，为 6 个月。1 岁以下的牛肌内注射 1 毫升，1 岁以上的牛肌内注射 2 毫升。为增强免疫力，对 1 岁以上的牛在首免后 10 天，用相同剂量的疫苗再免疫 1 次；在已发生牛沙门氏菌病的牛群中，应对 2～10 日龄犊牛肌内注射 1 毫升；怀孕牛在产前 45～60 天在兽医监护下注射 1 次，所产犊牛应在 30～45 日龄免疫 1 次，剂量均为 1 毫升。

10. 牛副结核病疫苗

（1）牛副结核病灭活疫苗　有效预防牛副结核病的发生。适用于各年龄、品种的牛。免疫期为 2 年。犊牛在出生后 7 天内，于胸垂皮下注射 1 毫升。

（2）牛副结核病弱毒疫苗　用于预防牛副结核病。适用于各年龄、品种的牛。免疫期为 4 年。在牛胸垂皮下或颈部皮下接种。犊牛出生后 7 日内注射 1 毫升。

（3）牛副结核病亚单位灭活疫苗　该苗对预防副结核病有较好效果，安全性也较理想。适用于各年龄、品种的牛。牛胸垂皮下注射 1 毫升。

11. 牛流行热疫苗

（1）牛流行热弱毒疫苗　用于预防牛流行热。适用于各品种的不同年龄牛。免疫期为 1 年。使用时用氢氧化铝胶稀释，间隔 4 周皮下接种疫苗 2 次，每次注射 5 毫升。

（2）牛流行热灭活疫苗　可用于不同年龄、不同性别的健康奶牛、黄牛以及妊娠牛，预防牛流行热。在第二次免疫接种后 21 天产生免疫力，免疫期为 6 个月左右。牛颈部皮下间隔 21 天注射 2 次疫苗，每头牛每次 4 毫升，6 月龄以下的犊牛注射剂量减半。

（3）牛流行热亚单位油乳剂疫苗　用于不同年龄、不同性别的健康奶牛、黄牛以及妊娠牛，预防牛流行热。在第二次免疫接种后 21 天产生免疫力，免疫期为 6 个月左右。牛颈部皮下间隔 21 天注射 2 次疫苗，每头牛每次 4 毫升，6 月龄以下的犊牛注射剂量减半。

（4）牛流行热结晶紫灭活疫苗　适用于各年龄、品种的牛，用于预防牛流行热。免疫期为 6 个月。牛颈部皮下注射 10 毫升，3～7 天后再注射 15 毫升，未满 6 个月的犊牛按体重将全量 15～20 毫升分两次注射。疫苗多在流行季节前 1 个月注射。

12. 破伤风类毒素

用于预防家畜破伤风。注射后 1 个月产生免疫力，免疫期 1 年。第 2 年再注射 1 毫升，免疫期可达 4 年。皮下注射，成年牛 1 毫升，犊牛 0.5 毫升。给牛做手术或去势时，先肌内注射抗破伤风血清 1 万～3 万单位，再实施手术。可有效地预防破伤风的发生。

13. 牛羊厌氧氢氧化铝菌苗

用于猝死症的预防。免疫期为 6 个月。皮下或肌内注射，每头牛 5 毫升。本品用时摇匀，切勿冻结。病弱奶牛不能使用。

14. 大肠杆菌疫苗

大肠杆菌疫苗是应用多价血清型大肠杆菌制备的灭活菌苗，或在疫区获得分离菌株，制成灭活疫苗，免疫孕母牛。肌内注射，每头 2～5 毫升，幼犊可从初乳中获得母源抗体。

15. 牛环形泰勒虫病疫苗

本品用于预防牛的环形泰勒虫病。注射后，由于裂殖体繁殖，而不能成为成虫，以刺激产生免疫力。免疫期为 12 个月。将疫苗瓶放在 38～40℃ 水浴中融化 5 分钟后摇匀，每头牛肌内注射 1～2 毫升（含有 100 万～200 万个活细胞）。

16. 狂犬病疫苗

预防狂犬病。肌内注射，牛每次注射 25～50 毫升。若作紧急预防，可在间隔 3～5 天后，再注射 1 次。

17. 牛痘兔化弱毒疫苗

用于预防牛痘的发生。除犊牛、朝鲜牛外，其他品种的牛均适用本疫苗。牛注射疫苗 14 天后产生免疫力，免疫期为 1 年。注射前按注明头份，用生理盐水稀释为每头份 1 毫升，不分年龄、体重、性别，一律皮下或肌内注射 1 毫升。

（三）制定适宜的免疫程序

免疫程序是指根据一定地区、养殖场或特定动物群体内传染病的流行状况、动物健康状况和不同疫苗特性，为特定动物群制定的接种计划，包括接种疫苗的类型、顺序、时间、次数、方法、时间间隔等规程和次序。科学合理的免疫程序是获得有效免疫效果的重要保障。

1. 制定免疫程序的依据

科学制定免疫程序的依据有以下八个方面：一是本地区、本场的发病史及目前正在发生的主要传染病，依此确定疫苗的免疫时间和免疫种类。对当地从未发生过的疾病切勿盲目接种；二是母源抗体水平；三是上一次免疫接种引起的残余抗体水平；四是畜禽的免疫应答能力；五是疫苗的种类和性质；六是免疫接种方法和途径；七是各种疫苗的配合，同种疫苗本着先弱后强的安排，合理搭配活苗与死苗的应用；八是对动物健康及生产能力的影响。这些因素互相联系、互相制约，必须统筹考虑。

2. 参考的免疫程序

牛参考的免疫程序见表 1-1 和表 1-2。

表 1-1　肉牛免疫程序

疫苗名称	用途	免疫时间	用法用量
牛气肿疽灭活疫苗	预防气肿疽。免疫期 6 个月	犊牛 1～2 月龄或 6 月龄各免疫 1 次	颈部或肩胛部后缘皮下注射，5 毫升/头。生效期 14 天左右
口蹄疫苗	预防牛口蹄疫。免疫期 6 个月	犊牛 4～5 月龄首免；以后每隔 4～5 个月免疫 1 次	皮下或肌内注射，犊牛 0.5～1 毫升，成年牛 2 毫升/头。生效期 14 天
牛出血性败血病氢氧化铝苗	预防牛出血性败血病；免疫期 9 个月	犊牛 4.5～5 月龄首免；以后每年春、秋各一次	皮下或肌内注射，犊牛 4 毫升/头，成年牛 6 毫升/头。生效期 21 天
无毒炭疽芽孢苗	预防牛炭疽。免疫期 1 年。	每年 5 月或 10 月全群免疫一次	皮下注射，成年牛 2 毫升/头，犊牛 0.5 毫升/头。生效期 14 天
布氏杆菌猪型 2 号	预防布氏杆菌病。免疫期 1 年	一年一次（3～4 月或 8～9 月）	皮下或肌内注射，5 毫升/头。生效期 30 天

疫苗名称	用途	免疫时间	用法用量
传染性胸膜肺炎	预防传染性胸膜肺炎。免疫期1年	一年一次（3～4月或9～10月）	臀部肌内注射,成年牛2毫升/头,犊牛1毫升/头。生效期21～28天
牛环形泰勒虫病疫苗	预防牛的环形泰勒虫病。免疫期1年	一年一次（3～4月）	肌内注射1～2毫升/头（含有100万～200万个活细胞）。生效期30天

表1-2　牛场免疫程序

年龄	疫苗名称	接种方法及用量	免疫期及备注
1月龄	2号炭疽芽孢苗（或无毒炭疽芽孢苗）	皮下注射,1毫升（或皮下注射,0.5毫升）	1年
	破伤风明矾沉淀类毒素	皮下注射,5毫升	6个月
	气肿疽甲醛菌苗或明矾菌苗	皮下注射,5毫升	6个月
6月龄	狂犬病弱毒苗	皮下注射,25～50毫升	1年
	布氏杆菌19号活菌苗	皮下注射,5毫升	1年
	气肿疽牛出血性败血病二联苗	皮下注射(用20%氢氧化铝盐水溶解),1毫升	1年
12月龄	2号炭疽芽孢苗或无毒炭疽芽孢苗	皮下注射,1毫升（或皮下注射,0.5毫升）	1年
	破伤风明矾沉淀类毒素	皮下注射,0.5毫升	1年
	狂犬病疫苗	皮下注射,25～50毫升	6个月
	口蹄疫弱毒苗	皮下注射,5毫升	6个月
18月龄	狂犬病疫苗	皮下注射,25～50毫升	6个月
	布氏杆菌19号苗	皮下注射,5毫升	1年
	牛痘苗	皮内注射,0.2～0.3毫升	1年
	气肿疽牛出血性败血病二联干粉苗	皮下注射,1毫升（用20%氢氧化铝盐水溶解）	1年
	口蹄疫弱毒苗	皮下注射或肌内注射,2毫升	6个月
	牛羊厌氧氢氧化铝菌苗	皮下或肌内注射,5毫升	6个月
24月龄	2号炭疽芽孢苗(或无毒炭疽芽孢苗)	皮下注射,1毫升	1年
	破伤风明矾沉淀类毒素	皮下注射,0.5毫升	1年
	狂犬病疫苗	皮下注射,25～50毫升	6个月
	口蹄疫弱毒苗	皮下注射或肌内注射,2毫升	6个月
	牛羊厌氧氢氧化铝菌苗	皮下或肌内注射,5毫升	6个月

年龄	疫苗名称	接种方法及用量	免疫期及备注
成年牛	牛气肿疽甲醛菌苗或明矾菌苗	皮下注射,5毫升	每年春季接种1次
	炭疽菌苗	皮下注射,1毫升	每年春季接种1次
	破伤风类毒素	皮下注射,1毫升	每年定期接种1次
	口蹄疫弱毒苗	肌内注射,2毫升	每年春、秋各接种1次
	狂犬病疫苗	皮下注射,25～50毫升	每年春、秋各接种1次
	牛羊厌氧氢氧化铝菌苗	皮下或肌内注射,5毫升	6个月
妊娠牛	牛沙门氏菌病灭活苗	见疫苗生产标签	母牛分娩前4周
	犊牛大肠杆菌菌苗	见疫苗生产标签	母牛分娩前2～4周
	牛羊厌氧氢氧化铝菌苗	皮下注射,5毫升	母牛分娩前4～6周

（四）免疫接种过程中的注意事项

第一，购买疫苗时，最好使用国家正式批准生产厂家的疫苗，同时应认真检查疫苗的生产日期、有效期及用法、用量说明。另外还要检查疫苗瓶有无破损、瓶塞有无脱落与渗漏，禁止使用无批号、无生产日期或破损的疫苗。

第二，注意无菌操作和自身防护。注射用针筒、针头要经煮沸消毒15～30分钟、冷却后方可使用，也可使用市场上销售的一次性注射器。应做到1牛1针头。防疫人员注意无菌要求，同时还要加强自身的防护，特别是使用人兽共患病疫苗时，应谨慎小心。

第三，疫苗使用前、注射过程中应不停地振荡，使注射进去的疫苗浓度均匀。当天开瓶的疫苗当天用完，剩余部分要作无害化处理。疫苗空瓶要集中做无害化处理，不得随意丢弃。

第四，严格按规定剂量注射，不能随意增加或减少剂量。经常观察注射器刻度，确保每头牛都接种上剂量相同的疫苗，避免少注、漏注，禁止打"飞针"。

第五，防疫注射必须在兽医师的指导、监督下进行，由掌握注射要领的人员实施，一定要认真仔细。

第六，同一季节需注射多种疫苗时，未经联合试验的疫苗宜单独注射，且前后2次疫苗注射间隔时间应在7天左右。

第七，免疫前后不要滥用药物。使用弱毒菌苗前后1周不要使用抗生素及磺胺类药物（包括饲料中添加的药物）；使用病毒性活疫苗前后1周不要使用抗病毒药物、干扰素及免疫抑制剂，以免影响免疫效果。

第八，兽医师及相关人员要填写疫苗免疫登记表，以便安排下一次防疫注射时间。

第九，使用的药物和添加剂要充分搅拌均匀。使用一种新的饲料添加剂或药物，先做小批试验，确定安全后方可大群使用。

五、有计划地进行药物预防及驱虫

（一）药物预防

有计划地进行药物预防是搞好防控的有效措施之一。特别是在某些疫病的流行季节到来之前或流行初期，选用高效、安全、廉价的药物，添加在饲料中或饮水中服用，可在较短的时间内发挥作用，对全群进行有效的预防。药物预防应注意药物的选择和用药程序。要有针对性地选择药物，最好做药敏试验，当使用某种药物效果不理想时应及时更换药物或采取其他方案。用药要科学，按疗程进行，既不可盲目大量用药，也不可长期用药和时间过短。每次用药都要有详细的记录登记，如记载药物名称、批号、剂量、方法、疗程。观察效果，对出现的异常现象和处理结果更应如实记录。

（二）定期驱虫

每年春、秋两季各进行1次全牛群的驱虫，通常结合转群、转饲或转场实施。犊牛在1月龄和6月龄各驱虫1次。驱虫前应做粪便虫卵检查，弄清牛群内寄生虫的种类和危害程度，或者根据当地寄生虫病发生的情况，有的放矢地选取驱虫药。一般可选用如丙硫咪唑等高效、低毒、广谱驱虫药，驱除线虫、绦虫及吸虫等；选用用伊维菌素，驱除线虫、疥螨等寄生虫。

六、细心观察牛群，及时发现、及时诊治或扑灭疫病

牛场每天由饲养管理人员在饲喂前和饲喂过程中，注意细心观察牛的行为特征等有无异常变化，并进行必要的检查，发现异常，要及时由牛场兽医进行及时诊断和治疗，以减少不必要的损失或将损失降低至最小程度。

（一）牛的行为特征

了解牛的行为特征，有助于在牛生长发育的各个阶段进行科学的饲养管理和疾病防控。

1. 摄食行为

牛只依靠长而高度灵活的舌采食饲料，把草卷入口中，然后匆匆咀嚼后吞咽入胃，容易将异物吞入胃内，造成瘤胃疾病，因此应防止异物混入草料中。在放牧采食时，依靠舌和头的转、摆动作将牧草扯断。在草架上吃草有往后甩的动作，故对饲草的浪费很大。应根据这一摄食行为采取合适的饲喂设施和方法。放牧牛只能采食地面上一定高度的牧草，而不能采食短草。牛放牧时，平均每天行进4千米（牧道每头牛约有2个牛体宽）。一天有4个主要的摄食高峰：①日出前不久；②上午的中段时间；③下午的早期；④近黄昏。日出前和近黄昏时摄食持续时间最长。在其他时间，牛间歇地吃草、游走、休息或反刍。牛放牧应抓紧早晚两头时间。一天24小时中，牛摄食时间约为4～9小时。摄食量的多少一般受到牛只的年龄大小、生理状态、牧草植被和气候情况制约。牛日摄食鲜草量约为其体重的10%，折合干物质约为其体重的2%左右。牛摄食时，一天饮水1～4次，躺卧休息时间约为

9～12 小时。牛在摄食活动中具有选择性，喜食青绿饲料和块根，通常会避免采食被排泄物污染了的、绒毛多的或者外表粗糙的牧草。牛可用嗅觉选择各种类型的牧草，但味觉的刺激是决定选择的主要因子。尽管牛只通过训练能采食大量含有酸性成分的饲料，但仍喜欢摄食带甜味、咸味的饲料，但通过训练能大量摄食带酸性成分的饲料。

2. 反刍行为

牛摄食时非常粗糙，饲料未经仔细咀嚼即吞咽入胃。当其休息时，在瘤胃中经过浸泡的食团会刺激瘤胃前庭和食管沟的感受器，兴奋传至中枢，引起瘤胃的逆蠕动，食团通过逆呕再反送到口腔，再咀嚼，混入唾液，再吞咽，这一过程称为反刍。反刍是所有反刍动物共有的行为特征。牛反刍行为的建立与瘤胃的发育有关，一般约在 9～11 周龄时出现反刍。牛只摄食草料后，通常经过 0.5～1 小时就开始反刍，每个食团咀嚼 40～80 次，每天反刍次数为 9～16 次，每次反刍约 15～45 分钟，每天用于反刍的时间约为 4～9 小时。牛的反刍频率和反刍时间受到牛只的年龄和牧草质量的影响。幼牛日反刍次数高于成年牛，采食粗劣牧草比优质牧草增加反刍次数和时间。扰乱或停止反刍的因素是多种多样的：牛发情期，反刍几乎消失，但不完全停止；任何引起疼痛的因素、饥饿、母性忧虑或疾病都能影响反刍行为，分娩前后，反刍机能降低。

3. 嗳气行为

进入瘤胃的饲料在微生物的作用下，不断发酵产生挥发性脂肪酸和多种气体（如二氧化碳、甲烷、氨气等），导致胃壁张力增加，兴奋了瘤胃背囊和贲门括约肌处的牵张感受器，经迷走神经的纤维传到延髓嗳气中枢，瘤胃由后向前收缩，压迫气体移向瘤胃前庭，部分气体由食道进入口腔而吐出，这一过程称为嗳气。瘤胃代谢过程中可产生大量气体，其中部分由瘤胃壁吸收进入血液循环经代谢排出，其余绝大部分通过嗳气直接排出体外，这是牛的一种正常生理行为。牛平均每小时嗳气 17～20 次。

4. 食管沟反射行为

食管沟始于贲门，延伸至网瓣胃口，它是食道的延续。收缩时呈一个中空闭合的管子，可使食团穿过瘤网胃而直接进入瓣胃。哺乳期犊牛，吮吸乳汁时，引起食管沟闭合，称食管沟反射。这样可使乳汁直接进入瓣胃和皱胃，可防止乳汁进入瘤、网胃而引起细菌发酵和消化道疾病。在一般情况下，哺乳期结束的育成牛和成年牛食管沟反射逐渐消失。

5. 排泄行为

牛一天一般排尿约 9 次、排便约 12～18 次。牛排泄的次数和排泄量随摄食饲料的性质和数量、环境温度以及牛只个体不同而异。荷斯坦牛在 24 小时可排便 40 千克，而娟姗牛在相同情况下排便约 28 千克。牛的排便时间较为分散，在躺卧休息结束时一般都有排便。牛的排泄没有固定地点，可排于牛圈内任何位置，但在夜晚和阴雨多风的天气时，牛群倾向于聚集在一起，此时排便可集中于某一局部区域。牛对粪便毫不在意，经常行走和躺卧在排泄物上。公牛和母牛正常的排便姿势是尾巴从尾根处弯曲向上拱起，背拱起，后腿向前撇开。

6. 繁殖行为

牛是单胎家畜，繁殖年限约10～12年，一般无明显的繁殖季节，尤在气候温和的条件下，常年发情，常年配种。幼牛生长发育到一定时期，开始表现性行为。生殖器官发育成熟，公牛产生成熟精子，母牛能正常发情并排卵，这一生理状态称为性成熟。性成熟的年龄，公牛约为6～10月龄，母牛约为8～14月龄。发育正常的后备母牛在18月龄时就可进行初配。母牛发情周期为21天左右，妊娠期为280天左右。种公牛一般从1.5岁开始利用。

（1）发情行为和交配行为　公母牛的发情征状有很多差异。公牛通过听觉、嗅觉判别母牛的发情状态，不需要特殊环境便可产生求偶行为，表现为追逐，与母牛靠近，阴茎勃起，并试图爬跨。公牛发情无周期性，而母牛的发情则不同，具有明显的周期性，发情时，母牛变得不安、兴奋、摄食量下降、外阴红肿、阴道分泌物增加，常伴有"挂线"现象，愿意接近公牛，并接受公牛爬跨。放牧的牛群中，母牛发情前期，公牛就开始在母牛附近摄食，并保护它。处于发情前期的母牛，对公牛有吸引力，但拒绝公牛爬跨，此时公牛间歇性地舐母牛的外阴部，并常常追逐。当母牛进入发情期，公牛对母牛的保护作用变得更加明显，且不让别的公牛与母牛靠近。公牛的交配具有特定的行为过程，其典型的模式是：性激动，求偶，勃起，爬跨，交合，射精和交配结束。当发情母牛与公牛接触时，常出现公牛嗅舐母牛外阴部，然后公牛阴茎勃起试图爬跨，母牛接受时，体姿保持不动，公牛跃起并将前肢搭于其骨盆前方，阴茎插入后5～10秒射精，尾根部肌肉痉挛性收缩，公牛跃下，阴茎缩回，完成交配动作。

（2）分娩行为　配种后，若母牛排出的卵子受精，则进入妊娠状态。已妊娠的母牛性情变得温顺，行为谨慎，此过程一直维持到分娩。母牛的分娩行为可分为产前期、分娩期和产后期三个行为时期。

7. 运动行为

牛在开始放牧或舍内饲喂后刚进入运动场时，常表现嬉耍性的行为特征，如腾跃、蹦踢，用前肢抓扒，喷鼻，鸣叫和摇头，且幼牛特别活跃。这对于幼牛是有利的，可以促使其获得放牧时如遭到食肉动物侵害而对抗敌手的某些本领。

8. 群体行为

指牛群在长期共处过程中，通过相互交锋，形成的群体等级制度和群体优胜序列。这种群体行为在规定牛群的放牧游走路线、按时归牧、有条不紊地进入挤奶厅以及防御敌害等方面都有重要意义。和其他群居类动物一样，牛的群体行为发展得很完善，具体可以分为防御行为（如打斗和相互威胁等）和非防御行为（如相互舐毛等）。

9. 休息行为

牛一天中休息约10～18小时，有时游走，有时躺卧。通常在腹位卧下时进行咀嚼，以增加腹部压力来促进反刍。躺卧时，经常表现出个体的偏好，有的喜欢左侧卧下，有的喜欢右侧卧下。前肢卷曲在身体下面，一条后腿向前塞在身体下，大部分体重由坐骨结节上面、后腿的膝盖关节和跗关节下面围起来的三角形面支撑。另一条后肢伸向体的一边，膝关节和跗关节部分屈曲。犊牛每天的躺卧次数为30～

40次，总时间达到16~18小时。奶牛的躺卧时间会随着年龄的增大而减少，成年母牛每天的躺卧时间约为10~14小时，躺卧次数为15~20次。奶牛打盹（轻睡）要比深睡的时间长，甚至可以在站立和反刍的时候打盹。长时间的休息行为包括反刍、打盹和深睡等。奶牛的躺卧时间一般会持续0.5~3小时。白天或晚上的中部时段是躺卧持续时间最长的阶段，在此期间，奶牛在起立和进行身体伸展之后立刻又会躺下（通常会用身体的另外一侧着地）。奶牛一生中超过一半的时间是在躺卧休息，一头成年母牛每年躺卧和起立的次数一般为5000~7000次。奶牛的躺卧时间和次数决定于年龄、热循环和健康状况，另外还会受天气、牛床质量、饲养工艺方式和饲养密度的影响。牛以单一姿势游走，它们不像马，不能够持续较长时间用直立姿势很好地休息。长途运输12小时以上时，停息时牛只往往躺卧休息。因此，为了保持健康，牛一昼夜至少卧息睡眠3小时。

10. 感觉行为

在野生的原牛向牛进化的过程中，为寻找食物以及与牛群之间进行交流的目的，牛的感觉器官都发育得相当完善。

（1）视觉 牛的视力范围在330°~360°之间，而双眼的视角范围为25°~30°。牛能够清楚地辨别出红色、黄色、绿色和蓝色，但对绿色和蓝色的区分能力很差。同时，也能区分出三角形、圆形以及线形等简单的几何形状。

（2）听觉 牛的听觉频率范围几乎和人一样，而且能准确地听到一些人耳听不到的高音调。但由于牛的听觉只能探测较远的范围，因而，对那些偏离这个角度范围而离牛体很近的声源发出的声音反而难以听到。

（3）味觉 牛的味觉发达，能够根据味觉寻找食物和使用气味信息与同伴进行交流，母牛也能够通过味觉寻找和识别小牛。味觉对牛只选择食物非常重要，牛只喜食甜、酸类食物，但不喜欢苦味和含盐分过多的食物。

（4）触觉 牛的触觉也很灵敏，能像人一样通过痛苦的表情和精神萎靡等方式将身体的损伤、疾病和应激等表现出来。

（二）发生疫病时的扑灭措施

1. 及时发现、诊断和上报疫情，并通知邻近单位做好预防工作

2. 迅速隔离病牛，污染的地方进行紧急消毒。若发生危害性大的疫病如口蹄疫、炭疽等应采取封锁等综合性措施

（1）隔离 将不同健康状态的动物严格分离、隔开，完全、彻底切断其间的来往接触，以防疫病的传播、蔓延即为隔离。隔离是为了控制传染源，是防控传染病的重要措施之一。隔离有两种情况。一种是正常情况下对新引进牛的隔离，其目的是观察这些牛是否健康，以防把感染牛引入新的地区或牛群，造成疫病传播和流行。另一种是在发生传染病时实施的隔离，是指将病牛和可疑感染的病牛隔离开。隔离病牛防止牛群继续受到传染，以便将疫情控制在最小范围内加以就地扑灭。在发生传染病时，要立即仔细检查所有的牛，根据牛的健康程度不同，可分为病牛、可疑感染牛和假定健康牛3类，以便区别对待。

① 病牛。症状明显的牛，单独或集中饲养在偏僻、易于消毒的地方；病牛数目较多，可集中隔离在原来的牛舍里。特别注意严密消毒，加强卫生，专人饲养，

加强护理、观察和治疗，其他任何人员不得进入病牛舍。要固定所用的工具，注意对场所、用具的消毒，出入口设有消毒池，进出人员必须经过消毒后，方可出入隔离场所。粪便无害化处理，其他闲杂人员和动物避免接近。如经查明场内只有极少数的牛患病，为了迅速扑灭疫病并节约人力和物力，可以扑杀病牛。或没有治疗价值的病牛，可根据国家有关规定进行严密处理。隔离观察时间的长短，应根据该种传染病患病动物带菌（毒）、排菌（毒）的时间长短而定。

② 可疑感染牛。是指未发现任何症状，但与病牛及其污染的环境有过明显的接触的牛，如同群、同圈、同槽、同牧、同一运动场、使用共同的水源、用具等。可疑感染牛有可能处在潜伏期，并有排菌、排毒的危险。对可疑感染牛应在消毒后另选地方将其隔离、看管，限制其活动，详加观察，出现症状的则按病牛处理。有条件时应立即进行紧急免疫接种或预防性治疗。隔离观察时间的长短，根据该种传染病的潜伏期长短而定，经一定时间不发病者，可取消其限制。

③ 假定健康牛。无任何症状，一切正常，要将这些牛与上述两类牛严格隔离饲养，加强防疫消毒和相应的保护措施，并做好紧急预防接种工作。同时，仔细观察，一旦发现病牛，要及时消毒、隔离。

此外，对污染的饲料、垫草、用具、牛笼舍和粪便等进行严格消毒。妥善处理好尸体。做好杀虫、灭鼠、灭蚊蝇等工作。在整个隔离期间，禁止由场内运出和向场内运进牛、饲料、养牛的用具，禁止场内牛迁移，禁止其他畜牧场、饲料间的工作人员来往以及场外人员来牛场参观。当传染病扑灭后，经过 2 周不再发现病牛时，经彻底的大消毒才可以解除隔离。

（2）封锁　根据《中华人民共和国动物防疫法》规定，当确诊为口蹄疫等"一类"传染病或当地新发现的家畜传染病时，兽医人员应立即报请当地政府机关，划定疫区范围，进行封锁。执行封锁时应掌握"早、快、严、小"的原则，即执行封锁应在流行早期，行动果断、快速，封锁严密，范围尽可能小。

3. 实行紧急免疫接种，并对病牛进行及时和合理的治疗

4. 严格处理死牛和淘汰的病牛

可采用焚烧法和深埋法进行处理。

（1）焚烧法　一种传统的处理方式，是杀灭病原最可靠的方法。可用专用的焚尸炉焚烧牛尸体，也可利用供热的锅炉焚烧。但近年来，许多地区制定了防止大气污染条例，限制焚烧炉的使用。

（2）深埋法　一种简单的处理方法，费用低且不易产生气味，但埋尸坑易成为病原的贮藏地，并有可能污染地下水。因此必须按要求深埋，而且要有良好的排水系统。

七、牛常发病的防控保健技术措施

（一）奶牛乳房卫生防控保健技术措施

1. 挤乳卫生管理

（1）挤乳员应该保持相对固定，避免频繁更换。

（2）挤乳前将牛床打扫清洁，牛体刷拭干净。

（3）挤乳前，挤乳员将双手用清水清洗干净后，用 0.1% 新洁尔灭溶液等消毒液消毒，并用清洁消毒毛巾擦干。

（4）洗乳房先用0.02％～0.03％次氯酸钠溶液等消毒药液浸泡乳头，停留30秒，再用50℃温水彻底洗净乳房。水要勤换，每头牛固定一条毛巾，洗涤后用干毛巾擦干乳房。

（5）乳房洗净后应按摩使其膨胀。手工挤乳采用拳握式，开始用力宜轻，速度较慢，逐渐加快速度，每分钟挤压80～100次。

（6）机器挤乳时，真空压力应控制在46.6～50.6千帕，搏动控制在每分钟60～80次，要防止空挤。当挤乳结束后，要立即用手工方法挤尽乳房内余奶。挤奶结束后，再用0.5％～1％碘伏或0.02％～0.04％次氯酸钠溶液浸泡乳头。

（7）挤乳的顺序是先挤健康牛，后挤病牛。乳腺炎患牛，要用手挤，不能用机器挤。

（8）无论是人工挤奶还是机器挤奶，挤奶时都要废弃每一乳头的最初1～2把奶，收集到专门的容器内，集中处理。将乳腺炎乳汁收集在一个专门的容器内，集中处理。

（9）清洗、消毒乳房毛巾及挤乳器具，使用前后必须彻底清洗。洗涤时先用清水冲洗，后用温水冲洗，再用0.5％热碱水洗，最后用清水洗。橡胶制品清洗后用消毒液浸泡。

（10）挤乳机每次用后均要清洗消毒，而且每周用0.25％氢氧化钠溶液煮沸15分钟或用5％氢氧化钠溶液浸泡消毒1次。

2. 隐性乳腺炎监测

（1）隐性乳腺炎监测。采用加州乳腺炎试验（C. M. T法）。

（2）泌乳牛每年1月、3月、6月、7月、8月、9月、11月进行隐性乳腺炎监测。凡阳性反应在"＋＋"以上的乳区超过15％时，应对牛群及各个挤乳环节做全面检查，找出原因，并制定相应的解决措施。

（3）干乳前10天进行隐性乳腺炎监测，对阳性反应在"＋＋"以上的病牛及时治疗，干乳前3天再监测1次，阴性反应牛才可干乳。

（4）做记录。每次监测应详细记录。

3. 控制乳腺炎感染与传播的措施

（1）奶牛停乳时，对每个乳区注射1次抗菌药物。

（2）产前、产后乳房膨胀较大的牛只，不准强制驱赶起立或急走，蹄尖过长及时修蹄，防止发生乳房外伤。有吸吮癖的牛应从牛群中挑出。

（3）临床型乳腺炎病牛应及时隔离治疗。奶桶、毛巾等要专用，用后及时消毒。病牛的乳汁消毒后废弃，及时合理治疗，痊愈后再回群。

（4）及时治疗胎衣不下、子宫内膜炎、产后败血症等易继发引起乳腺炎的疾病。

（5）对久治不愈、慢性顽固性乳腺炎病牛，应及时淘汰。

（6）乳房卫生保健措施，应在兽医人员具体参与下贯彻实施。

（二）蹄部卫生防控保健技术措施

（1）经常检查日粮中各营养成分平衡状况和蹄病发生情况，如发现日粮失衡要及时调整，尤其是蹄病发病率达 15％以上时更应引起重视。

（2）牛舍和运动场的地面应保持平整、干净、干燥，及时清扫粪便、砖瓦块、铁器、石子等坚硬物体和排除污水，夏不积水，冬不结冰，保持干燥。严禁用炉灰渣垫运动场或通道。

（3）每年春、秋季各检查和修蹄 1 次，并及时治疗患蹄病牛。在蹄病高发的雨季，每周用 4％～5％硫酸铜溶液喷洒蹄部 2～3 次。

（4）发生蹄病及时治疗，防止病情恶化。及时诊治乳腺炎、子宫炎、酮病、肢体病等，防止继发蹄病。

（5）禁用有肢蹄遗传缺陷的公牛配种。

（三）营养代谢病的防控保健技术措施

1. 给予合理日粮，做好饲料贮存和调制工作

根据牛的用途和不同生理阶段，合理搭配饲料。日粮的数量和质量，既要考虑机体生理需要，又要注意营养物质间的平衡关系。同时，还要注意公牛配种期、母牛妊娠期和泌乳期、犊牛生长期等情况下的特殊需要。如高产奶牛群在泌乳高峰期，应在精饲料中适当加喂碳酸氢钠、氧化镁等添加剂。饲料贮存和加工调制过程中，要防止营养物质的破坏和流失。如某些维生素类添加剂，贮存时间稍长就会失去活性，因此，最好是现用现配。此外，加强运动和多晒太阳，对预防诸如佝偻病等营养代谢病有着十分重要的意义。

2. 定期抽查血样和尿样，及时发现和处理病情

对于奶牛，特别是高产奶牛，每年应进行 2～4 次血样检查，检查项目包括：血红细胞数、红细胞压积（PCV）、血红蛋白、血糖、血磷、血钙、血钠、血酮体、总蛋白、白蛋白等。在产前 1 周至分娩后的 2 个月内，隔天测定尿 pH 值和酮体 1 次。经过血样和尿样检查，及时发现病情，并通过改善日粮、添加微量元素和使用药物治疗等，将营养代谢病消灭在萌芽和早期阶段。

第二章　牛病的诊疗技术

第一节　牛病诊断技术

牛得了疾病，首先要进行诊断。牛病诊断技术包括临床诊断技术、流行病学诊断技术、病理学诊断技术、治疗观察诊断技术、实验室诊断技术和综合诊断技术。

一、临床诊断技术

临床诊断技术是疾病诊断工作中最常见和首先使用的一些诊断技术。它是利用人们的感觉器官（如口、眼、手、耳、鼻等）或借助一些最简单的诊断器材（如体温计、听诊器、叩诊器材等）直接对病牛进行诊断。有时也包括血、粪、尿的常规检验。对于牛体某些具有特征性症状表现的典型病例如破伤风、放线菌病等，经过仔细的临床诊断，一般不难做出诊断。临床诊断技术的基本方法包括问诊、视诊、触诊、听诊、叩诊和嗅诊；临床诊断技术的一般临床检查包括整体状态的观察，被毛及皮肤的检查，眼结膜的检查，浅表淋巴结的检查，体温、脉搏及呼吸数的测定；临床诊断技术的基本内容包括群体检查和个体检查。在进行临床诊断时，应注意对整个发病牛群所表现的综合症状加以分析判断，不要单凭个别或少数病例的症状轻易下结论，以防止误诊。

（一）临床诊断技术的基本方法

1. 问诊

是以询问的方式向饲养管理人员或防疫员等有关人员调查了解与发病有关的情况和经过，一般在做其他检查之前进行，也可贯穿于其他检查的过程之中。问诊内容主要包括以下几个方面。

（1）病史　包括既往病史和现有病史。了解患牛以往的健康状况，以前是否发生过类似疾病、如何处置得、效果如何？本次疾病发生的时间、发病经过、主要表现，采取过什么措施，用过什么药物以及效果等。

（2）周围的牛只或本场其他牛群体的健康状况　了解同一牛群体中有多少牛先后或同时发生过类似疾病，邻舍及附近场、区牛群体最近是否也有过类似疾病的发生等。

（3）饲养管理及预防用药情况　主要了解饲料的种类、来源、质量、饲喂量和最近是否有什么变化，饲养人员是否有顶班现象，牛场牛舍环境的卫生状况，管理制度；接种疫苗的种类、来源，接种时间和接种方法，以及其他预防药物的使用情况；周围近期有无新引进的动物，新引进的动物是否带来新的疾病等。

问诊时的语言要通俗，所问内容应根据具体情况而定，既要全面、又要有重点。对问诊所掌握的情况，要实事求是地记录下来，不能随意发挥。

2. 视诊

主要是兽医利用肉眼直接或借助器械观察病牛目前的整体或局部状态和各种异常现象。通过视诊可以发现许多有意义的症状，为进一步诊断检查提供线索，被列为中医四诊（望、闻、问、切）之首。视诊的适应范围包括群体视诊和个体视诊，可分为全身状态视诊、局部视诊及特殊部位视诊等三方面。

（1）视诊的内容　视诊的内容很多，一般包括体形外貌、体格发育、营养状况、精神状态、运动姿势及被毛、皮肤和可视黏膜的变化等；还要注意某些生理活动是否正常，如有无气喘、咳嗽、流涎及异常的采食、咀嚼、吞咽和排泄动作等；也要留意粪便和尿液的性状、数量等。

（2）视诊的方法　在牛安静或运动的情况下，检查者通过肉眼进行直接检查，某些特殊部位需借助仪器设备观察。视诊的一般程序是先视诊群体动物，判断其总的营养、发育状态并发现患病的个体。

群体视诊是巡视牛群、发现个体病牛的重要内容。个体视诊是检查人站在距离病牛2～3米远的地方，由左前方开始，从前向后，边走边看，有顺序地观察头部、颈部、胸部、腹部和四肢，走到正后方时，观察尾部、会阴部，同时对照观察两侧胸腹部及臀部的状态和对称性，再由右侧走到正前方。如果发现异常，可接近病牛，按相反的方向再转一圈，对呈现异常变化的部位作进一步细致的观察。最后病牛进行牵遛运动，以观察其运步状态。注意应尽量让病牛保持自然状态和在自然光下进行视诊。

视诊的方法虽然简单，但要想客观而全面地收集症状，并能进行综合分析和判断，必须具有敏锐的观察力和准确的判断力，要求兽医工作者应加强临床实践锻炼和善于进行总结。

3. 触诊

触诊是检查者通过触觉及实体感觉进行检查的一种疾病诊断方法，即检查者用手触摸按压动物体被检查的部位，判定病变的位置、形态、大小、质地、硬度、温度、湿度、敏感性和移动性等，以推断疾病的部位和性质。此外，也可借助于诊疗器械进行间接触诊。

（1）触诊的方法和类型　触诊可分为浅部触诊法和深部触诊法两种。

① 浅部触诊法。常用于检查体表和浅在部位器官组织的功能状态，如检查体表温度、湿度，皮肤及皮下组织厚度、弹性、硬度、敏感性，肌肉紧张性及局部肿物的性状，骨骼和关节的肿胀、变形，体表浅在的病变，关节、软组织以及浅部的动脉、静脉、神经、阴囊和精索等。检查者常以手掌的掌面或背面接触或按压被检查部位皮肤，或按一定顺序触摸，对可疑部位或患部肿物用手指按压或揉捏，根据手感和检查时病牛的反应情况来进行判断。

② 深部触诊法。常用于体腔内器官的检查，常用于触摸腹部。检查者以一手或两手重叠，由浅入深，用不同的力度逐渐加压以达深部，以触感深部器官的部位、大小，判断有无疼痛及异常肿块等。临床上，依目的的不同可采用不同的手法，如深部滑行触诊法、双手触诊法、深压触诊法、冲击触诊法、切入式触诊法

等。有时还可借助器械进行间接接触，如用探针对某些创伤进行探诊检查等。

通过直肠进行内部触诊，即所谓直肠检查，乃是大动物兽医临床上对触诊方法的独特运用，这对后部腹腔器官与盆腔器官（后部肠管，牛的瘤胃、肾脏、输尿管、膀胱、卵巢、输卵管、子宫以及肠系膜与骨盆等）的疾病诊断十分重要。

（2）触诊的主要内容　第一，检查动物的体表状态；第二，检查某些器官、组织，感知其生理性或病理性的冲动；第三，了解腹壁及腹腔内组织器官的状态及异物；第四，检查动物组织器官的敏感性。

（3）触诊的注意事项　第一，触诊时，先周围、后中心、先浅、后深、先轻、后重。第二，要确实保定好动物，以保证人畜安全。第三，检查体表的温度和湿度时，应以手背进行，动作要轻柔，应注意躯干与末梢的对比，以及左右两侧、健康区域与病部的对照检查。第四，注意区别正常和异常表现。第五，腹部触诊时切不可伤及内脏器官。

4. 听诊

听诊是借助听诊器或直接用耳朵听取机体及其体内某些器官在活动过程中所发出的自然或病理性声音，再根据声音及其性质的变化推断体内器官功能状态和病理变化的一种诊断方法。

（1）听诊的应用范围　听诊的应用范围很广，包括直接听取动物机体的嘶鸣、狂吠、呻吟、喘息、咳嗽、嗳气、咀嚼、运步等声音及高朗的肠鸣音等。现代听诊法临床上常用于心脏、肺脏和胃肠、胎儿的检查，如听诊心脏的搏动音，可知其频率、强度、节律及有无杂音；听诊肺部可知呼吸数、呼吸节律、肺泡呼吸音的强弱及是否有啰音和摩擦音等；听诊腹部可知胃肠是否蠕动及蠕动的强弱等；听诊胎儿的胎心音和胎动音可知胎儿的生死。

（2）听诊的分类与方法　听诊的方法可分为直接听诊法与间接听诊法。

① 直接听诊法，是不用器械，用耳朵直接贴于被检查者体表某部位，听取脏器运动时发出的音响的听诊方法。直接听诊需在动物保定确实的情况下进行，在欲听诊动物体表部位垫一听诊布，用耳朵直接贴于动物体表的相应部位进行听诊。

② 间接听诊法，是借助于听诊器进行听诊的方法，即器械听诊方法，为临床常用方法。

（3）听诊的注意事项　第一，要经常检查听诊器，注意接头有无松动，胶管有无老化、破损或堵塞。第二，听诊环境要安静和温暖，最好在室内或避风处进行。第三，听诊器的接耳端，要松紧适宜地插入检查者的外耳道；接体端（听头）要紧密地放在动物体表的检查部位，但也不应过于用力压迫。第四，听诊过程中，胶管不能与任何物体摩擦，以免干扰听诊效果，必要时可将被毛濡湿。检查时应集中注意力，仔细分辨声音的性质，注意排除其他音响的干扰。

5. 叩诊

叩诊是用手指或借助器械对患病牛体表某一部位进行叩击，根据所产生声音的特性来推断叩击部位组织器官有无病理变化的一种诊断方法。

（1）叩诊的应用范围　叩诊被广泛应用于肺、心、肝、脾、胃肠等所有的胸腔、腹腔器官的检查，还可用于头部的副鼻窦的检查。

（2）叩诊的方法　根据叩诊的手法与目的不同，可分为直接叩诊法和间接叩诊法两种。

① 直接叩诊法，即用一个（中指或食指）或用并拢的食指、中指和无名指的掌面或指端直接轻轻叩打（或拍）被检查部位体表，或借助叩诊器械向动物体表的一定部位直接叩击。借助叩击后的反响音及手指的振动感来判断该部组织或器官的病变。

② 间接叩诊法。其特点是在被叩击的体表部位上，先放一振动能力较强的附加物，而后向这一附加物体进行叩击。附加的物体，称为叩诊板。间接叩诊的具体方法主要有指指叩诊法及槌板叩诊法。

指指叩诊法，其手法通常是以左手中指末梢两指节紧贴于被检部位代替叩诊板，其余手指要稍微抬起勿与体表接触；右手各指自然弯曲，以中指（或食指）的指端垂直叩击左手中指第二指节背面。叩击时应以掌指关节及腕关节用力为主，叩击要灵活而富有弹性，不要将右手中指停留在左手中指指背上。对每一叩诊部位应连续均匀叩击 2～3 下，同时在相应部位左右对比，以便正确判断叩诊音的变化。该法简单、方便、不需用器械，适用于中、小动物和大动物浅表部位的诊查。

槌板叩诊法，其手法通常是以左手持叩诊板，将其紧密地放于欲检查的部位上，以右手持叩诊槌，用腕关节做轴而上下摆动，使之垂直地向叩诊板上连续叩击 2～3 次，以分辨其产生的音响。

间接叩诊法叩击力量的轻重，视不同的检查部位、病变性质、范围和位置深浅，一般分为轻叩法（又称阈界叩诊法，用于确定心、肝及肺心相对浊音界）、中度叩诊法（适用于病变范围小而轻、表浅的病灶，且病变位于含气空腔组织或病变表面有含气组织遮盖时）和重度叩诊法（适用于深部或较大面积的病变以及肥胖、肌肉发达者）等。

（3）叩诊音的种类和性质　临床上将叩诊音分为清音、鼓音、浊音、实音和过清音 5 种。叩诊时所产生声音的性质主要取决于叩诊部位有无气体或液体，以及其量的多少，还与叩诊部位组织的厚度、弹性等有关。

① 清音。是一种音调低、音响较强、音时较长的叩诊音，在叩击富弹性含气的器官时产生。见于正常肺区中部叩击所产生的音响。

② 浊音。是一种高音调、音响较弱、音时较短的叩诊音，在叩击覆盖有少量含气组织的实质器官时产生。见于正常肝及心区，病理状况下见于肺有浸润、炎症、肺不张等。

③ 实音。为音调比浊音高、音响更弱、音时更短的叩诊音。为叩击不含气的实质性脏器时所产生的声音。在病理情况下，大量胸腔积液和肺完全实变也可出现。

④ 鼓音。是一种比清音音响强、音时长而和谐的低音，在叩击含有大量气体的空腔器官时出现。病理状况下见于瘤胃胀气、气胸、气腹、肺空洞等。

⑤ 过清音。是一种介于清音与鼓音之间的叩诊音，此种叩诊音正常时不易听到，可见于肺组织弹性减弱而含气量增多的肺气肿患病动物。

（4）叩诊的注意事项

① 宜在安静并有适当空间的室内进行，以防其他声音的干扰。

② 叩诊板（或作叩诊板用的手指）须密切贴紧动物体表，其间不得留有空隙。

③ 叩诊板不应过于用力压迫，除作叩诊板用的手指外，其余不应接触动物的体壁，以免妨碍振动，叩诊应以掌指关节和腕关节活动为主，避免肘关节的运动。应使叩诊槌或用作槌的手指，垂直地向叩诊板上叩击。

④ 叩打应该短促、断续、快速而富有弹性；叩诊槌或用作槌的手指在叩打后应很快地弹开。每一叩诊部位应连续进行 2～3 次，时间间隔均等。

⑤ 叩诊时用力要均匀一致且不可过重，以免引起局部疼痛和不适。叩诊时用力的大小应根据检查的目的和被检查器官的解剖特点而不同。

⑥ 叩诊时如发现异常音响，则应注意与健康部位的叩诊音做对比，并与另一侧相应部位加以比较。应注意在叩打对称部位时的条件要尽可能地相等，当用较强的叩诊所得的结果模糊不清时，则应依次进行中等力量与较弱的叩诊再行比较之。

⑦ 确定含气器官与无气器官的界限时，先由含气器官部位开始逐渐转向无气器官变位；再从无气器官部位开始而过渡到含气器官部位，应反复交替实施，最后依叩诊音的转变部位而确定其界限。

⑧ 叩诊时除注意叩诊音的变化外，还应结合听诊及手指所感受的局部组织振动的差异进行综合考虑判断。

奶牛皱胃变位时应在左侧或右侧倒数第一、二肋间及其周围采取听诊、叩诊结合的方法，若听到特征性的钢管音，则可做出初步诊断。

6. 嗅诊

嗅诊是用嗅觉发现、辨别动物的呼出气体、口腔臭味、排泄物及病理性分泌物以及牛舍和饲料等的异常气味与疾病之间关系的一种检查方法。异常气味大都来自皮肤、黏膜、呼吸道、胃肠道、泌尿生殖道、呕吐物、排泄物或脓液等。嗅诊时检查者可用手将气味扇向自己的鼻部，然后仔细判断气味的特点与性质。嗅诊在兽医临床诊断中有时具有重要意义，如当病牛呼出的气体或尿液有烂苹果味（酮味），可能患有酮症；呼出气体及鼻液的特殊腐败臭味，可能是呼吸道及肺脏患有坏疽性肺炎；阴道分泌物的腐败臭味，可见于子宫蓄脓症或胎衣不下等疾病。

（二）临床诊断技术的一般临床检查

1. 整体状态的观察

整体状态的观察主要包括性别、年龄、精神状态、体格发育、营养状况、姿势与体态、运动和行为。

（1）性别　检查性别时需要注意动物是否被阉割、是否绝育。注意有无生殖器官畸形、发育不完全以及两性畸形等。某些疾病的发生与性别有关，如公畜尿结石、母畜子宫内膜炎和乳腺炎等。

（2）年龄　动物的年龄一般可以通过询问畜主或查阅档案获知。牙齿状态、外貌、角轮、肌肉状态、被毛颜色等可作判断依据。某些疾病的发生往往与年龄有一定关系，例如，新生仔畜溶血病、老龄动物慢性心脏病、肿瘤等。

（3）精神状态　动物的精神状态可根据动物对外界刺激的反应能力及行为表现

而判定。临床上主要观察病畜的神态，注意耳朵、眼活动，面部的表情及各种反应活动。

（4）体格发育　体格发育是指动物骨骼与肌肉的外形及其发育程度。体格、发育状况通常可根据骨骼与肌肉的发育程度及各部的比例关系来判定，必要时可用测量器具进行测量。检查体格时应考虑动物品种、年龄等因素。体格分为体格强壮、体格中等和体格纤弱；发育状况分为发育良好和发育不良，体格强弱和发育状况呈一定关系。

（5）营养状况　营养状况一般用视诊的方法根据肌肉丰满程度、皮下脂肪蓄积量和被毛的状态和光泽度来判定，必要时可称量体重。临床上将营养状况分为良好、中等、不良和过剩（肥胖）4 种。

（6）姿势与体态　姿势和体态是指动物在相对静止或运动过程中的空间位置和呈现的姿态。在病理状态下，动物常在站立、躺卧和运动时出现一些特有的异常姿势。

① 异常站立姿势。典型木马样姿势；站立不稳；长久站立；肢蹄避免负重。

② 强迫躺卧。强迫躺卧是在驱赶和吆喝时，动物仍卧地不起、不能自行起身和站立的状态，即使人工辅助也不能正常站立。

（7）运动与行为　动物运动与行为异常是指运动的方向性和协调性发生改变。临床常见的运动和行为异常表现有运动失调（共济失调）、强迫运动、跛行、腹痛、异嗜、角弓反张、攻击人畜、瘙痒等。

2. 被毛及皮肤的检查

（1）被毛检查　主要采用视诊和触诊来检查。主要观察被毛的清洁、光泽及脱落等情况。健康动物的被毛平顺而富有光泽，每年于春、秋两季脱换新毛。被毛松乱、失去光泽、容易脱落，见于营养不良、某些寄生虫病、慢性传染病。局部被毛脱落，可见于湿疹、疥癣、脱毛癣（皮肤真菌病）等皮肤病。

（2）皮肤检查　皮肤的检查主要包括皮肤的颜色、温度、湿度、弹性、皮肤疹疱、皮肤完整性及其他各种病理变化。皮肤的病变和反应有局部和全身的。

（3）皮下组织检查　主要检查皮肤及皮下组织肿胀，应注意肿胀的部位、大小、形态、内容物性状、硬度、温度、移动性及敏感性等。除用视诊和触诊检查外，还可通过穿刺检查进行鉴别。常见的体表肿胀有炎性肿胀、浮肿、气肿、血肿、脓肿、淋巴外渗、血清肿、疝及肿瘤等。

3. 眼结膜的检查

（1）眼结膜的检查方法　检查者用一手或两手的拇指及食指中指配合打开上下眼睑进行检查；或用一手握住鼻中隔，并向检查者的方向牵引，另一手持同侧牛角，向外用力推，如此使头转向侧方，即可露出结膜。也可两手分别握住两角，将头向侧方扭转，进行眼结膜检查。健康牛的眼结膜颜色呈淡粉红色。

（2）眼结膜检查的内容　眼结膜包括眼睑结膜和眼球结膜。通过观察眼睑及分泌物，眼结膜的颜色，还有眼结膜是否有出血点、出血斑等来诊断相关疾病。眼结膜常见的异常有苍白、潮红、黄染、发绀、流泪、有分泌物、出血点或出血斑等。

4. 浅表淋巴结的检查

浅表淋巴结的检查在确定附近组织器官的感染或诊断某些传染病上有很重要的意义。检查浅表淋巴结时，应注意其大小、结构、形状、表面状态、硬度、温度、敏感度及活动性等，了解病变淋巴结的位置分布。

（1）浅表淋巴结的部位和检查方法　浅表淋巴结的检查主要用视诊和触诊的方法，必要时可配合穿刺检查法，也可通过X线或CT检查。临床上对大动物主要检查下颌淋巴结、颈浅淋巴结、髂下淋巴结，腹股沟浅淋巴结仅在某些特殊情况下检查（见图2-1）。

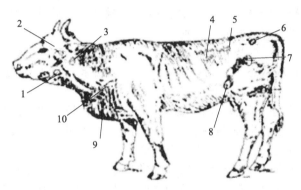

图 2-1　牛的浅表淋巴结分布
1—颌下淋巴结；2—耳下淋巴结；3—颈上淋巴结；4—髂上淋巴结；5—髋内淋巴结；
6—坐骨淋巴结；7—髂外淋巴结；8—膝襞淋巴结；
9—颈下淋巴结；10—肩前淋巴结

（2）浅表淋巴结常见的病理变化　淋巴结是机体重要的防卫器官，当机体某部位有疾病时，相应区域的淋巴结会表现病理变化。浅表淋巴结的病理变化主要表现为急性肿胀或慢性肿胀，全身淋巴结肿胀或局部淋巴结肿胀，有时可化脓。

5. 体温、脉搏及呼吸数的测定

（1）体温的测定

① 测定部位。在直肠内测量。

② 测定方法。一般用体温计进行测温。测温时，首先将牛保定好。检测者一手持体温计，将其水银柱甩至 35℃ 以下，用酒精棉球消毒，蘸上少许或涂以润滑剂（如液状石蜡油或水）。检测者站在牛正后方，一手将尾巴抬起，另一手持体温计徐徐旋转插入肛门约三分之二后，用附有在体温计尾端的夹子夹在尾根毛上加以固定，放开尾巴。放置3分钟或5分钟后，取出体温计，用酒精棉球擦去体温计上的粪便或黏液，然后读出水银柱上端的度数即可。

③ 正常体温。奶牛 37.5～39.5℃；黄牛 37.5～39.0℃；水牛 36.5～38.5℃；牦牛 37.6～38.5℃。

④ 病理变化。

体温升高。根据体温升高的程度可分为微热（体温升高 0.5～1℃）、中等热（体温升高 1～2℃）、高热（体温升高 2～3℃）和极高热（体温升高 3℃以上）。根

据体温曲线（对发热病牛，每天测温两次（上午 8:00～9:00 时，下午 16:00～17:00 时），将逐日数据记录于体温曲线表上并连成体温曲线。一般可分为稽留热（持续高热，且每天温差在 1℃ 以内）、弛张热（体温升高超过正常，且每天温差在 1℃ 以上）和间歇热（有热期与无热期交替出现）。根据发热病程的长短可分为急性发热（发热期延续一周至半月）、亚急性发热（发热期延续 1 月有余）和慢性发热（发热期持续数月甚至一年有余）。

体温降低。体温低于正常范围，临床上多见于严重贫血、营养不良、休克、大出血以及多种疾病的濒死期等。体温低于 36℃，同时伴有眼结膜发绀、末梢冷厥、高度沉郁或昏迷、心脏微弱，多提示预后不良。

⑤ 注意事项。测温前，应将体温计水银柱甩至 35℃ 以下，用酒精棉球消毒并涂以润滑剂后使用；测温时，应注意人、牛安全，通常需要对病牛施行简单保定；体温计插入深度适宜，插入其全长的 2/3；勿将体温计插入宿粪中，应在排出积粪后进行测定。

（2）脉搏测定　脉搏的频率即每分钟的脉搏次数，以触诊的方法感知浅在动脉的搏动来测定。检查脉搏可判断心脏活动机能与血液循环状态，甚至可判断疾病的预后。

① 测定部位。牛通常检查尾动脉。

② 测定方法。检测者站在牛的正后方，左手抬起尾巴，右手拇指放于尾根背部，用食指与中指贴着尾根腹面触诊尾动脉。

③ 正常脉搏数（心率）。乳牛、黄牛每分钟为 40～80 次；水牛每分钟为 30～60 次。

④ 病理变化。

a. 脉搏数增多。病理性脉搏加快主要见于发热性疾病、传染病、疼痛性疾病、中毒性疾病、营养代谢病、心脏疾病和严重贫血性疾病。当脉搏数比正常增加一倍以上时，均提示病情严重。

b. 脉搏数减少。病理性脉搏减慢是心动徐缓的指征。一般可见于引起颅内压增高的脑病、胆血症、某些中毒等。高度衰竭时，也可见有心动徐缓与脉搏稀少。脉搏数的显著减少提示预后不良。

⑤ 注意事项。脉搏检查应待病牛安静后进行。如无脉感，可用手指轻压脉管后再放松即可感知；当脉搏过于微弱而不感于手时，可用心跳次数代替脉搏数。某些生理性因素或药物的影响，如外界温度、运动和使役时、恐惧和兴奋时、母牛妊娠后期或使用强心剂等，均可引起脉搏数改变。

（3）呼吸数测定　动物的呼吸数或称呼吸频率，以每分钟呼吸次数来表示。

① 测定方法。检查者站于病牛一侧，观察胸腹部起伏动作，一起一伏即计算一次呼吸。在冬季寒冷天气时可观察呼出气流，还可用听诊器放在鼻孔前或放在喉气管处进行听诊测数。

② 正常呼吸数。乳牛、黄牛每分钟为 10～30 次；水牛每分钟为 10～40 次。

③ 病理变化。

a. 呼吸数增多。多见于呼吸器官本身的疾病，如各型肺炎、主要侵害呼吸器官的传染病（如牛结核、牛肺疫、副流感等）、寄生虫病（如牛肺丝虫病）以及多数发热性疾病、心力衰竭、贫血、腹内压增高性疾病、剧痛性疾病、某些中毒病（如亚硝酸盐中毒）。

b. 呼吸数减少。临床上比较少见，主要是呼吸中枢的高度抑制。见于胸部疾病和中毒性疾病的后期引起的颅内压增高及濒死期，亦可见于引起喉和气管狭窄（吸气缓慢）以及细支气管狭窄（呼气缓慢）性疾病。呼吸数的显著减少并伴有呼吸节律的改变，常提示预后不良。

④ 注意事项。宜于病牛休息后测定。某些因素可引起呼吸数增多，如外界温度过高、运动和使役时、母牛妊娠及兴奋等。

特别值得注意的是，在发热的疾病，如在脉搏数增多的同时体温反而下降，出现体温与脉搏数曲线的交叉（所谓"死交叉"）也是病牛预后不良的现象。

（三）临床诊断技术的基本内容

1. 群体检查

（1）群体临床检查的方法和程序　群体检查的主要方法包括休息或安静状态的检查、运动状态的检查和采食饮水时的检查。

对群体牛只的检查，主要可通过问诊、视诊、查阅病历资料、现场巡检、群体及个体的临床观察和检查、病理剖检，结合实验室化验及特殊检查法等，对群体牛只的健康提出初步的诊断结果，并对潜在发生的疾病提出预警方案。

在检查的程序方面，应掌握以下原则，即先进行调查了解，后进行检查；先进行巡视环境，后进行牛群检查；先群体后个体；先进行一般检查，后进行特殊检查；先检查健康牛群，后检查病牛群。

（2）群体临床检查的内容

① 牛群体的现状调查。主要检查牛群的规模、组成、来源及繁育情况，场地周围的其他牛群中有无疫情发生及不安全因素，牛群的既往病史、发病率、死亡率，是否存在隐性感染，检疫内容与结果，以及防疫情况等内容。

② 牛群的环境检查。调查养殖场的地理位置、植被、土质、水源和水质、气候条件等是否受到"三废"污染，牛舍建筑，饲养密度，通风及光照，保温和降温，牛栏和牛圈，运动场条件，粪便处理，卫生条件及消毒措施等。

③ 饲养管理与生产情况检查。检查饲喂方法及饲喂制度，饲料的组成及营养价值评定，饲料的贮存及加工方法，牛产品（乳、肉、皮等）的数量和质量，种公牛的配种能力，母牛的受胎率及繁殖能力等。

④ 某些传染病的定期检疫。尤其注意结核、布鲁氏菌病的检疫情况，寄生虫学检查，死亡病例死前症状及死后的剖检变化等。

⑤ 牛群的一般检查。在调查了解、查阅病历和记录资料的基础上，对牛群全面视诊，观察周围环境及牛群的总体情况。然后，依据牛群的大小，小群牛采用普查、大群牛采用随机抽查的方法，或挑选可疑动物，按照视诊、触诊、叩诊、听诊及嗅诊等临床检查法进行个体详细检查，必要时进行实验室检查或特殊检查。

对牧区的放牧牛群，应跟随出牧、放牧和收牧，检查牛群的精神状态、体态和营养、运动和姿态、采食活动、粪便性状及离群情况等。并且应于牛饲喂后安静状态时，观察其反刍活动（如出现时间、持续时间、再咀嚼情况等）、嗳气情况、被毛及舔迹等。

对圈舍饲养牛群的检查，应在饲喂中或饲喂后进行，重点是观察饲料的品质及数量，牛的采食、咀嚼、吞咽、反刍及嗳气、排粪的状态有无异常现象，以及有无咳嗽和鼻腔分泌物等。

2. 个体检查

反刍是牛的特殊消化过程，嗳气是牛的正常生理现象。在临床检查过程中，对反刍活动及前胃（瘤胃、网胃、瓣胃）状态的检查，应给予特殊的注意。另一方面，由于奶牛具有极其旺盛的物质代谢活动，以及生殖器官（子宫、卵巢、乳腺）的功能特殊性，在生产实际中很容易发生生产性疾病、生殖器官疾病和乳腺疾病，因此，在对牛（特别是奶牛）实施临床检查时，应注意以下特定的主要内容。

（1）病史调查　要详细了解饲料供应情况（如青饲料、干草品质、多汁饲料、青贮饲料、块根饲料、精料等）及矿物质饲料的补充情况；注意询问妊娠、胎次、产期、泌乳期；榨乳制度、方法；产乳量及乳汁质量等。同时还要查明某些慢性传染病（如布氏杆菌病、结核病、牛肺疫等）及寄生虫病（如肝片吸虫病、肠道寄生虫病、外寄生虫病等）的有关病史、疫情及检疫结果。

（2）精神状态与姿势检查　被毛及皮肤检查；食欲饮欲检查。

（3）角根、耳根的温度　咳嗽及呼吸困难的有无；浅在淋巴结有无肿胀。

（4）子宫、阴道等泌尿生殖器官的检查　排尿及尿液的检查。

（5）反刍、嗳气检查　牛只采食后 0.5～1 小时左右开始反刍，每个食团咀嚼 40～80 次，一昼夜反刍 9～16 次，每次反刍约 15～45 分钟，每天用于反刍的时间约为 4～9 小时。当牛患瘤胃积食、瘤胃膨气、创伤性网胃炎、前胃弛缓、胃肠炎、腹膜炎、肝脏疾病、传染病、生殖系统疾病、代谢病和脑、脊髓疾病时都会发生反刍障碍。嗳气减弱见于牛前胃疾病、某些热性病和传染病。嗳气完全停止多是食管阻塞的结果。

（6）鼻镜检查　健康牛鼻镜露水成珠，分布均匀，表现为不干不湿。在患急性发热性疾病时，鼻镜干燥甚至干裂，如牛梨形虫病、牛出血性败血病、瓣胃阻塞等。

（7）腹围检查　腹围增大主要见于瘤胃积食、皱胃阻塞、瘤胃膨气、肠臌胀、胎水过多、腹水等。根据腹围增大的位置、软硬度和穿刺检查，进一步鉴别。腹围缩小主要见于一些慢性、急性消耗性疾病，严重脱水，以及引起食欲下降的疾病。

（8）乳房及乳汁质量的检查　奶牛患各种疾病均可导致产乳量降低，但尤以酮血病和乳腺炎最为严重。临床型酮血病，轻症奶牛产乳量持续下降，重症奶牛产乳量骤减。临床重症乳腺炎奶牛表现乳房肿胀、发红、质硬，疼痛明显，乳汁呈淡黄色。恶性乳腺炎病牛发病急，整个乳房肿胀，坚硬，皮肤发紫，疼痛极明显。

（9）倒地不起综合征检查与鉴别　倒地不起综合征按病因可分为运动器官疾病、传染性疾病、中毒性疾病、营养代谢性疾病、神经性机能障碍。常见于蹄叶炎、创伤性网胃腹膜炎、髋关节损伤、闭孔神经损伤（产后瘫痪）、腓神经损伤、脓毒性子宫炎、乳酸中毒、白肌病、酮病、低钾血症、低镁血症、低磷血症和产后低血钙症等。在类症鉴别时，既要认定运动机能障碍的类型，又要查找病因，收集全身症状和局部病变，逐一鉴别。

（10）辅助检查法　根据实际需要，配合进行某些特殊的辅助检查法，如金属异物探测仪的应用，以及 X 射线检查、心电描记，实验室检验中的肝功试验、尿中酮体的测定、乳汁的检验等内容。

二、流行病学诊断技术

流行病学诊断是针对患传染病的动物群体，经常与临床诊断联系在一起的一种诊断方法。流行病学诊断是在流行病学调查（即疫情调查）的基础上进行的，通过询问疫情、座谈、查阅记录、现场察看和临床检查等，取得第一手资料，然后进行归纳整理、分析判断，从而可以初步明确所发生的疾病是普通病还是传染病，是单纯一种疾病还是混合感染、继发感染，为确诊提供依据和线索。同时，通过流行病学诊断可以了解疾病发生的经过，弄清传染源、易感动物、传播途径、影响因素、传播范围，以及发病率、死亡率、病死率等，为拟定防治措施提供依据。一般应弄清以下有关问题。

（一）疾病发生情况

了解最初发病时间和圈舍，传播蔓延速度和范围，目前的疫情分布；疫区内发病牛的数量、性别、年龄、症状表现；查明其感染率、发病率、病死率和死亡率。

（二）疾病病因调查

了解本地或本场过去是否发生过类似疾病？何时何地？流行情况如何？是否做过确诊？有无历史资料可查？采取过何种防控措施？效果如何？如本地未发生过，附近地区曾否发生？本次发病前，是否从外地引进种牛或商品牛，新购牛进场是否检疫和隔离？饲料原料、配方及饲养管理最近是否有较大调换，包括饲料的种类、来源、贮存、调制、饲喂方式等，同时注意饲养人员是否调换？饲料质量怎样，是否发霉变质？如果是购买的饲料，了解厂家的饲料配方、原料是否变化？当地气候是否突变，圈舍的温度、湿度和通风情况如何，附近有无工矿废水和毒气排放？牛场的鼠害情况和卫生状况好坏？牛场是否养着狗、猫等动物？最近是否进行过杀虫、灭鼠或消毒工作，用过什么药物等？收购商贩是否进入过圈舍等？

（三）防疫用药情况

了解本场牛群体常用何种疫苗，免疫程序是否合理，免疫效果如何？牛群体是否按程序给药进行药物预防，常用什么药物，用量多少，如何使用？是否驱虫，用什么药，上次驱虫到现在多长时间了？饲料中用了哪些饲料添加剂，什么时候开始，使用了多长时间，效果如何？未进行小试就大面积使用厂家推荐的饲料添加剂导致消化道疾病发生。

（四）疾病的发展情况和防治效果

了解疾病初期表现与中期、后期的表现是否有差异，一般病程多长，结局如何，是否使用过什么药物或疫苗进行防治，剂量多少，使用多长时间，效果如何等。

三、病理剖检诊断技术

病理剖检诊断技术是对病死牛或濒死期捕杀的牛进行剖检，用肉眼或显微镜检查器官及其组织细胞的病变，认识疾病。病理剖检也称为尸体剖检，是兽医病理学的一种基本研究方法和技术，其特点是方便、迅速、客观、直接、准确，因而被广泛应用。病死牛机体多呈现一定的病变，可作为诊断的依据之一。如牛结核可在肺部、胸膜、淋巴结等处形成具有特殊形态结构的结核结节；患口蹄疫的病牛在口腔黏膜、蹄部和乳房皮肤发生水疱和溃烂；硒与维生素 E 缺乏可引起犊牛的白肌病、肝坏死。但急性病例往往缺乏特征性病变，因此应尽可能多剖检几例，并选择症状较典型的病例。有些传染病除肉眼检查外，还需采集病料送实验室做检查才能确诊。

尸体剖检的对象是患病动物，因此在剖检操作过程中必须遵循一定的规程，保证真实反映疾病所造成的病变，严格防止个人感染和污染环境。必须对病尸进行全面、细致的检查，科学、综合的分析，才能得出可靠的结论。

（一）动物死后的尸体变化

动物死亡后，有机体变为尸体。因体内存在着的酶和细菌的作用以及外界环境的影响，动物死亡后逐渐发生一系列的死后变化。在检查判定大体病变前，正确地辨认尸体变化，可以避免把某些死后变化误认为生前的病理变化。尸体的变化有多种，其中包括尸冷、尸僵、尸斑、尸体自溶、尸体腐败（死后膨气；肝、肾、脾等内脏器官的腐败；尸绿、尸腐）、血液凝固。

（二）尸体剖检前的准备

剖检者进行尸体剖检时，尤其是剖检传染病尸体时，必须做好相应的准备工作，以保证剖检能顺利进行，同时既要注意防止病原扩散，又要预防自身感染。

1. 尸体剖检场地的选择

尸体剖检，特别是剖检传染病尸体，一般应在病理剖检室进行，以便消毒和防止病原扩散。如果条件不许可需在室外剖检时，应选择地势较高、环境较干燥，远离水源、道路、房舍和畜舍的地点进行。剖检前挖深 2 米的深坑，剖检后将内脏、尸体连同被污染的土层投入坑内，再撒上石灰或喷洒 10％的石灰水、3％～5％来苏儿或臭药水，然后用土掩埋。

2. 尸体剖检常用的器械和药品

根据死前症状或尸体特点准备解剖器械，一般应有解剖刀、剥皮刀、脏器刀、外科刀、外科剪、肠剪、骨剪、骨钳、镊子、骨锯、双刃锯、斧头、骨凿、阔唇虎头钳、探针、量尺、量杯、注射器、针头、天平、磨刀棒或磨刀石等。如没有专用解剖器材，也可用其他合适的刀、剪代替。准备装检验样品的灭菌平皿、棉拭子和固定组织用的内盛 10％福尔马林或 95％酒精的广口瓶。常用消毒液，如 3％～5％来苏儿、石炭酸、臭药水、0.2％高锰酸钾液、70％酒精、3％～5％碘酒等。此外，还应准备凡士林、滑石粉、肥皂、棉花和纱布等。

3. 剖检人员的防护

剖检人员，特别是在剖检传染病尸体时，应穿工作服，外罩胶皮或塑料围裙，戴胶手套、线手套、工作帽，穿胶鞋，还要戴上口罩和眼镜。如缺乏上述用品时，可在手上涂抹凡士林或其他油类，保护皮肤，以防感染。在剖检中不慎切破皮肤时应立即消毒和包扎。

4. 剖检前尸体的处理

剖检前应在尸体体表喷洒消毒液，搬运尸体时，特别是搬运炭疽传染病尸体时，应先用浸透消毒液的棉花团塞住天然孔，并用消毒液喷洒尸体体表，然后方可运送。运送用的车辆和绳索等工具，都要严格消毒。污染的土层、草料等要焚烧后深埋。

5. 临床病史的了解

进行尸体剖检前，剖检人员必须先仔细了解病死牛所在地区的疾病的流行情况、病死牛生前病史，包括临床各种化验、检查、临床诊断和死因等。此外，还应注意治疗、饲养管理和临死前的表现等方面的情况。根据临床症状、流行病学等检查所做出的初步诊断，确定动物尸体能否进行剖检。属于国家规定的禁止剖检的患病动物尸体，一定不能剖检，如炭疽病患畜。

在剖检过程中，应保持清洁，注意消毒。常用清水或消毒液洗去剖检人员手上和刀剪等器械上的血液、脓液和各种排出物。剖检后，双手先用肥皂洗涤，再用消毒液冲洗。为了消除粪便和尸腐的臭味，可先用 0.2％高锰酸钾溶液浸洗，再用 2％～3％草酸溶液洗涤，褪去棕褐色后，再用清水冲洗。

（三）尸体剖检的注意事项

1. 了解病史

尸体剖检前，应先详细了解病牛所在地区的疾病的流行情况、生前病史，包括临床化验、检查和临床诊断，以及治疗、饲养管理和临死前的表现等方面的情况。

2. 尸体剖检的时间

尸体剖检应在患病动物死后立即进行。尸体放久后，容易腐败分解，尤其是在夏天，尸体腐败分解过程更快，这会影响对原有病变的观察和诊断。剖检最好在白天进行，因为在灯光下，一些病变的颜色（如黄疸、变性等）不易辨认。供分离病毒的脑组织要在动物死后 5 小时内采取。一般死后超过 24 小时的尸体，就失去了剖检意义。此外，细菌和病毒分离培养的病料要先无菌采取，最后再取病料做组织病理学检查。如尸体已腐烂，可锯一块带骨髓的股骨送检。

3. 脏器的检查、摘取和取材

在采取某一脏器前，应先检查与该脏器有关的各种联系。例如，在采取肾脏前，应先检查肾动脉和肾静脉的开口和分支、输尿管的情况。如发现某方面有异常状态时，就应该对此进行细致检查。例如，当发现输尿管有异常时，可将整个泌尿系统一同采下，并作系统检查。同样，采取肝脏前，应先检查胆管、胆囊、肝管、门静脉、后大静脉、肝动脉、肝静脉，以及肝门淋巴结等。

4. 尸检后处理

（1）衣物和器材　剖检中所用衣物和器材最好直接放入煮锅或高压锅内，经灭菌后，方可清洗和处理；解剖器械也可直接放入消毒液内浸泡消毒后，再清洗处理。胶手套消毒后，用清水洗净，擦干，撒上滑石粉。金属器械消毒清洁后擦干，涂抹凡士林，以免生锈。

（2）**尸体**　尸体剖检完毕，不得随意处理，应按农业农村部颁布的《病死及死因不明动物处置办法（试行）》的有关规定处置，严禁食用肉尸和内脏，未经处理的皮毛等物也不得利用。根据条件和疾病的性质，对尸体进行掩埋或焚烧处理。可立即将尸体、垫料和被污染的土层一起投入坑内，撒上生石灰或喷洒消毒液（尤其要选择具有强烈刺激异味的消毒药，如甲醛等）后，用土掩埋。有条件的最好进行焚烧。

（3）**场地**　对剖检场地进行彻底消毒，以防污染周围环境。如遇特殊情况（如口蹄疫），检验工作在现场进行，当撤离检验工作点时，要做终末消毒，以保证安全。

（四）**牛尸体的剖检术式**

牛的尸体剖检，通常采取左侧卧位，以便于取出约占腹腔 3/4 的瘤胃。

1. 外部检查

在剥皮之前检查尸体的外表状态。外部检查的内容，主要包括品种、性别、年龄、毛色、营养状态、皮肤、天然孔、可视黏膜以及尸体变化。

2. 内部检查

内部检查包括剥皮、皮下检查、体腔的剖开及内脏的采出等。

（1）**剥皮**　将尸体仰卧，自下颌部起沿腹部正中线切开皮肤，至脐部后把切线分为两条，绕开生殖器或乳房，最后于尾根部会合。再沿四肢内侧的正中线切开皮肤，到球节作一环形切线，然后剥下全身皮肤。传染病尸体，一般不剥皮。在剥皮过程中，应注意检查皮下的变化。

（2）**切离前、后肢**　为了便于内脏的检查与摘除，牛先将右侧前、后肢切离。切离的方法是将前肢或后肢向背侧牵引，切断肢内侧肌肉、关节囊、血管、神经和结缔组织，再切离其外、前、后三方面的肌肉即可取下。

（3）**腹腔脏器的采出**

① 切开腹腔。现将母牛乳房或公牛外生殖器从腹壁切除，然后从肷窝沿肋弓切开腹壁至剑状软骨，再从肷窝沿髂骨体切开腹壁至耻骨前缘。注意不要刺破肠管，造成粪水污染。切开腹腔后，检查腹腔液的数量和性状、腹腔内有无异常内容物、腹膜的性状、腹腔脏器的位置和外形、横膈膜的紧张程度、有无破裂等。

② 腹腔脏器采出。剖开腹腔后，在剑状软骨部可见到网胃，右侧肋骨后缘为肝脏、胆囊和皱胃，右肷部可见盲肠，其余脏器均被网膜覆盖。为了采出牛的腹腔脏器，应先将网膜切除，然后依次采出小肠、大肠、胃和其他器官。

a. 网膜的切除。检查网膜的一般情况后，以左手牵引网膜，右手执刀，将大网膜浅层和深层分别自其附着部切离，再将小网膜从其附着部切离，此时小肠和肠祥均显露出来。

b. 空肠和回肠的采出。在右侧骨盆腔前缘找到盲肠，提起牛盲肠的盲端，沿盲肠体向前可见连接盲肠和回肠的三角韧带，即回盲韧带。切断回盲韧带，分离一段回肠，在距盲肠约 15 厘米处将回肠做双重结扎，并从结扎间切断。再抓住回肠断端向身前牵引，使肠系膜呈紧张状态，在接近小肠部切断肠系膜。由回肠向前分离回肠和空肠直至空肠起始部，即十二指肠空肠曲，再做双重结扎，并从两结扎间切断，即可取出空肠和回肠。采出空肠和回肠的同时，要边切边检查肠系膜和淋巴结等有无变化。

c. 大肠的采出。先在骨盆口找出直肠，将直肠内的粪便向前方挤压并在直肠末端作一次结扎，并在结扎后方切断直肠。然后抓住直肠断端，由后向前分离直肠系膜至前肠系膜根部。再把横结肠、肠袢与十二指肠回行部之间的联系切断。最后切断前肠系膜根部的血管、神经和结缔组织，可取出整个大肠。

d. 牛胃、十二指肠和脾的采出。先检查有无创伤性网胃炎、横膈炎和心包炎，以及胆管、胰管的状态。如有创伤性网胃炎、横膈炎和心包炎时，应立即进行检查，必要时将心包、横膈和网胃一同采出。通常先分离十二指肠系膜，将胆管、胰管与十二指肠之间的联系切断。然后将瘤胃向后牵引，露出食管，并在末端结扎切断。再用力向后下方牵引瘤胃，用刀切离瘤胃与背部联系的组织，切断脾膈韧带，将牛的胃、十二指肠及脾脏同时采出。

e. 胰、肝、肾和肾上腺的采出。胰脏可从左叶开始逐渐切下或将胰脏附于肝门部和肝脏一同取出，也可随腔动脉、肠系膜一并采出。肝脏采出，先切断左叶周围的韧带及后腔静脉，然后切断右叶周围的韧带、门静脉和肝静脉（勿伤右肾），便可采出肝脏。采出肾和肾上腺时，首先应检查输尿管的状态，然后先取左肾。右肾用同样方法采出。肾上腺可与肾脏同时采出，也可单独采出。

（4）胸腔脏器的采出

① 锯开胸腔。锯开胸腔之前，应先检查肋骨的高低及肋骨与肋软骨结合部的状态。然后将膈的左半部从季肋部切下，用锯把左侧肋骨的上下两端锯断，只留第一肋骨，即可将左胸腔全部暴露。锯开胸腔后，注意检查左侧胸腔液的数量和性状，胸腔内有无异常内容物，胸膜的性状，肺脏，胸腺，心脏等。

② 心脏的采出。先在心包左侧中央作十字形切口，将手洗净，把食指和中指插入心包腔，提取心尖，检查心包液的量和性状；然后沿心脏的左侧纵沟左右各1厘米处，切开左、右心室，检查血量及其性状；最后将左手拇指和食指分别伸入左、右心室的切口内，轻轻提取心脏，切断心基部的血管，取出心脏。

③ 肺脏的采出。先切断纵隔的背侧部，检查胸腔液的量和性状；然后切断纵隔的后部；最后切断胸腔前部的纵隔、气管、食管和前腔动脉，并在气管轮上做一小切口，将食指和中指伸入切口牵引气管，将肺脏取出。

④ 腔动脉的采出。从前腔动脉至后腔动脉的最后分支部，沿胸椎、腰椎的下面切断肋间动脉，即可将腔动脉和肠系膜一并采出。

（5）骨盆腔脏器的采出　先锯断髂骨体，然后锯断耻骨和坐骨的髋臼支，除去锯断的骨体，盆腔即暴露。用刀切离直肠与盆腔上壁的结缔组织。母牛还应切离子宫和卵巢，再由盆腔下壁切离膀胱颈、阴道及生殖腺等，最后切断附着于直肠的肌肉，将肛门、阴门做圆形切离，即可取出骨盆腔脏器。

（6）口腔及颈部器官的采出　先切断咬肌，再在下颌骨的第一臼齿前，锯断左侧下颌支；再切断下颌支内面的肌肉和后缘的腮腺、下颌关节的韧带及冠状突周围的肌肉，将左侧下颌支取下；然后用左手握住舌头，切断舌骨支及其周围组织，再将喉、气管和食管的周围组织切离，直至胸腔入口处，即可采出口腔及颈部器官。

（7）颅腔的打开与脑的采出

① 切断头部。沿环枕关节切断颈部，使头与颈分离，然后除去下颌骨体及右侧下颌支，切除颅顶部附着的肌肉。

② 取脑。先沿两眼的后缘用锯横行锯断，再沿两角外缘与第一锯相接锯开，并于两角的中间纵锯一正中线，然后两手握住左右两角，用力向外分开，使颅顶骨分成左右两半，这样即可将脑取出。

（8）鼻腔的锯开　沿鼻中线两侧各1厘米纵行锯开鼻骨、额骨，暴露鼻腔、鼻中隔、鼻甲骨及鼻窦。

（9）脊髓的采出　剔去椎弓两侧的肌肉，凿（锯）断椎体，暴露椎管，切断脊神经，即可取出脊髓。

上述各体腔的打开和内脏的采出，是系统剖检的程序。在实际工作中，可根据生前的病性，进行重点剖检，适当地改变或取舍某些剖检程序。

四、治疗观察诊断技术

有时候虽然经过某些项目的检验，仍未能对疫病做出确诊，在实验室确诊之前，可根据临诊症状和病理变化先做出初步诊断，进行治疗处理，对治疗效果进行观察，这也是一种重要的诊断手段。如治疗效果明显，也可作为确诊依据之一。

五、实验室诊断技术

实验室诊断通常包括常规检验、病理组织学检验、微生物学检验、免疫学检验、分子生物学检验、寄生虫病学检验等，通过实验室检验可以对疾病做出准确诊断。

（一）常规检验

1. 血液检验

最常用的是血液常规检验。内容包括：血沉测定、血红蛋白测定、红细胞计数、白细胞计数和白细胞分类计数5项。有时还做血浆二氧化碳结合力测定和血细胞比容测定。

2. 尿液检验

（1）透明度　将尿液盛于清洁的玻璃试管内，对光观察，以判定其透明度。正常牛的新鲜尿液是清亮、透明的，但放置不久由于尿路黏膜分泌物、少量上皮细胞和磷酸盐、尿酸盐、碳酸盐等析出的结晶而变混浊。

（2）尿色　尿色的检查可通过将尿液盛于小玻璃杯或小试管中，衬以白色背景而观察。尿色可因饲料、饮水等而略有差异，一般为微黄色。水牛尿液为水样外观，黄牛尿液为淡黄色。陈旧尿液则颜色加深。当尿中含有血液、血红蛋白或肌红蛋白时，呈红色或红褐色。有些药物可以影响尿色，如应用亚甲蓝时，尿呈蓝色。

（3）尿的气味　检查方法是将尿液置于小烧杯中，一手持烧杯，另一手在烧杯上方轻轻地扇动，检查者通过嗅闻判定其气味。正常动物刚刚排出的尿液略带有有机芳香族气味，这与饲料的性质有关，因为有些蛋白质含有带苯环的氨基酸，代谢后排出挥发性较强的芳香物质较多，气味较强。尿液贮存较长时间后，因尿素分解而有氨臭味，也可见于膀胱炎、膀胱麻痹、膀胱括约肌痉挛、尿道阻塞等疾病时；当发生膀胱或尿道溃疡、坏死、化脓或组织崩解时，由于蛋白质分解而尿液带有腐臭味；当发生酮病或产后瘫痪时，尿中含有大量酮体而有酮味。

（4）尿的比重　牛尿的比重为 1.015～1.050。尿比重增加或减少，可分为生理情况下的正常现象和病理情况下的异常现象。如饮水过少则尿比重增加，而饮水过多则尿比重降低；如发热性疾病、严重胃肠炎等疾病时，尿比重增加；肾机能不全时，则尿比重降低。

3. 粪便检验

（1）粪便的感官检查　主要检查粪便的硬度、色泽、气味、混杂物等。

（2）粪便的化学检查　主要做潜血检查。因为肉眼不能发现潜血，只有应用化学试剂才能检查出来。一般采用联苯胺法。即于试管中放入少许联苯胺，加适量的冰醋酸，制成饱和溶液，再加少量过氧化氢溶液，最后加入预先煮沸冷却的粪便混悬液，如变为绿色或蓝绿色，表明粪便中含有血液，此种情况多见于出血性胃肠炎、创伤性网胃腹膜炎、真胃溃疡、肠道寄生虫病等。

（二）病理组织学检验

牛的有些疫病引起的大体病变不明显或缺如，如仅靠肉眼很难做出判断，还需要做病理组织学检验，例如牛传染性海绵状脑病、肿瘤等。有些病还需要特定的组织器官，如疑似狂犬病时应取脑海马角组织进行包涵体检查。

（三）微生物学检验

根据临床检查、流行病学调查、病理剖检诊断提供的线索，对病原微生物进行镜检、分离、培养、鉴定、动物回归试验等系列检测来诊断疾病，是最确切的诊断方法。

1. 细菌学检验

（1）采集病料　正确采集病料是微生物学诊断的重要环节。病料力求新鲜，最好能在濒死时或死后数小时内采取；应从症状明显、濒死期或自然死亡而且未经治疗的病例取材；要求尽量减少杂菌污染，用具、器皿应尽可能严格消毒。通常可根据所怀疑病的类型和特性来决定采取哪些器官或组织。原则上要求采集病原微生物含量多、病变明显的部位，同时易于采取，易于保存和运动。采取有病变的内脏器官，如心脏、肝脏、脾脏、肾脏、空肠、回肠、淋巴结等作为被检病料。为了提高病原微生物的阳性分离率，采取的病料要尽可能齐全，除了内脏、淋巴结和局部病变组织外，还应采取脑组织和骨髓。

（2）涂片镜检　采用有显著病变的不同组织、器官涂片、染色、镜检。对于一些有特征性的病原体，如炭疽杆菌、巴氏杆菌、葡萄球菌、钩端螺旋体、曲霉菌等，可通过采集病料直接涂片镜检而做出确诊。但对大多数传染病来说，只能提供进一步检查的线索和依据。

（3）病原菌的分离、培养、鉴定

① 分离、培养。无菌操作采取病料，经划线接种在营养丰富的液体或固体培养基的平皿上，用玻璃铅笔在平皿底部注明被检材料及日期，将平皿倒置于 37℃

温箱中，培养 18～24 小时后观察结果。有正常菌群存在部位的病料接种至选择或鉴别培养基。再于 37℃ 温箱中，培养 18～24 小时后，取其典型菌落进行培养。

② 初步鉴定。纯培养的菌落可以做涂片镜检，或接种在适宜的斜面上，利用生化实验进行初步鉴定。还可做动物试验、血清学检验、生物学试验等进行综合鉴定。根据以上实验结果，即可确定病原菌的种类和名称。

（4）**动物试验** 主要用于测定菌株的致病性。用灭菌生理盐水将病料做成 1：（5～10）悬液，也可利用分离培养获得的细菌液作为接种材料。一般可用皮下、肌内、腹腔、静脉、滴鼻或脑内注射等方法接种家兔或小白鼠，剂量为兔 0.5 毫升，小鼠 0.2 毫升。接种感染后按常规隔离饲养管理，注意观察，有时还须对某种实验动物测量体温；若接种后 1 周内，兔或小白鼠发病或死亡，有典型的病理变化，并能分离到所接种细菌即可确诊。如超过 1 周死亡，则应重复试验。

（5）**药敏试验** 测定病原微生物对药物敏感性的试验，简称药敏试验。抗菌药物（包括中草药、抗生素、磺胺类药物等）是兽医临诊常用的药物。但由于各种病原体对抗菌药物的敏感性不同和抗菌药的滥用而导致耐药性的出现，所以，用药前进行药敏试验来选择对细菌具有高度敏感性的药物至关重要。

2. 病毒学检验

（1）**病料处理** 进行病毒学检验时，要对相应病料进行处理，主要对以下三种病料进行处理：对肝、脾、脑、脊髓和淋巴结等的处理；对鼻液、乳汁、脓汁、渗出物、粪便、尿液和咽喉拭子等的处理；对无菌体液和鸡胚液的处理。

（2）**病毒的分离培养** 根据接种材料可以分为鸡胚接种、组织细胞培养和动物接种 3 种接种方式。

（3）**病毒接种及初步鉴定**

① 接种病毒。长成单层的细胞即可接种病毒。接种时，先倾弃掉细胞瓶中的培养液，加入待检病料。病料可事先做成 2 倍稀释系列（两次 1：10 的稀释），每个稀释度接种 2～3 瓶单层细胞，接种量以能盖住细胞层为好。然后置 37℃ 吸附 30～60 分钟，取出弃去含病毒液，加入细胞维持液，置培养箱中培养，每日观察细胞病变。

② 病毒初步鉴定。判断病毒是否增殖可以应用病毒的致细胞病变效应、电子显微镜观察法、红细胞吸附法、病毒间干扰试验法及抗原性测定法进行。

（四）免疫学检验

1. 血清学试验

血清学试验是可以用已知抗原来测定被检动物血清中的特异性抗体，也可以用已知的抗体来测定被检材料中的抗原。常用的血清学方法有：中和试验、凝集试验（直接凝集试验、间接凝集试验、间接血凝试验、协同凝集试验和血细胞凝集抑制试验）、琼脂扩散沉淀试验、补体结合试验、免疫荧光试验、免疫酶技术。这些方法已成为传染病快速诊断的重要工具。

2. 变态反应

动物患某些传染病（主要是慢性传染病）后，可对该病病原体或其产物（某种抗原物质）的再次进入产生强烈反应，即变态反应。能引起变态反应的物质（病原体或其产物或提取物）称为变应原，如结核菌素等，将其注入患病动物时，可引起局部或全身反应，故可用于传染病的诊断。

（五）分子生物学检验

分子生物学诊断又称基因诊断，主要包括 PCR 技术、核酸探针和 DNA 芯片技术，具有很高的特异性和敏感性。

（六）寄生虫病学检验

1. 粪便检查

粪便检查是寄生虫病生前诊断的主要检查方法。因寄生蠕虫的卵、幼虫、虫体及其节片以及某些原虫的卵囊、包囊都是通过粪便排出的，故采取新鲜粪便，进行虫卵检查是临床上常用的方法。

（1）肉眼观察法　寄生于牛消化道的绦虫会不断随宿主粪便排出呈断续面条状（白色）的孕卵节片；另外，其他一些消化道寄生虫有时也可随粪便排出体外。可直接挑出虫体，判明虫种或进一步鉴定。

（2）直接涂片法　本法简便易行，但检出率较低。在干净的载玻片上滴上 1～2 滴普通清水或 50％甘油水溶液，用牙签或火柴棒挑取黄豆粒大小的粪便放在载玻片上，调匀剔除粗粪渣后，并涂开呈薄膜状，其厚度以放在书上能透过薄层粪液模糊地看出书上字迹为宜，然后盖上盖玻片，置于光学显微镜下观察。检查虫卵时，先用低倍镜检查，发现疑似虫卵时，再用高倍镜观察。

（3）虫卵沉淀法　自然沉淀法的操作方法是采取粪便 5～10 克放入烧杯内，加入少量清水，用玻璃棒将粪便捣碎，再加 5～10 倍量的清水调成稀糊状，用 40～60 目铜筛过滤去除大块物质，自然静置 20 分钟，弃去上清液，保留沉渣，再加满清水搅匀，再自然静置 20 分钟，弃去上清液，保留沉渣。如此反复 3～4 次，至上清液清亮为止。最后倾倒掉大部分上清液，留约为沉淀物 1/2 的溶液量，用胶帽吸管吹吸均匀后，吸取少量于载玻片上，加上盖玻片，置显微镜下检查。使用离心沉淀法取代自然沉淀法，可以大大缩短沉淀的时间。离心沉淀法的操作方法是采取粪便 3 克放入烧杯内，加入少量清水，用玻璃棒将粪便捣碎，再加 5～10 倍量的清水调成稀糊状，用 40～60 目铜筛或纱布过滤去除大块物质，将粪液放入离心管中；在离心机以每分钟 2000～2300 转的速度离心沉淀 1～2 分钟；取出后弃去上层液，再加水搅拌，按上述条件重复操作离心沉淀，如此离心沉淀 2～3 次，直至上清液清亮为止。倾去上层液，用吸管吸取沉淀物滴于载玻片上，加盖盖玻片镜检。此法粪便少，一次粪检最好多观察几张片，以提高检出率。

（4）虫卵漂浮法　本法是利用体积、质量大的溶液稀释粪便，可将粪便中体积质量小的虫卵漂浮到溶液的表面，再收取表面的液体进行检查，容易发现虫卵。常用饱和盐水进行漂浮，主要用于检查线虫卵、绦虫卵及球虫卵囊等，以建立生前诊断。饱和盐水的制备，是把 400 克食盐放入 1 升沸水中溶解，之后用纱布或棉花过滤，滤液冷却后备用。漂浮时，采取大约 10 克粪便，用竹筷或玻璃棒弄碎，放于容量为 50 毫升左右的小玻璃杯内，加入适量饱和盐水搅匀后，将此粪液用 60～80 目的筛子或双层纱布过滤到另一个杯内，将滤液静置 0.5 小时左右，用直径 4～10 毫米的小金属圈接触液面，蘸取一层水膜，将其涂在载玻片上，然后加盖玻片进行镜检；或用盖玻片在液面上直接蘸取，放于载玻片上，在显微镜下检查。其他漂浮液有次亚硫酸钠饱和液、硫酸镁饱和液、硝酸钠饱和液、硝酸铵饱和液、硝酸铅饱和液等。检查比重较大的虫卵，如棘头虫虫卵、吸虫卵时，需用硫酸镁、硫代硫酸钠以及硫酸锌等饱和溶液。

2. 寄生虫虫体检查

（1）蠕虫虫体检查法　采取牛粪便5～10克盛于烧杯或盆内，加10倍生理盐水，搅拌均匀，静置沉淀20分钟左右，弃去上清液。将沉淀物重新加入生理盐水，搅匀，静置后弃上清液，如此反复3～4次，弃上清液后，挑取少量沉渣置于黑色背景上，用放大镜寻找虫体。

（2）线虫幼虫检查法　采取牛粪便5～10克放在培养皿内，加40℃温水以浸没粪便为宜，经15分钟左右，取出粪便，将留下的液体在低倍镜下检查，可检出幼虫。

（3）螨虫检查法　选择患病皮肤与健康皮肤交界处，取小刀在酒精灯上消毒后，用手握刀，使刀刃与皮肤表面垂直，刮取皮屑（直到皮肤轻微出血），置于载玻片上，加1～2滴煤油或50％甘油溶液，盖上另一洁净盖玻片，来回搓压病料，使其散开，用低倍镜检查。

（4）虱和其他吸血节肢动物寄生虫检查　虱、蚤等吸血节肢动物寄生虫在动物的腋窝、鼠蹊、乳房和趾间及耳后等部位寄生较多。可手持镊子进行仔细检查，采到虫体后放入有塞的瓶中或浸泡于70％酒精。注意从体表分离蜱时，切勿用力过猛，应将其假头与皮肤垂直，轻轻往外拉，以免口器折断在皮肤内，引起炎症。采集的虫体经透明处理后在显微镜下检查。

（5）血液寄生虫检查　寄生于血液中的寄生虫的检查一般需要采血检查寄生于血浆中或血细胞中的虫体。血液中寄生的常见寄生虫主要有锥虫、巴贝斯虫和泰勒虫。血液寄生虫的检查方法主要有：

① 血液的涂片与染色。一般在病牛高温时，取耳静脉血涂片。在牛保定后将欲采血部位清洁后，用70％的酒精棉球消毒，再用一小块干棉球擦干，然后用针头刺破耳静脉，用载玻片接触最先流出的一滴血，制成血液涂片，后用姬姆萨液或瑞氏液法染色后观察。

② 鲜血压滴的观察。将一滴生理盐水置于载玻片上，滴上被检的血液一滴后充分混合，再盖上盖玻片，静置片刻，放显微镜下用低倍镜检查，发现有运动可疑虫体时，可再换高倍镜检查。由于虫体未染色，检查时应使视野中光线弱些。本方法主要是检查血液中虫体的运动性。

（6）牛生殖道寄生虫——牛胎儿毛滴虫检查　牛胎儿毛滴虫存在于病母牛阴道、子宫分泌物、流产胎儿羊水、羊膜或其第四胃内容物中，也存在于公牛包皮鞘内。采集病料时必须尽可能地避免污染，以免其他鞭毛虫混入病料造成误诊。采集用的器皿和冲洗液应加热使接近体温，冲洗液应采用蒸馏水配制的生理盐水。采取母牛阴道分泌物的透明黏液，以直接自阴道内采取为好，可用一根长45厘米、直径1.0厘米的玻璃管，在距一端的12厘米处，弯成150°角，消毒备用。使用时将管的"短臂"插入受检牛的阴道，另端接一橡皮管并抽吸，少量阴道黏液即可吸入管内。取出玻璃管，两端塞以棉球，带回实验室检查。收集公牛包皮冲洗液时，应先准备 $100\sim150$ 毫升加温到 $30\sim35℃$ 的生理盐水，用针管注入包皮腔。用手指将包皮口捏紧，用另一手按摩包皮后部，而后放松手指，将液体收集于广口瓶中待查。流产胎儿，可取其第四胃内容物、胸水或腹水检查。病料采集后应尽快进行检查。将收集到的病料立即放于载玻片上，并防止材料干燥。对浓稠的阴道黏液，检查前最好以生理盐水稀释 $2\sim3$ 倍，羊水或包皮洗涤物最好先以每分钟 2000 转的速度离心沉淀 5 分钟，而后以沉淀物制片检查。未染色的标本主要检查活动的虫体，在显微镜下可见其长度略大于一般的白细胞，能清楚地见到波动膜，有时尚可见到鞭毛，在虫体内部可见含有一个圆形或椭圆形有强折光性的核。波动膜的发现，常作为本虫，与其他一些非致病性鞭毛虫和纤毛虫在形态上相区别的依据。也可将标本固定，用姬氏染液或苏木素液染色后检查。

六、综合诊断技术

根据临床检查、流行病学调查、病理剖检、治疗观察和实验室检查等的资料，进行综合分析，最终做出诊断。根据诊断结果，选择相应的治疗药物和方法，以达到治愈疾病的目的，同时做好今后牛病的防控工作。需要指出的是，在牛病的诊断过程中，需要具有丰富的兽医和畜牧知识以及实践经验，同时还要具备在众多信息中敏锐地找出主要矛盾的能力。在疾病的具体诊断过程中，如果善于抓住带有特征性的临床表现、流行特点或病理变化等，就可以迅速地做出较为准确的诊断。因此，要求牛场兽医工作者，要不断地加强业务的学习，虚心地向有经验的专家请教，在实践过程中还要勤于思考，这样就可在发生疾病时及时做出诊断。

第二节　牛病治疗技术

一、牛的接近与保定技术

（一）牛的接近技术

呼唤牛，从正前方或正后方接近。接近时还要注意，首先向饲养员或有关人员了解此牛有无恶癖，做到思想上有所准备；其次应熟悉牛的习性，特别是异常表现（如低头凝视、前肢刨地等），以便及时躲避或采取相应措施；再次接近时，用手轻轻抚摸病牛的颈侧或臀部，待其安静后再行检查；最后，在接近病牛前应了解发病前后的临诊表现，初步估计病情，防止恶性传染病的接触传染。

（二）牛的保定技术

动物保定是指用人为的方法使动物易于接受诊断和治疗，保障人、动物安全所采取的保护性措施。由于牛有一定的攻击行为，因此采取合理的保定方法是实施牛病诊疗的前提，也是兽医从业人员应具备的基本操作技能之一。

1. 牛头的保定

笼头主要用于控制牛头，对温顺的牛只用笼头或牛鼻钳，就能完成静脉注射。牛鼻钳是一个钳形器械（图 2-2），术者手持鼻钳站于牛头一侧，迅速，将鼻钳两钳嘴抵住两鼻孔，并迅速夹紧鼻中隔，用一手或双手握持，亦可用绳系紧钳柄将其固定（图2-3），能转移牛的注意力。在没有牛鼻钳的情况下，术者站于牛头一侧，先用一手抓住牛角，然后一手拉提鼻绳、鼻环或用一手的拇指与食指、中指代替牛鼻钳，捏住牛的鼻中隔，抬高和转动牛头，牛将变得驯服（图2-4）。

图2-2　牛鼻钳及其类型

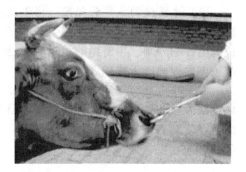

图2-3　牛的牛鼻年钳保定

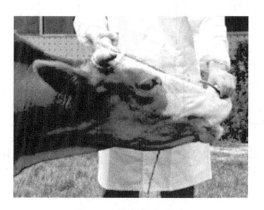

图2-4　徒手保定牛头

2. 牛两后肢的保定

检查乳房或治疗乳房疾病时，为了防止牛的骚动和不安，需将两后肢固定。方法是选柔软的小绳在跗关节上方用绳套固定（图2-5）或做"8"字形固定（图2-6），该

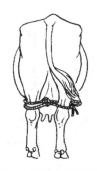

图2-5　两后肢绳套固定　　图2-6　两后肢"8"字形缠绕固定

方法被挤奶工人和临床广泛使用。

3. 牛肢蹄的保定

分为徒手或机械保定牛的一前肢或一后肢。牛三肢站立的稳定性极差，除非特殊情况，一般应借助于柱栏。

（1）牛前肢的提举和保定　将牛放在柱栏内，绳的一端绑在牛的前肢系部，游离端从前柱由外向内绕过保定架的横梁，向前下兜住牛的掌部，收紧绳索，把前肢拉到前柱的外侧。再将绳的游离端绕过牛的掌部，与立柱一起缠两圈，则提起的前肢被牢固地固定于前柱之上（图2-7）。

（2）牛后肢的提举和保定　将牛放在柱栏内，绳的一端绑在牛的后肢系部，游离端从后肢的外侧面，由外向内绕过横梁，再从后柱外侧兜住后肢跗部，用力收紧绳索，使跗背侧面靠近后柱，将跗部与后柱多缠几圈，则后肢被固定在后柱上（图2-8）。

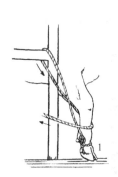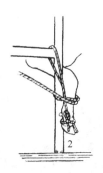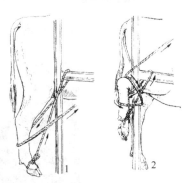

图 2-7　牛前肢提举和保定　　　　　图 2-8　牛后肢提举和保定
（1、2 为操作顺序）　　　　　　　　（1、2 为操作顺序）

4. 牛尾的保定

将牛尾直向前上背曲，是转移牛注意力的简单而又有效的方法，能避免牛体前后左右摇晃。如果与牛鼻钳结合，可作为各种小手术的保定方法。但牛尾不如马尾坚固，用力背屈曲，有可能造成尾椎骨折（图2-9）。

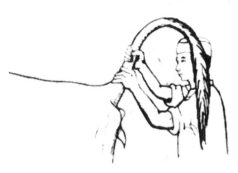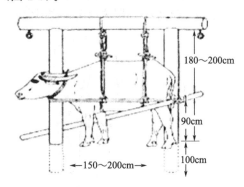

图 2-9　牛尾保定　　　　　　　　　图 2-10　牛二柱栏保定法

5. 牛的柱栏保定

（1）单柱栏保定方法　可将牛拴系在大树、电线杆等单柱上。

（2）二柱栏保定　将牛牵至二柱栏内，鼻绳系于头侧柱栏，然后缠绕围绳，吊挂胸绳、腹绳，即可固定（图2-10）。此法适用于临床检查、各种注射以及颈、腹、蹄等疾病的治疗。

（3）四柱栏保定　将牛牵入四柱栏内，上好前后保定绳，即可保定，必要时还可加上背带和腹带（图2-11）。

当没有保定栏或狭窄栏时，用一条单绳将牛围在栅栏旁边，牛头绑在坚固的柱子上，做一不滑动的绳套装在牛的颈基部，绳的游离端沿牛体向后，绕过后肢，绑在后方的另一柱上（图2-12）。为了防止牛摆动，还可在髋结节前做一围绳，把牛体和栅栏的横梁捆在一起。

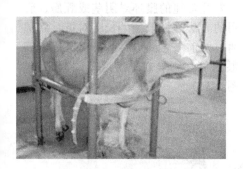

图 2-11　牛四柱栏保定法

图 2-12　栅栏旁保定

6. 牛的倒卧保定

倒卧牛的方法也很多，一条绳倒卧牛法是比较常用的，操作省力、安全。其方法是：选一长绳，一端拴在牛的角根或做一死套放在颈的基部，绳的另端向后牵引。在肩胛骨的后角，以半结做一个胸环，将胸围缠绕。再在髋结节前做一与前边相同的绳环，围绕后腹部，绳的游离端向后牵引，并沉稳用力（图2-13）。同时牵牛者向前拉牛，要坚持2～3分钟，牛极少挣扎，之后平稳地卧倒。牛倒卧后将两前肢和两后肢分别捆绑，向前向后牵引和固定；或四肢集拢保定（图2-14）。

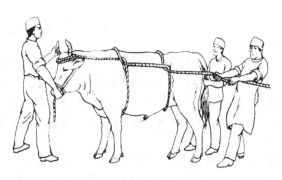

图 2-13　一条绳倒卧牛法

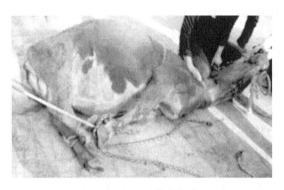

图 2-14　四肢集拢保定

大公牛或贵重的乳牛，用一条绳倒卧牛时，要注意绳的腹环对阴茎或乳房、乳静脉的压迫和损伤，也可用其他方法代替。常用的方法是，取一条长绳对折，将绳的中间部位横置于牛肩峰位置，两游离端向下通过两前肢之间，在胸下交叉后返回到背上，再一次交叉，两游离端向下，在两后肢内侧和阴囊或乳房之间向后穿过。绳的两端保持平稳的拉力向后，直至牛倒下（图 2-15）。

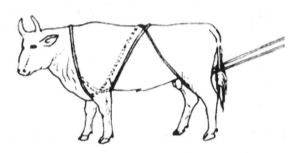

图 2-15　一条绳倒卧牛的变法

二、给药技术和用药技术

（一）给药技术

1. 口服给药

（1）自由采食法　适用于毒性小、适口性好、无不良异味的药物，或牛患病较轻、尚有食欲或饮欲时。

① 方法。把粉剂或水剂药物加入饲料或饮水中，让其自行采食。

② 注意事项。准确掌握药物拌料或饮水的浓度；药物必须均匀地混于饲料或饮水中；同时还要密切注意不良反应。本法多用于大群预防性给药或驱虫。

（2）灌服给药法　主要用于灌服各种水剂药物，或将粉剂、散剂、研碎的片剂加适量的水制成溶液、混悬液后灌服。

① 方法。操作时，一人牵住牛绳，抬高牛头或握住鼻中隔（必要时使用牛鼻钳），使牛头抬起。头部抬起的高度，以口角与眼角的连线与地面平行为宜。术者左手从牛的一侧口角处伸入、打开口腔并轻压舌头，右手持盛有药液的药瓶

（长颈的塑料瓶、斜口竹筒、啤酒瓶等）从另一侧口角伸入口腔送入舌根部，抬高药瓶后部并轻轻振抖或挤压，使药液逐渐流入口中，吞咽后再盛药继续灌服直至灌完。

② 注意事项。药量不宜太多，速度不宜过快，以防药液呛入气管；当病牛发生强烈咳嗽时，应暂停灌服并将牛头放低，使药液咳出；在鸣叫时应暂停灌药，待安静后再灌服。

（3）丸剂、片剂和舔剂的投药法　投丸剂和片剂时，牛站立保定，术者一手伸入口腔，先将舌拉出口外，一手持装好丸剂和片剂的投药器，从另一侧口角伸入并送至舌根部，迅速把药丸（片）推出，抽出投药器将舌松开，并托住下颌部，稍抬高牛头，待其将药丸咽下后再松开。若没有丸剂投药器，则可用手将药丸（片）用大片菜叶裹住并投掷到舌根部，使其咽下即可。舔剂投药时，术者用一手从牛一侧口角伸入打开口腔，轻压舌头，另手用竹片或木片刮取舔剂从另一侧口角送入口内，并迅速将药抹到舌根部后立即抽出舔剂板，松开舌头，抬高头部，使其闭口药物即可咽下。

（4）胃管给药法　主要用于大量水剂药物或可溶于水的流质药液的灌服。

① 方法。站立保定，并适当抬高牛头，打开口腔，戴上开口器。术者将胃管涂润滑油后，从开口器中央孔将其插入。当胃管的前端到达咽部时，即感阻挡，待其吞咽时顺势推进，或作轻微退进，诱其吞咽后再插入胃管。另外，也可将胃管经一侧鼻孔插入。确定胃管插入食管无误后，接上漏斗，先投给少量清水，然后即可灌药。药灌完后，再以少量清水冲净胃管内药物，将胃管对折，慢慢抽出胃管，解下开口器。

② 注意事项。胃管使用前要仔细洗净、消毒，涂以润滑油，操作时动作要轻柔、小心谨慎；牛患有咽炎及明显呼吸困难时不宜使用；经鼻插入时，有时会因为管壁干燥或强烈抽动胃管，引起鼻出血，此时，可将牛头部高抬，冷敷鼻部及额顶部进行止血，必要时应用止血剂；应确实证明插入食管后方可投药，如灌药后引起咳嗽、气喘，应立即停止灌药。否则，会将药液投入气管或肺而引起异物性肺炎或窒息死亡；抢救措施，停止灌药并使牛低头，促进咳嗽，呛出药物，其次应用强心剂或给予少量阿托品兴奋呼吸系统，同时应大量注射抗生素制剂，直至恢复。严重者可按照异物性肺炎的疗法进行抢救。列出胃管插入食道或气管的鉴别要点（表 2-1），以供在投药前进行综合判断，正确投药。

表 2-1　胃管插入食道或气管的鉴别要点

鉴别方法	胃管插入食道	胃管插入气管
胃管前送时的感觉	稍感阻力	无阻力
颈沟触诊	能摸到食道内的坚硬胃管	摸不到胃管
在胃管后端孔听诊	有规则的咕噜声，但无气流冲耳	随呼吸有强力的气流冲耳
在胃管后端孔嗅诊	有酸臭气味	无
在胃管后端孔突然吹入气体或接胶皮球打气	左侧颈沟可见随着气流进入产生的波动	无

鉴别方法	胃管插入食道	胃管插入气管
胃管通过咽后牛的表现	吞咽动作，表现安静	无吞咽动作，大多骚动不安，剧烈咳嗽
捏扁洗耳球按于胃管外端	洗耳球不鼓起	洗耳球鼓起
将胃管后端孔浸入水中	无气泡出现，或有个别无规律的气泡，与呼吸不一致	随呼吸运动出现有规律的气泡

2. 注射给药

注射给药是使用无菌注射器或输液器将药物直接、准确注入牛体组织内、体腔或血管内的给药方法，使之能迅速发生药效。注射前，应仔细检查注射器、针头是否吻合无隙、清洁、畅通，并进行消毒（煮沸或高压蒸汽灭菌），塑料制注射器应为一次性使用；仔细查对药品名称、用途、剂量、性状以及是否过期，同时注射两种以上药品时，应注意有无配伍禁忌；抽完药液后，注射前要排净注射器或胶管的空气；注射时必须严格执行无菌操作规程，防止感染；注射时运用无痛注射技巧，首先要分散动物的注意力，采取适当的体位，使肌肉松弛，注射时做到"二快一慢"，即进针和拔针快，推注药液慢，但对骚动不安的牛应尽可能在短时间内注射完毕；注射过程中，如果针头发生折断时，可用器械取出，或在局部麻醉下，切开组织取出。

常用的注射给药法有皮下注射给药、肌内注射给药、静脉注射给药，有时还需做皮内、气管、瓣胃、乳房等部位注射，具体应用时可根据药物性质、数量和病情而定。

（1）皮下注射给药　主要用于疫苗、血清等注射和无刺激性或刺激性较小的药物。

① 注射部位。常选颈部两侧皮肤易移动的部位。

② 注射方法。将牛妥善保定，注射局部剪毛，消毒；术者左手中指和拇指捏起皮肤，食指下压皱褶呈窝，右手持连接针头的注射器。从皱褶陷窝处刺入皮下2～3厘米，放开皮肤，抽动活塞不见出血，针头可自由拨动时，左手把持针头，右手将药物缓慢地注入皮下。左手持酒精棉球按压注射部位，右手拔出针头，局部消毒。

③ 注意事项。宜用短针头，以防刺入肌肉内。如注射正确，可见局部皮肤稍微隆起。

（2）肌内注射给药　适用于多种药物，主要用于刺激性较强和较难吸收的药液的注射，但不适用于强刺激性药物（如氯化钙等）。

① 注射部位。常选颈侧或臀部肌肉丰厚且无大血管、神经通过的部位。

② 注射方法。将牛妥善保定，局部剪毛消毒。术者左手持注射器，右手持针头，先将针头垂直刺入肌肉，再连接吸好药液的注射器，抽拔活塞确认无回血后注入药液。注完后，拔出针头，用酒精棉球按压消毒片刻。

③ 注意事项。一定要保定好牛只，防止乱动，以免针头在肌肉内移动伤到大

血管、神经和骨骼；不要将针头全刺入肌肉内，以免折断时不易取出；当针头刺入后，要稍微回抽，如无回血才能注射，否则针尖部位应适当调整；长期进行肌内注射时，注射部位应交替更换，以减少硬结的发生。

（3）静脉注射给药　刺激性强、不宜做皮下或肌内注射的药物，或多用于病情严重时补液。

① 注射部位。常选在颈静脉的上 1/3 与中 1/3 交界处的颈静脉。亦可在耳静脉、尾静脉或乳静脉上注射。

② 注射方法。以颈静脉注射来叙述。将牛保定确实，局部剪毛消毒。注射者左手拇指压在注射部位下方 2 厘米的近心端静脉上，或者用绳索勒紧颈部下方，待血管充盈怒张后，右手持针头，瞄准注射部位以腕力使针头近似垂直地迅速刺入皮肤及血管，见有血液流出，即证明已刺入血管。使针头沿静脉方向朝前刺入血管内，连接排净空气的注射器或输液胶管，注入或输入药液。注射或输入完毕，一手拿酒精棉球压紧针孔，另一手迅速拔出针头，按压针孔片刻，最后涂以碘酊。

③ 注意事项。严格遵守无菌操作，对所用的注射用具及注射部位，均应严格消毒；一定要排净注射器或输液胶管内的空气；静脉注射速度不宜过快，以每分钟 30～60 毫升为宜；药液温度要接近体温；油类药剂不能静脉注射；注射钙剂时注射速度要慢；还要随时观察药液注入情况，如发现液体输入突然过慢或停止以及注射部位局部明显肿胀时，应检查回血，如无回血或针头已滑出血管外，应重新刺入；注射刺激性药液时，不可漏于皮下。如有大量高渗药液漏于皮下，立即向肿胀局部和周围注射适量的灭菌蒸馏水，如漏出的是氯化钙溶液，可向肿胀局部注入 10％硫酸钠溶液 10～20 毫升，使氯化钙转化为无刺激性的硫酸钙和氯化钠。

（4）皮内注射给药　主要用于牛结核菌素的变态反应试验。

① 注射部位。在颈侧中部。

② 注射方法。将牛保定确实，局部剪毛消毒，左手拇指和食指将注射部位的皮肤绷紧，右手持注射器，使针头（通常用 1 毫升结核菌素注射器和皮内注射针头）斜面向上，与皮肤呈 5°角刺入皮内。待针头斜面全部进入皮内后，左手拇指固定针柱，右手缓慢地推注药液。推注药液时感到阻力大，注射后在局部形成小丘疹状隆起者为注射正确。注射完毕，拔出针头，用酒精棉球轻轻消毒即可，但应避免压挤局部。

③ 注意事项。注射部位一定要认真判定准确无误，否则将影响诊断和预防接种效果；进针不可过深，以免刺入皮下，应将药物注入表皮和真皮之间；拔出针头后注射部位不可用棉球按压揉擦。

（5）瓣胃内注射给药　主要用于瓣胃阻塞的治疗。

① 注射部位。在右侧第 9 肋间与肩关节水平线相交点的上下 2 厘米范围内。

② 注射方法。站立保定，注射部位剪毛消毒。注射者左手稍移动皮肤，右手持 15～20 厘米长的 16～18 号针头，垂直刺入皮肤后，使针头转向左侧肘突方向刺入 8～10 厘米。先有阻力感，当刺入瓣胃内时则阻力减少，并有沙沙感。此时注入 20～50 毫升生理盐水，再回抽如见到草屑，则证实已刺入瓣胃，此时便可注入大量药液。注完药液后，用左手压紧针旁皮肤，右手迅速拔出针头，术部涂碘酊消

毒，也可用碘仿火棉胶封闭针孔。

③ 注意事项。只有证实针头刺入瓣胃内才可大量注入药液。

（6）乳房内注射给药　主要用于治疗奶牛乳腺炎，或通过乳导管送入空气，治疗奶牛生产瘫痪。

① 注射方法。站立保定，洗净乳房外部皮肤并擦干，挤净乳汁，用酒精棉球消毒乳头。注射者左手握住乳头并轻轻下拉，右手持消毒乳导管（或用磨去针尖的封闭针代替）自乳头口徐徐导入，再用左手把握乳头和乳导管，右手持装好药液的注射器与乳导管连接，或将输液瓶的乳胶导管与乳导管连接，然后缓慢注入药液。注射完毕，拔出乳导管，一手捏住乳头开口，另手按摩乳房，使药液散开。

如治疗产后瘫痪需要乳房送风时，可使用乳房送风器，或100毫升注射器及消毒后手用打气筒送风。送风之前，在金属滤过筒内，放置灭菌纱布，滤过空气，防止感染。先将乳房送风器与乳导管连接，或100毫升注射器接合端垫上2层灭菌纱布后与乳导管连接。4个乳头分别充满空气，充气量以乳房的皮肤紧张、乳腺基部边缘清楚变厚、轻敲乳房发出鼓音为标准。充气后，可用手指轻轻捻转乳头肌，并结扎一条纱布，防止空气溢出，经1小时后解除。

② 注意事项。乳房注射给药一定要注意消毒；乳导管插入时一定不要损伤乳房；拔出乳导管后，要闭合乳头开口，并进行乳房按摩。

3. 体外给药

体外给药即将药物用于体表皮肤和黏膜等，常用于患部的清洗、消毒和杀虫等，以防治局部感染性疾病和体外寄生虫病。通常可分为以下几种用药方法：清洗、点眼、涂擦、喷撒、浴蹄。

（1）清洗　是将药物配制成适当浓度的水溶液，用来清洗眼睛、鼻腔、口腔、阴道和耳道等处的黏膜或皮肤患部及创面。操作时，适当保定牛，用喷雾器、注射器、洗疮器或吸液球等吸取药液冲洗局部即可，也可用镊子夹持棉球、敷料块等蘸取药液擦洗局部。常用药物有生理盐水、0.1%高锰酸钾溶液、0.1%新洁尔灭溶液、0.3%～1%过氧化氢溶液（双氧水）等。

（2）点眼　即将眼药水或眼药混悬液等挤（或滴）入眼结膜囊内。主要用于治疗结膜炎、角膜炎、白内障等眼病。操作时令助手保定好牛头，使头稍偏斜，患眼朝上；操作者一手提起偏内眼角处的上眼睑或皮肤，另一手将药物点入眼睑与眼球之间或瞬膜与眼球之间，随后使眼睑闭合，轻轻活动上下眼睑，使药物在眼内均匀分布。眼药水滴入后不要立即松开手，否则药液会被挤压并经鼻泪管开口而流失。点眼的次数一般每隔2～4小时一次。

（3）涂擦　就是将某种药膏或溶液剂均匀涂抹于患部皮肤、黏膜或创面上。主要用于治疗皮肤或黏膜的各种炎症、损伤、局部感染及疥癣、毛癣菌等。

（4）喷撒（洒）　是将某些喷剂或粉剂喷洒或撒布于患部皮肤、黏膜或创面上。除用于治疗局部炎症、损伤、感染及疥癣外，还用于防治毛虱、跳蚤、疥螨、蜱等体外寄生虫病。

（5）浴蹄　浴蹄是用一定浓度的消毒药液处理牛蹄，借以达到预防、改善或治疗蹄病的一种经常性的卫生措施。能有效地杀灭牛蹄部的多种病原菌，减少感染机会；增强牛蹄角质硬度，提高蹄部皮肤的抵抗力；对腐蹄病、蹄部角质糜烂和其他蹄病有预防效果。

① 常用药物。3%～5%福尔马林溶液、4%硫酸铜溶液。

② 浴蹄的方法。

喷洒浴蹄。站立保定，用清水将蹄部的泥土、粪尿等污物冲洗干净，然后将4%硫酸铜溶液向蹄的上面直接喷洒。夏、秋季，每隔5～7天喷洒1～2次，冬、春等低温季节可适当延长间隔时间。

浸泡浴蹄。蹄浴池可设置在牛必经之处，长3～5米，宽1米，深15厘米。3%～5%福尔马林溶液放置蹄浴池内，深度约10厘米。使牛每日经过蹄浴池。一般可进行6～8周，也可长时使用。

③ 注意事项。为使吸附于蹄部皮肤上的福尔马林发挥作用，浴蹄后应将奶牛置于干燥场地，使蹄部保持干燥30～60分钟；为保证药效，池内药液每月更换1～2次；保持蹄浴池药液温度在15℃以上；皮肤受刺激而表现踢腿症状时，应停止浴蹄，约经2周后，蹄恢复正常再进行蹄浴；指（趾）间蜂窝织炎的病牛不宜蹄浴。

（二）用药技术

1. 牛的用药特点

牛是反刍动物，有四个胃，分别为瘤胃、网胃、瓣胃和皱胃（真胃），其中瘤胃的容积最大。瘤胃中寄居着大量的细菌和纤毛虫等微生物，是饲料进行发酵的主要场所，故有"天然发酵罐"之称。瘤胃微生物在牛体内能协助消化各种饲料，并合成蛋白质、氨基酸、多糖及维生素，供给本身的生长与繁殖，最后将自己供作宿主的营养物质，这与单胃动物不同之处。新生犊牛的瘤胃在整个复胃体积中所占比例只有25%左右。而网胃、瓣胃和真胃体积所占比例分别为5%、10%和60%左右。随着犊牛的生长，瘤网胃体积所占比例迅速增加。10～12周龄时占67%，4月龄时占80%。成年牛瘤胃的体积约占整个复胃体积的80%左右。犊牛在1～2周龄时没有反刍活动，3～4周龄时开始反刍。在这一阶段，犊牛前三个胃的消化功能没有建立，主要依靠皱胃来进行消化。犊牛吃奶时，体内产生一种自然的神经反射作用，使食管沟卷合，避免牛奶流入瘤胃，使之经过食管沟而直接进入皱胃进行消化。根据以上特点，牛用药途径相对单一，导致牛病防治难度加大。在犊牛期间可以口服抗生素外，而其他期间口服抗生素，就会杀死或破坏牛瘤胃中的细菌和纤毛虫等微生物区系，导致牛对饲草、饲料无法进行消化，引起牛抗生素中毒。牛病防治中的成年牛抗生素用药途径只能采取注射等方式进行给药治疗，这就增加了牛病防治的难度。为维持牛的胃肠道微生物区系正常，可以使用一些有益菌来预防和控制胃肠道疾病。

2. 牛病用药的基本知识

（1）**药物与毒物的概念**

① 药物。药物是指用于预防、治疗、诊断疾病，或者有目的地调节生理机能的物质。应用于动物的药物统称为兽药。主要包括血清制品、疫苗、诊断制品、微生态制剂、中药材、中成药、化学药品、抗生素、生化药品、放射性药品及外用杀

虫剂、消毒剂等。兽药的使用对象为家畜、家禽、宠物、野生动物、水产动物、蜂和蚕等。

② 毒物。毒物是指对动物机体产生损害作用的物质。药物超过一定剂量或用法不当，对动物能产生毒害作用，所以在药物与毒物之间并没有绝对的界限，它们的区别仅在于剂量的差别。药物长期使用或剂量过大，有可能成为毒物。

（2）药物的制剂与剂型

① 药物的制剂。根据药典、药品规范或处方手册等收载的处方制成具有一定浓度和规格的便于使用的制品，称为制剂。如片剂中的恩诺沙星片、注射剂中的注射用青霉素钠等。

② 药物的剂型。药物原料来自植物、动物、矿物、化学合成和生物合成等，这些药物原料一般均不能直接用于动物疾病的治疗或预防，必须进行加工制成安全、稳定和便于应用的形式，称为药物剂型。兽医临诊常用的兽药剂型一般分为液体剂型、半固体剂型和固体剂型三类。

（3）兽用处方药与兽用非处方药　为保障用药安全和动物性食品安全，实行兽用处方药和非处方药分类管理制度。

① 兽用处方药。是指凭兽医的处方才能购买和使用的兽药。因此，未经兽医开具处方，任何人不得销售、购买和使用兽用处方药。

② 兽用非处方药。是指由国务院兽医行政管理部门公布的、不需要凭兽医处方就可以自行购买并按照说明书使用的兽药。

对兽用处方药和兽用非处方药的标签和说明书，管理部门有特殊的要求和规定。通过兽医开具处方后购买和使用兽药，可以防止滥用兽药（特别是抗生素和合成抗菌药），避免或减少动物性食品中的兽药残留问题，达到保障动物用药规范、安全有效的目的。

（4）药物的用药剂量　药物剂量可以按成年动物个体的用量来表示。有些药物也常按动物每千克体重来表示，临用时需要根据动物体重来计算。除了动物体重、病情外，动物的种类、年龄、给药途径对药物用量有很大影响。一般可参考表 2-2、表 2-3 折算酌定剂量。

表 2-2　不同年龄牛用药剂量比例

牛的年龄	药物剂量比例	牛的年龄	药物剂量比例
3～14 岁	1	1～2 岁	1/8～1/2
15 岁以上	1/2～3/4	1 个月～1 岁	1/16～1/8
2～3 岁	1/2～1		

表 2-3　不同给药途径用药剂量比例

给药途径	药物剂量比例	给药途径	药物剂量比例
口服	1	静脉注射	1/4～1/3
皮下或肌内注射	1/3～1/2	直肠给药	1.5～2

（5）药物剂量的计量单位 一般固体药物用重量表示，液体药物用容量表示。中西药物的剂量的计量单位见表 2-4。

表 2-4 药物剂量的计量单位

类别	单位及表示方法	说明
重量单位	千克、克、毫克、微克：为固体、半固体剂型药物的常用剂量单位。其中以"克"作为基本单位或主单位	1 千克＝1000 克；1 克＝1000 毫克；1 毫克＝1000 微克
容量单位	升、毫升：为液体剂型药物的常用剂量单位。其中以"毫升"作为基本单位或主单位	1 升＝1000 毫升
浓度单位	100 份液体或固体物质中所含药物的份数	100 毫升溶液中含有药物若干克（克/100 毫升） 100 克制剂中含有药物若干克（克/100 克） 100 毫升溶液中含有药物若干毫升（毫升/100 毫升）
比例浓度	1：x：指 1 克固体中或 1 毫升液体药物加溶剂配成 x 毫升溶液。如 1：2000 的洗必泰溶液	如溶剂的种类未指明时，都是指的蒸馏水
其他	单位、国际单位：有些抗生素、激素、维生素、抗毒素（抗毒血清）、疫苗等的常用剂量单位	这些药物需经生物检定其作用强弱，同时与标准品比较，以确定检品药物一定量中含有多少效价单位。凡是按国际协议的标准检品测得的效价单位，均称为国际单位

（6）用药次数与间隔 少数药物一次用药即可达到治疗目的，如泻药、麻醉药。但对多数药物来说，必须重复给药才能奏效。为了维持药物在体内的有效浓度，获得疗效，而同时又不致出现毒性反应，就需要注意给药次数与重复给药的间隔时间。大多数普通药，1 日可给药 2～3 次，直至达到治疗目的。抗菌药物必须在一定期限内连续给药，这个期限称为疗程。例如，磺胺类药物一般以 3～4 天为一个疗程。各种药物重复给药的间隔时间不同，需要参考药物的半衰期而定。当一个疗程不能奏效时，应分析原因，决定是否再用一个疗程，或是改变方案，更换药物。毒性大的药物如某些寄生虫药，往往短时间内只用药一两次，再重复给药需经数日、数周甚至更长时间。"休药期"是指畜禽停止给药到允许屠宰或允许它们的产品（乳、蛋）上市的间隔时间。规定休药期是为了避免畜禽产品中药物的超量残留危害食用者的健康。

3. 药物的合理使用

（1）合理用药

① 合理用药的含义。合理用药是指以现代的、系统的医药知识，在了解疾病和药物的基础上，安全、有效、适时、简便、经济地使用药物，以达到最大疗效和

最小的不良反应。

② 合理用药的基本原则。

第一，正确的诊断和明确的用药指征。任何药物合理应用的先决条件是正确的诊断，对动物发病的原因、病理学过程要有充分的了解，才能对因、对症用药，否则非但无益，还可能影响诊断，耽误疾病的治疗。每种疾病都有其特定的病理学过程和临诊症状，用药必须对症下药。例如牛腹泻可由多种原因引起，细菌、病毒、原虫等均可引起腹泻，有些腹泻还可能由于饲养管理不当引起，所以不能凡是腹泻都使用抗菌药，首先要做出正确的诊断，要针对患病牛的具体疾病指征，选用药效可靠、安全、给药方便、价廉易得的药物。反对滥用药物，尤其不能滥用抗菌药物。

第二，熟悉药物在靶动物的药动学特征。药物的作用或效应，取决于作用靶位的浓度，每种药物有其特定的药动学特征，只有熟悉药物在靶动物的药动学特征及其影响因素，才能做到正确选药并制定合理的给药方案，达到预期的治疗效果。

第三，预期药物的治疗作用与不良反应。临诊使用药物防治疾病时，可能产生多种药理效应，大多数药物在发挥治疗作用的同时，都存在程度不同的不良反应，这就是药物作用的两重性。合理的用药必须根据病理过程的需要，结合药物的药动学、药效学特征，发挥药物的最佳疗效，一般药物的疗效是可以预期的。同样，药物的不良反应如一般的副作用和毒性反应也是可预期的，药物在发挥治疗作用的同时就会产生，应该把不良反应尽量减少或消除。例如，反刍动物用赛拉嗪后可产生大量的唾液分泌，因此要做好必要的预防措施，用药前可使用阿托品抑制唾液分泌。但阿托品在发挥抑制唾液分泌的治疗作用同时，又可产生抑制胃肠蠕动的副作用，由于胃蠕动停止可引起瘤胃臌胀，因此需预先给制酵药防止发酵。当然，有些不良反应如变态反应、特异性反应等不可预期的，可根据患病动物反应的情况，采取必要的防治措施。

第四，制定合理的给药方案。对患病动物进行治疗时，要针对疾病的临诊症状和病原诊断制定给药方案。给药方案包括给药剂量、途径、频率（间隔时间）和疗程。在确定治疗药物后，首先确定用药剂量，一般按《中华人民共和国兽药典兽药使用指南（化学药品卷）》规定的剂量用药，兽医师可根据患病动物情况在规定范围内作必要的调整。剂量的频率是由药物的药动学、药效学和经证实的药物维持有效作用的时间决定的，每种药物或制剂有其特定的作用时间。药物的给药途径主要决定于制剂。但是，选择给药途径还受疾病类型、程度和用药目的的限制，如利多卡因在非静脉注射给药时，对控制室性心律不齐是无效的。多数疾病必须反复多次给药一定时期才能达到治疗效果，不能在动物体温下降或病情好转时就停止给药，这样往往会引起疾病复发或诱导产生耐药性，给后来的治疗带来更大的困难，其危害是十分严重的。

第五，合理的联合用药。两种以上药物在同一时间里合用可以不互相影响，但是在许多情况下两药合用总有一药或两药作用受到影响，其结果可能有：比预期的作用更强（协同作用）；减弱一药或两药的作用（拮抗作用）；产生意外的毒性反应。药物的相互作用，可发生在药物吸收前、体内转运过程、生化转化过程及排泄过程中。当两药互相无影响时，其合用后的药物作用可以预知，不会有问题。若存在相互作用则应注意利用协同作用提高疗效，尽量避免出现拮抗作用或产生毒性反应。在确定诊断以后，兽医师的任务就是选择最有效、安全的药物进行治疗。一般情况下，应避免同时使用多种药物（尤其是抗菌药物），因为多种药物治疗会极大地增加了药物相互作用的概率，也给患病动物增加了危险。除了具有确实的协同作用的联合用药外，要慎重使用固定剂量的联合用药（如某些复方制剂），因为它使兽医师失去了根据动物病情需要去调整药物剂量的机会。

第六，正确处理对因治疗与对症治疗的关系。一般用药首先要考虑对因治疗，但也要重视对症治疗，两者巧妙地结合将能取得更好的疗效。我国传统中医理论对此有精辟的论述："治病必求其本，急则治其标，缓则治其本"。

第七，避免动物源性食品中的兽药残留。食品动物用药后，药物的原形或其代谢产物和有关杂质可能蓄积、残存在动物的组织、器官或食用产品（如蛋、奶）中，这样便造成了兽药在动物性食品中的残留（简称兽药残留）。兽药残留对人类的潜在危害作用正在被逐步认识，把兽药残留减到最低限度直到消除，保证动物性食品的安全，是兽医师用药应该遵循的重要原则。

首先做好使用兽药的登记工作。避免兽药残留必须从源头抓起，严格执行兽药使用的登记制度，兽医师及养殖人员必须对使用兽药的品种、剂型、剂量、给药途径、疗程或添加时间等进行登记，以备检查。

其次严格遵守休药期规定。根据调查，兽药残留产生的主要原因是没有遵守休药期的规定，所以，严格执行休药期规定是减少兽药残留的关键措施。使用兽药必须遵守《兽药使用指南》的有关规定，严格执行休药期，以保证动物性产品没有兽药残留超标。

再次避免标签外用药。药物的标签外应用，是指在标签说明以外的任何应用，包括种属、适应证、给药途径、剂量和疗程。一般情况下，食品动物禁止标签外用药，因为任何标签外用药均可能改变药物在体内的动力学过程，使食品动物出现药物残留。在某些特殊情况下需要标签外用药时，必须采取适当的措施避免动物产品的兽药残留，兽医师应熟悉药物在动物体内的组织分布和消除的资料，采取超长的休药期，以保证消费者的安全。

最后严禁非法使用违禁药物。为了保证动物性产品的安全，近年来，各国都对食品动物禁用药物品种作了明确的规定，我国兽药管理部门也规定了禁用药物清单。兽医师和食品动物饲养场均应严格执行这些规定。

（2）抗微生物药物的合理使用

① 抗微生物药物　抗微生物药是指对细菌、真菌、支原体和病毒等病原微生物具有抑制或杀灭作用的化学物质，包括抗生素和化学合成抗菌药。

a. 抗生素的分类

Ⅰ. 主要作用于革兰氏阳性菌的抗生素。包括青霉素类，如青霉素 G、氨苄青霉素钠、阿莫西林等；头孢菌素类（先锋霉素类），如头孢氨苄、头孢噻吩等；β-内酰胺类（β-内酰胺酶抑制剂），如克拉维酸、硫霉素等；大环内酯类，如红霉素、泰乐菌素等。

Ⅱ．主要作用于革兰氏阴性菌的抗生素。包括氨基糖苷类，如链霉素、庆大霉素、卡那霉素、新霉素等；多黏菌素类，如多黏菌素 B、多黏菌素 E 等。

Ⅲ．广谱抗生素。四环素类。抗菌谱广，对革兰氏阳性菌和革兰氏阴性菌有效；对支原体、螺旋体、立克次氏体和某些原虫有效。小剂量抑菌，大剂量杀菌。

b．化学合成抗菌药

Ⅰ．磺胺药和抗菌增效剂

磺胺药：优点是高效、长效、低毒，与抗菌增效剂合用，能扩大抗菌范围，提高磺胺药的疗效。

抗菌增效剂：抗菌谱与磺胺药相似，抗菌作用较强，能增强磺胺药和多种抗生素的疗效，抗菌增效剂由此得名。与磺胺药合用使磺胺药的抗菌效力增强几倍乃至几十倍，由抑菌作用变为杀菌作用；能扩大磺胺药的抗菌范围（对磺胺药产生耐药性的菌株也有效）。抗菌增效剂与四环素、青霉素、庆大霉素、卡那霉素等合用，也有增效作用。

Ⅱ．喹诺酮类。喹诺酮类药物是一类人工合成的抗菌药，是近年来研究开发的新领域。第三代产品的氟喹诺酮类，主要有诺氟沙星、培氟沙星、环丙沙星、恩诺沙星、氧氟沙星、诺美沙星、单诺沙星等。它们对肠杆菌科、铜绿假单胞菌、革兰氏阳性菌等有较强的抗菌作用。具有抗菌谱广，杀菌力强，与其他抗菌药无交叉耐药性，具有疗效高、不良反应少等优点。

Ⅲ．其他合成抗菌药。硝基呋喃类。主要是痢特灵，国家已禁用。喹恶啉类。本类药是人工合成的新型抗菌药，抗菌谱广。常使用的药物有喹乙醇、痢菌净（乙酰甲喹）。

② 常用抗微生物药物的合理使用

a．青霉素类。与氨基糖苷类有协同作用，但剂量要基本平衡；与四环素类、磺胺类、大环内酯类有拮抗作用；青霉素不可内服，因易被胃酸破坏；青霉素忌青贮饲料、酒糟（酸性太强）。

b．氨基糖苷类。与青霉素类有协同作用；TMP 可增强本品的作用，与 DVD 配伍比 TMP 好一些；与多黏菌素类、其他氨基糖苷类有拮抗作用；脱水、肾肿时慎用；硫酸新霉素不可注射给药；链霉素忌青贮饲料、酒糟（酸性太强）；庆大霉素与碳酸氢钠联用，碳酸氢钠碱化尿液使庆大霉素毒性增加。

c．四环素类。与同类药、非同类药（泰妙菌素、泰乐菌素）有协同作用；TMP 可增强本品的作用；四环素与庆大霉素合用可增强对铜绿假单胞菌的杀灭作用；适量硫酸钠（1∶1）有利于本品的吸收；含有较多钙和镁的饲料，如黄豆、黑豆、饼粕、石粉、骨粉、贝壳粉、石膏等不利于本品吸收；含三价离子的配合饲料不利于本品的吸收；碱性电解质不利于本品吸收。

d．硫氰酸红霉素。与 SM$_2$（或 SD、SMM）、TMP 的复方制剂比泰乐菌素的复方制剂效果好；碳酸氢钠有利于本品吸收；与林可霉素、四环素有拮抗作用。

e．林可霉素。与口服补液盐、适量维生素可减少本品副作用；与四环素或诺氟沙星有协同作用。

f. 磺胺类。与 TMP、DVD 有协同作用，与土霉素有相加作用；碱性电解质可减少肾毒性；与酸性药物、普鲁卡因、氯化铵有拮抗作用；与青霉素类有拮抗作用；忌含硫的饲料添加剂，如人工盐、硫酸镁、硫酸钠、石膏等加重磺胺类药物对血液的毒性。

g. 喹诺酮类。与青霉素类、氨基糖苷类、TMP、林可霉素有协同作用；与利福平、氨茶碱有拮抗作用；配合饲料干扰本品吸收。

（3）抗寄生虫药物的合理使用　抗寄生虫药是指能驱除、杀灭寄生虫或抑制动物体内外寄生虫的生长和繁殖的物质。根据药物抗虫作用和寄生虫分类，可以将抗寄生虫药分为抗蠕虫药、抗原虫药和杀虫药。

① 抗蠕虫药。抗蠕虫药是指对动物寄生的蠕虫有驱除、杀灭或抑制活性的药物。根据寄生于动物体内蠕虫的种类，抗蠕虫药又可分为抗线虫药、抗吸虫药、抗绦虫药和抗血吸虫药，但这种分法也是相对的。有些药物兼有多种作用，如吡喹酮具有抗绦虫和抗吸虫作用，苯丙咪唑类具有抗线虫、抗吸虫和抗绦虫作用。

② 抗原虫药。畜禽原虫病是由单细胞原生动物所引起的一类寄生虫病。此类疾病以鸡、兔、牛和羊的球虫病危害最大，不仅流行广，而且还可以造成大批畜禽死亡；其次，还有锥虫病和梨形虫病。根据原虫的种类，抗原虫药可分为抗球虫药、抗锥虫药、抗梨形虫药。

③ 杀虫药。杀虫药系指能杀灭节肢昆虫，主要是螨、蜱、虱、蚤、蝇、蚊等外寄生虫，从而防治由这些外寄生虫所引起的畜禽皮肤病的一类药物。国内目前应用的主要是有机磷类、拟除虫菊酯及其他杀虫药等。另外，阿维菌素类近来亦广泛用于驱除动物体表寄生虫。

（4）禁用药物

① 肉牛饲养与疾病治疗禁用的药物

a. 禁止使用性激素类。己烯雌酚及其盐、酯及制剂（所有用途）。

b. 禁止使用 β-兴奋剂类。盐酸克伦特罗、沙丁胺醇及其盐、酯及制剂（所有用途）。

c. 禁止使用具有雌激素样作用的物质。如玉米赤霉醇、去甲雄三烯醇酮醋酸甲孕酮及制剂（所有用途）。

d. 禁止使用氯霉素及其制剂，包括琥珀氯霉素及制剂（所有用途）。

e. 禁止使用安眠酮及其制剂（所有用途）。

f. 禁止使用甲硝唑、地美硝唑及其盐、酯及制剂（促生长）。

g. 禁止使用氯化亚汞、硝酸亚汞、醋酸汞、吡啶基醋酸汞（杀虫剂）。

h. 不应使用抗生素滤渣作肉牛饲料原料。因为该类物质是抗生素类产品生产过程中产生的工业三废，因含有微量抗生素成分，在饲料和饲养过程中使用后对动物有一定的促生长作用。但对养殖业危害很大，一是容易引起耐药性；二是由于未做安全性试验，存在各种安全隐患。

② 奶牛饲养与疾病治疗禁用的药物

a. 对饲养环境、厩舍、器具进行消毒，不能使用酚类消毒剂，如苯酚（石炭酸）、甲酚等。

b. 禁止在奶牛饲料中添加和使用肉骨粉、骨粉、血粉、血浆粉、动物下脚料、动物脂粉、干血浆及其他血液制品、脱水蛋白、蹄粉、角粉、鸡杂碎粉、羽毛粉、油渣、鱼粉、骨胶等动物源性饲料。

c. 泌乳期奶牛禁止使用的抗生素。恩诺沙星注射液、注射用乳糖酸红霉素、土霉素注射液、注射用盐酸土霉素、磺胺嘧啶片、磺胺二甲嘧啶钠注射液。

d. 泌乳期奶牛禁止使用的抗寄生虫药。阿苯哒唑（即丙硫咪唑、丙硫苯咪唑）片、伊维菌素注射液、盐酸左旋咪唑片、盐酸左旋咪唑注射液。

e. 泌乳期奶牛禁止使用的生殖激素类药。注射用绒促性素、苯甲酸雌二醇注射液、醋酸促性腺激素释放激素注射液、注射用垂体促卵泡素、注射用垂体促黄体素、黄体酮注射液、缩宫素注射液。

(5) 牛饲养允许使用的药物

① 肉牛饲养允许使用的抗寄生虫药和抗菌药使用规定。具体见表2-5。

② 奶牛饲养允许使用的抗菌药、抗寄生虫药和生殖激素类药及使用规定。具体见表2-6。

表 2-5　肉牛饲养允许使用的抗寄生虫药、抗菌药和饲料药物添加剂及使用规定

类别	药品名称	制剂	用法与用量（用量以有效成分计）	休药期/天
抗寄生虫药	阿苯达唑	片剂	内服，一次量 10～15 毫克/千克体重	27
	双甲脒	溶液	药浴、喷洒、涂擦，配成 0.025%～0.05%的溶液	1
	青蒿琥酯	片剂	内服，一次量 5 毫克/千克体重，首次量加倍，2 次/日，连用 2～4 天	不少于28
	溴酚磷	片剂、粉剂	内服，一次量 12 毫克/千克体重	21
	氯氰碘柳胺钠	片剂、混悬液	内服，一次量 5 毫克/千克体重	28
		注射液	皮下或肌内注射，一次量 2.5～5 毫克/千克体重	
	芬苯达唑	片剂、粉剂	内服，一次量 5～7.5 毫克/千克体重	28
	氰戊菊酯	溶液	喷雾，配成 0.05%～0.1%的溶液	1
	伊维菌素	注射液	皮下注射，一次量 0.2 毫克/千克体重	35
	盐酸左旋咪唑	片剂	内服，一次量 7.5 毫克/千克体重	2
		注射液	皮下、肌内注射，一次量 7.5 毫克/千克体重	14
	奥芬达唑	片剂	内服，一次量 5 毫克/千克体重	11
	碘醚柳胺	混悬液	内服，一次量 7～12 毫克/千克体重	60
	噻苯咪唑	粉剂	内服，一次量 50～100 毫克/千克体重	3
	三氯苯唑	混悬液	内服，一次量 6～12 毫克/千克体重	28

类别	药品名称	制剂	用法与用量（用量以有效成分计）	休药期/天
抗菌药	氨苄西林钠	注射用粉针	肌内、静脉注射，一次量 10～20 毫克/千克体重，2～3 次/日，连用 2～3 日	不少于 28
		注射液	皮下或肌内注射，一次量 5～7 毫克/千克体重	21
	苄星青霉素	注射用粉针	肌内注射，一次量 2 万～3 万单位/千克体重，必要时 3～4 日重复 1 次	30
	青霉素钾（钠）	注射用粉针	肌内注射，一次量 1 万～2 万单位/千克体重，2～3 次/日，连用 2～3 日	不少于 28
	硫酸小檗碱	注射液	肌内注射，一次量 0.15～0.4 克	0
		粉剂	内服，一次量 3～5 克	
	恩诺沙星	注射液	肌内注射，一次量，2.5 毫克/千克体重 1～2 次/日，连用 2～3 日	14
	乳糖酸红霉素	注射用粉针	静脉注射，一次量 3～5 毫克/千克体重，2 次/日，连用 2～3 日	21
	土霉素	注射液（长效）	肌内注射，一次量 10～20 毫克/千克体重	28
	盐酸土霉素	注射用粉针	静脉注射，一次量 5～10 毫克/千克体重，2 次/日，连用 2～3 日	19
	普鲁卡因青霉素	注射用粉针	肌内注射，一次量 1 万～2 万单位/千克体重，1 次/日，连用 2～3 日	10
	硫酸链霉素	注射用粉针	肌内注射，一次量 10～15 毫克/千克体重，2 次/日，连用 2～3 日	14
	磺胺嘧啶	片剂	内服，一次量，首次量 0.14～0.2 克/千克体重，维持量 0.07～0.1 克/千克体重，2 次/日，连用 3～5 日	8
	磺胺嘧啶钠	注射液	静脉注射，一次量 0.05～0.1 克/千克体重，1～2 次/日，连用 2～3 日	10
抗菌药	磺胺嘧啶钠	注射液	静脉注射，一次量 0.05～0.1 克/千克体重，1～2 次/日，连用 2～3 日	10
	复方磺胺嘧啶钠	注射液	肌内注射，一次量 20～30 毫克/千克体重（以磺胺嘧啶计），1～2 次/日，连用 2～3 日	28
	磺胺二甲嘧啶	片剂	内服，一次量，首次量 0.14～0.2 克/千克体重，维持量 0.07～0.1 克/千克体重，1～2 次/日，连用 3～5 日	10
	磺胺二甲嘧啶钠	注射液	静脉注射，一次量 0.05～0.1 克/千克体重，1～2 次/日，连用 2～3 日	10

表 2-6　奶牛饲养允许使用的抗菌药、抗寄生虫药和生殖激素类药及使用规定

类别	药物名称	制剂	用法与用量(用量以有效成分计)	休药期
抗菌药	氨苄西林钠	注射用粉针	肌内、静脉注射,一次量10～20毫克/千克体重,一日2～3次,连用2～3天	6天,奶废弃期2天
		注射液	皮下或肌内注射,一次量,5～7毫克/千克体重	
	氨苄西林钠+氯唑西林钠(干乳期)	乳膏剂	乳管注入,干乳期奶牛,每乳室氨苄西林钠0.25克+氯唑西林钠0.5克,隔3周再输注1次	28天,奶废弃期30天
	氨苄西林钠+氯唑西林钠(泌乳期)	乳膏剂	乳管注入,泌乳期奶牛,每乳室氨苄西林钠0.075克+氯唑西林钠0.2克,2次/日,连用数日	7天,奶废弃期2.5天
	苄星青霉素	注射用粉针	肌内注射,一次量2万～3万单位/千克体重,必要时3～4重复1次	30天,奶废弃期3天
	苄星邻氯青霉素	注射液	乳管注入,每乳室50万单位	28天及产犊后4天的奶,泌乳期禁用
	青霉素钾(钠)	注射用粉针	肌内注射,一次量1万～2万单位/千克体重,2～3次/日,连用2～3日	奶废弃期3天
	硫酸小檗碱	注射液	肌内注射,一次量,0.15～0.4克	0
	头孢氨苄	乳剂	乳管注入,每乳室200毫克,2次/日,连用2天	奶废弃期2天
	氯唑西林钠	注射用粉针	乳管柱入,泌乳期奶牛,每乳室200毫克	10天,奶废弃期2天
			乳管柱入,干乳期奶牛,每乳室200～500毫克	30天
	恩诺沙星	注射液	肌内注射,一次量2.5毫克/千克体重,1～2次/日,连用2～3天	21天,泌乳期禁用
	乳糖酸红霉素	注射用粉针	静脉注射,一次量3～5毫克,一日2次.连用2～3天	28天,泌乳期禁用
	土霉素	注射液(长效)	肌内注射,一次量10～20毫克/千克体重	28天,泌乳期禁用
	盐酸土霉素	注射用粉针	静脉注射,一次量5～10毫克/千克,体重,2次/日,连用2～3天	19天,泌乳期禁用
	普鲁卡因青霉素	注射用粉针	肌内注射,一次量1万～2万单位/千克体重,1次/日,连用2～3日	10天,奶废弃期3天
	硫酸链霉素	注射用粉针	肌内注射,一次量10～15毫克/千克体重,2次/日,连用2～3日	14天,奶废弃期2天
	磺胺嘧啶	片剂	内服,一次量,首次量0.14～0.2克/千克体重,维持量0.07～0.1克/千克体重,2次/日,连用3～5日	8天,泌乳期禁用

类别	药物名称	制剂	用法与用量(用量以有效成分计)	休药期
抗菌药	磺胺嘧啶钠	注射液	静脉注射,一次量 0.05~0.1 克/千克体重,1~2 次/日,连用 2~3 日	10 天,奶废弃期 2.5 天
	复方磺胺嘧啶钠	注射液	肌内注射,一次量 20~30 毫克/千克体重(以磺胺嘧啶计),1~2 次/日,连用 2~3 日	10 天,奶废弃期 2.5 天
	磺胺二甲嘧啶	片剂	内服,一次量,首次量 0.14~0.2 克/千克体重,维持量 0.07~0.1 克/千克体重,1~2 次/日,连用 3~5 日	10 天,泌乳期禁用
	磺胺二甲嘧啶钠	注射液	静脉注射,一次量 0.05~0.1 克/千克体重,1~2 次/日,连用 2~3 日	10 天,泌乳期禁用
抗寄生虫药	阿苯达唑	片剂	内服,一次量 10~15 毫克/千克体重	27 天,泌乳期禁用
	双甲脒	溶液	药浴、喷洒、涂擦,配成 0.025%~0.05% 的溶液	1 天,奶废弃期 2 天
	青蒿琥酯	片剂	内服,一次量 5 毫克/千克体重,首次量加倍,2 次/日,连用 2~4 日	0
	溴酚磷	片剂、粉剂	内服,一次量 12 毫克/千克体重	21 天,奶废弃期 5 天
	氯氰碘柳胺钠	片剂、混悬液	内服,一次量 5 毫克/千克体重	
		注射液	皮下或肌内注射,一次量 2.5~5 毫克/千克体重	28 天,奶废弃期 28 天
	芬苯达唑	片剂、粉剂	内服,一次量 5~7.5 毫克/千克体重	28 天,奶废弃期 4 天
	氰戊菊酯	溶液	喷雾,配成 0.05%~0.1% 的溶液	1 天,奶废弃期 无
	伊维菌素	注射液	皮下注射,一次量 0.2 毫克/千克体重	35 天,泌乳期禁用
	盐酸左旋咪唑	片剂	内服,一次量,7.5 毫克/千克体重	2 天,泌乳期禁用
		注射液	皮下、肌内注射,一次量 7.5 毫克/千克体重	14 天,泌乳期禁用
	奥芬达唑	片剂	内服,一次量 5 毫克/千克体重	11 天,泌乳期禁用
	碘醚柳胺	混悬液	内服,一次量 7~12 毫克/千克体重	60 天,泌乳期禁用
	三氯苯唑	混悬液	内服,一次量 6~12 毫克/千克体重	28 天,泌乳期禁用

类别	药物名称	制剂	用法与用量(用量以有效成分计)	休药期
抗寄生虫药	甲基前列腺素 $F_{2\alpha}$	注射液	肌内注射或宫颈内注入,一次量2~4毫克/千克体重	0
	绒促性素	注射用粉针	肌内注射,一次量1000单位~5000单位,2~3次/周	泌乳期禁用
	苯甲酸雌二醇	注射液	肌内注射,一次量5~20毫克	泌乳期禁用
生殖激素类药	醋酸促性腺激素释放激素	注射液	肌内注射,一次量100~200微克	泌乳期禁用
	促黄体素释放激素 A_2	注射用粉针	肌内注射,一次量,排卵迟滞12.5~25微克;卵巢静止25微克,1次/日,可连用至3次;持久黄体或卵巢囊肿25微克,1次/日,可连用至4次	泌乳期禁用
	促黄体素释放激素 A_3	注射用粉针	肌内注射,一次量25微克	泌乳期禁用
	垂体促卵泡素	注射用粉针	肌内注射,一次量100~150单位,隔2日1次,连用2~3次	泌乳期禁用
	垂体促黄体素	注射用粉针	肌内注射,一次量100~200单位	泌乳期禁用
	黄体酮	注射液	肌内注射,一次量50~100毫克	21天,泌乳期禁用
	复方黄体酮	缓释圈	阴道插入,一次量黄体酮1.55克+苯甲酸雌二醇10毫克	泌乳期禁用
	缩宫素	注射液	皮下,肌内注射,一次量30~100单位	泌乳期禁用
	氨基丁三醇前列腺素 $F_{2\alpha}$	注射液	肌内注射,一次量25毫克	泌乳期禁用
	血促性素	注射用粉针	皮下,肌内注射,一次量,催情1000~2000单位;超排2000~4000单位	泌乳期禁用

4. 药物的采购与保管

(1) 药物的采购　药物的采购主要考察以下四个内容。

第一,应选择"证照"齐全的生产厂家,尤其是必须有《营业执照》《生产经营许可证》《产品批准文号》《GMP证书》等资料,选择具有法人资格、管理水平高、产品质量优并稳定、信誉高、合法生产经营的生产厂家。

第二,产品包装完好,计量准确,符合兽药的质量标准,生产日期、质量到期时间准确无误,一般有效期为2年。

第三,标注的兽药名称、性状等是否吻合。

第四,特别要注意辨别药品的名称。一个药品可有通用名、化学名、商品名,但最常用的是通用名和商品名。对于一种药品,通用名是全世界通用的。也就是说,一种药品只对应一个通用名,而商品名因生产厂家不同而异。采购时,不能只记住商品名，还要学会并记住通用名。一般商品名在药品包装上最醒目，而通用名的字体较小。如果只记住商品名，当在使用不同的商品名药品时，可能会因不同商品名的同一药物而重复用药，造成药物中毒。首先，要记住药品的通用名，因为它是唯一的。在采购药品时，只需将药品的通用名说出即可。

（2）**药物的保管** 药物的保管与药物的治疗关系极大。但往往被忽视，造成药物的变质、失效，贻误病情，甚至会引起意外发生。因此，在药物保管中必须根据药物的特性，做好分类存放，同时还要采取不同的保存方法。易潮解的药物应放在密封口瓶内，放在干燥处保存；易光化的药物除密封外应置于有色瓶中，在暗处保存；易氧化的药物应防止与空气接触；不能置于常温下的药物，应置于冰箱、适宜的温度下保存。使用药品时要注意药品的有效期，过期药品一般不宜继续使用。

三、外科手术技术

（一）公牛去势术

公牛去势主要是改善公牛的性情，便于管、养、用；肉用牛则促使其生长迅速，提高肉质。去势一般在生后 6 个月左右就可进行。

公牛去势比较容易掌握，关键是妥善保定、手术无菌以及术后继发症的预防和处理。公牛去势有两种方法，一种是摘除睾丸的有血去势，比较普遍；另一种是使睾丸组织粉碎或萎缩，不摘除睾丸的无血去势，有些地区对此法比较习惯。可根据具体情况选用。

1. 术前检查与准备

术前作健康检查，并注意是否有隐睾或阴囊疝，同时还要禁食 0.5～1 天。有血去势应在术前 1 周注射破伤风类毒素，或在术前 1 天注射破伤风抗毒素。

2. 保定与麻醉

最好以左侧横卧保定，牢固地捆绑四肢，也可应用柱栏内保定。有血去势时，幼牛可不必麻醉，成年牛一般均须作精索内麻醉，每侧使用 2％普鲁卡因液 10～20毫升（最好加入 40 万单位的青霉素）。

3. 手术方法

（1）**有血去势术** 术部常规消毒，然后按以下方法进行操作。

① 纵切法。适用于成年公牛。术者左手握住阴囊颈部，将睾丸挤向阴囊底，使阴囊壁紧张。在阴囊前部中缝一侧纵切，由阴囊中部向下达到阴囊底部，挤出睾丸，割断阴囊韧带，然后用右手拇指和食指不断来回刮捋精索，直至精索内血管颜色由红变白、断裂为止，或直接用线简单或贯穿结扎精索，于结扎处下方 1 厘米处切断精索，摘除睾丸；创内撒布消炎粉，创口常规消毒。另一侧睾丸也同样摘除。

② 横切法。适用于幼年公牛。术者左手握住阴囊颈部，将睾丸挤向阴囊底，在阴囊底部做垂直阴囊缝际的横切口，切开两侧阴囊壁和总鞘膜，挤出两侧睾丸，同前法割断阴囊韧带、刮捋断精索，或结扎并切断精索，摘除睾丸。创内撒布消炎粉，创口常规消毒。

睾丸摘除后，较大的切口应缝合 1～2 针（也有不缝合的），碘酊消毒切口。

（2）**无血去势术** 术者左手拇指、食指把精索挤到阴囊颈部一侧，助手用张开的无血去势钳夹住精索，迅速用力合拢钳柄，此时可听到类似腱被切断的音响，继续钳压5～8分钟，慢慢张开钳嘴。在钳夹下方2厘米处再钳夹1次。同法夹断另一侧精索。术部皮肤涂碘酊消毒。无血去势法去势后阴囊极度肿大，需每天早晚牵遛运动，经1个月左右，肿胀消失，睾丸萎缩。

4. 术后护理及术后继发症的防治

（1）术后护理　术后应观察半天，发现出血或肠管脱出应及时治疗。连续使用5～7天抗生素，防止伤口感染。要特别注意牛舍的清洁干燥，防止污物进入切口，1～2天内要少吃多餐，1天后就应适当牵遛，逐日增加活动量，7～9天后基本愈合。

（2）术后继发症的防治　主要是术后出血、局部化脓、肠脱出和破伤风。因此，在术前就应做好预防工作。发生后，应及时治疗。对术后精索动脉出血，应及时将牛再次保定，打开切口，用长止血钳伸入，找出断端，重新结扎；阴囊肿胀5～7天不消，应立即打开切口，放出脓液或大量血凝块，施行清创术，做外科处理，必要时应作全身治疗；如发现肠脱出或破伤风，则按照腹股沟管阴囊疝和破伤风治疗（参考本书第九章"外科病"及第五章"传染病"部分）。

（二）修蹄

修蹄是指利用刀、剪、锯、锉或修蹄机等器械，以外科手术方法使蹄的形状及其生理功能恢复的技术，可使蹄形整洁、美观并保持最佳生理功能。及时合理地修蹄，能够矫正蹄形，防止蹄变形程度加剧，提高牛的利用年限，降低因为蹄变形、蹄病的淘汰率。当发生蹄病时，修蹄能促使蹄病痊愈。

1. 术前准备

修蹄的器械包括蹄刀、剪、锯、锉或修蹄机、绳。修蹄的药品包括消毒棉、来苏儿、硫酸铜、10％碘酊、松馏油、高锰酸钾及绷带等。

2. 保定与麻醉

在二柱栏、四柱栏或修蹄架内，站立保定。对性情暴躁的牛，为了保证安全，可横卧保定并注射846合剂。

3. 修蹄的方法

将牛保定确实后，术者站立于所要修蹄的外侧，根据蹄变形及蹄病的不同，分别进行修整。

（1）长蹄的修蹄　需用蹄刀或蹄钳，将蹄角质过长部分修去，使其为正常形状，同时，也应对蹄底作适当修整以使修整蹄的形状、蹄机能得到改善。

（2）宽蹄的修蹄　用蹄刀或蹄钳，将过宽的角质部分剪除，对蹄底稍加修整，使其内外侧指（趾）等长、等高。

（3）翻蜷蹄的修蹄　用蹄钳剪去过长的角质部，将翻蜷侧蹄底内侧缘增厚的角质除去。

4. 注意事项

（1）修蹄前，要做好蹄部检查，检查项目包括长度、形状和趾高。判断蹄形的标准是正常牛前蹄长为7.5～8.5厘米，后蹄趾长为8～9厘米，蹄底厚度为5～7毫米。

（2）无论修整何种变形蹄，都应根据各个蹄形的具体情况，以决定修去角质的程度。当趾长度正常时，蹄底部只能稍加切削即可，对变形十分严重者，修蹄时应倍加小心，防止过削出血。

（3）为了保证蹄的稳定性和功能，尽量少削内侧趾，保持两趾等高。站立时，新的蹄负面要与跖骨的长轴呈恰当角度。

（4）要注意蹄底的斜度。蹄底应向轴侧倾斜，即轴侧较为凹陷，在趾的后半部，越靠近趾间隙，倾斜度也应越大。保留一定倾斜度的目的在于减少蹄底溃疡和裂隙的发生；减少来自地面对蹄底病变部位的反压力；能使蹄在负重时两侧趾分开，蹄趾间不易存留污物、粪草。

（5）发生角质病灶时，应将趾后方尽量削低，除去蹄底、球部和蹄壁的松脱角质；增生者应将增生肉芽组织切除。

（6）对跛行病牛，应先修患蹄，再对健蹄进行功能性修蹄。跛行严重者，应置病牛于干净、干燥、松软地面的舍饲环境，待跛行减轻，再进行健蹄的修蹄。

（7）修蹄时间应安排在雨季之前。

（8）因蹄病而修蹄后的病牛，应置于干净、干燥的圈舍内饲喂。保持蹄部清洁，减少感染机会。

四、物理治疗技术

（一）水疗法

1. 泼浇法

牛前胃弛缓及瘤胃臌气时，用冷水泼浇腹部；胃肠道痉挛时，用热水泼浇腹部；日射病、鼻出血及昏迷状态时，用冷水泼浇头部和四肢等。

2. 局部冷水疗法

（1）冷敷法　包括湿冷和干冷。是用冷水把毛巾（或纱布）浸湿，敷的时候稍微拧一下以不滴水为好（湿冷，可用两条毛巾随时更换贴敷）或将冷水装入胶皮袋（或用冰袋），亦可用特制的塑料软管盘成一定的形状敷于患部，管中通以凉水，最好是流动的冷水（干冷）。用前面两种方法时，需要经常换水以维持冷的作用。如此治疗，一日2～3次，每次约30分钟。

（2）冷脚浴法　常用于治疗蹄、指、趾关节的疾患。其方法是用木桶、铁桶或帆布桶盛以冷水，让病牛将治疗的患肢站在桶里，使病部浸入水中。施行冷脚浴以前，应先将蹄部尤其是蹄底洗净。为了增加防腐作用可将水配成0.1%的高锰酸钾溶液。长时间的施行冷脚浴，为保护蹄角质可在蹄壁上涂一层油脂。蹄叶炎的早期，最好在刚一发现的时候立即施行冷脚浴，对于减少渗出，缓解炎性过程有很好的作用，这时冷疗的时间应适当延长。除了上述两种方法外，实际临床上应用时可灵活施行。如用冷水接上水龙头连续浇泼患部，也可让病牛站在河溪里。

局部冷水疗法可用于急性炎症，特别是渗出性炎症的最早期，以减少炎性渗出，制止炎症发展，制止溢血。挫伤、关节扭伤、腱鞘炎、蹄叶炎等的初期常用冷疗。有外伤时不宜用湿的冷疗。化脓性的炎症过程禁止使用。为了防止感染，可选用2%硼酸、高渗盐水或硫酸镁等消炎剂。注意：冷疗不能长期应用，以免引起组织坏死。

3. 局部温热疗法

（1）**热敷法**　与冷敷一样包括湿热和干热。用温热水浸湿毛巾（以两条为好）（湿热）或将温热水装在胶皮袋中，亦可用蟠管通以温热水敷于患部（干热），如此每次治疗 30 分钟，一天可做 3 次。为了加强热敷的消炎效果，可以把普通水换成复方醋酸铅液（处方：醋酸铅 25.0 克，明矾 5.0 克，水 5000 毫升）、10％～25％硫酸镁液，或把食醋加温对患部进行温敷。我国医药学中的洗药在治疗炎症上有很好的效果，通常是用舒筋活血止疼散瘀的方剂煎汤趁热、洗烫患部，如四黄散（黄连、黄柏、黄芩、大黄各 90 克，研粉，加水、蜂蜜调煮，热敷患处）。也有把中药如栀子研末，用适量的开水或热醋沏之，调成糊状，摊在纱布上包在患部。有的地方把麸皮、沙子等在锅上炒热，装在布袋里，放在患部热敷。

（2）**酒精热绷带法**　这是用温热的酒精代替水的一种热敷方法，它的作用自然比水的热敷明显，常用在四肢部位。在这里可以用绷带保温固定，所以能维持较长的温热时间。方法是将 95％酒精或普通的白酒（浓度越高越好，如 65°衡水老白干）在水浴中加热到 50℃，然后用棉花浸酒，趁热包裹患部，再用塑料薄膜包于其外防止挥发，在外层再包上棉花以保持温度，最后用绷带固定，所以酒精热绷带实际由药液湿润层、隔离层、保温层和固定层四层组成，它维持治疗作用的时间可长达 10～12 小时，这样每天交换一次绷带就可以。酒精热绷带多用于亚急性炎症。当局部出现明显的水肿和进行性炎性浸润时，不宜使用酒精热敷，因为它能引起更强烈的渗出，增加组织内压力，破坏局部的血液循环［热酒精棉（药液浸湿层）-塑料薄膜（隔离层）-棉花等（保温层）-绷带（固定层）］。

（3）**温脚浴法**　做法和冷脚浴法一样，只是把冷水换成温热水。

局部温热疗法适用于急性炎症的后期和亚急性炎症。如急性或亚急性腱炎、肌炎、腱鞘炎、关节炎和未出现组织化脓性溶解的化脓性炎症。当有恶性新生物和出血倾向的病例禁止使用温热疗法；对于有创口的炎症不宜使用湿的温热疗法。

（二）石蜡疗法

石蜡疗法是一种温热疗法，是借助于热的石蜡使组织达到温热的目的。石蜡疗法适用于亚急性和慢性炎症，特别是需要安静的患部，如关节扭伤、关节炎、腱炎、腱鞘炎等，此外还可用在溃疡、神经炎、神经痛等疾病。禁忌症为有坏死灶的发炎创、急性化脓性炎症以及不能使用温敷的疾患。

1. 石蜡的选择与准备

治疗用的石蜡最好是熔点在 52～55℃的白色石蜡。治疗时，先把石蜡在水浴中加热到 100℃，加热时要防止着火，然后冷却到所需要的温度。第一次使用，一般为 65℃，以后逐渐提高温度，但最高不要超过 85℃，倘若石蜡中混有水分，或使用旧的石蜡，或作为创伤治疗用，应该把石蜡加热到 100℃并维持 15 分钟，以达到去除水分和灭菌的目的。用过的石蜡还要用纱布过滤，去除石蜡中的杂质。

2. 方法

治疗的患部要仔细剪毛，剪毛愈短愈好，然后清洗干净。根据患部的不同，可采用下面两种方法。但不论用哪种方法，都必须先在皮肤上做"防烫层"。做法是在皮肤处理后，待其干燥，用排笔蘸 65℃ 的融化石蜡，涂在皮肤上，连续涂刷直至形成 0.5 厘米厚的石蜡层为止。为了防止交换绷带时拔毛，可在涂防烫层之前，裹上一层螺旋绷带。

（1）**石蜡热浴法**　这种方法只用在四肢的游离端。做完防烫层以后，从蹄子下面套上一个胶皮套，用绷带把胶皮套的下口绑在腿上固定，然后从上口把融化好的温度为 65℃ 左右的石蜡注入，让石蜡包围在肢的四周，上口用绷带绑紧，外面包上保温棉花，最后在外面用绷带固定。

（2）**石蜡棉纱热敷法**　是用在四肢游离部以外的地方的常用方法。做好防烫层以后，用 4～8 层纱布，按患部大小叠好，浸于融化好的、温度适合的石蜡液中，取出后，挤去多余的石蜡，立即敷于患部，外面也可以加棉垫保温，并设法固定之（防烫层-石蜡棉纱层-隔离层-保温层-固定层）。

石蜡疗法作用时间较久，可采取隔日施行 1 次。

五、中兽医治疗技术

中兽医治疗技术可分为中草药治疗技术和针灸治疗技术。

（一）中草药治疗技术

1. 解表药与解表方

（1）**解表药**　凡以发散表邪、解除表证为主要作用的中药，称为解表药，又称为发表药。

① 分类。根据药性及临床应用不同，解表药可分为辛温解表药（发散风寒药）和辛凉解表药（发散风热药）。

② 性能特点。本类药物性分为温和凉两类，以辛味为主；主入肺、膀胱经；以升浮趋势为主；大多无毒。

③ 功效。本类中药多具辛散轻扬之性，偏行肌表，有发汗解表作用，使病邪由汗出而解，以达到治疗表证，防止病邪入里传变的目的，主要用于感受外邪所致的恶寒、发热、无汗（或有汗）、苔白脉浮等症。即《内经》所说的"其在皮者，汗而发之"。此外，某些解表药兼有利尿退肿，止咳平喘，透疹，止痛，消疮等作用。

④ 应用。解表药主要用于治疗恶寒、发热、全身疼痛、四肢拘谨、无汗或有汗不畅、脉浮之外感表证。另外，部分药物适当配伍和炮制，还可用于治疗咳喘、水肿、斑疹、垂脱、胎动不安、出血、泻痢、痹证、肝脾不和、寒热往来、呕吐、目赤肿痛、咽喉肿痛、疮痈肿痛等证。

⑤ 使用与配伍。使用解表药应根据四时气候变化及患病动物体质恰当选择，配伍用药。表寒者，选用辛凉解表药；表热者，选用辛温解表药；表实无汗者，选用发汗力峻的解表药；表虚者，选用发汗力缓者，有时需配伍扶正固表或收敛止汗之品；兼有湿邪者，配伍祛风湿药；兼有暑气者，配伍解暑之品；发热甚者，适当配伍清热之品；炎热季节，用解表药宜轻，寒冷季节，用解表药宜重。

⑥ 注意事项。

a. 严格控制用量和用药时间的长短，解表时微汗即可，以防大汗损伤津液，甚或导致亡阴亡阳。

b. 用解表药时应注意动物所处地区寒热，以及用药季节。寒冷环境用量宜大，炎热环境用量宜小。

c. 表虚自汗、阳虚、阴虚、血虚患病动物慎用或忌用，如使用，则适当配伍补益收敛药。

d. 解表药多为辛散之药，入汤剂不宜久煎。

⑦ 解表药。

a. 辛温解表药。本类药都具有解表散寒的作用，适用于怕冷、口不渴等寒象比较突出的表证。常用药物有麻黄、桂枝、防风、荆芥、紫苏、生姜、白芷、细辛、葱白、辛夷、苍耳子。

b. 辛凉解表药。本类药物大都具有解热、抗菌等作用，故适用于风热表证，如发热、口渴等，以及因风热所致的咳嗽或疮疡初期具有表证者也可选用。常用药物有薄荷、柴胡、升麻、葛根、桑叶、菊花、牛蒡子（大力子）、蔓荆子、蝉蜕（蝉衣、虫衣）。

（2）解表方　以解表药为主组成，具有发汗解表作用，用以解除表证的一类方剂，称为解表方。属于"八法"（汗、吐、下、和、温、清、补、消）中的"汗法"。因表证有表寒与表热的不同，故解表方也有辛温解表和辛凉解表之分。

① 辛温解表方。适用于外感风寒引起的表寒证。病的初期一般以荆芥、防风为主药；病情较重者，可用麻黄、桂枝为主药；对于表虚证，则应在辛温解表药中配用白芍等，以敛阴止汗，防止耗伤正气。主要方剂有麻黄汤、桂枝汤和荆防败毒散。

② 辛凉解表方。适用于外感风热的表热证。若为风热伤肺的轻证，可以用疏散风热的桑叶、菊花、薄荷等为主药；若为发热明显，则应配清热解毒的金银花、连翘、牛蒡子等。根据调和的原则组方，具有和解表里、调畅气机的作用，用于治疗少阳病或肝脾、肠胃不和等病证的方剂，叫做和解方。属于"八法"中的"和法"。主要方剂有银翘散、小柴胡汤。

2. 清热药与清热方

（1）清热药　主要依从清法，通过清解里热，以治疗里热证为主要作用的中药，称为清热药。

① 分类。根据药性及临床应用，清热药可分为清热泻火药、清热燥湿药、清热解毒药、清热凉血药、清热解暑药五类。

② 性能特点。本类药药性寒凉，味多以苦、辛、甘为主；归经广泛，涉及五脏六腑；以沉降趋势为主；大多无毒。

③ 功效。本类药寒凉，具有清热泻火、燥湿、凉血、解毒及清虚热等功效。即《内经》所谓"热者寒之"及《本经》所谓"疗热以寒药"。此外，部分清热药还具有滋阴、生津、止咳功能。

④ 应用。清热药主要用于治疗表邪已解、里热炽盛，而无积滞的里热病证，如外感热病，高热烦渴，湿热泻痢，温毒发斑，痈肿疮毒及阴虚发热等。

⑤ 使用与配伍。使用清热药应首先辨别热证虚实，实热证有清热泻火、清营

凉血、气血两清的用药不同；需热证用药又有清热凉血、养阴透热及滋阴清热凉血除蒸之别。同时还要注意有无兼证，如兼有表证者，当先解表后清里，或与解表药同用，以期表里双解；若里热兼有积滞者，则应配伍泻下药；兼有脾胃虚弱的患病动物若需用时宜辅以健脾补气药；阴虚患病动物需用时，应配伍滋阴药。

⑥ 注意事项。

a. 清热药性多寒凉，易伤脾胃，影响运化，故对阳气不足、脾胃虚寒、食少、泄泻的患病动物要慎用。

b. 热病易伤津液，清热燥湿药，又性多燥，也易伤津液，对阴虚的患病动物应慎用；阴盛格阳，真寒假热证禁用。

⑦ 清热药。

a. 清热泻火药。能清气分热，有泻火泄热的作用，适用于急性热病，证见高热、汗出、口渴贪饮、尿液短赤、舌苔黄燥、脉象洪数等里热证。常用药物有石膏、知母、栀子、芦根、夏枯草等。

b. 清热凉血药。主要入血分，能清血分热，有凉血清热作用。主要用于血分实热证，温热病邪入营血，血热妄行，症见斑疹和各种出血，以及舌绛、狂躁、甚至神昏等。常用药物有生地、牡丹皮、白头翁、玄参、地骨皮、穿心莲。

c. 清热燥湿药。性味苦寒，苦能燥湿，寒能胜热，有清热燥湿的作用，主要用治湿热证，如肠胃湿热所致的泄泻、痢疾，肝胆湿热所致的黄疸，下焦湿热所致的尿淋漓等。常用药物有黄连、黄芩、黄柏、秦皮、苦参。

d. 清热解毒药。有清热解毒作用，常用于瘟疫、毒痢、疮疡肿毒等热毒病证。常用药物有金银花、连翘、紫花地丁、蒲公英、板蓝根。

e. 清热解暑药。本类药用于治疗暑热，暑湿证。常用药物有香薷、青蒿、绿豆、荷叶。

（2）清热方　以清热药为主组成，具有清热泻火、凉血解毒等作用，用以治疗里热证的一类方剂，称为清热方。属于"八法"中的"清法"。里热证，有气分、血分之分，实热、虚热之别，脏腑偏胜之殊，以及湿热、暑热之异。因而清热剂又可分为清热泻火、清营凉血、清热燥湿、清热解毒、清热解暑等五类。

① 清热泻火方。适用于温热病初期，热在气分的病证。多以石膏、知母、栀子之类清肺、胃为主。主要方剂有白虎汤。

② 清营凉血方。适用于邪热侵入营血的病证。多以水牛角、生地、玄参、丹皮、赤芍等清营凉血为主。主要方剂有犀角地黄汤、清营汤。

③ 清热燥湿方。适用于热邪偏盛于某一脏腑的病证或湿热内盛的黄疸、热淋等证。多以黄芩、黄连、黄柏、栀子等清热燥湿为主。主要方剂有白头翁汤、茵陈蒿汤、郁金散。

④ 清热解毒方。适用于瘟疫、毒痢、疮痈等热毒证。多以银花、连翘、栀子、黄连、黄柏、大青叶、板蓝根、蒲公英、紫花地丁、射干、山豆根等清热解毒为主。主要方剂有黄连解毒汤。

⑤ 清热解暑方。适用于暑热、暑湿等症。症见身热汗出、口渴喜饮、尿短赤、神昏体倦等。常用药物有香薷、青蒿、绿豆等。主要方剂有香薷散。

使用清热剂时，应先辨明里热的真假。如真热假寒，当用清热法；真寒假热，则应使用温里回阳之剂。屡用清热剂而热仍不退者，属阴虚火旺之证，可考虑改用滋阴壮水的方法，使阴复则其热自退。此外，使用清热剂，还应根据病情轻重和患病动物体质强弱来选药定量，避免因使用寒凉药太过而损伤脾胃阳气。

3. 泻下药与泻下方

（1）泻下药　主要依从下法，通过通泻大便，以治疗里实证为主要作用的中药，称为泻下药。

① 分类。根据泻下药的作用强度和应用范围，泻下药分为攻下药、润下药和峻下逐水药三类。

② 性能特点。本类药药性多属寒凉、少数性温或平，味多以苦为主；主入大肠经；以沉降趋势为主；部分药物有毒，使用宜慎。

③ 功效。本类药大多寒凉沉降，有刺激或润滑肠道作用，能引起腹泻和润肠通便。具有泻下通便，清除胃肠道各种积滞，导热下行，清热泻火，逐水消肿的作用。即所谓"实则泻之"。此外，部分泻下药还具有杀虫、祛瘀及消痈散结等功能。

④ 应用。泻下药主要用于治疗各种里实积滞，如便秘、实性水肿、里实热、积食、胀肚等，部分药物还可用于治疗疮痈肿痛、虫积腹痛、血瘀肿痛等证。

⑤ 使用与配伍。使用泻下药应首先辨别表里虚实，泻下药的使用以表邪以解、里实已成为宜。里实兼有表证者，当先解表后功里，必要时可用泻下药配合解表药同用，以期表里双解；里有积滞而兼有正虚者，应配伍补益药同用，以期功补兼施；高热大便干结者，宜配伍清热药同用；大便燥结者，宜配伍滋阴润燥之品；阴血亏虚而致大便秘结者，宜配伍补血滋阴之品；寒性便秘，宜配伍温中散寒之品；食积肚胀者，宜配伍消食药和行气药使用；里实热，尤其上焦高热，常配伍清热药及利尿药，以期釜底抽薪，导热下行；虫积腹痛者，配伍驱虫药同用；肚腹胀满者，配伍行气药同用。

⑥ 注意事项。

a. 泻下药的使用，以表邪已解，里实已成为原则，如表证未解，当先解表，然后攻里，若表邪未解而里实已成，则应表里双解，以防表邪陷里。

b. 攻下药、逐水药功逐力较猛，易伤正气，凡虚证及孕畜不宜使用，如必要时可适当配伍补益药，功补兼施。

c. 本类药物中部分药物具有毒性，使用过程应合理炮制、配伍、酌定用量，以免中毒。

d. 泻下药的作用强度与剂量、配伍有关，使用过程中应根据病情掌握用药的剂量与配伍。

⑦ 泻下药

a. 攻下药。具有较强的泻下作用，适用于宿食停积，粪便燥结所引起的里实证。又有清热泻火作用，故尤以实热壅滞，燥粪坚积者为宜。常辅以行气药，以加强泻下的力量，并消除腹满证候。常用药物有大黄、芒硝、番泻叶。

b. 润下药。多为植物种子或果仁，富含油脂，具有润燥滑肠的作用，故能缓下通便。适用于津枯，产后血亏，病后津液未复及亡血的肠燥津枯便秘等。许多种仁药都具有润燥滑肠作用，如杏仁、桃仁、郁李仁、火麻仁、瓜蒌仁、柏子仁、苏子等，还有食用油、蜂蜜。

c. 峻下逐水药。具有药性峻猛，引起剧烈腹泻，使大量水液从大小便排出。常用药物有大戟、芫花、甘遂、牵牛子等。

（2）泻下方　以泻下药为主组成，具有通导大便、排除胃肠积滞、荡涤实热、功逐水饮作用，以治疗里实证的方剂，称为泻下方，又叫做功里方。属"八法"中的"下法"。根据病邪性质的不同及动物的体质情况的差异，泻下方常分为攻下方、润下方和峻下逐水方三类。临床应用时，必须根据动物正气的强弱，邪气的盛衰，而选择适当的泻下方。

① 功下方。泻下作用猛烈，适用于正气未衰的里实证。常以大黄、芒硝等为主药。主要方剂有大承气汤。

② 润下方。泻下作用和缓，适用于体虚便秘之证。常以火麻仁、郁李仁、肉苁蓉等为主药。主要方剂有当归苁蓉汤。

③ 峻下逐水方。泻下作用峻烈，仅适用于水肿或水饮停骤而体质强壮者。常以大戟、牵牛子、续随子等为主药。主要方剂有大戟散、十枣汤等。

泻下方大多药性峻猛，凡孕畜、产后、老弱以及伤津亡血者，均应慎用。必要时，可考虑攻补兼施，或先攻后补。对于表证未解，里实未成者，不宜使用泻下方。如表证未解而里证已盛，宜先解表，后治里，或表里双解。又因泻下方易伤胃气，应得效即止，切勿过投。

4. 消导药与消导方

（1）消导药　主要依从消法，通过健运脾胃，促进消化，以治疗积食证为主要作用的中药，称为消导药，也称消食药。

① 性能特点。本类药药性温或平，味多甘；主入脾、胃经；无毒。

② 功效。本类药性甘温，具有健脾开胃，消积导滞，促进消化等作用。此外，部分消导药还具有行气散瘀、回乳消胀、降气化痰、涩精止遗等功能。

③ 应用。消导药主要用于治疗饮食积滞，肚腹胀满，食欲不振，大便失常等脾胃虚弱的消化不良；部分药物还可用于治疗瘀滞腹痛、乳房胀痛、尿石症、痰湿咳喘等证。

④ 使用与配伍。临床应用消导药时，不可单纯依靠消导药取效，应根据不同病情而配伍其他药物。食积兼有气滞胀痛时，常配伍理气药同用；食积便秘，常配伍泻下药同用；脾胃虚弱，常配伍健胃补脾药同用；脾胃有寒，常配伍温中散寒药同用；湿浊内阻，常配伍芳香化湿药同用；积滞化热，宜配合苦寒清热药同用。

⑤ 注意事项

a. 消导药作用较为缓和，如遇积滞较重，肚腹胀满者，应以泻下行气为主，以消导为辅。

b. 消导药虽然作用缓和，但过度使用也可耗伤气血，因此对于体虚、孕畜动物使用时应配合补益药同用。

⑥消导药。常用药物有山楂、神曲、麦芽、鸡内金、莱菔子。

（2）消导方　以消导药为主组成，具有消食化积功能，以治疗积滞痞块的一类方剂，称为消导方。属"八法"中的"消法"。消导方应用甚为广泛，凡由气、血、痰、湿、食等壅滞而成的积滞癥块，均可用之。消导方与泻下方均有消除有形实邪的作用，但在临床运用上，两者有所不同。泻下方一般用于急性有形实邪，是猛攻急下的方剂；消导方一般用于慢性的积滞胀满，属渐消缓散的方剂。主要方剂有曲蘗散、保和丸。

5. 化痰止咳平喘药与化痰止咳平喘方

（1）化痰止咳平喘药　凡能消除痰涎、制止或减轻咳嗽和气喘的药物，称为化痰止咳平喘药。

① 分类。根据化痰止咳平喘药性味和功效的不同，可将其分为温化寒痰药、清化热痰药和止咳平喘药三类。

② 性能特点。温化寒痰药性温，味多以辛为主，主入肺经，部分药物有毒，使用宜慎。清化热痰药性多寒凉，味多以甘、辛为主，主入肺经，本类药物均属无毒。止咳平喘药性多为温，部分药物性寒或平，味多以辛、苦为主，主入肺经，部分药物有毒。

③ 功效。温化寒痰药性温燥，具有温肺祛寒、燥湿化痰的作用；清化热痰药以清化热痰为主要功能；止咳平喘药具有镇咳、平喘的作用。此外，本章药物中部分药物还兼有行气散结、润肠通便等功能。

④ 应用。温化寒痰药适用于寒痰、湿痰所致的咳嗽气喘，痰液稀薄等。清化热痰药适用于热痰郁肺所引起的咳嗽气喘，痰液黏稠等。止咳平喘药主要用于各种原因引起的咳喘证。另外部分药物还可用于治疗其他病证，如肠燥便秘、水肿、风痰证、痰核瘰疬等证。

⑤ 使用与配伍。应用化痰止咳平喘药，除应根据病证不同，针对性选择不同的化痰药及止咳、平喘药外，因咳喘每多夹痰，痰多易发喘咳，故化痰、止咳、平喘三者常配伍同用。再则应根据痰、咳、喘的不同病因病机而配伍，以治病求本，标本兼顾，如外感而致者，当配解表药；火热而致者，应配清热泻火药；里寒者，配温里散寒药；虚劳者，配补虚药。此外，如痰厥、眩晕、昏迷者，则当配平肝熄风、开窍、安神药；痰核、瘰疬者，配软坚散结之品等。

应用时除分清不同痰证而选用不同的化痰药外，应据成痰之因，审因论治。"脾为生痰之源"，脾虚则津液不归正化而聚湿生痰，故常配健脾燥湿药同用，以标本兼顾，又因痰易阻滞气机，"气滞则痰凝，气行则痰消"，故常配理气药同用，以加强化痰之功。

⑥ 注意事项

a. 某些温燥之性强烈的刺激性化痰药，凡痰中带血等有出血倾向者，宜慎用。

b. 麻疹初起有表邪之咳嗽，不宜单投服止咳药，当以透解清宣为主，以免恋邪而致久喘不已影响麻疹之透发，对收敛性及温燥之药尤为所忌。

c. 个别麻醉镇咳定喘药，因易成瘾，易恋邪，用之宜慎。

⑦ 化痰止咳平喘药

a. 温化寒痰药。凡药性温燥，具有温肺祛寒、燥湿化痰作用的药物，称为温化寒痰药。常见药物有半夏、天南星、旋覆花、白前。

b. 清化热痰药。凡药性偏于寒凉、以清化热痰为主要作用的药物，称为清化热痰药。常见药物有贝母、瓜蒌、桔梗、天花粉、前胡。

c. 止咳平喘药。凡以止咳、平喘为主要作用的药物，称为止咳平喘药。常见药物有杏仁、款冬花、百部、枇杷叶、紫菀、白果等。

（2）化痰止咳平喘方 以化痰、止咳、平喘药为主组成，具有消除痰涎、缓解或制止咳喘的作用，用以治疗肺经疾病的方剂，称为化痰止咳平喘方。

咳嗽与痰、喘在病机上关系密切，咳嗽每多挟痰，而痰多亦每致咳嗽，久咳则肺气上逆而作喘，三者可互为因果。在治法上，化痰、止咳、平喘常配合应用。因此，将化痰止咳平喘的方剂归为一类。

痰病的成因很多，素有"脾为生痰之源，肺为贮痰之器"之说。如脾不健运，湿聚成痰者，治宜燥湿化痰；火热内郁，炼液为痰者，治宜清化热痰；肺燥阴虚，灼津为痰者，治宜润肺化痰；肺寒留饮者，治宜温阳化痰等。《景岳全书》云："五脏之病，虽俱能生痰，然无不由乎脾肾。"因此，治疗时不能单攻其痰，应重视治其生痰之本，即所谓"善治痰者，治其生痰之源"。此外，痰随气升降，气堕则痰聚，气顺则痰消，故在祛痰止咳剂中，每配伍理气药物。如《证治准绳》说："擅治痰者，不治痰而治气，气顺则一身津液亦随气而顺矣"。

① 温化寒痰方。适用于寒痰、湿痰所致的呛咳气喘，鼻液稀薄等。临床应用时，常与燥湿健脾药物配伍。因其性躁烈，故阴虚燥咳、热痰壅肺等情况慎用。主要方剂有二陈汤。

② 清化热痰方。适用于热痰郁肺所引起的呛咳气喘，鼻液黏稠等。临床应用时，应根据病情作适当的配伍。主要方剂有麻杏石甘汤。

③ 止咳平喘方。由于咳喘有寒热虚实等的不同，故临床应用时，须选用适宜药物配伍。主要方剂有止嗽散、苏子降气汤。

6. 温里药与温里方

（1）温里药 主要依从温法，通过温里祛寒，以治疗里寒证为主要作用的药物，称为温里药，又叫祛寒药。

① 性能特点。本类药药性多属温热，个别药物为大热，味多以辛为主；归经广泛；以升散趋势为主；部分药物有毒，使用宜慎。

② 功效。本类药辛温行散，一般具有温中散寒、温经散寒、回阳救逆等作用。此外，部分温里药还具有助阳、行气止痛等功能。

③ 应用。本类药物因其归经不同而奏多种效用。其主入脾胃经者，能温中散寒止痛，可用治脾胃受寒或脾胃虚寒证，证见脘腹冷痛、呕吐泄泻、舌淡苔白等；其主入肺经者，能温肺化饮而治肺寒痰饮证，证见痰鸣咳喘、痰白清稀、舌淡苔白滑等；其主入肝经者，能温肝散寒止痛而治肝经受寒少腹痛、寒疝作痛或厥阴头痛等；其主入肾经者，能温肾助阳而治肾阳不足证等；其主入心肾两经者，能温阳通脉而治心肾阳虚证，证见心悸怔忡、畏寒肢冷、小便不利、肢体浮肿等，或能回阳救逆而治亡阳厥逆证，证见畏寒倦卧、汗出神疲、四肢厥逆、脉微欲绝等。即《内经》所谓"寒者热之"、《本经》所谓"疗寒以热药"。

④ 使用与配伍。使用本类药物应根据不同证候作适当配伍。若外寒内侵，表

寒未解者，须配辛温解表药用；寒凝经脉、气滞血瘀者，须配行气活血药用；寒湿内阻者，宜配芳香化湿或温燥祛湿药用；脾胃阳虚者，宜配温补脾胃药用；气虚欲脱者，宜配大补元气药用。

⑤ 注意事项。本类药物性多辛热燥烈，易耗阴助火，凡实热证、阴虚火旺、津血亏虚者忌用；孕畜及气候炎热时慎用。

⑥ 温里药。常见药物有附子、干姜、肉桂、小茴香、吴茱萸、艾叶等。

（2）温里方　以温热药为主组成，具有温中散寒，回阳救逆，温经通脉等作用，用于治疗里寒证的一类方剂，称为温里方或祛寒方。属"八法"中的"温法"。

里寒证的形成，不外乎寒邪直中与寒从内生两个方面，根据"寒者热之"的原则，应以温里祛寒的药物治疗。由于寒邪所侵脏腑经络的不同，以及病情轻重缓急的差异，温里方可分为温中散寒方和回阳救逆方两类。又因寒邪易伤阳气，故本类方剂中还经常配伍助阳补气的药物。

① 温中散寒方。常以干姜、吴茱萸等药物为主组成，适用于中焦脾胃虚寒证。主要方剂有理中汤、茴香散、桂心散。

② 回阳救逆方。常以附子、肉桂、干姜等药物为主组成，适用于脾肾阳虚、心肾阳虚之阴寒重证。主要方剂有四逆汤。

温里方多由辛热温燥之品组成，应用时应首先辨明寒热真假，真热假寒绝非所适；其次，对阴虚或失血动物，当注意用量，切不可过量。

7. 祛湿药与祛湿方

（1）祛湿药　凡能祛除湿邪、治疗水湿证的药物，称为祛湿药。

① 分类。根据祛湿药的性能特点和适应证，可将其分为祛风湿药、利湿药和化湿药三类。

② 性能特点。祛风湿药性多为温，部分药物性寒或平，味多以辛、苦为主；主入肝、肾、膀胱经；部分药物有毒，使用宜慎。利湿药性多寒凉或平，味多以甘、淡、苦为主；主入肺、肾、膀胱经；本类药物均属无毒。化湿药性多为温，味多以辛为主，兼有芳香性，主入脾、胃经；本类药物均属无毒。

③ 功效。祛风湿药具有祛风除湿、散寒止痛、通气血、补肝肾、强筋骨之功效。利湿药具有利尿通淋、消水肿、除水饮、止水泻的功效，还能引导湿热下行。化湿药具有芳香可助脾运，燥可祛湿。此外，本类药中部分药物还兼有解表散寒，补益肝肾，清热利湿，通经下乳，利胆退黄，解暑等功能。

④ 应用。祛风湿药适用于风湿在表而出现的皮紧腰硬、肢节疼痛、颈项强直、拘行束步、卧地难起、筋络拘急、风寒湿痹等证。利湿药常用于尿赤涩、淋浊、水肿、水泻、黄疸和风湿性关节疼痛等证。化湿药常用于湿浊内阻、脾为湿困、运化失调等所致的肚腹胀满或呕吐草少、粪稀泄泻、精神短少、四肢无力、舌苔白腻等证。另外，本部分药物还可用于治疗其他病证，如风寒感冒、尿石、湿热黄疸、乳汁不通等证。

⑤ 使用与配伍。应用祛风湿药时，可根据痹证的类型、病程新久，或邪犯部位的不同，作适当的选择和相应的配伍。如风邪偏盛的行痹，宜选善能祛风的祛风湿药，佐以活血养血之品；湿邪偏重的着痹，宜选温燥的祛风湿药，佐以燥湿、利

湿健脾药；寒邪偏盛的痛痹，宜选散寒止痛的祛风湿药，佐以通阳温经活血之品；郁久化热、关节红肿者，选用寒凉的祛风湿药，佐以凉血清热药；感邪初期，病邪在表，多配解表药；病邪入里，肝肾虚损，当选用强筋骨的祛风湿药，配补肝肾之药；久病体虚，正气不足的动物，应与补益气血药同用，以助正气而祛邪外出。

应用利湿药时，须视不同病证，选用有关药物，作适当配伍。如水肿骤起有表证者，配宣肺发汗药；水肿日久，脾肾阳虚者，配温补脾肾药；湿热合邪者，配清热药；寒湿相关者，配祛寒药；热伤血络而尿血者，配凉血止血药；至于泄泻、痰饮、湿温、黄疸等，则应分别与健脾、芳香化湿、或清热燥湿药配伍。此外，气行则水行，气滞则水停，故利水渗湿药还常与行气药配伍，以提高疗效。

应用化湿药时，亦应根据不同证候，作适当配伍。如脾胃虚弱者，配补脾健胃药；湿阻气滞、脘腹胀甚者，配行气药；寒湿中阻者，配温里药；若里湿化热者，配清热燥湿药等。

⑥ 注意事项

a. 祛风湿药其性多燥，易耗伤阴血，故阴虚血亏动物应慎用。

b. 利水渗湿药，易耗伤津液，对阴亏津少、老幼体需患病动物及孕畜，宜慎用或忌用。

c. 化湿药多属辛温香燥之品，易于耗气伤阴，故阴虚血燥及气虚者宜慎用。

⑦ 祛湿药

a. 祛风湿药。能够祛风胜湿、治疗风湿痹证的药物，称为祛风湿药。常见药物有羌活、独活、秦艽、威灵仙、木瓜、五加皮、防己、桑寄生等。

b. 利湿药。凡能利尿、渗除水湿的药物，称为利湿药。常见药物有茯苓、猪苓、茵陈、泽泻、车前子、金钱草、滑石等。

c. 化湿药。气味芳香，能运化水湿，辟秽除浊的药物，称为化湿药。常见药物有藿香、苍术、佩兰、白豆蔻、曹豆蔻等。

（2）祛湿方　以祛湿药物为主组成，具有化湿利水、祛风除湿作用，治疗水湿和风湿病证的一类方剂，称为祛湿方。

湿邪为病，有外湿内湿之分，所犯部位有上下表里之别。外湿由外感受，常伤及动物体肌表经络；内湿由内而生，多因脾失健运所致，常常伤及脏腑气血。外湿内湿为病，有时相互兼见。湿邪又多与风、寒、暑、热等邪气相挟，并有化热、化寒的转机。

临床治疗时，首先，应辨别湿邪所在部位的内外上下。在外在上，宜微汗以解之；在内在下，宜健脾行水以利之。其次，应审其寒热虚实。如湿从寒化，宜温阳化湿；湿从热化，宜清热祛湿；体虚湿盛者，宜祛湿与扶正兼顾；水湿壅盛脉证俱实者，宜用逐水之方。

根据治法的不同，祛湿方一般分为祛风湿方、利水方和化湿方。

① 祛风湿方。适用于风寒湿邪侵袭肌表经络所致的痹痛等证，常以独活、羌活、秦艽、桑寄生等祛风胜湿药为方中主药。主要方剂有独活散、独活寄生汤。

② 利湿方。适用于水湿停滞所引起的各种病证，如小便不利、泄泻、水肿、尿淋、尿闭等，常以茯苓、猪苓、泽泻、车前子、木通、滑石等渗湿利水药为方中

主要。主要方剂有五苓散、八正散。

③ 化湿方。适用于湿浊内阻，脾为湿困，运化失职之证，常以苍术、藿香、陈皮、砂仁、草豆蔻等芳香燥湿药为方中主药。主要方剂有平胃散、藿香正气散、五皮饮。

本类方剂多属于辛温香燥或淡渗利水之品，容易伤阴耗液，对津液亏损之证，一般不宜使用，必要时须配伍养阴药同用。此外，湿邪重着黏腻，易于阻碍气机，故祛湿方中，常配伍理气药，以求"气化则湿亦化"。

8. 理气药与理气方

（1）理气药　凡以疏理气机、治疗气滞或气逆证为主要作用的药物，称为理气药，又叫行气药。其中理气力量特别强的，习称"破气"药。

① 性能特点。本类药药性多为温，味以辛、苦为主，兼有芳香气味；主入脾、肝、肺经；以发散趋势为主。本类药物均属无毒。

② 功效。理气药性味多辛苦温而芳香。其味辛能行散，味苦能疏泄，芳香能走窜，性温能通行，故有疏理气机的作用。因本类药物主归脾、肝、肺经，故有理气健脾、疏肝解郁、理气宽胸、行气止痛、破气散结等功效。此外，本类部分药物还具有健胃、祛痰、散结等功效。

③ 应用。本类药物中具有理气健脾作用的药物，主要用治脾胃气滞所致肚腹胀满、疼痛不安、嗳气酸臭、食欲不振、粪便失常等；具有疏肝解郁作用的药物，主要用治肝气郁滞所致胁肋胀痛、疝气疼痛、乳房胀痛等；具有理气宽胸作用的药物，主要用治肺气壅滞所致胸闷胸痛、咳嗽气喘等。

④ 使用与配伍。使用本类药物，须针对病证选择相应功效的药物，并进行必要的配伍。如脾胃气滞因于饮食积滞者，配消导药用；因于脾胃气虚者，配补中益气药用；因于湿热阻滞者，配清热除湿药用；因于寒湿困脾者，配以苦温燥湿药用。肝气郁滞因于肝血不足者，配养血柔肝药用；因于肝经受寒者，配温肝散寒药用；用于瘀血阻滞者，配活血祛瘀药用。肺气壅滞因于外邪客肺者，配宣肺解表药用；因于痰饮阻肺者，配祛痰化饮药用。

⑤ 注意事项。理气药多辛温香燥，易耗气伤阴，故对气虚、阴虚的患病动物应慎用，必要时可配伍补气、养阴药。

⑥ 理气药。常见药物有陈皮、青皮、厚朴、枳实、香附、木香、砂仁、草果、槟榔等。

（2）理气方　以理气药为主组成，具有调理气分，舒畅气机，消除气滞、气逆作用，用于治疗各种气分病证的方剂，称为理气方。

气分证有气滞、气逆、气虚三种。一般地说，气滞以肝郁气滞和脾胃气滞为主，临床表现以胀、痛为特征；气逆以肺气上逆和胃气上逆为主，以咳嗽、气喘、呕吐、嗳气等为主要表现；气虚则表现为气的不足。治疗时，气滞宜行气，气逆宜降气，气虚宜补气。因此，理气方的内容概括起来有行气、降气和补气三个方面，补气方和降气方分别在补虚方和化痰止咳平喘方中介绍，这里仅介绍行气方。

行气方主要由辛温香窜的理气药或破气药组成，施用于肝郁气滞和脾胃气滞的病证，临床常用于慢草、腹胀、腹痛、下痢、泄泻等。主要方剂有橘皮散、越鞠丸。

理气方剂多辛温香燥，容易伤津耗气，临床应用时当中病即止，勿过量使用。此外，气滞常有寒热虚实之分，又兼有食积、痰湿、血瘀等不同，故应随证化裁，灵活配伍其他药物。

9. 理血药与理血方

（1）**理血药** 凡能调理和治疗血分病证的药物，称为理血药。

① 分类。血分病证一般分为血虚、血溢、血热和血瘀四种。血虚宜补血，血溢宜止血，血热宜凉血，血瘀宜活血。故理血药有补血、活血祛瘀、清热凉血和止血四类。清热凉血药已在清热药中叙述，补血药将在补益药中叙述，这里只介绍活血祛瘀药和止血药。

② 性能特点。活血祛瘀药性多属平、温，少数性寒凉，味多以辛、苦为主；主入肝、心经；以辛散趋势为主；部分药物有毒，使用宜慎。止血药性多属平、微寒，少数性温，味多以甘、苦、涩为主；归经复杂；以收敛趋势为主；本类药物均属无毒。

③ 功效。活血祛瘀药具有活血祛瘀、疏通血脉的作用，并通过活血祛瘀作用，而产生止痛、破血消癥、疗伤消肿、活血消痈等作用。止血药均具有制止内外出血的作用，因其药性有寒、温、散、敛之异，所以其具体作用又有凉血止血、化瘀止血、收敛止血、温经止血的区别。此外，本处部分药物还具有利水消肿、润肠通便、消积止痛及行气解郁等功能。

④ 应用。活血祛瘀药主要适用于瘀血疼痛，痈肿初起，跌打损伤，产后血瘀腹痛，肿块及胎衣不下等血瘀诸证。止血药主要适用于各种内外出血病证，如咯血、咳血、衄血、吐血、便血、尿血以及外伤出血等。另外，本处部分药物还可用于治疗其他病证，如肺热咳嗽、黄疸等证。

⑤ 使用与配伍。应用活血祛瘀药时，除根据各类药物的不同特点加以选择应用外，还需针对形成瘀血的不同病因病情，随证配伍，以标本兼顾。如寒凝血瘀者，配温里散寒药。热搏血分，热瘀互结者，配清热凉血、泻火、解毒药；风湿痹阻，经脉不通者，配祛风湿药；癥瘕积聚，配软坚散结药；久瘀体虚或因虚而瘀者，配补益药。再则，因"气为血帅""气滞血亦滞""气行则血行"，故为了提高活血祛瘀之效，常与理气药配伍同用。

止血药物的应用，必须根据出血的不同原因和病情，选择药性相宜的止血药，并进行必要的配伍。如血热妄行而出血者，应选择凉血止血药，并配伍清热泻火、清热凉血之品；阴虚火旺，阴虚阳亢而出血者，宜配伍滋阴降火，滋阴潜阳的药物；若瘀血内阻，血不循经而出血者，应选化瘀止血药，并配伍行气活血药；若虚寒性出血，应选温经止血药，收敛止血药，并配伍益气健脾温阳之品；若出血过多，气随血脱者，则须急投大补元气之药以益气固脱。又前贤有"下血必升举，吐衄必降气"之说，对便血、崩漏可适当配伍升举之品，而对吐血、衄血则可配伍降气之品。

⑥ 注意事项

a. 活血祛瘀药兼有催产下胎作用，对孕畜要忌用或慎用；另外本类药物易耗血动血，对其他出血证无瘀血现象者忌用。

b. 在使用止血药时，除大出血应急救止血外，还须注意有无瘀血，若瘀血未尽（如出血暗紫），应酌加活血祛瘀药，以免留瘀之弊；若出血过多，虚极欲脱时，可用补气药以固脱。

c. 凉血止血药、收敛止血药，易凉遏恋邪留瘀，出血兼有瘀血者不宜单独使用。

d. 止血药前人经验多炒炭后用。一般而言，炒炭后其性苦、涩，可加强止血之效。也有少数以生品止血效果更好。

⑦理血药

a. 活血祛瘀药。常见药物有川芎、丹参、桃仁、红花、益母草、王不留行、赤芍、乳香、没药等。

b. 止血药。常见药物有三七、白芨、小蓟、地榆、槐花、茜草、蒲黄等。

（2）理血方 具有活血调血或止血作用，治疗血瘀或出血证的方剂，统称理血方。血分病证有血虚、血热、血瘀、血溢等类型，所以在治疗方面则有补血、凉血、活血、止血等方法。其中补血、凉血方，分别列于补虚、清热方中介绍，这里只介绍治疗血瘀和出血证的活血祛瘀和止血两类方剂。

① 活血祛瘀方。以活血祛瘀药为主组成，具有通行血脉、消散瘀血、通经止痛、疗伤消疮等作用，适用于血行不畅及瘀血阻滞的各种病证，如创伤瘀肿、母畜产后恶露不行、乳汁不通等。在临证运用中，由于气与血的关系非常密切，"气为血之帅，气行则血行"，故对一般瘀血证候，通常多在活血祛瘀的同时，适当配伍合理气药物如柴胡、枳壳、香附子等，以助血行瘀散。此外，由于瘀血病证的病机不同，部位有在上、在下之别，且瘀血久留可导致血亏气弱等，故本类方剂组成时尚须根据证候表现不同，分别配伍温经散寒、荡涤瘀热、补气养血的药物，如吴茱萸、桂枝、大黄、芒硝、党参、当归等。因此类方剂多侧重攻的一面，故不可过用，以免伤害正气。凡血虚无瘀及孕畜均当慎用。主要方剂有桃红四物汤、红花散、生化汤、通乳散。

② 止血方。以止血药为主组成，具有制止出血的作用，用于治疗血溢脉外的各种出血病证，如尿血、便血、咳血、子宫出血等。在临证运用时，由于出血的病因和部位不同，组方配伍亦随证而异。如急性出血，血色鲜红，有热象表现者，多为血热妄行之出血，应选用凉血止血药与清热凉血药配用；若出血血色紫暗，有血凝块并兼有瘀血现象者，多为血瘀出血，应选用具有祛瘀作用的止血药或与活血祛瘀药同用；若为慢性出血，或出血反复不止，血色淡红而有虚寒之象者，多属气虚不能摄血，应以止血药与补气温阳药配伍应用。总之，止血应治本，在止血的基础上，要根据出血的原因适当配伍，切勿一味着眼于止血，故又有"见血休止血"之说，只有做到审因施治，才能提高疗效。主要方剂有桃花散、秦艽散。

10. 收涩药与收涩方

（1）收涩药 凡具有收涩固涩作用，能治疗各种滑脱证的药物，称为收涩药。

① 分类。根据适用证的不同，此类药物分为涩肠止泻药和敛汗涩精药两类。

② 性能特点。本类药药性多属平、温，少数性寒凉，味多以酸、涩为主；归

经广泛；以收涩内潜趋势为主；此类药物均属无毒。

③ 功效。本类药味酸、涩，一般具有涩肠止泻、敛肺止咳、收敛止血、固精缩尿、固表止汗、收敛固脱等作用，即所谓"散者收之"或"涩可固脱"。此外，部分药物还具有生津止渴、补益肝肾等功能。

④ 应用。收涩药主要用于治疗各种滑脱之证，如子宫脱出、滑精、自汗、盗汗、久泻、久痢、粪尿失禁、脱肛、久咳虚喘等证，部分药物还可用于治疗津伤口渴、疮疡肿毒、腰胯无力等证。

⑤ 使用与配伍。滑脱病证的根本原因是正气虚弱，而收涩固涩属于应急治标的方法，不能从根本上消除导致滑脱诸证的病机，故临床应选择适宜的补益药同用，以期标本兼顾。由于滑脱证表现各异，应选择相应的收涩药使用。如治疗气虚自汗，宜配伍补气药同用；如治疗阴虚盗汗，宜配伍滋阴药同用；脾肾阳虚之久泻、久痢者，当配伍温补脾肾药；肾虚之滑精、遗尿等，当配伍补肾药；肺肾虚喘者，当配伍补肺益肾和止咳平喘药同用等等。总之，使用本类药物时，应根据具体证候，寻求根本，适当配伍，标本兼治，才能收到较好的疗效。

⑥ 注意事项。收涩药性涩敛邪，故凡表邪未解，湿热所致泻痢、血热出血，以及郁热未清者，均不宜用。但部分收涩药兼有清湿热、解毒等功能，则应区别对待。

⑦ 收涩药

a. 涩肠止泻药。具有涩肠止泻的作用，适用于脾肾虚寒所致的久泻、久痢、粪尿失禁、脱肛或子宫脱出等。常见药物有诃子、乌梅、肉豆蔻、石榴皮、五倍子等。

b. 敛汗涩精药。具有固肾涩精或缩尿的作用，适用于肾虚气弱所致的自汗、盗汗、阳痿、滑精、尿频等，在应用上常配伍补肾药、补气药同用。常见药物有五味子、牡蛎、浮小麦、金樱子等。

（2）收涩方　具有收涩固涩作用，治疗气、血、精、津液耗散滑脱的一类方剂，统称为收涩方。

① 涩肠止泻方。主要方剂有乌梅散。

② 敛汗涩精方。主要方剂有牡蛎散、玉屏风散。

11. 补虚药与补虚方

（1）补虚药　凡能补益机体气血阴阳的不足，治疗各种虚证的药物，称为补虚药，亦称为补养药或补益药。

① 分类。根据补虚药的功效和主要适应证的不同，补虚药分为补气、补血、滋阴、助阳四类。

② 性能特点。补气药性平或偏温，味多甘；主入脾、胃、肺经。补血药性平或偏温，味多甘，多入心、肝、脾经。滋阴药性凉，味多甘，主入肺、胃、肝、肾经。助阳药性温或偏热，味甘或咸，多入肝、肾经。本类药均属无毒。

③ 功效。本类药物一般具有扶助正气，增强体质，补益气血阴阳的作用。但各类药物在补虚方面各有侧重。补气药重在补气，补血药重在补血，滋阴药重在补阴，助阳药重在补阳。另外，补虚药药味较多，除具有补益气血阴阳的作用之外，

还具有诸多功能。

④ 应用。本类药物主要用于各类虚证，包括单纯的气虚、血虚、阴虚、阳虚及气血两亏、气阴不足、阴虚亏损、阴阳俱虚等兼性虚证，适用于气、血、津液及五脏六腑之虚证。另外，本类药物与其他药物适当配伍，还可用于治疗其他诸多病证。

⑤ 使用与配伍。补气药具有补肺气，益脾气的功效，适用于脾肺气虚证。因脾为后天之本，生化之源，故脾气虚则见精神倦怠、食欲不振、肚腹胀满、粪便泄泻等；肺主一身之气，肺气虚则气短气少，动则气喘，自汗无力等，以上诸证多用补气药。又因气为血帅，气旺可以生血，故补气药又常用于血虚病证。补血药适用于体瘦毛焦、口色淡白，精神萎靡、心悸脉弱等血虚之证。因心主血，肝藏血，脾统血，故血虚证与心、肝、脾密切相关，治疗时以补心、肝为主，配以健脾药物。如血虚兼气虚则配用补气药，如血虚兼阴虚则配以滋阴药。滋阴药具有滋肾阴、补肺阴、养胃阴、益肝阴等功效，适用于舌光无苔、口舌干燥、虚热口渴、肺燥咳嗽等阴虚证。助阳药有补肾助阳，强筋壮骨作用，适用于形寒肢冷、腰胯无力、阳痿滑精、肾虚泄泻等。因"肾为先天之本"，故助阳药主要用于温补肾阳。对肾阴衰微不能温养脾阳所致的泄泻，也用补肾助阳药治疗。

畜体生命活动中，气、血、阴、阳是密切联系的，一般阳虚多兼气虚，而气虚也常导致阳虚；阴虚多兼血虚，而血虚也常导致阴虚。所以在应用补气药时，常与补阳药配伍；使用补血药时，常与滋阴药并用。同时，在临床上又往往数证兼见，如气血两亏、阴阳俱虚等。因此，补气药、补血药、滋阴药、助阳药常常相互配伍应用。

⑥ 注意事项

a. 使用补虚药时，应顾护脾胃，适当配伍健脾消食药，以促进运化，使补虚药能充分发挥作用。

b. 补虚药虽能扶正，但应用不当则有留邪之弊，故病畜实邪未尽时，不宜早用。

c. 补虚药除有扶正的功能外，还可配伍祛邪药，用于邪盛正衰或正气虚弱而病邪未尽的证候，以起到"扶正祛邪"的作用，达到邪去正复的目的。

d. 凡正气不虚，实邪方盛者，应以祛邪为主，不宜使用补虚药，以免"闭门流寇"。

e. 滋阴药多甘凉滋腻，凡阳虚阴盛，脾虚泄泻者不宜用；助阳药多属温燥，阴虚发热及实热证等均不宜用。

⑦ 补虚药

a. 补气药。常见药物有党参、黄芪、甘草、山药、白术等。

b. 补血药。常见药物有当归、白芍、熟地黄、阿胶等。

c. 滋阴药。常见药物有沙参、麦冬、百合、枸杞子、天冬、石斛、女贞子等。

d. 助阳药。常见药物有肉苁蓉、淫羊藿、杜仲、巴戟天、补骨脂等。

（2）补虚方　具有补益畜体气、血、阴、阳不足和扶助正气，用以治疗各种虚证的一类方剂，统称为补虚方。补虚方系依据《素问》中"虚则补之""损者益之"的原则立法组方，属"八法"中的"补法"。因虚证有气虚、血虚、阴虚、阳虚之分，故补虚方也相应地分为补气、补血、补阴、补阳四类。

① 补气方。适用于脾肺气虚病证，常以补气药党参、黄芪、白术、甘草等为主，配伍理气、渗湿、养阴或升举中气的药物组成。四君子汤为补气的基础方。补气方还有补中益气汤、生脉散。

② 补血方。适用于营血亏虚的病证，常以补血药熟地、当归、白芍、阿胶等为主，配伍益气、活血化瘀、理气、安神药组成。四物汤为补血的基础方。

③ 滋阴方。适用于阴虚的病证，主要是肝肾阴虚的病证，常以补阴药沙参、麦冬、百合、枸杞子、熟地等为主，配伍补阳或清热的药物组成。六味地黄丸为滋阴的基础方。

④ 助阳方。适用于肾阳虚的一类病证，常以温阳补肾药肉苁蓉、淫羊藿、杜仲、巴戟天、肉桂、附子等为主，配伍补阴、利水药组成。肾气丸为补阳的代表方。助阳方还有巴戟散。

总之，气血同源，阴阳互根，不论补气、补血、补阴、补阳，必须全面兼顾，才能相得益彰。

使用补虚方应注意以下事项。首先，补虚方禁用于外邪在表及一切实证。其次，补血、补阴方多滋腻，应用时应注意脾胃功能，若脾胃功能不足，则需配伍理气健脾、和胃助运药物，或先调理脾胃，然后予以补益。第三，应辨清虚实真假，所谓"大实有羸状"（真实假虚证）、"至虚有盛候"（真虚假实证），前者当功反补，则实者愈实；后者应补反攻，则虚者愈虚。

12. 平肝药与平肝方

（1）平肝药　凡能清肝热、平肝风的药物，称为平肝药。

① 分类。根据平肝药的作用范围，一般分为平肝明目药和平肝息风药两类。

② 性能特点。本类药物性多属寒凉、少数性平或温，味多以辛、甘、苦为主；主入肝经；以沉降趋势为主；部分药物有毒，使用宜慎。

③ 功效。本类药一般具有清肝泻火、明目退翳、潜降肝阳、平息肝风的功能。此外，部分药还具有清热解毒、润肠通便、化痰等功效。

④ 应用。平肝药主要用于治疗各种肝火亢盛、目赤肿痛、睛生翳膜、肝阳上亢、肝风内动，惊痫癫狂、痉挛抽搐等证，部分药物还可用于治疗肠燥便秘、风湿痹痛、疮疡肿痛等证。

⑤ 使用与配伍。应用本类药物时，须根据病因、病机及兼证的不同，进行相应的配伍。如肝火上炎引起的目赤肿痛，常配伍清泻肝火的药物；阴血亏虚引起的双眼干涩、刺痛、流泪，多配伍滋补肝阴的药物；肝阳上亢证，多配伍滋养肾阴的药物，益阴以制阳；热极生风之肝风内动，当配伍清热泻火药同用；阴血亏虚之肝风内动，当配伍补养阴血药物；兼窍闭神昏者，当配伍开窍醒神药；兼痰邪者，当配伍祛痰药等。

⑥ 注意事项。本类药物有性偏寒凉或性偏温燥之不同，故应区别使用。若脾虚慢惊者，不宜寒凉之品；阴虚血亏者，当忌温燥之品。

⑦ 平肝药

a. 平肝明目药。具有清肝火、退目翳功效的药物，适用于肝火亢盛、目赤肿痛、睛生翳膜等证。常见药物有石决明、决明子、木贼等。

b. 平肝息风药。具有潜降肝阳、止息肝风作用的药物，适用于肝阳上亢、肝风内动，惊痫癫狂、痉挛抽搐等证。常见药物有天麻、钩藤、全蝎、蜈蚣、僵蚕等。

（2）平肝方　以清肝明目、疏风解痉和平肝息风药物为主组成，具有清肝泻火，明目退翳、祛风，息风解痉作用，用以治疗肝火上炎，肝经风热，风邪外感和肝风内动等证的一类方剂，称为平肝方。属中医传统治疗"八法"中的"清"法。

① 平肝明目方。代表方剂是决明散。

② 疏散外风方。适用于外风病证，以辛散祛风药为主，根据证候表现，分别配伍清热、祛湿、祛寒、养血活血药物组成，如牵正散。

③ 平息内风方。适用于肝风内动、肝阳亢盛、热极风动、或热病后期的阴虚风动等病证，以平肝息风药为主，配伍清热凉肝、滋阴养血、镇痉潜阳或化痰药组成；或以滋阴养血药为主，配伍平肝与息风潜阳药组成。代表方剂是镇肝息风汤。

13. 安神开窍药与安神开窍方

（1）安神开窍药　凡具有安神、开窍功能，治疗心神不宁，窍闭神昏病证的药物，称为安神开窍药。

① 分类。根据药物性质及功用的不同，本类药分为安神药与开窍药两类。

② 性能特点。本类药药性多属温性、少数性平或凉，味多以甘、辛为主；主入心经。

③ 功效。本类药一般具有镇静安神、醒神开窍功能。此外，部分药物还具有清热解毒、理气、祛痰等功能。

④ 应用。本类药主要用于治疗心悸、惊痫、癫狂、神志昏迷、气滞痰闭等证，部分药物还可用于治疗热毒疮肿、虚汗、肠燥便秘、咳嗽痰多等证。

⑤ 使用与配伍。心神不宁等证，可由多种病因引发。如心火炽盛或邪热内扰，证见躁动不安、惊悸失眠者，多偏于实。阴血不足，心神失养，证见虚烦不眠，心悸怔忡者，多偏于虚。故安神药的应用，须根据不同的病因、病机，选择适宜的安神药，并进行相应的配伍。如心火亢盛者，当配伍清心降火药物，痰热扰心者，当配伍化痰、清热药物；肝阳上亢者，当配伍平肝潜阳药物；血瘀气滞者，当配伍活血化瘀药物；阴血亏虚者，当配伍补血、养阴药物及养心神药物；心脾气虚者，当配伍补气药物。至于惊风、癫狂等证，多以化痰开窍或平肝息风药物为主，本类药物多作辅助之品。

⑥ 注意事项。矿石类安神药，如做丸、散剂，易伤脾胃，故不宜长期使用，并须酌情配伍养胃健脾之品；入煎剂，应打碎煎、久煎；部分药物具有毒性，更须慎用，以防中毒。

⑦ 安神开窍药

a. 安神药。具有镇静安神作用的药物。常见药物有朱砂、酸枣仁、远志等。

b. 开窍药。具有芳香走窜、醒神开窍作用的药物。常见药物有石菖蒲、皂角等。

（2）安神开窍方

① 安神方。以养心安神药为主组成，具有重镇安神功能，治疗惊厥、神昏不安等证的方剂，称为安神方。主要方剂是朱砂散。

② 开窍方。以芳香走串、醒脑开窍药物为主组成，具有通关开窍醒神作用，用于治疗窍闭神昏、气滞痰闭等证的方剂，称为开窍方。主要方剂是通关散。

14. 驱虫药与驱虫方

（1）驱虫药　凡能驱除或杀灭畜、禽体内、外寄生虫的药物，称为驱虫药。

① 性能特点。本类药药性多属寒凉、少数性温或平，味多以苦为主；主入胃、大肠经；部分药物有毒，使用宜慎。

② 功效。本类药物一般具有驱杀绦虫、蛔虫、钩虫、血吸虫、蛲虫、球虫、螨虫等作用，但各药驱虫的种类多有侧重。另外，本类药物中部分药兼有行气、壮阳、燥湿、消积等功能。

③ 应用。本类药多用于动物胃肠道寄生虫、肝蛭、疥癣等证。

④ 使用与配伍。虫证一般具有毛焦欣吊、饱食不长或粪便失调等症状。使用驱虫药时，必须根据寄生虫的种类，病情的缓急和体质的强弱，采取急攻或缓驱。对于体弱脾虚的患病动物，可采用先补脾胃后驱虫或攻补兼施的办法。为了增强驱虫作用，多配合泻下药。驱虫时以空腹投药为好，同时要注意驱虫药对寄生虫的选择作用，如治蛔虫选用使君子、苦楝子，驱绦虫时选用槟榔等。

⑤ 注意事项。

a. 驱虫药不但对虫体有毒害作用，而且对畜体也有不同程度的副作用，所以使用时必须掌握药物的用量和配伍，以免引起中毒。

b. 驱虫时应适当休息，驱虫后要加强饲养管理，使虫去而不伤正，迅速恢复健康。

⑥ 驱虫药。常见驱虫药有川楝子、南瓜子、蛇床子、贯众、鹤草芽、槟榔、使君子、常山等。

（2）驱虫方　以驱虫药为主组成，具有驱除或杀灭寄生虫的作用，用于治疗畜禽体内外寄生虫病的方剂，称为驱虫方。

常见的体内寄生虫有蛔虫、肝片吸虫、马胃蝇幼虫、绦虫、蛲虫、钩虫等；常见的体外寄生虫有螨、虱等。本类方剂主要适用于体内寄生虫引起的腹痛、胀满、贪食消瘦、口色淡白等虫积证和疥螨、虱等外寄生虫病。

驱虫方主要方剂有贯众散、万应散、肝蛭散、驱虫散等。

组成驱虫方的药物，如雷丸、鹤虱、贯众、苦楝根皮等，都有不同程度的毒性，在使用时应注意掌握准确的剂量和服药间隔时间。同时，驱虫方在服法上，多空腹服，或配伍适当的泻下药，以加速寄生虫的排出。驱虫之后，当调补脾胃，使虫去而正不伤。

15. 外用药与外用方

（1）外用药　凡以外用为主，通过涂敷、喷洗形式治疗家畜外科疾病的药物，称为外用药。

① 性能特点。本类药物多属矿物类中药材，性味归经情况复杂；部分药物有

毒，使用宜慎。

② 功效。本类药一般具有杀虫解毒、消肿止痛、祛腐生肌、收敛止血等功能；部分药物还具有清热解毒、燥湿化痰、收敛止泻等功效。

③ 应用。临床多用于疮疡肿毒、跌打损伤、疥癣等证。

④ 使用与配伍。使用本类药物，应根据疾病发生部位及症状不同，采取相应的用药方法，如内服、外敷、喷射、熏洗、浸浴等。本类药物较少单味药物使用，多根据疾病需要进行配伍使用。治疗疮疡肿毒，可配伍清热解毒、活血化瘀药；疮疡外渗，多配伍一些具有吸湿作用的矿物类药物；治疥癣，多配伍具有外用杀虫作用的药物和止痒作用的药物。

⑤ 注意事项。外用药多数具有毒性，内服时必须严格按制药的方法，进行处理及操作，以保证用药安全。

⑥ 外用药。常见药物有冰片、硫黄、硼砂、雄黄、石灰、白矾等。

（2）外用方 以外用药为主组成，能够直接作用于病变局部，具有清热凉血、消肿止痛、化腐拔毒、排脓生肌、接骨续筋和体外杀虫止痒等功效的一类方剂，称为外用方。

外用方以局部熏洗、涂擦、撒布、敷贴、点眼、吹鼻等为主要运用方式，多用于治疗疮疡肿毒、皮肤病、眼病和某些内科病证等。对于某些顽固性或病情严重的外科病证，可配合内服方药，以加强疗效。

本类方剂中的药物多具有刺激性或毒性，不宜过量使用，涂擦面积不宜过大，以免引起肿胀疼痛或畜体中毒。

外用方主要方剂有冰硼散、青黛散、桃花散、雄黄散、防腐生肌散等。

（二）针灸治疗技术

针灸治疗技术简称针灸术，包括针术（针刺疗法）和灸术（灸烙疗法）两种治疗技术。因为二者常合并使用，又同属于外治法，所以，自古以来就把它们合称为针灸。

1. 针灸器具

在牛的针术治疗技术中，所使用的器具有针具、灸疗用具、电针仪器 3 种。

（1）针具 治疗牛病的针具有毫针、圆利针、宽针、三棱针、穿黄针、夹气针、火针和注射器。

（2）灸疗用具 在灸术治疗中，灸术所使用的用具有艾卷和艾炷。

（3）现代针灸仪器

① 电针治疗机。种类很多，现在广泛应用的是半导体低频调制脉冲式电针机，此种电针机具有波型多样、输出量及频率可调、刺激作用较强、对组织无损伤等特点。可做电针治疗、电针麻醉、穴位探测等。

② 激光针灸仪。有固体（如红宝石、钕玻璃等）激光器、气体（如氦、氖、氢、氮、二氧化碳等）激光器、液体（如有机染毡若丹明）激光器、半导体（如砷化镓等）激光器等。目前，在兽医针灸常用的有氦氖激光器和二氧化碳激光器两种。

2. 针灸方法

常用的针灸方法有白针疗法、血针疗法、火针疗法、电针疗法、水针疗法、激光针灸疗法和艾灸疗法。

3. 行针手法

行针是在白针疗法的留针过程中采用的手法。主要有提、插、捻、转、搓、弹、刮、摇等八种基本手法加强对穴位的刺激，提高针灸治疗效果的方法。

4. 牛常用穴位

（1）头部穴位　常用的有山根、鼻中、顺气、通关、承浆、锁口、开关、鼻俞、三江、睛明、睛俞、太阳、耳尖、天门。

（2）躯干部穴位　常用的有颈脉、健胃、丹田、苏气、天平、关元俞、六脉、脾俞、肺俞、百会、肷俞、带脉、云门、阳明、阴脱、肛脱、后海、尾根、尾本、尾尖。

（3）前肢部穴位　常用的有膊尖、膊栏、肩井、抢风、膝眼、前缠腕、涌泉、前蹄头。

（4）后肢部穴位　常用的有大转、大胯、小胯、邪气、肾堂、掠草、后三里、后缠腕、滴水、后蹄头。

六、其他治疗技术

（一）穿刺术

穿刺技术是用穿刺针或注射针刺入机体的体腔、胃肠等脏器内，获取组织、器官材料，供实验室检查，协助诊断；也可对积气、积液器官排气、排液或注入药物，起到缓解症状和治疗的作用。

1. 瘤胃穿刺术

主要用于牛瘤胃臌气的治疗。

（1）穿刺部位　在左肷窝部臌胀最明显处，或由髋结节向最后肋骨所引水平线的中点。

（2）穿刺方法　站立保定，剪毛消毒。先在穿刺点旁边作一小的皮肤切口，有时也可不做切口。穿刺者左手将皮肤切口移向穿刺点，右手持套管针（或16～20号长针头）将针尖置于皮肤切口内，向内下方迅速刺入10～12厘米，然后左手固定套管，右手抽出内针芯，用手指间断堵住管口间歇放气。若套管堵塞，可插入针芯疏通。气体排出后，为防止复发，可经套管向瘤胃内注入消沫制酵药。穿刺完毕，针芯插入套管针内，左手用力压紧皮肤切口，迅速拔出套管针，消毒创口，皮肤切口结节缝合1针，涂碘酊，或以碘仿火棉胶封闭穿刺孔。在紧急情况下，无套管针或注射针头时，可就地取材，如取竹管、鹅翎或静脉注射针头等进行穿刺，以挽救病牛生命，然后再采取抗感染措施。

（3）注意事项　放气速度不宜过快，以防止急性脑贫血，造成休克；穿刺和放气时，应注意防止针孔局部感染；经套管针注入药液时，注药前一定要确切判定套管针仍在瘤胃内，方可进行药液注入。

2. 腹腔穿刺术

主要用于采集腹腔液化验、排出腹腔积液、注入药物对腹腔冲洗治疗，也可用于诊断肠变位、胃肠破裂、内脏出血以及腹腔麻醉和补液。穿刺液中混有饲料成分，提示胃肠破裂；穿刺液有大量血液成分，提示内出血，如肝、脾、大血管破裂等；穿刺液有尿液成分，提示膀胱破裂。在肠臌气、胃扩张时，穿刺液量增多，呈透明黄色；如发生胃肠变位扭转，则可能含红细胞而呈红色。

（1）穿刺部位　在脐与膝关节连线的中点。

（2）穿刺方法　站立保定，术部剪毛消毒。术者双手紧握16～20号针头由下向上垂直皮肤刺入2～4厘米。针头刺入腹腔后，阻力消失有落空感。如腹腔内有积液时可自行流出，如有大量腹水时，应缓慢放出。如不能流出，可用注射器抽吸。根据流出液体的数量、色泽及性状判断腹腔脏器及腹膜疾病的性质。穿刺完毕，拔出针头，术部涂以碘酊消毒。洗涤腹腔时，牛在右侧肷窝中央，右手持针头垂直刺入腹腔，连接输液瓶胶管或注射器，注入药液，再由穿刺部排出，如此反复冲洗2～3次。

（3）注意事项　刺入深度不宜过深，以防刺伤肠管；抽、放腹水引流不畅时，可将穿刺针稍做移动或稍变动体位，抽、放液体速度不可过快；穿刺过程中应注意牛的反应，发现有特殊变化时应停止操作，并进行适当处理。

3. 胸腔穿刺术

主要用于检查胸腔内液体性质，排出积液，注入药液或进行冲洗治疗等。胸腔穿刺液在病理状态下可分为渗出液、漏出液、血液、脓液等。渗出液是因胸膜炎引起；漏出液是胸水的表现，提示循环障碍；血液是由于胸内有出血；脓液见于胸腔化脓性炎症及脓胸时。

（1）穿刺部位　在右侧第六肋间或左侧第七肋间，胸外静脉上方2厘米处。

（2）穿刺方法　将牛在柱栏内站立保定，局部剪毛消毒，术者以左手于注射部位先将局部皮肤向前方拉动1～2厘米，右手持连接胶管（胶管用止血钳夹闭）的16～18号长针头或套管针，沿肋骨前缘垂直体表刺入3～5厘米，然后连接注射器放开止血钳抽取胸腔积液，或注入药液，进行胸腔冲洗。注射完毕，拔出针头，左手放开，则术部皮肤复位，常规消毒。

（3）注意事项　穿刺或排液过程中，应注意无菌操作，并防止空气进入胸腔；穿刺时必须注意并防止损伤肋间血管和神经；穿刺过程中遇到出血时，应充分止血，改变位置再行穿刺；套管针刺入时，应以手指控制套管针的刺入深度，以防刺入过深损伤心脏、肺脏；排出积液和注入洗涤液时应缓慢进行，同时注意观察病牛有无异常表现；进行药物治疗时，可在抽液完毕后，将药物经穿刺针注入。

4. 膀胱穿刺术

主要用于尿道完全阻塞或膀胱麻痹时，尿液在膀胱内潴留，有膀胱破裂危险时，需要进行膀胱穿刺排出尿液，以缓解症状，为进一步治疗提供条件。

（1）穿刺部位　通过直肠对膀胱进行穿刺。

（2）穿刺方法　病牛在柱栏内站立保定，首先灌肠排除积粪，术者然后将带长胶管的12～16号长针头握于手掌中，手呈锥形缓慢伸入直肠，在直肠正下方触摸到充满尿液的膀胱，在膀胱充满的最高处将针头向前下方刺入膀胱，固定好针头至尿液排完为止。必要时，也可在胶管外端连接注射器，向膀胱内注入药液。拔出针头并握于掌心缓慢退出肛门。

（3）注意事项　牛要确实保定，以确保人牛安全；针头刺入膀胱后，一定要固定好，防止滑脱，若进行多次穿刺易引起腹膜炎和膀胱炎；通过牛强烈努责，手无法进入直肠时，不可强行操作，可考虑在坐骨切迹下方施行尿道切开术。

（二）冲洗疗法

冲洗疗法的目的是用药液洗去黏膜上的渗出物、分泌物和污物，以促进组织的修复。

1. 导胃与洗胃法

是用一定量的溶液灌洗胃，清除胃内容物的方法。主要用于牛的瘤胃积食、瘤胃酸中毒时排出胃内容物，或排除胃内毒物，或吸取胃液供实验室检查等。

（1）准备　六柱栏内站立保定。对不能站立的病牛，可使牛成伏卧姿势，但需在头部下方挖一个坑，以便导管发挥虹吸作用。根据牛体大小选用不同口径的胃导管。准备 100 升 36～39℃左右的温水，或根据需要也可用 2%～3% 碳酸氢钠溶液或石灰水溶液、1%～2% 盐水、0.1% 高锰酸钾溶液等。此外，还应准备吸引器。

（2）操作方法　装上开口器，固定好头部。根据牛体大小选用不同口径的胃导管，用清水洗净后涂上润滑油，采用与胃管投药法相同的步骤和方法，将胃管插入至瘤胃内，此时即有胃内容物或气体逸出。待流出一些胃液后，灌入温水 50 升左右以使胃内容物能充分稀释，待漏斗内药液快流完时，倒转胃管末端使其低于牛体躯，并同时压低头部，依据虹吸原理排出瘤胃内容物，直至病情好转为止。

如瘤胃积食饱满时，可少量多次灌水，逐渐导出胃内容物。如胃管虹吸不出胃液，而瘤胃又确有很多液体时，可能是因为导管前端脱离胃液或被草团堵塞，此时可抽拉胃管变换角度，或向管内加灌 1.5～2 升温水，或用打气筒对准管口打气，冲开管内阻塞草团。在洗胃治疗中，如病牛逆呕，应将牛头向下压，使呕出的液体内容物和草末顺着口腔流出，防止头抬高时胃液进入气管引起吸入性肺炎。如仍不能疏通时，则应当将导管抽出用水冲洗后再次进行导胃和洗胃。

如遇瘤胃泡沫性膨气时，胃内容物难以从导管排出，可灌入松节油 70 毫升，液状石蜡 250 毫升，水 2000～3000 毫升，而后抽出导管，卸掉开口器，暂停 1 小时左右再行洗胃，则可顺利排出胃内容物。洗胃治疗时，如见排出的胃液已不甚混浊时，即可结束洗胃。

洗胃时胃管应插入足够深度并到达瘤胃内，一般可先量取鼻（或口）至瘤胃（倒数第 5 肋间）的长度，在胃管上做上标记。导胃和洗胃后，投入健康牛胃液或饲喂健康牛的反刍食团。禁食 12 小时，少量多次饮水。

（3）注意事项　注意人牛安全；洗胃过程中，要随时观察脉搏、呼吸的变化，并做好详细记录；每次灌入量与吸出量要基本符合；瘤胃积食和瘤胃酸中毒时，宜反复灌入大量温水，方能洗出瘤胃内容物。

2. 子宫冲洗法

主要用于治疗子宫内膜炎、子宫蓄脓等疾病。

（1）操作方法　柱栏内站立保定，用 0.1% 高锰酸钾溶液洗净阴门及其周围皮肤。用开膣器扩张阴道，将消毒过的子宫冲洗器（或导尿管、硬质橡皮管、塑料管）小心地从阴道插入子宫颈口内，再缓慢地导入子宫内，管口外端接上漏斗，根据炎症性质选用温的 0.01%～0.05%高锰酸钾溶液或生理盐水等冲洗，每次倒入 200～300 毫升，然后放低管口，借虹吸作用将子宫中的冲洗液自行流出，再倒入冲洗液，再次自行流出，反复多次冲洗，直至冲洗液流出子宫时保持原状态不变为止，隔天冲洗 1 次。

（2）注意事项　操作过程要认真，防止粗暴，特别是在冲洗管插入子宫内时，需谨慎缓慢，以免造成子宫壁穿孔；不要用强烈刺激剂或腐蚀性药物冲洗；冲洗液用量不宜过大；冲洗完后，应尽量排净子宫内残留的洗涤液。

3. 灌肠法

主要用于直肠、结肠便秘或炎症的治疗。灌肠液的选择根据病情而定，可选择温肥皂水、1%温盐水、0.1%高锰酸钾溶液等。

（1）操作方法　柱栏内站立保定好牛，将灌肠器或表面光滑、断端整齐的胶管，涂液状石蜡或肥皂水后从肛门插入直肠，到达足够深度，另一端接上漏斗并高举，将灌肠液倒入漏斗内，液体则徐徐流入肠管中。在灌注过程中，轻轻前后移动胶管，防止粪球堵塞管口。灌入一定量液体后，牛便出现努责，此时，应捏紧牛肛门或压迫尾根，同时捏压牛的背腰部，以缓解努责，让直肠内充满液体，再与粪便一并排出。

（2）注意事项　为防止损伤肠黏膜，操作不能粗暴，特别是牛强力努责时更应慎重；直肠内有宿粪时，要先取出再灌肠；药液温度应接近动物的体温。

第三章　牛传染病的诊疗与处方

第一节　常见病毒性传染病的诊疗与处方

一、口　蹄　疫

口蹄疫俗称"口疮""蹄癀",是由口蹄疫病毒引起的偶蹄动物共患的一种急性、热性、高度接触性传染病。临床特征是传播速度快、流行范围广,成年动物的口腔黏膜、蹄部趾间和乳房等处皮肤发生水疱和溃烂,幼龄动物多因心肌炎使其死亡率升高。此病流行可造成巨大经济损失,世界动物卫生组织(OIE)将其列为必须报告的 A 类烈性动物传染病,《中华人民共和国动物防疫法》规定的一类动物疫病。

（一）病原

口蹄疫病毒属于微 RNA 病毒科、口蹄疫病毒属。病毒具有多型性和变异性,根据抗原的不同,目前已发现 O 型、A 型、C 型、亚洲Ⅰ型、南非Ⅰ型、南非Ⅱ型、南非Ⅲ型等 7 个不同的血清型和 70 多个亚型,各血清型之间均无交叉免疫性,同一血清型内各亚型之间仅有部分交叉免疫性。病毒具有较大变异性,经过不断的抗原"漂移"过程,从而在流行地区常导致有新的亚型出现。因此,该病在流行初期和流行末期毒型往往不同。动物感染后只对本型病毒产生免疫力。口蹄疫病毒具有较强的环境适应性,对外界的抵抗力相当大,耐低温,不怕干燥,在牛毛、干草和粪便中能存活很长时间,特别是秋、冬季节保存活力更长。该病毒对酚类、酒精、氯仿等不敏感,但对日光、高温、酸碱的敏感性很强。常用的消毒剂有 1%～2% 的氢氧化钠溶液、30% 的草木灰水、1%～2% 的福尔马林溶液、0.2%～0.5% 的过氧乙酸、4% 的碳酸氢钠溶液等。但石炭酸、酒精、醚、氯仿等有机溶剂对口蹄疫病毒无作用。

（二）诊断要点

1. 流行特点

口蹄疫病毒可侵害多种动物(多达 33 种),但以偶蹄动物的易感性较高,从易感性的高低顺序排列为黄牛、牦牛、犏牛和水牛、骆驼、绵羊、山羊、猪。在野生动物中,黄羊、鹿、麝、野猪、长颈鹿、野牛、羚羊均可感染口蹄疫。人对本病也有易感性。马对口蹄疫具有极强的抵抗力。患病动物是本病最主要的传染源,发病初期的动物是最重要的传染源。患病动物能从疱液、口涎、乳汁、粪尿、泪液等排出病毒。病牛痊愈较长时间仍可从唾液中排毒,有的长达 5 个月之久,有时康复 1年后仍然带毒而引起本病的传播流行。口蹄疫病毒以直接接触和间接接触方式而传播。主要经消化道和呼吸道传染，也可经损伤的皮肤、黏膜、乳头而传播。或通过人或犬、蝇、蜱、鸟等动物媒介，或经车辆、器具等被污染物传播。如果环境气候适宜，病毒可随风远距离传播。空气也是一种重要的传播媒介，病毒能随风传播到50～100千米以外的地方，甚至能引起远距离的跳跃式传播，气源性传播在口蹄疫流行中起着重要作用。一般幼畜的易感性高，死亡也多。有时人也能感染。本病传播迅速，流行猛烈，有时在同一时间内，牛、羊、猪等一起发病，且发病数量很多，对畜牧业危害相当严重。流行也有一定周期性，一般每隔1～2年或3～5年流行1次。发生季节因地区而异，牧区常表现为秋末开始，冬季加剧，春季减轻，夏季平息。而农区季节性不明显。

2. 临床症状

潜伏期2～7天，最长14天左右，病牛以口腔黏膜水疱为主要特征。病初，体温升高至40～41℃，精神委顿，食欲减少或废食，反刍停止，口腔有明显牵缕状流涎并带有泡沫，开口时有吸吮声。口腔黏膜发炎，口腔、舌及蹄部出现水疱，水疱呈蚕豆至核桃大小，内含透明的液体，主要发生于口唇、舌面、齿龈、软腭、颊部黏膜及蹄冠、蹄踵和趾间的皮肤，偶尔见于鼻镜、乳房、阴唇等部位。经过1～2天后水疱破裂，表皮剥脱，形成浅表的边缘整齐的红色糜烂。如果继发细菌感染则可导致病牛不能采食、站立困难，甚至蹄匣脱落，则病程延长。病牛体重减轻和泌乳量显著减少，特别是引起乳腺炎时，产乳量损失可高达75%，甚至停止泌乳乃至不能恢复。役牛不能使役。本病多为良性经过，约经1周即可痊愈，但有蹄部病变时病程可延长至2～3周以上。哺乳犊牛患病时，水疱症状不明显，常呈急性胃肠炎和心肌炎症状而突然死亡。犊牛死亡率20%～50%，成年牛死亡率不高，一般在1%～3%以下，但也有些患牛可能在恢复过程中突然恶化（发生心肌麻痹而表现为心跳加快，节律失调，站立不稳，肌肉振颤，最后突然倒地死亡，称为恶性口蹄疫）而死亡。

3. 病理变化

在患牛的口腔、蹄部、乳房、咽喉、气管、支气管和前胃黏膜发生水疱、圆形烂斑和溃疡，上面覆有黑棕色的痂块。皱胃和大小肠黏膜可见出血性炎症。具有诊断意义的是心脏病变，心包膜有弥漫性及点状出血，心肌断面有灰白或淡黄色斑点或条纹，好似老虎身上的斑纹，称为"虎斑心"。心脏松软似煮肉状。

4. 实验室诊断

根据流行特点、临床症状和病理变化的特点，一般不难做出疑似诊断。但为了与其他疫病进行鉴别，有必要按下列程序进行实验室诊断。被检材料的采集：可供检查的病料有水疱液、水疱皮、脱落的表皮组织、食道-咽部黏膜、肝素抗凝血液（约5毫升）、血清（约10毫升）等。被检材料送检时，除血清外可将其他病料浸入50%的甘油磷酸盐缓冲液（浓度为0.04摩尔/升，pH7.2～7.6）中，经密封包装运送。死亡牛可采集淋巴结、肾上腺、肾脏、心脏等组织（各10克）和水疱皮、食道-咽喉黏液和血清送检。口蹄疫的实验室诊断需在国家指定的实验室内进行。

（三）防制

1. 预防

强制注射口蹄疫疫苗。在疫区、受威胁区根据流行的毒型注射口蹄疫疫苗。我国中国农业科学院兰州兽医研究所和哈尔滨兽医研究所研制生产并已经使用的口蹄疫活疫苗，其型号有牛羊 O 型口蹄疫灭活疫苗（单价苗）和牛羊 O～A 型口蹄疫双价灭活疫苗（双价苗），免疫保护率一般为 80%～90%，接种疫苗后 10 天产生免疫力，免疫持续期为 6 个月。注射方法、用量及注射以后的注意事项，必须严格地按照疫苗说明书执行。免疫所用疫苗的毒型必须与流行的口蹄疫病毒毒型一致，否则无效。注射后有时会出现副反应，必须事先做好护理和治疗的准备工作。

2. 病时治疗措施

当牛群中发现最初几个疑似口蹄疫的病例时，必须按照《中华人民共和国动物防疫法》及有关规定，采取紧急、强制性、综合性的控制和扑灭措施。应采取的处理措施如下：

【措施 1】应立即向当地动物防疫监督机构报告疫情，包括发病动物种类、发病数、死亡数、发病地点及范围，临床症状和实验室检验结果，并逐步上报至国务院畜牧兽医行政主管部门。当地畜牧兽医行政主管部门接到疫情报告后，应立即划定疫点、疫区、受威胁区。由发病当地县级以上人民政府实行封锁，并通知毗邻地区加强防范，以免扩大传播。

【措施 2】采取水疱皮和水疱液等病料，送检定型。

【措施 3】扑杀患病动物和同群动物。按照"早、快、严、小"的原则，进行控制、扑杀。禁止患病动物外运，杜绝易感动物调入。饲养人员要严格执行消毒制度和措施。

【措施 4】对全群动物进行检疫，立即隔离患病动物。

【措施 5】实行紧急预防接种，对假定健康动物、受威胁区的动物实施预防接种。建立免疫带，防止口蹄疫从疫区传出。

【措施 6】严格消毒。畜舍及用具用 4% 烧碱水消毒，生皮用饱和盐水加 0.2% 烧碱液消毒，毛及干皮用甲醛溶液蒸气消毒。粪便送指定地点发酵后利用。

【措施 7】在最后一头患病动物痊愈、扑杀后，经 14 天无新病例出现时，经过彻底消毒后，由发布封锁令的政府宣布解除封锁。

二、狂 犬 病

狂犬病又称"恐水病""疯狗病"，是由狂犬病病毒引起的多种动物和人共患的一种接触性传染病。本病的临床特征是患病动物出现极度的神经兴奋、狂暴和意识障碍，最后全身麻痹而死亡。本病潜伏期较长，一旦发病常常因严重的脑脊髓炎而以死亡告终。

（一）病原

狂犬病病毒属于弹状病毒科狂犬病病毒属。病毒在唾液腺和中枢神经（尤其在脑海马角、大脑皮层、小脑等）细胞的胞浆内形成狂犬病特异的包涵体。病毒对外界环境抵抗力较弱，70% 酒精、石炭酸、福尔马林、升汞和季铵盐类等消毒药均可使其灭活。

（二）诊断要点

1. 流行特点

狂犬病病毒感染的宿主范围非常广泛，人及所有温血动物都能感染，如犬、猫、猪、牛、马及野生肉食类的狼、狐、虎、豺和各种啮齿类动物等。尤其是犬科野生动物（如野犬、狐和狼等）更易感染，并可成为本病的自然保毒者。此外，吸血蝙蝠及某些食虫蝙蝠和食果蝙蝠也可成为该病毒的自然宿主。患病动物和带毒者是本病的传染源，患狂犬病的病犬是最危险的传染源，它们通过咬伤、抓伤其他动物而使其感染。因此该病发生时具有明显的连锁性，容易追查到传染源。在病毒从咬伤部位向中枢系统扩散的过程中，如用抗体处理，可推迟感染过程。此外，当健康动物的皮肤黏膜损伤时，接触患病动物的唾液，也有感染的可能性。也有经吸入带毒空气和误食污染饲料引起感染的报道。在患病动物体内，以中枢神经组织、唾液腺和唾液中的含毒量最高，其他脏器、血液和乳汁中也可能有少量病毒存在，病毒可在感染组织的胞浆内形成特异的嗜酸性包涵体，叫内基小体。本病呈散发，一年四季都可发生，以春夏和秋冬之交多见，病死率为100%。

2. 临床症状

潜伏期差异很大，短则7天，长则3个月甚至数年不等。主要与咬伤部位、程度及唾液中所含病毒量有关，咬伤部位越靠近头部，发病率越高，症状越严重。病牛多呈急性经过，出现症状后5天左右死亡。典型临诊症状表现有明显的前驱期、狂暴期和麻痹期。

（1）前驱期　精神沉郁，食欲下降，瘤胃积食，受到刺激后反应迟钝或易兴奋，持续几天。

（2）狂暴期　体温升高，哞叫不止，频繁起卧，空口磨牙，感觉过敏，眼光凶恶，两耳直立，对接近它的人或动物有攻击行为。盲目转圈，强行挣脱绳索或系枷，用头冲向饲槽或墙壁。大量流涎，唾液常呈丝状挂在口边。异嗜，吃入异物或土块。剧烈擦痒。性欲旺盛，频繁爬跨。持续2～4天。

（3）麻痹期　站立不稳，行走无力，后躯瘫痪呈犬坐姿势。粪尿失禁，舌悬垂于唇边，流涎，叫声嘶哑、哀鸣，最后麻痹死亡。

3. 病理变化

尸体消瘦，体表有伤痕，口腔和咽喉黏膜充血或糜烂，胃内空虚或有异物，胃肠道黏膜充血或出血。内脏充血、实质变性。硬脑膜有时充血。组织学检查较为特征，常在大脑海马角及小脑和延脑的神经细胞浆内出现嗜酸性包涵体（内基氏小体），呈圆形或卵圆形，内部可见明显的嗜碱性颗粒。

4. 实验室诊断

根据流行特点、临床症状和病理变化进行综合分析，可做出初步诊断。确诊需进行实验室诊断，包括脑组织触片镜检、组织学检查、动物接种试验等。

（三）防制

1. 预防

狂犬病的控制措施包括建立并实施疫情监测，及时发现并扑杀患病动物，认真贯彻执行所有防止和控制狂犬病的规章制度，包括扑杀野犬、野猫以及各种限养犬等措施；加强对犬猫等动物狂犬病疫苗的免疫接种工作，在狂犬病多发地区应定期进行冻干疫苗的免疫接种。目前国内使用的疫苗有狂犬病弱毒疫苗或其他疫苗联合制成的多联苗可供选用。

2. 治疗

目前狂犬病患病动物仍然无法治愈，因此当发现患病动物或可疑动物时应尽快采取不放血的方法扑杀、化制或销毁，不得屠宰利用，防止其攻击人及其他动物而造成本病的传播。如果人和动物被患病动物咬伤后，可按以下方法处理：

【处方1】不要急于止血，要让伤口局部流些血，以冲出已进入伤口的部分狂犬病病毒；然后用 20％肥皂水或 0.1％新洁尔灭溶液、75％酒精、3％石炭酸等溶液，反复洗伤口并用清水洗净，或烧烙伤口进行消毒。

【处方2】创口小的可用消毒刀片做"十"字形扩创，挤压排出污血，局部再依次用 5％碘酊和 75％酒精消毒；若伤口较深，可用注射器插入创口内部，彻底冲洗和消毒，创口不必缝合。

【处方3】有条件的，在咬伤后用狂犬病血清在伤口周围做浸润注射，并尽早注射狂犬病疫苗 20～50 毫升，间隔 3～5 天，重复注射 1 次。

【处方4】污染场地、用具用 2％氢氧化钠溶液或 3％福尔马林溶液彻底消毒。

【处方5】对与病牛有接触的人员立即接种狂犬病疫苗。

【处方6】中药疗法。在严格隔离的前提下，对发病比较缓慢的牛可用以下中药治疗。

方剂一：大黄、水牛角各 30 克，山羊角 25 克，川黄连、生地黄各 20 克，连翘 15 克，党参、朱砂、茯神、远志、川贝母、知母、藁本、焦蒲黄、栀子、琥珀、土鳖虫、桃仁各 10 克，共研为末，加蜂蜜 200 克，猪胆 2 个、鸡蛋清 4 个、童便半碗，一次灌服。

方剂二：竹根 350～500 克，荆芥、防风、茯苓、枳壳、桔梗、前胡、柴胡、羌活、川芎各 60 克，甘草 30 克，水煎灌服，每天 1 剂，连用 2～3 天。

三、蓝 舌 病

蓝舌病是由蓝舌病病毒引起反刍动物的一种病毒性虫媒传染病。其特征主要为发热、白细胞减少，消瘦，口、鼻和胃黏膜的溃疡性炎性变化。因患病动物舌、齿龈、颊部黏膜充血肿胀，淤血后变为青紫色，故称"蓝舌病"。本病主要发生于羊，牛也可感染本病，但以绵羊损失最为严重。本病分布很广，我国云南省 1979 年首次确定蓝舌病发生，目前已在我国云南、新疆、甘肃、陕西和四川等省（自治区）检出蓝舌病病毒抗体阳性动物。

（一）病原

蓝舌病病毒属于呼肠弧病毒科环状病毒属蓝舌病病毒亚群的成员。呈球形，有囊膜，为双股 RNA 病毒。蓝舌病毒具有血凝素，能凝集绵羊和人 O 型红细胞，血凝抑制试验具有型特异性。目前已发现有 25 个血清型，各型之间无交叉免疫力。不同地区存在不同的血清型，我国已鉴定有 1 型及 6 型等 7 个型。病毒对外界理化因素的抵抗力很强，可耐干燥与腐败。病毒在 50％甘油内于室温下可存活多年，血液中的病毒经 60℃ 30 分钟不能完全灭活，但对 3％氢氧化钠溶液、70％酒精、3％甲醛溶液、2％过氧乙酸溶液很敏感，在 pH3.0 时或更低是则迅速灭活。

（二）诊断要点

1. 流行特点

易感动物主要是各种反刍动物，其中绵羊最易感，不分品种、年龄和性别，尤以 1 岁左右的绵羊更易感，哺乳羔羊有一定的抵抗力；牛和山羊易感性较低，野生动物中鹿和羚羊易感，其中鹿的易感性较高。传染源主要是患病动物，包括发病的绵羊和隐性感染的带毒牛等，其中病愈的绵羊血液能够带毒达 4 个月之久。传播途径主要通过吸血昆虫库蠓传递，库蠓经吸吮带毒血液后，使病毒在其体内增殖，当再次叮咬其他健康动物时，即可引发传染；绵羊的虱蝇也能机械传播本病；公牛精液带毒可通过交配和人工授精传染给母牛；病毒可通过胎盘感染胎儿。本病的发生与流行具有严格的季节性，多发生于湿热的夏季和早秋，特别多见于池塘河流多的低洼地区。本病特点与传播媒介库蠓的分布、习性和生活史密切相关。对本病来说，牛是宿主，库蠓是传播媒介，而绵羊是临诊症状表现最严重的动物。本病一旦流行，传播迅速，发病率高，病情危重而大量死亡，且不易消灭。

2. 临床症状

牛感染后多数呈隐性经过，但在较差的饲养管理和环境条件下以及遇到强毒感染时，有些病牛可表现临床症状。潜伏期一般 3～10 天，体温升高达 42℃。精神沉郁，食欲废绝。唇、舌、咽、胸垂水肿。口腔黏膜、齿龈、舌呈青紫色（故称"蓝舌病"）并出现烂斑。鼻孔内有脓稠黏液，干涸后变为痂块覆盖在鼻孔表面。随病情发展，可在溃疡损伤部渗出血液，唾液呈红色，口臭，病牛进行性消瘦，吞咽困难，便秘或腹泻，有的出现血样下痢。蹄部皮肤上有线状或带状紫红色血斑，趾间皮肤坏死，病牛跛行。肋部、腹部、会阴、乳房皮肤有斑块状皮炎。如继发性肺炎，病死率可达 20％～30％。怀孕母牛发生流产、死胎或犊牛呈先天性畸形和脑积水。公牛可出现暂时性不育。

3. 病理变化

皮肤有充血斑块或局限性皮炎块，蹄冠皮肤有暗紫色带。肌肉出血，肌纤维变性。口腔黏膜和舌部青紫、水肿和糜烂。瘤胃黏膜有暗红色区和坏死灶。呼吸道、消化道和泌尿道黏膜及心肌、心内外膜有小出血点。脾肿大，被膜下出血。

4. 实验室诊断

根据有明显的地区性和季节性特点，结合临床症状、病理变化可做出初步诊断，确诊时需进行病毒分离及血清学检测。注意与口蹄疫、病毒性腹泻-黏膜病、传染性鼻气管炎、水疱性口炎和牛瘟等相区别。确诊需进行实验室检查。

（三）防制

1. 预防

加强海关检疫和运输检疫，严禁从有该病的国家或地区引进牛、羊及其冻精、胚胎，引进动物时应避开媒介昆虫活动的季节。加强国内疫情监测，切实做好冷冻精液的管理工作，严防通过带毒精液传播。在疫区，患病动物或分离出病毒的阳性带毒动物应予以扑杀，应实施控制、消灭吸血昆虫库蠓的措施，防止其叮咬家畜，提倡在高地放牧和驱赶畜群回圈舍过夜。血清学阳性动物，要定期复检，限制其流动，就地饲养使用，不能留作种用。非疫区一旦传入本病，应立即采取坚决措施，扑杀发病牛羊群和与其接触过的所有牛羊群及其他易感动物，并彻底进行消毒处理。在流行地区可在每年发病季节前1个月接种疫苗；在新发地区用疫苗进行紧急接种，是防控本病的可靠方法。在接种前应清楚了解当地该病流行毒株的主要血清型，并选用相对应血清型的疫苗，对本病的免疫预防效果至关重要。目前所用疫苗有弱毒疫苗、灭活疫苗和亚单位疫苗等，其中以弱毒疫苗最为常用。

2. 治疗

该病的危害相当严重，是世界动物卫生组织（OIE）及我国规定的重大传染病之一。目前尚无治疗本病的有效方法。一旦发生，立即采取坚决措施，扑杀发病牛羊群和与其接触过的所有牛羊群及其他易感动物，并对其污染的环境或用具用3%氢氧化钠溶液等彻底消毒。对没有确诊之前的病牛，应加强营养，精心护理，对症治疗。

【处方1】对口腔糜烂的病牛。可用清水、食醋或0.1%高锰酸钾溶液冲洗口腔，再用1%～3%硫酸铜溶液或1%～2%明矾溶液、碘甘油涂搽糜烂面，也可用冰硼散外用治疗。

【处方2】对蹄部病变的病牛。用3%来苏尔溶液洗涤，再用木焦油凡士林（1∶1）或土霉素软膏涂搽，并以绷带包扎。

【处方3】用硫酸庆大霉素注射液100万～120万单位，肌内注射，每天2次，连用5～7天。

【处方4】用丁胺卡那霉素注射液，每千克体重5～10毫克，肌内注射，每天2～3次，连用2～3天。

【处方5】中药疗法。

方剂一：黄柏、乌梅、玄参各60克，黄连、元明粉（另包）、山豆根各30克，水煎2次过滤取汁，加入元明粉徐徐灌服，连用3～5天。

方剂二：滑石60克，皮硝30克，冰片12克，青黛9克，薄荷6克，共研为细末，用蜂蜜调匀涂于患部，每天2次。

方剂三：取硼砂、元明粉各500克，朱砂60克，冰片50克，共研为细末，装瓶备用，用时取药少许，以竹管或纸管吹入患部即可。

四、牛传染性鼻气管炎

牛传染性鼻气管炎又称"红鼻病""坏死性鼻炎""牛嫱疫"，是由牛传染性鼻气管炎病毒引起的牛的一种急性、热性、接触性呼吸道传染病，临床表现为上呼吸道及气管黏膜发炎、呼吸困难、流鼻液等，还可引起生殖道感染、结膜炎、脑膜炎、流产、乳腺炎等多种病型，因此，本病是一种由同一病原引起多病征的传染病。本病只发生于牛，目前，本病广泛分布于美国、澳大利亚、新西兰及日本等国，已成为全球性疾病。本病1980年传入我国。

（一）病原

牛传染性鼻气管炎病毒，学名为牛疱疹病毒1型，属于疱疹病毒科、甲型疱疹病毒亚科、单纯疱病毒属的成员。只有一个血清型。本病毒对外界环境的抵抗力较强，4℃条件下可存活 30 天；寒冷季节、相对湿度为 90％时可存活 30 天；在温暖季节中，本病毒也能存活 5～13 天，－70℃保存的病毒可存活数年。在 pH 6～9 下非常稳定，但在酸性环境（pH 4.5～5.0）下极不稳定，对热敏感，56℃ 21 分钟可灭活，常用的消毒剂可使其灭活。

（二）诊断要点

1. 流行特点

本病主要感染牛，尤以肉牛较为多见，其次是奶牛，各种年龄及不同品种的牛均能感染发病。肉用牛群发病率可高达 75％。其中以 20～60 日龄的犊牛最易感，病死率较高。病牛和带毒牛为主要传染源，特别是隐性经过的种公牛危害性最大。常通过空气、飞沫、精液和接触性传播，病毒也可通过胎盘侵入胎儿引起流产。本病毒可导致持续性感染，隐性带毒牛往往是最危险的传染源。本病秋、冬寒冷季节较易流行，特别是舍饲的大群牛，因过分拥挤、密切接触而更易迅速传播。一般发病率为 20％～100％，死亡率为 1％～12％。

2. 临床症状

自然感染潜伏期一般为 4～6 天。《陆生动物卫生法典》规定为 21 天。临床分为呼吸道型、生殖道感染型、流产型、脑膜脑炎型和眼炎型五种。

（1）呼吸道型　表现为鼻气管炎，病情轻重不等，为本病最常见的一种类型。常见于较冷季节，常发生于长途运输或从牧地转入舍饲以后。急性病例整个呼吸道受害，其次是消化道。病初高热达 39.5～42℃，沉郁，拒食，有多量黏脓性鼻漏，鼻黏膜高度充血，有浅溃疡，鼻窦及鼻镜因组织高度发炎而称为"红鼻病"，或重者鼻黏膜坏死，称"坏死性鼻炎"。呼吸困难，呼气中常有臭味。呼吸加快，咳嗽。有结膜炎及流泪。有时可见带血腹泻。乳牛产奶量减少。多数病程达 10 天以上。发病率可达 75％以上，病死率 10％以下。症状轻微的病例仅见水样鼻液和流泪。

（2）生殖道感染型　又称"牛传染性脓疱性外阴-阴道炎""交合疹""牛媾疫"。可发生于母牛及公牛。母牛发病初期表现发热，沉郁，无食欲，尿频，有痛感。阴道发炎充血，有黏稠无臭的黏液性分泌物，黏膜出现白色病灶、脓疱或灰色坏死膜。公牛感染后生殖道黏膜充血，严重的病例发热，包皮肿胀及水肿，阴茎上发生脓疱，病程 10～14 天。精液带毒。

（3）脑膜脑炎型　主要发生于 4～6 月龄犊牛。体温 40℃以上，共济失调，沉郁，随后兴奋、惊厥，口吐白沫，角弓反张，磨牙，四肢划动，病程短促，常于第 5～7 天死亡。发病率低，病死率高，可达 50％以上。

（4）眼炎型　一般无明显全身反应，有时也可伴随呼吸型一同出现。主要临床症状是结膜角膜炎，表现结膜充血、水肿或坏死。角膜轻度浑浊，眼、鼻流浆液脓性分泌物，很少引起死亡。重症病例可于结膜形成灰黄色针头大的小脓疱。

（5）流产型　一般多见于初产青年母牛妊娠期的任何阶段，也可发生于经产母牛。妊娠母牛感染后，可能于 3～6 周潜伏期后流产。流产常发生于妊娠的第 5～8 个月。本型多数是由于病毒在呼吸道黏膜增殖后形成了病毒血症，病毒经血液循环进入胎膜、胎儿所致，胎儿感染后 7～10 天死亡，再经一至数天排出体外。多无前驱症状，胎衣常不滞留。

3. 病理变化

呼吸道型病变是呼吸道黏膜的炎症，常见黏膜中有浅表白色的烂斑和溃疡，并覆以灰色腐臭黏脓性渗出物，主要见于鼻、喉、气管和支气管。部分病例，肺可见局限性化脓性炎症。皱胃黏膜发炎或形成溃疡，大小肠可见卡他性肠炎。生殖道感染型表现为外阴、阴道、宫颈黏膜、包皮、阴茎黏膜的炎症，黏膜出现白色颗粒病灶、脓疱或灰色坏死膜。脑膜脑炎型表现为非化脓性感觉神经炎和脑脊髓炎的变化。眼炎型表现为结膜角膜炎。流产型表现为流产胎儿的肝脏、脾脏、肾脏和淋巴结有灰白色坏死灶，有时皮肤有水肿。

4. 实验室诊断

根据本病的流行特点、临床症状和病理变化等方面的特点，可进行初步的诊断。要确诊本病必须进行实验室诊断，依靠病毒分离鉴定和血清学检验。

（三）防制

1. 预防

最重要的预防措施是严格检疫，防止引入传染源和带入病毒；其次注意抗体阳性牛实际上就是本病的带毒者，因此具有本病病毒抗体的任何动物都应视为危险的传染源，应采取措施对其严格管理；再次注意免疫，目前使用的疫苗有灭活疫苗和弱毒疫苗，可用起到预防临床发病的效果，但疫苗免疫不能阻止野毒感染，也不能阻止潜伏病毒的持续性感染；最后进行检测，采用敏感的检测方法（如 PCR 技术）检出阳性牛并扑杀应该是目前根除本病的有效途径。

2. 治疗

目前尚无有效治疗药物。我国发生本病时，应采取隔离、封锁、消毒等综合性措施，最好予以扑杀或根据具体情况逐渐将其淘汰。或者发病后，在隔离病牛的基础上，可针对病情采用抗菌消炎，防止继发感染，以及以强心补液等对症治疗措施。

【处方1】给病牛多饮 5%～10% 食盐水，多喂些营养丰富且易消化的饲料，保持病牛的鼻、眼、咽、口腔和生殖道清洁，防止继发感染。

【处方2】青霉素钠 480 万单位，链霉素 500 万单位，注射用水 40 毫升，混合后分别一次肌内注射，每天 2 次，连用 3～5 天。

【处方3】30% 安乃近注射液 50 毫升，四环素 7 克，5% 糖盐水溶液 500～1000 毫升，一次静脉注射。肠道出血者，加维生素 K300 毫克或止血敏 20 毫升；腹泻者，静脉注射 20% 安钠咖注射液 50 毫升和复方氯化钠注射液 1000 毫升；并发肺炎、呼吸困难者，可给予地塞米松磷酸钠和气管扩张药物，或用病毒唑注射液滴鼻，每侧鼻孔 6 滴，每天 2 次。

【处方4】5% 葡萄糖生理盐水 3000 毫升，5% 碳酸氢钠注射液 500 毫升，1% 地塞米松注射液 3 毫升，10% 安钠咖注射液 30 毫升，一次静脉注射（碳酸氢钠与安钠咖分开注射）。

【处方5】中药疗法。基础方剂用：板蓝根 120 克，生地黄、玄参各 60 克，牛蒡子、连翘、黄芩各 45 克，柴胡、黄连、黄柏、甘草各 30 克，升麻、马勃、桔梗各 24 克，将诸药混合，加水 1500 毫升，煎煮浓缩至 500 毫升，候温灌服，每天早、晚各 1 次，连续应用至病愈为止。呼吸道型加荆芥穗 30 克、葛根 20 克、麻黄 18 克，重用马勃、牛蒡子、玄参。眼炎型者加蒲公英 120 克、薏苡仁 90 克、决明子 60 克。生殖道感染型者去升麻、桔梗，加败酱草、地肤子各 60 克，土茯苓 30 克，扁蓄 20 克。流产不孕者去升麻、桔梗，加菟丝子 45 克，桑寄生、川断、阿胶各 30 克。脑膜脑炎型加生牡蛎 240 克，代赭石、生石膏各 90 克。

五、牛流行热

牛流行热又称"三日热"或"暂时热"，在我国某些地方称为"牛流行性感冒"，是由牛流行热病毒引起牛的一种急性、热性传染病。其临床特征是突然高热、流泪，有泡沫样流涎，鼻漏，呼吸迫促，后躯僵硬，跛行，一般取良性经过，发病率高，病死率低。轻症 2～3 天内即可恢复正常，故又有"三日热""暂时热"之称。

（一）病原

牛流行热病毒又名"牛暂时热病毒"或"三日热病毒"，为弹状病毒科暂时热病毒成员。只有一个血清型。呈子弹形或圆锥形．成熟的病毒粒子长 130～220 纳米、宽 60～70 纳米，单股 RNA，有囊膜，除典型的子弹型粒子外．还可见到 T 形粒子。病毒具有血凝性抗原，能凝集鹅、鸽、马、仓鼠、小鼠和豚鼠的红细胞，而且能被相应的抗血清抑制。该病毒对外界的抵抗力不强，乙醚、氯仿敏感。胰蛋白酶、紫外线、酸和碱对病毒均有灭活作用。对热敏感，56℃10 分钟，37℃18 小时灭活和 25℃120 小时病毒失去活力；在 pH2.5 以下或在 pH9 以上于 10 分钟内使之灭活，对一般消毒药敏感。

（二）诊断要点

1. 流行特点

本病的主要传染源为病牛，发热期病牛的血液中含有病毒，主要通过吸血昆虫传播，为蚊、蠓、蝇的叮咬而传播。本病不能通过接触传染。自然条件下，绵羊、山羊、骆驼、鹿均不感染。本病发生与牛的品种、年龄有一定关系，主要侵害奶牛、黄牛，水牛较少感染，以 3～5 岁牛多发，1～2 岁和 6～8 岁的少发，犊牛和 9 岁以上老牛很少发生。母牛尤以妊娠牛发病率高于公牛，产奶量高的母牛发病率高。本病呈周期性流行，流行周期为 3～5 年发生一次地方性流行或 7～12 年出现一次大流行。本病具有季节性，夏末秋初，多雨潮湿、高温、蚊蝇及吸血昆虫多的季节多发。流行方式为跳跃式蔓延，即以疫区和非疫区相嵌的形式流行。本病传染力强，传播迅速，短期内可使很多牛发病，呈流行或大流行。本病发病率可高达 100%，但多取良性经过，死亡率低，一般只有 1%～2%，但肉牛及高产奶牛死亡率可达 10%～20%。

2. 临床症状

按临床表现可分为呼吸型、胃肠型和瘫痪型三型。

（1）呼吸型　分为最急性型和急性型两种。病牛主要表现为食欲减少，体温可达 40～41℃，眼结膜潮红、充血，流泪，眼睑水肿，呼吸急促，口角出现多量泡沫状黏液，精神不振，病程3~4天。严重病牛发病后数小时内死亡。

（2）胃肠型　病牛眼结膜潮红，流泪，口腔流涎及鼻流浆液性鼻液，腹式呼吸，不食，精神萎靡，体温可达40℃。粪便干硬，呈黄褐色，有时混有黏液，胃肠蠕动减弱，瘤胃停滞，反刍停止。还有少数病牛表现腹泻和腹痛等，病程3~4天。

（3）瘫痪型　多数体温不高，四肢关节肿胀，疼痛，卧地不起，食欲减退，肌肉颤抖，皮温不整，精神萎靡，站立则四肢特别是后躯表现僵硬，跛行，不愿移动。

本病死亡率一般不超过1%，但有些病牛因跛行、瘫痪而被淘汰。

3. 病理变化

急性死亡病例主要病变为咽、喉黏膜呈点状或弥漫性出血，有明显的肺间质性气肿，多集中在尖叶、心叶和膈叶前缘，肺脏高度膨隆，间质增宽，内有气泡，压迫肺脏呈捻发音。或肺充血与肺水肿，胸腔积有多量暗紫红色液，肺间质增宽，内有胶冻样浸润，肺切面流出大量暗紫红色液体，气管内积有多量泡沫状黏液。心内膜、心肌乳头部呈条状或点状出血，肝脏轻度肿大，脆弱。脾髓粥样。肩、肘、跗关节肿大，关节液增多，呈浆液性。关节液中混有块状纤维素。全身淋巴结充血、肿胀和出血。真胃、小肠和盲肠呈卡他性炎症和渗出性出血。

4. 实验室诊断

本病的特点是大群发生，传播快速，有明显的季节性，发病率高、病死率低，结合病牛临床上表现的特点，可以初步诊断，但应与呼吸型牛传染性鼻气管炎、牛副流行性感冒、牛口蹄疫鉴别。确诊需做病原分离鉴定或用中和试验、补体结合试验、免疫荧光等进行诊断，必要时可采取病牛血用易感牛做交叉保护试验。

（三）防制

1. 预防

预防本病主要应根据本病的流行规律，做好疫情监测和预防工作；注意环境卫生，清理牛舍周围的杂草污物，加强消毒，扑灭蚊、蠓、蝇等吸血昆虫，每周用杀虫剂喷洒一次，切断本病的传播途径；注意牛舍的通风，对牛群要防晒防暑，饲喂适口饲料，减少外界各种应激因素；发病区，在流行季节到来之前，应用结晶紫灭活苗10毫升，皮下注射，间隔3~7天，再注射15毫升，可获得6个月的免疫力。或用病毒裂解疫苗2毫升，皮下注射，间隔4周，再注射3毫升；发生本病时，要对病牛及时隔离、治疗，对假定健康牛及附近受威胁地区的牛群，可采用高免血清进行紧急预防接种；自然病例恢复后可获得2年以上的坚强免疫力。

2. 治疗

发生本病后，应立即隔离病牛并进行治疗。本病尚无特效治法，多采取对症治疗。治疗原则是早发现、早隔离、早治疗，合理用药，护理要得当，以减轻病情，提高机体抗病力。病初可根据具体情况进行退热、强心、利尿、整肠健胃、镇静，停食时间长的可适当补充生理盐水及葡萄糖溶液，用抗菌药物防止并发症和继发感染。呼吸困难时应及时输氧。也可用中药辨证施治。治疗时，切忌灌药，易引起异物性肺炎。

【处方1】5％糖盐水1500毫升，0.5％氢化可的松注射液50毫升，10％维生素C注射液40毫升，硫酸庆大霉素注射液40万～80万单位，混合后一次静脉注射，每天1次，连用2～3天。

【处方2】青霉素1万～2万单位/千克体重，链霉素500万单位，注射用水40毫升，肌内注射，每天2次，连用3～5天。

【处方3】盐酸四环素400万单位，1％地塞米松磷酸钠注射液5毫升，10％安钠咖注射液20毫升，5％糖盐水3000毫升，若为产乳母牛，加5％氯化钙注射液300mL，一次静脉注射。

【处方4】如高热时，可一次肌内注射复方氨基比林20～50毫升，或30％安乃近注射液20～50毫升，每天2～3次；或用10％磺胺嘧啶钠注射液100毫升，一次静脉注射，每天2～3次；或用5％糖盐水2000～3000毫升，一次静脉注射，每天2～3次。

【处方5】对重症病牛，同时给予大剂量的抗生素防止继发感染，并静脉内补液、强心、解毒，每次常用青霉素1000万～2000万单位，链霉素5～10克，林格氏液1000～3000毫升、安钠咖2～5克、维生素C 2～4克，每天2次。同时可肌内注射复合维生素B注射液20～30毫升或维生素B$_1$ 20～30毫升。若为产乳母牛，加5％氯化钙注射液300mL，一次静脉注射。

【处方6】呼吸困难病牛可用25％氨茶碱注射液20～40毫升，6％盐酸麻黄素注射液10～20毫升，一次肌内注射，每4小时注射1次。或用地塞米松磷酸钠注射液50～75毫克，5％糖盐水1500毫升，缓慢静脉注射，注意妊娠母牛慎用。或颈静脉放血1000～2000毫升，同时注入等量5％糖盐水。

【处方7】解毒、防止酸中毒，可用5％糖盐水1500毫升，5％碳酸氢钠注射液300～500毫升，10％维生素C注射液20～30毫升，静脉注射，每天1次。

【处方8】兴奋不安的病牛，可用20％甘露醇或25％山梨醇注射液300～500毫升，一次静脉注射。或用氯丙嗪注射液0.5～1毫升/千克体重，一次肌内注射。或用硫酸镁注射液，每千克体重25～50毫克，缓慢静脉注射。

【处方9】对四肢关节疼痛的牛，可用2.5％醋酸氢化泼尼松注射液5毫升，肌内注射；或用5％普鲁卡因注射液20毫升，生理盐水1000毫升，10％安钠咖注射液20毫升，静脉注射；或用维生素B$_1$注射液5～10毫升，于大胯穴或百会穴注射；或静脉注射水杨酸钠溶液，还可内服芬必得胶囊等药物进行治疗。

【处方10】对卧地不起的病牛，要协助改变倒卧姿势，防止褥疮的发生。可用25％葡萄糖注射液500毫升，5％糖盐水1000～1500毫升，10％安钠咖注射液20毫升，40％乌洛托品注射液50毫升，10％水杨酸钠注射液100～200毫升，一次静脉注射，每天1～2次，连用3～5天。或用盐酸硫胺注射液1克或呋喃硫胺注射液0.2～0.3克，肌内注射，并静脉注射10％葡萄糖酸钙注射液500～1000毫升和10％氯化钾注射液100毫升。或用20％葡萄糖酸钙500～1000毫升，10％氯化钾注射液100毫升，一次静脉注射。或用0.2％硝酸士的宁注射液10毫升，于百汇穴注射。

【处方11】中药疗法。

方剂一：鲜马鞭草、鲜紫苏各 250 克，水煎服。

方剂二：板蓝根、白菊花各 100 克，紫苏 150 克，煎服。

方剂三：薄荷、葱白、芫荽根、山楂、健曲、炒麦芽各 60 克，水煎灌服。

方剂四：柴胡、半夏、陈皮、炒枳壳、秦艽、羌活各 40 克，五加皮 35 克，白芍 45 克，桂枝 30 克，水煎灌服。

方剂五：金银花、连翘、芦根各 45 克，薄荷、牛蒡子、竹叶、淡豆豉、桔梗、荆芥、甘草各 30 克，水煎取汁，灌服，每天 1 剂，连用 2 天。

方剂六：芦根 60 克，金银花、连翘、竹叶各 30 克，淡豆豉、桔梗、牛蒡子、荆芥穗各 25 克，薄荷 15 克，甘草 10 克，共研为细末，沸水冲服。

方剂七：桑叶 25 克，杏仁、芦根、桔梗各 20 克，菊花、连翘各 15 克，薄荷、甘草各 10 克，水煎 2 次，混合煎液，一次灌服。

方剂八：石膏 150 克，杏仁、甘草各 25 克，麻黄 15 克，水煎灌服。

六、牛病毒性腹泻/黏膜病

牛病毒性腹泻/黏膜病即牛病毒性腹泻或牛的黏膜病，是由牛病毒性腹泻病毒引起的、主要发生于牛的一种急性、热性传染病。其临床特征为黏膜发炎、糜烂、坏死和腹泻。

（一）病原

牛病毒性腹泻病毒为黄病毒科瘟病毒属成员，与猪瘟病毒和边地病病毒同属，在基因结构和抗原性上有很高的同源性。呈球形，有囊膜，为单股正链 RNA 病毒。牛病毒性腹泻病毒引起的急性疾病称为牛病毒性腹泻，慢性持续性感染称为黏膜病，遍及全世界。牛病毒性腹泻病毒根据致病性、抗原性及基因序列的差异，可分为两个种，即牛病毒性腹泻病毒Ⅰ及牛病毒性腹泻病毒Ⅱ。二者均可引致牛病毒性腹泻和黏膜病，但牛病毒性腹泻病毒Ⅱ毒力更强。牛病毒性腹泻病毒Ⅱ与猪瘟病毒抗原性无交叉，牛病毒性腹泻病毒Ⅰ则有之。该病毒对外界因素抵抗力不强，在 pH 3.0 以下或 56℃很快被灭活，对一般消毒药敏感，但血液和组织中的病毒在低温状态下稳定，在冻干的状态下可存活多年。

（二）诊断要点

1. 流行特点

本病可感染黄牛、水牛、牦牛、绵羊、山羊、猪、鹿及小袋鼠。各种年龄的牛对本病毒均易感，以 6～18 月龄者居多。传染源为患病及带毒动物。患病动物可发生持续性的病毒血症，其血、脾、骨髓、肠淋巴结等组织和呼吸道、眼分泌物、乳汁、精液及粪便等排泄物均含有病毒。本病主要经消化道、呼吸道感染，也可通过胎盘发生垂直感染，交配、人工授精也能感染。本病呈地方性流行，一年四季均可发生，但以冬末、春季多发。新疫区急性病例多，发病率通常约为 5%，病死率达 90%～100%；老疫区则急性病例很少，发病率和病死率很低，而隐性感染率在 50% 以上。本病也常见于肉用牛群中，舍饲牛群发病时往往呈暴发式。

2. 临床症状

牛潜伏期自然感染为 7～10 天，短的 2 天，长的可达 21 天。人工感染为 2～3

天。自然情况下，临床上可分为急性型和慢性型。

（1）急性型　多见于幼犊。突然发病，体温升高到40～42℃，持续4～7天，有的可发生第二次升高。随体温升高，白细胞减少，持续1～6天。继而又有白细胞微量增多，有的可发生第二次白细胞减少。病牛精神沉郁，厌食，鼻、眼有浆液性分泌物，2～3天内鼻镜及口腔黏膜充血糜烂，有时也可见于阴门及阴道黏膜。舌面上皮坏死，流涎增多，呼气恶臭。严重者，整个口腔覆有灰白色的坏死上皮，像被煮熟样。通常在口内损害之后常发生严重腹泻，开始水泻，以后带有黏液和血。母牛在妊娠期感染常发生流产，或产下先天性缺陷犊牛，最常见的缺陷是小脑发育不全。患犊可能只呈现轻度共济失调或不能站立。急性病例恢复的少见，通常死于发病后1～2周，少数病程可拖延1个月。

（2）慢性型　较少见，病程2～6个月，有的达1年。体温升高不明显，主要表现为鼻镜上的糜烂，此种糜烂可在全鼻镜上连成一片。眼常有浆液性分泌物。蹄叶炎及趾间皮肤糜烂坏死，致使病牛跛行。淋巴结不肿大。大多数患牛均死于2～6个月内，也有些可拖延到1年以上。

3. 病理变化

尸体消瘦，鼻镜、鼻腔黏膜、齿龈、上颚、舌面两侧及颊部黏膜有糜烂及浅溃疡，严重病例在咽喉黏膜有溃疡及弥散性坏死。特征性损害是食道黏膜糜烂，呈现大小不等的形状与直线排列。瘤胃黏膜偶见出血和糜烂，第四胃炎性水肿和糜烂。肠壁因水肿增厚，肠系膜淋巴结肿大。蹄部趾间皮肤及全部蹄冠有糜烂、溃疡和坏死。流产胎儿的口腔、食道、皱胃及气管内有出血斑或溃疡。运动失调的犊牛，严重的可见到小脑发育不全及两侧脑室积水。

4. 实验室诊断

在本病严重暴发流行时，可根据流行特点、临床症状和病理变化可做出初步诊断，确诊需进一步作实验室诊断，依赖病毒的分离鉴定及血清学检查。

（三）防制

1. 预防

平时预防要加强口岸检疫，防止引入带毒牛、羊和猪；国内在进行牛只调拨或交易时，要加强检疫，发现病牛应及时隔离，无治疗价值的牛应淘汰，对与病牛接触过的牛应隔离观察，防止本病的扩大或蔓延；免疫接种可有效控制本病。

（1）流行地区用病毒性腹泻-黏膜病弱毒疫苗皮下注射，犊牛在2月龄注射1次，到成年时再注射1次，成年牛注射1次。

（2）对受威胁较大的牛群应每隔3～5年接种1次。

（3）弱毒苗能引起流产和胎儿畸形，怀孕母牛禁用。

2. 治疗

本病目前尚无有效的疗法。发病时严格隔离，并采取对症治疗和加强护理，增强机体抵抗力。临床上应用消化道收敛剂和补液疗法可缩短恢复期，减少损失。用抗生素和磺胺类药物进行预防性治疗，可减少继发性细菌感染，缩短恢复期。

【处方1】鸡新城疫Ⅰ系疫苗0.5克，加生理盐水250毫升，肌内注射或于后海穴注射，每次每头5～10毫升，严重者隔日重复用药1次，现配现用。

【处方2】纤维素酶30～50克，加温开水适量，一次灌服，每天1次，连用3天。

【处方3】益生素饮水，治疗时每100升水添加20～40克，预防时每100升水中添加10～20克。注意使用益生素时禁止使用抗生素。

【处方4】磺胺甲基异噁唑片40克，次碳酸铋片30克，一次灌服，磺胺类药物每天使用2次，首次用量加倍，连用3～5天。

【处方5】丁胺卡那霉素注射液300万单位，10%维生素C注射液30毫升，10%安钠咖注射液20毫升，5%糖盐水3000毫升，一次静脉注射，每天1～2次，连用3～5天。

【处方6】5%葡萄糖生理盐水1000～2000毫升、海达注射液8～18毫升、10%维生素C注射液20～40毫升、5%碳酸氢钠200～400毫升、利巴韦林注射液30～40毫升，静脉注射，每天1次，连用3～4天。双黄连、大青叶等抗病毒药，按说明使用。

【处方7】中药疗法。

方剂一：冰片12克，青黛9克，皮硝30克，薄荷6克，滑石60克，研细末用蜂蜜调匀涂擦。

方剂二：硼砂、山豆根、贯众、滑石、寒水石、海螵蛸各等份，共研为细粉，用蜂蜜调匀涂擦患部。

方剂三：乌梅、柿蒂、诃子、黄连各20克，茵陈、姜黄各15克，栀子炭30克，水煎取汁，灌服，每天1剂，连用3～4天。

方剂四：黄连、乌梅、柿蒂、诃子肉各20克，山楂炭30克，姜黄、茵陈各15克，水煎取汁，每天分2次灌服，连用2～3天。

方剂五：葛根、黄芩、扁豆各60克，党参、白术、茯苓、炙甘草、山药各45克，莲肉、桔梗、薏苡仁、砂仁各30克，黄连、丹参、地榆各20克，水煎灌服。

方剂六：炙黄芪90克，党参、白术、当归、陈皮各60克，炙甘草45克，升麻、柴胡、神曲各30克，水煎灌服。

七、牛 副 流 感

牛副流感即"牛副流行性感冒"，是由副流感病毒Ⅲ型引起牛的急性接触性呼吸道传染病。其特征是呼吸器官的肺脏或胸腔形成出血性败血症，高热、呼吸困难和咳嗽。因本病多发生于运输后的牛，故又称"运输热"或"运输性肺炎"。

（一）病原

本病的病原是副流感病毒Ⅲ型，为副黏病毒科副粘病毒属的成员，又称"运输热病毒"。病毒具有血凝性，能凝集人O型、豚鼠、牛、猪、绵羊和鸡的红细胞，但不能凝集马的红细胞。病毒可在牛、猪、猴等动物的肾细胞上培养生长，并形成病变，用犊牛或胎牛肾细胞培养时，在出现病变后可形成蚀斑。病毒可以在鸡胚、羊膜腔接种生长良好。但尿囊腔不能生长，这是与其他副流感病毒的区别。病毒对热的稳定性较其他副黏病毒低，其感染的能力在室温下可迅速下降，几天后完全丧失。55℃30分钟灭活，在－25℃能良好存活。在pH3时不稳定。对乙醚和氯仿敏感。

（二）诊断要点

1. 流行特点

本病主要感染牛。传播途径主要通过接触和飞沫传播。主要的感染部位在呼吸道。常常由于饲养密度大或应激等因素诱发本病，且单独发病较少，常与其他的呼吸系统疾病混合感染。本病一旦发生其病毒可在牛群中长期保存，不易清除。舍饲育肥牛多发，放牧牛较少发生。本病常于晚秋和冬季多发，发病率为春季和夏季的2倍。

2. 临床症状

本病潜伏期约2～5天。病牛体温升高到41℃以上，精神沉郁，厌食，咳嗽，流黏液性鼻液，流泪，有脓性结膜炎。呼吸困难，发出呼噜音，听诊可见湿啰音，肺脏实变时则肺泡音消失，有时听到胸膜摩擦音，有的病牛出现黏液性腹泻。妊娠牛可能流产。牛群中发病率在60%～90%之间。单独感染的病程不长，约为3～4天，但与其他疾病混合感染则病情复杂，常预后不良。

3. 病理变化

主要病变在呼吸道。在肺的尖叶、心叶、膈叶的下侧部可见严重的损害，肺炎病灶呈灰色和深红色，叶间结缔组织增生。切面呈特有的斑状，气管和支气管内充满浆液，肺门淋巴结肿大，部分坏死。肺泡和细支气管上皮细胞肥大、增生，形成合胞体，胞浆内出现嗜碱性包涵体。胸腔积聚浆液性纤维性渗出液，胸膜有纤维素附着，心内外膜、胸腺、胃肠黏膜有出血斑点。有的大骨骼肌可在两侧对称地发生数厘米大小的灰黄色病灶。

4. 实验室诊断

本病在临床上的类型较多，而且多数病例呈混合感染，因此在诊断时应慎重。本病的发生多与运输等应激因素有关，如在应激因素过后出现呼吸道症状应怀疑本病；虽然本病无特征性病理变化，但在肺部上皮细胞胞浆内和核内出现包涵体时应怀疑本病。实验室检查主要包括病毒分离鉴定和血清学试验。

（三）防制

1. 预防

预防主要是加强饲养管理，尽量减少发病因素，一旦发病，隔离病牛并消毒。在大群牛需长途运输时，不要太拥挤，并保证途中不挨饿、不受冻，同时给予充足多种维生素和电解质等，以保持牛机体抗病能力。疫苗有减毒疫苗和灭活苗两种，均较安全有效。

2. 治疗

单纯发生本病时无特异疗法，可采取一些病因疗法、对症疗法、支持疗法和中药疗法等非特异性疗法来增强牛只的抵抗力。若继发细菌感染，应及早用药，可采用抗生素或磺胺类药等以控制发病，直接投入呼吸道内效果明显。

【处方1】青霉素1万～2万单位/千克体重，链霉素10毫克/千克体重，注射用水30毫升，肌内注射，每天1～2次，连用2～3天。

【处方2】卡那霉素注射液，每千克体重10～15毫克，肌内注射，每天2次，连用 3～5 天。

【处方 3】磺胺二甲嘧啶，每千克体重 0.07 克，静脉或肌内注射，每天 2 次，连用 3～4 天。如加用维生素 A，效果更好。

【处方 4】气喘严重时，可用麻黄碱注射液 0.05～0.5 克，皮下注射。抗过敏可用氢化可的松注射液 250～750 毫克，每天 2 次，肌内注射；或用盐酸扑敏宁，每千克体重 1 毫克，每天 2 次，肌内注射。退热可用 30％安乃近注射液 20～30 毫升或安痛定注射液 30～40 毫升，肌内注射，每天 2 次，连用 2～3 天。

【处方 5】强心、补液可用 5％糖盐水 1000～2000 毫升，20％葡萄糖注射液 300～500 毫升，10％安钠咖注射液 20～30 毫升，静脉注射。

八、 新生犊牛病毒性腹泻

新生犊牛病毒性腹泻是由多种病毒混合感染引起的急性腹泻综合征。临床上以精神委顿、厌食、呕吐、腹泻、脱水和消瘦等为特征。

（一）病原

主要为轮状病毒和冠状病毒。此外，还有细小病毒、杯状病毒、星形病毒、腺病毒和肠病毒等。轮状病毒和冠状病毒在出生后初期的犊牛腹泻发生中，可能是最初的致病因子，虽不直接引起死亡，但因这两种病毒的存在，能降低犊牛肠道功能，从而易引起如大肠杆菌等细菌的继发感染，造成犊牛剧烈腹泻。

（二）诊断要点

1. 流行特点

本病主要感染 1 周龄以内的新生犊牛。病牛和隐性感染牛是本病的传染源，病毒随传染源的排泄物排出体外，污染饲料、土壤、垫草和饮水，主要通过消化道感染，有时也可通过胎盘传给胎儿。本病多发生于冬季和早春，初乳不足、气候骤变和卫生条件差等可诱发。病死率可达 50％。

2. 临床症状

潜伏期一般为 12～96 小时，最早在出生后 12 小时发病。突然表现为精神沉郁，吃奶减少或废绝，体温正常或略升高。严重腹泻，初排出灰白色或黄白色水样或粥样粪便，粪中混有未消化凝乳块，后期粪便中混有多量黏液和血液，呈褐色或血样，酸臭或恶臭约 1 天后，犊牛背腰拱起，肛门外翻，哞叫。严重脱水，眼凹陷，四肢无力，卧地，衰竭而死。病程 1～8 天。

3. 病理变化

肠壁变薄，呈半透明，肠黏膜脱落，肠内容物液状呈黄褐色或红色，小肠黏膜广泛出血，肠系膜淋巴结肿大。胆囊肿大。全身淋巴结肿大。

4. 实验室诊断

根据本病流行特点、典型的临床症状和病理变化可以做出初步诊断。确诊须进行实验室检查，以查明病原。

（三）防制

1. 预防

加强饲养管理，对产房、犊牛舍和饲养用具等进行严格消毒。犊牛出生后应确保及时吃到初乳。在本病流行地区，可给妊娠母牛注射轮状病毒和冠状病毒疫苗，或注射当地流行的致病性大肠杆菌所制成的疫苗。或在犊牛出生后，尽早投服预防剂量的抗生素，对预防本病也有积极作用。

2. 治疗

本病目前尚无特异的治疗方法。发病后，应立即停乳，采取清理胃肠、抗菌消炎、补液和对症治疗。

【处方1】禁止哺乳8～10小时，喂给5%糖盐水，每次300毫升。

【处方2】0.5%高锰酸钾溶液800～1000毫升，灌服，每天2～3次。

【处方3】液体石蜡200～300毫升，灌服。排泄后，灌服人工乳（鱼肝油5～10毫升，氯化钠5～10克，鲜鸡蛋2～3个，鲜温牛奶1000毫升，混均），每天喂4～6次。

【处方4】液体石蜡200～300毫升，灌服，然后口服多糖胃蛋白酶6克，乳酶生10克，葡萄糖30克，次硝酸铋10克，同时用10%葡萄糖注射液250毫升，生理盐水20毫升，5%碳酸氢钠注射液100毫升，10%安钠咖注射液20毫升，一次静脉注射，必要时每天注射2次。

【处方5】乳酶生5～20克，加凉开水适量，灌服。或鞣酸蛋白3～6克，磺胺脒10～15克，混合后灌服。或硫酸链霉素0.5～1克，灌服。或胃蛋白酶10克，稀盐酸5毫升，常水1000毫升，加适量维生素C，每次30～40毫升，灌服。或次硝酸铋4克，胃蛋白酶3～5克，硫酸链霉素0.5克，混合后一次灌服，每天3次。

【处方6】土霉素粉1～2克，鞣酸蛋白2克，磺胺脒3克，碳酸氢钠粉3克，混合混于牛奶中喂服。

【处方7】氟哌酸2.5克，口服，每天2～3次。或磺胺脒10～20克，口服，每天2～3次。

【处方8】补液，纠正酸中毒。氯化钠3.5克，氯化钾1.5克，碳酸氢钠2.5克，葡萄糖20克，加水至1000毫升，供犊牛自由饮用，或按每千克体重100毫升，每天分3～4次灌服。若饮食欲已废绝，可用50%葡萄糖注射液50毫升，生理盐水200毫升，5%碳酸氢钠溶液100毫升，一次静脉注射，每天2次。

【处方9】腹泻不止时，次硝酸铋5～10克，或活性炭10～20克，或鞣酸蛋白3～5克，口服。或鞣酸蛋白2克，60°白酒5～10毫升，温茶水60～200毫升，混合后一次灌服，每天2～3次，2天为1个疗程。

【处方10】5%糖盐水1000毫升，2.5%恩诺沙星注射液10毫升，利巴韦林注射液10毫升，10%维生素C注射液40毫升，5%碳酸氢钠注射液100毫升，混合后静脉注射，每天1次。

【处方11】有神昏、抽搐等神经症状时，用25%硫酸镁注射液40毫升加入生理盐水中静脉注射。或用黄连素注射液20毫升或庆大霉素注射液40万单位，于后海穴注射，每2天注射1次。

【处方12】中药疗法。

方剂一：白头翁120克，水1000毫升，煎至500毫升，分为3等份，每天1份，灌服。

方剂二：大蒜 150 克，木炭末 100 克，混合成糊状，加 2％明矾溶液 200 毫升，灌服。

方剂三：藿香、白术各 15 克，苏叶、白芷、大腹皮、茯苓、半夏、陈皮、干姜各 10 克，厚朴、炙甘草各 5 克，水煎 2 次，合并煎汁，早、晚分别灌服（适用于粪便稀薄如水，腹痛，肠鸣）。

方剂四：葛根、黄连、黄芪各 15 克，乌梅（去核）、煨诃子、姜黄各 10 克，甘草 5 克，水煎灌服。

九、牛呼吸道合胞体病毒感染

牛呼吸道合胞体病毒病是由牛呼吸道合胞体病毒引起的牛的一种急性、热性、呼吸道传染病。以高热、持续性呼吸困难、鼻炎和多细胞性肺炎为主要临诊特征，常伴发细菌性感染。本病于 1967 年在瑞士首先发现。现广泛流行于世界各地。自然感染发病的，常与牛的腺病毒Ⅶ型、副流感病毒Ⅲ型或牛病毒性腹泻病毒混合感染，致使病情恶化和复杂化。

（一）病原

牛呼吸道合胞体病毒分类上属于副黏病毒科肺病毒属，与反转录病毒科泡沫病毒属的牛湖合胞体病毒明显不同。为单股负链 RNA 病毒，有囊膜。无血凝素和神经氨酸酶。病毒的主要宿主是牛，人工试验可感染豚鼠、田鼠、猴和山羊。病毒可在牛胚胎、犊牛肾等多种组织原代或继代细胞培养中繁殖，形成大合胞体和胞质内包涵体。病毒对外界环境的抵抗力不强，56℃ 10 分钟可灭活，酸、碱、脂类溶剂和常规消毒药均可在短时间内杀灭病毒。

（二）诊断要点

1. 流行特点

牛、绵羊、山羊等均易感，不同品种、年龄和性别的牛均易感，以集约化养殖的刚断奶犊牛及青年牛多发，本病的暴发可能限于犊牛，或者只限于成年母牛，也可能涉及一个牛场所有的牛，发病率高达 90％以上，但死亡率较低，为 1％～3％。病牛或带毒牛是传染源，绵羊、山羊也可能是一种传染源。主要通过呼吸道传播。本病流行于寒冷季节，随寒冷加剧而发病数增多，气候转暖后传播速度减慢，症状变轻，严重的流行也可发生在夏季。饲养管理不善，长途运输、气温骤变等应激因素可促使本病的暴发。

2. 临床症状

自然发病潜伏期短，人工感染潜伏期为 2～7 天。急性型时，突然发病，精神沉郁和厌食，体温升高达 40～42℃。流涎，呈泡沫状，由口角周边淌下，量多。两侧性鼻液，初为浆液性，以后转为黏液性，有时混有血液。呼吸频率加快，张口呼吸，发出呻吟音。有的在靠近肩峰处的背部出现皮下气肿。肺部听诊，可听到多种声音，如增强的支气管水泡音、支气管音增强、因气肿而出现捻发音和因继发支气管肺炎而产生的啰音。有些病牛因弥漫性间质水肿和气肿，肺部听诊听不到任何声音。有些病牛出现双相疾病。第一相的特点是出现上述的轻度或较重的症状，随后数天症状明显改善，再经数天或数周出现十分严重的呼吸困难。现认为第二相的严重呼吸困难是由抗原-抗体复合物介导的免疫性反应，或者是下呼吸道的过敏反应，常导致死亡。若无继发细菌感染，一般经 10～14 天可康复，死亡率很低。

3. 病理变化

剖检可见肺部出现弥漫性水肿或气肿，有的有间质性肺炎灶，病变不限于某一个肺叶，并有大小不等的肝变区。特别是继发细菌性支气管肺炎时，肺前腹侧区域呈现暗红色、坚实、有纤维素覆盖和实变。组织学变化主要是单核细胞、嗜中性白细胞浸润导致肺泡壁肥厚，肺泡内可见多核巨细胞。支气管腔内充满脱落细胞和嗜中性白细胞，伴有淋巴组织过度增生的支气管周围炎。重症病例在支气管周围可见淋巴细胞和单核细胞聚集，支气管淋巴结的皮质和髓质水肿，淋巴细胞及网状内皮细胞增生。

4. 实验室诊断

根据流行特点分析及临床症状、病理变化可初步做出诊断，确诊须进行病毒分离鉴定和血清学试验。同时，进行细菌培养以检查是否发生继发感染。本病的症状和病变与溶血性巴氏杆菌引起的支气管性肺炎相似，应注意鉴别。

（三）防制

1. 预防

加强饲养管理，改善牛舍条件和环境卫生，定期对牛舍及其周围环境进行消毒。发现病牛要隔离治疗或淘汰，对病牛污染的环境和用具等进行彻底消毒。经鼻腔接种弱毒疫苗有一定的预防和减缓病情作用。母源抗体虽不能很好抵抗犊牛被感染，但可减轻病症。

2. 治疗

本病目前尚无特效疗法，主要采用对症治疗和支持治疗。

【处方1】病初为防止细菌继发感染，可应用抗生素（如氨苄青霉素、头孢菌素、庆大霉素等）或磺胺类药物，以防止病情恶化。若分离出细菌，可根据药敏试验结果选择特异性抗生素治疗。

【处方2】本病有严重过敏性变态反应，应用皮质类固醇类药物，可得到临床治疗效果，如地塞米松磷酸钠 10～20 毫克，一日一次；或盐酸扑敏宁，每千克体重 1 毫克，肌内注射，每天 2 次；阿司匹林 15.5～31 克，口服，每天 2 次。如有肺水肿可选用速尿 250 毫克，一日一次或两次。

十、伪狂犬病

伪狂犬病又叫"阿氏病"，是由疱疹病毒科伪狂犬病病毒引起的家畜和野生动物的一种急性传染病。以发热、局部奇痒（猪除外）及脑脊髓炎症状为主要临床特征。牛羊为散发，发病率可达 40%，致死率高达 90%～100%。本病欧洲发生最为严重，我国于 1947 年发现猫的伪狂犬病，目前已扩大到全国十几个省市，给畜牧业发展造成巨大的经济损失。

（一）病原

伪狂犬病病毒属疱疹病毒甲亚科，学名为猪疱疹病毒Ⅰ型。病毒粒子呈球形，线状双股 DNA 病毒，有囊膜。病毒能在多种哺乳动物细胞上生长繁殖，产生细胞病变，并形成核内嗜酸性包涵体。实验动物感染，以家兔皮下接种最为敏感。乳小白鼠比成年鼠敏感。伪狂犬病病毒只有一个血清型，在发病初期病毒存在于血液、乳汁、实质器官和尿中，后期主要存在于中枢神经系统，恢复后一个月仍带毒。病毒对外界因素的抵抗力较高，对干燥的抵抗力强，在污染厩舍内能存活一个多月，干草上的病毒，夏天可存活 30 天，冬天可存活 46 天。腐败 11 天（盐腌 20 天）才可杀死病毒。病毒对热、紫外线及乙醚均敏感，加热 56℃30 分钟，70℃10 分钟，100℃1 分钟病毒失去感染力。冷冻环境下，病毒可保存两年。但在 0.5％的稀盐酸或 1％氢氧化钠溶液可很快杀灭病毒。

（二）诊断要点

1. 流行特点

患病动物、流产的胎儿和死胎、隐性感染动物以及带毒鼠类是本病的主要传染源。病毒随发病动物的分泌物（如鼻汁、唾液、尿液和乳汁等）排出，污染饲料、饮水、垫草及圈舍等环境。易感动物与发病动物或带毒动物之间通过直接或间接接触而感染。病毒主要经过呼吸道和消化道传播，通过吸入带毒的飞沫或污染的饲料而感染，此外，皮肤创伤以及交配感染，也可经胎盘及哺乳方式传播，吸血昆虫也可传播。自然感染见于牛、羊、猪、犬、猫和鼠类以及多种野生动物，实验动物以兔最易感。牛常因接触病猪而感染发病，但牛与牛之间，牛与猪之间也可互相传播。本病一般呈地方性流行或流行性，以冬、春两季多发。牛感染后病死率很高，可达 90％以上。

2. 临床症状

潜伏期 3～6 天，很少超过 10 天。各种年龄的牛均高度易感。牛感染后，病初表现精神沉郁，饮食欲减少或废绝，反刍停止，泌乳减少，体温升高达 40℃以上。不久降至正常。典型症状主要表现为唇、鼻镜、眼睑、头颈、肩、四肢、乳房、会阴等处皮肤奇痒，病牛不停地舔咬痒部，或在墙壁、桩柱上摩擦，很快摩擦部被毛脱落，皮肤出血、水肿，严重时皮下结缔组织或肌肉裸露。由于奇痒，病牛表现狂暴不安，喷气或鸣叫，前后肢刨地，不断起卧，频频回顾，但一般对人无攻击性。后期痉挛加剧，出现咽麻痹、流涎、呼吸急促、心律不齐、磨牙、痉挛、死亡。一般于发病后 2 天内死亡。也有的病牛剧痒症状不明显，在发病后数小时内突然死亡。水牛的主要症状为神经症状，皮肤痒感不如黄牛明显，但病程较短。

3. 病理变化

病死牛患部皮肤增厚 2～3 倍，被毛脱落、擦伤、撕裂、水肿、出血和糜烂。有的糜烂深达皮下和肌肉组织，切开皮肤有多量黄色胶样浸润，或混有血液。皮下组织和肌肉有大小不一的出血点。中枢神经症状明显时，脑、脑膜或脊髓膜充血、出血、水肿，脑脊髓液增多。肺充血水肿，或有出血。心包积液，心内、外膜出血。消化道黏膜充血和出血。肝淤血肿大，其上可见少量灰白色坏死点。组织学检查可见弥漫性非化脓性脑膜脑炎及神经节炎变化，有明显的血管套和胶质细胞坏死。

4. 实验室诊断

根据本病的流行特点、典型临床症状和病理变化等可做出初步诊断。确诊须进行实验室检查，包括动物接种、病原分离和血清学诊断等。注意与狂犬病、螨病等相鉴别。

（三）防制

1. 预防

平时加强饲养管理，严格将猪与牛及其他动物分开饲养，并消灭饲养场的鼠类。运用血清学试验检疫并淘汰阳性牛，结合免疫接种，逐步净化牛群。引进牛时，必须严格检疫，防止带入病原。疫区和受威胁区，可用伪狂犬病弱毒冻干疫苗或牛羊伪狂犬病氢氧化铝甲醛灭活苗进行免疫接种，免疫效果可靠。成年牛皮下注射10毫升，犊牛皮下注射8毫升，6～7天后重复注射1次，免疫期1年。发生本病时，病牛立即隔离或扑杀，场内的易感动物进行紧急接种。牛舍、被污染的环境以及饲养用具等用2%热的氢氧化钠溶液、20%漂白粉混悬液等每隔5～6天消毒1次，粪便发酵处理。

2. 治疗

目前尚无有效疗法，发病时应立即隔离病牛，对未出现神经症状的病牛，早期可用伪狂犬病高免血清治疗，可降低死亡率。对已经出现神经症状的一律扑杀，销毁处理。

十一、牛海绵状脑病

牛海绵状脑病又称"疯牛病"，是由朊病毒引起成年牛的一种神经性、渐进性、致死性传染病。此病潜伏期长，以脑组织发生慢性海绵状（空泡）变性，功能退化，精神错乱，死亡率高为特征。本病是1985年首次在英国发现的一种新的传染病。近年研究发现，此病可传染给人类，引起人的新型克-雅氏病，其致病因子不同于一般的细菌、病毒，而是一种具有生物活性的蛋白质。属于一类动物疫病。现已蔓延到很多国家和地区，我国目前无发生该病的报道。应保持高度的警惕性，严防此病从境外传入。

（一）病原

病原为朊病毒，是动物与人类传染性海绵状脑病的病原，本质上不是传统意义上的病毒，它没有核酸，是有传染性的蛋白质颗粒。按照感染宿主不同，朊病毒引起的疾病分为动物的朊病毒病和人类的朊病毒病。前者主要包括有羊痒病、牛海绵状脑病、猫海绵状脑病、传染性貂脑病等；后者则主要有克雅氏病、新型克雅氏病、库鲁病等。病毒对各种理化因素抵抗力很强，紫外线照射、离子辐射、双氧水、福尔马林等均不能使朊病毒完全灭活，但1%～2%氢氧化钠溶液、5%次氯酸钠溶液、90%石炭酸溶液、5%碘酊等可使之灭活。

（二）诊断要点

1. 流行特点

疯牛病病牛国外目前都在半岁以上，多发于3～11岁的成年牛，且不分品种和性别，一年四季均可发生。感染后潜伏期可达5～10年或更长。主要通过消化道传播，健康牛可通过食入用病牛和带毒牛制成的肉骨粉而感染。多呈散发，发病率低，但死亡率为100%。

2. 临床症状

本病潜伏期长达2~8年。体重急剧减轻，产乳量下降，惊恐，瘙痒，烦躁不安，有攻击行为，冲撞围栏，或随意攻击其他牛和人。站立时后肢叉开，肌肉震颤，运动时步态不稳，共济失调，对外界声音或触摸过敏，但体温无变化。后期全身麻痹，衰竭而死。病程14天至6个月。

3. 病理变化

尸体剖检除消瘦、皮肤或有损伤外，无肉眼可见的病理变化。病理组织学变化可发现中枢神经系统灰质区空泡样变的神经元呈两边对称性分布，构成神经纤维网的神经元突起内有许多小囊状空泡（即海绵样变）。神经元泡体膨胀，内有较大的空泡。星形细胞胶样变、肥大。大脑组织淀粉样变性。

4. 实验室诊断

目前主要根据现场诊断资料，对疑似疯牛病患牛的大脑、小脑组织作病理组织切片和染色，经显微镜观察，如发现海绵状变性即可确诊。

（三）防制

目前尚无治疗疯牛病的有效药物和方法，因而预防本病的发生至关重要。未发现疯牛病的国家和地区，杜绝疯牛病传入是防控此病最关键、最根本的措施。严禁从发病国家和地区引进牛或牛的肉骨粉、内脏、副产物等。发病地区应及时扑灭并销毁全部患牛和可疑患病牛，停止使用患牛组织制作的各种制品并作无害化处理。严防疯牛病传染给人类，人类不应食用患疯牛病的牛肉和牛肉制品。如与患牛接触，应注意个人防护和卫生，剖检划破皮肤后，立即用次氯酸钠溶液清洗伤口，污染场所、用具用2%氢氧化钠溶液消毒。

十二、牛白血病

牛白血病，又称"牛造血细胞组织增生""牛地方性白细胞组织增生""地方流行性牛白血病""牛淋巴瘤病""牛恶性淋巴瘤""牛淋巴肉瘤"，是由牛白血病病毒引起的牛的一种慢性、进行性、肿瘤性传染病。临床上以淋巴细胞异常增生、进行性恶病质和高病死率为特征。OIE将其列为B类疫病。本病在世界各国均有发生，我国亦有本病发生的报道，并有开始蔓延和发病率增高的趋势。

（一）病原

牛白血病的病原是牛白血病病毒，属于反转录病毒科、肿瘤病毒亚科、C型肿瘤病毒属。病毒粒子呈球形，单股RNA，有囊膜。病毒易在原代的牛源和羊源的细胞内生长并传代。本病毒对外界环境的抵抗力很弱，紫外线直接照射和反复冻融均可杀灭病毒，牛奶中的病毒也可被巴氏消毒法灭活。病毒对各种有机溶剂敏感。常用消毒药物均能将其灭活。

（二）诊断要点

1. 流行特点

在自然条件下，主要感染牛，乳牛最易感，肉牛次之。绵羊也偶尔感染。本病主要发生于成年牛，尤以 4～8 岁的牛多见。2 岁以下的牛发病率低。母牛比公牛易感。传染源是病牛和带毒牛。主要通过牛的相互接触传播，也可能通过呼吸道传播。经吸血昆虫（虻、蝇、蚊、蜱、螨和吸血蝙蝠）叮咬、采血、输血、注射和外科手术等血源性水平传播，也可经胎盘或哺乳垂直传染。垂直感染率低于 10%。垂直传播多与家族史和遗传因素有关，易感牛群的家族发病率高达 30%～100%，不论公牛或母牛都可传染给后代。本病常呈地方性流行，或散发。

2. 临床症状

本病的特征为一个长的潜伏期（一般为 4～5 年）和两个发展阶段。第一个发展阶段为非显性期，只有血象变化，即白细胞和淋巴细胞增多及出现异常淋巴细胞。第二个发展阶段为显性期，病牛体温正常或稍有升高，贫血，全身浮肿，体表淋巴结可发生单侧性或对称性肿大，乳产量明显下降，易疲劳，进行性消瘦。由于肿瘤侵害的脏器不同，临床表现也不一样。如肿瘤侵害眼眶时，可见眼球突出；如一侧肩前淋巴结增大，可见头颈向对侧偏斜；侵害消化器官时，可表现消化不良、瘤胃臌气、顽固性下痢，甚至排带血的黑色粪便；膀胱内外有肿瘤时，则排尿障碍；胸腔淋巴肉瘤形成后，常出现呼吸困难；心脏受到侵害，则见心律不齐、心脏杂音、心包积液、心音低沉、静脉扩张和充血性心衰；脊髓受侵害时，则出现共济失调、后肢麻痹，甚至卧地不起等。实验室检查，白细胞总数增至 30×10^9 个/升，淋巴细胞比例超过 75%，出现成淋巴细胞（瘤细胞）。

3. 病理变化

尸体消瘦、贫血。病理变化主要有两个方面，其一是全身的广泛性淋巴肿瘤。各脏器、组织形成大小不等的结节性或弥散性肉芽肿病灶，真胃、心脏和子宫最常发生病变。组织学检查可见肿瘤细胞浸润和增生，患病组织有大量瘤细胞浸润，破坏并代替许多正常的组织细胞。其二是血液学变化，出现不同程度的贫血，表现在淋巴细胞可从正常的 50% 增加到 75% 以上，未成熟的淋巴细胞可增加到 25% 以上，这种变化在病程早期最明显。

4. 实验室诊断

根据流行特点、典型的临床症状和病理变化可做出初步诊断，确诊需进行血液学检查和血清学检查，必要时还应进行病毒分离鉴定。牛感染本病后体内可产生特异的抗体，因此，琼脂扩散试验、补体结合试验、放射免疫技术、中和试验、免疫荧光试验和酶联免疫吸附试验等，检测病牛体内是否存在此特异性抗体，可作为白血病的早期诊断依据。由于牛群的带毒率高而发病率低，因此，解释血清学检测结果时要慎重，最好结合组织学活检和血液检查结果综合判定。

（三）防制

1. 预防

未发生本病的地区，引进种牛时，应进行血清学检查，防止引入阳性牛。定期对牛群进行临床检查和血清学检查，发现病牛，及时淘汰。对牛舍和运动场定期消毒和灭鼠，防止有害蚊虫孳生和侵袭。在断角、去势、疫苗注射、手术等操作时要严格消毒，防止人为传播疾病。对长期感染、发病的牛群，可采取全群扑杀措施，以消灭疾病。

2. 治疗

本病目前尚无特效疗法，亦无疫苗进行预防。对阳性病牛要宰杀淘汰，隔离观察同群牛，彻底消毒污染场地和用具。对感染严重的牛群，应果断全群淘汰。

十三、牛 瘟

牛瘟俗称"烂肠瘟""胆胀瘟"，是牛瘟病毒所引起的偶蹄兽特别是牛的一种急性、热性、败血性、高度接触性传染病。临床上以黏膜尤其消化道黏膜发生卡他性、出血性、纤维素性、坏死性炎症为特征。我国于 20 世纪 50 年代已宣告消灭牛瘟，目前该病在亚洲和非洲有些国家仍有发生。属于一类动物疫病。

（一）病原

牛瘟病毒属于副黏病毒科麻疹病毒属，为单股 RNA 病毒，各毒株抗原性相同，而且与麻疹病毒和犬瘟热病毒有共同的抗原。该病毒对消化道黏膜及淋巴组织有很强的亲和性。牛瘟病毒对理化因素的抵抗力不强，患病动物的分泌物干燥后暴露于阳光下，很快被灭活。不耐热，不耐酸碱，对醚等脂溶剂敏感，所以用强酸、强碱、乙醚、氯仿等都可杀灭该病毒。常规消毒药能很快将其杀灭。

（二）诊断要点

1. 流行特点

牛、牦牛、水牛、瘤牛，以及野生动物（非洲水牛、非洲大羚羊、大弯角羚、角马、各种羚羊、豪猪、疣猪、长颈鹿）等，不分年龄和性别对本病均易感，尤以牦牛最易感，黄牛和水牛次之。其他动物如绵羊、山羊、鹿以及猪也易感。亚洲猪比欧洲猪、非洲猪易感；骆驼科动物极少感染。病牛和带毒牛是主要传染源，通过分泌物和排泄物向外排毒。病毒主要通过吸入被污染的空气或食入被污染的饲料和饮水，经呼吸道和消化道感染。此外，还可经眼结膜、子宫或吸血昆虫和人员流动而发生直接和间接感染。本病的流行一般有明显的周期性和季节性，多发生于冬季 12 月份到次年 4 月份，多呈暴发性流行，发病急，传播快，在易感牛群中，发病率接近 100%，死亡率 90% 以上，一般为 25%～50%。

2. 临床症状

潜伏期一般为 3～15 天。《陆生动物卫生法典》规定，牛瘟的潜伏期为 21 天。病型主要有典型及显性型症状和非典型及隐性型症状。

（1）典型及显性型症状 新发地区、青年牛及新生牛常呈最急性发作，无任何前驱症状死亡。病牛突然高热达 41～42℃，稽留 3～5 天不退。精神委顿，食欲减退乃至废绝，呼吸、心跳加快，饮欲增加。黏膜（如眼结膜，鼻、口腔、性器官黏膜）充血潮红。流泪流涕流涎，呈黏脓状。在发热后第 3～4 天口腔出现特征性变化，口腔黏膜（齿龈、唇内侧、舌腹面）黏膜潮红，迅速发生大量灰黄色粟粒大突起，状如撒层麸皮，互相融合形成灰黄色假膜，脱落后露出糜烂或坏死，呈现形状不规则、边缘不整齐、底部深红色的烂斑，俗称地图样烂斑。高热过后严重腹泻，里急后重，粪稀如浓汤带血，恶臭异常，内含黏膜和坏死组织碎片。尿频，色呈黄红或黑红。从腹泻起病情急剧恶化，迅速脱水、消瘦和衰竭，不久死亡。病程一般4～10 天。

（2）**非典型及隐性型症状** 长期流行地区多呈非典型性，病牛仅呈现短暂的轻微发热、腹泻和口腔变化，死亡率低。或呈无症状隐性经过。有些病牛皮肤发生特殊症状，乳房或阴囊的皮肤呈小点状出血，到腹泻时，股内、会阴和口鼻周围的皮肤有丘疹与脓疱，破裂后内容物变干，结痂，脱落。

3. 病理变化

典型病例尸体外观呈脱水、消瘦、污秽和恶臭。剖检可见消化道黏膜严重炎症并坏死，口腔、第四胃、肠道、上呼吸道黏膜坏死、糜烂，或充血、出血。小肠黏膜潮红、水肿，有出血点；淋巴结肿胀、坏死。大肠呈现程度不同的出血或烂斑，覆盖灰黄色假膜，形成特征性的"斑马条纹"。胆囊增大 1～2 倍，充满大量绿色稀薄胆汁，黏膜有出血点。淋巴结水肿肿胀。

4. 实验室诊断

根据临床症状、病理变化，结合流行特点可做出初步诊断，确诊需进一步做实验室诊断。还应注意与口蹄疫、牛病毒性腹泻-黏膜病、牛传染性鼻气管炎、牛巴氏杆菌病、恶性卡他热、水泡性口炎、副结核、沙门氏菌病等的鉴别诊断。

（三）**防制**

1. 预防

严格执行进出境检疫制度，禁止从有牛瘟的国家和地区引进牛只及其产品。疫区及受威胁区可采用细胞培养弱毒疫苗免疫，也可采用牛瘟/牛传染性胸膜肺炎联苗免疫。

2. 治疗

一旦发生可疑病畜立即上报疫情，按《中华人民共和国动物防疫法》规定，采取紧急、强制性的控制和扑灭措施。扑杀病畜及同群畜，无害化处理动物尸体。对栏舍、环境彻底消毒，并销毁污染器物，彻底消灭病源。受威胁区紧急接种疫苗，建立免疫带。

第二节　常见细菌性传染病的诊疗与处方

一、炭　疽　病

炭疽是由炭疽杆菌引起的多种家畜、野生动物和人的一种急性、热性、败血性传染病。发病动物以急性死亡为主，脾脏高度肿大、皮下和浆膜下有出血性胶冻样浸润、血液凝固不良呈煤焦油样、尸体极易腐败等；若通过破损的皮肤伤口感染则可能形成炭疽痈。

（一）**病原**

炭疽杆菌又称"炭疽芽孢杆菌"，属芽孢杆菌科芽孢杆菌属。炭疽杆菌是菌体最大的细菌。菌体两端平切，在人工培养基中，常呈竹节状长链排列。为革兰氏阳性杆菌，在患病动物体内或未经剖检的尸体不易形成芽孢，为单个、成双或 3～5 个菌体相连的短链。但在体外有氧气和适宜的温度下（12～42℃）可形成芽孢，芽孢呈椭圆形或圆形，形成芽孢的炭疽杆菌抵抗力非常强，在土壤中可存活 10 年以上。炭疽杆菌对营养要求不高，普通琼脂平板上培养 24 小时，长出灰白色、干燥、表面无光泽、不透明、边缘不整齐的粗糙型菌落。进行串珠试验时，炭疽菌呈串珠状或长链状。病菌繁殖体对理化因素抵抗力不强，一般消毒药均可将其杀死。但芽孢的抵抗力则特别强，在毛皮或污染的土壤中可存活数年，在粪便或水中可存活 1 年以上。75％的酒精对本菌无效，5％石炭酸 1～3 天、3％～5％来苏儿 12～24 小时、5％碘酊 2 小时、2％福尔马林溶液 20 分钟可杀死芽孢。以 20％漂白粉溶液和 10％热的氢氧化钠溶液的作用最显著。本菌对青霉素和磺胺类药物敏感。

（二）诊断要点

1. 流行特点

草食动物对炭疽杆菌最易感，其次是肉食动物。其中绵羊和牛最易感，山羊、驴、马、水牛、骆驼和鹿等次之，猪常表现为慢性的咽喉肿胀、易感性较低，犬和猫则有较强的抵抗力；家禽一般不感染。在野生动物中，虎、豹、象、狐、狮、猴、狼、猞猁、鼬鼠等都易感。人也易感。本病的主要传染源是患病动物，其排泄物、分泌物及尸体中的病原体一旦形成芽孢，污染周围环境、动物圈舍、运动场、河流、牧场、草场后，可在土壤中长期存活而成为长久的疫源地，随时可传播给易感动物。炭疽杆菌芽孢形成的疫源地一般难以根除。本病主要经消化道感染，常因采食污染的饲料、饲草及饮水或饲喂含有病原体的肉类而感染。也可通过多种昆虫吸血而经皮肤感染。此外，附着在尘埃中的炭疽芽孢可用通过呼吸道感染易感动物。本病一年四季均可发生，其中以夏季多雨、洪水泛滥、吸血昆虫多时更为常见。常呈散发或地方性流行。

2. 临床症状

潜伏期一般为 1～5 天。根据病程可分为最急性、急性和亚急性三种类型。

（1）**最急性型** 病牛突然倒地死亡。有的表现为突然昏迷，倒卧，呼吸困难，可视黏膜发绀，全身战栗，心悸亢进。濒死期天然孔出血，且凝固不良。病程数分钟到数小时。

（2）**急性型** 此型常见。体温升高到 42℃，食欲减退或废绝，兴奋不安，哞叫，顶撞人畜或物体，有的精神不振，反刍停止，战栗，呼吸困难，可视黏膜发绀。眼结膜、口腔、鼻腔、肛门和阴道黏膜有出血点或出血斑。病初便秘，后腹泻带血。瘤胃臌胀，腹痛。尿暗红，有时混有血液。泌乳减少或停止，孕牛流产。濒死期体温下降，气喘，天然孔流血，痉挛，死亡。病程 1～2 天。

（3）**亚急性型** 病情较缓和，常在喉部、颈部、胸部、腹下、肩胛或乳房等处皮肤，直肠或口腔黏膜等处出现局限性炎性水肿，局部肿痛，触诊坚硬或呈面团状，有时可形成溃疡称"炭疽痈"。颈部水肿并常伴有咽炎和喉头水肿，使呼吸更加困难。若为肛门水肿，则排便困难，粪便带血。经数日至数周可能痊愈，也可能恶化死亡。

3. 病理变化

怀疑为炭疽的病牛尸体一般禁止解剖。必须解剖时，要严格执行各项消毒卫生措施。死于急性炭疽病的病变主要为败血症变化。尸体膨胀明显，尸僵不全，天然孔有黑色血液流出，黏膜发绀，血液呈煤焦油样的血液。全身多发性出血，皮下、肌间、浆膜下胶冻性水肿。脾脏肿大 2~5 倍，脾软化如糊状、切面呈樱桃红色、有出血。全身淋巴结肿大，出血，切面黑红色。肺充血、水肿。肝、肾出血和变性。胃肠道出血性坏死。脑及脑膜充血，并有小出血点。有的在皮肤、肠、肺、咽喉等部位有炭疽痈。

4. 实验室诊断

根据流行特点和临床症状，可初步诊断，在未排除炭疽病前不得剖检死亡动物，防止炭疽杆菌遇空气后形成芽孢，此时应采集发病动物的血液送检。对疑似病牛，采取耳静脉血液进行涂片、染色、镜检，如发现典型的具有荚膜、菌端平整的粗大杆菌，结合临床表现可确诊。或取病料接种于普通琼脂平板或实验动物。血清学试验包括炭疽沉淀反应、间接凝集试验、琼脂扩散试验等。

（三）防制

1. 预防

（1）平时预防措施

【措施1】对炭疽疫区内的牛，每年秋季应进行炭疽预防接种，春季给新牛补种。常用的疫苗有无毒炭疽芽孢苗或炭疽二号芽孢苗，接种后 14 天产生免疫力，免疫期为 1 年。为了安全，在注射前先测一次体温，凡体温升高的都不可注射芽孢苗，等体温恢复正常后，再给予补种。即将分娩的母牛，等产后两周再进行注射。

【措施2】严禁到受污染的牧场或水源放牧，不得从疫区购买饲料或生物制品。

（2）发病时的预防措施　牛群中突然发现急性发热的病牛，并发生迅速倒毙，天然孔出血的现象，首先应怀疑到炭疽。应采取如下措施：

【措施1】立即采取病料送检。此时先从尸体的末梢血管（一般在倒地的一侧的耳根部）采取血液，制成血涂片。连同一小块耳组织（3~5 克），密封在小瓶内，派专人送往兽医检验部门进行检验。在未确定诊断之前万万不可剖检尸体。

【措施2】炭疽确诊后，应迅速查清疫情并报告疫情，划定疫区，实行综合防制方法。

① 对同群或与患病动物接触过的假定健康动物应紧急注射炭疽疫苗。

② 对患病动物要在采取严格防护措施的情况下进行扑杀并做无害化处理。病死动物的尸体严禁解剖，必须销毁。尸体（用棉花或破布塞住死亡动物的口、鼻、肛门、阴门等天然孔）及可能被污染的地面土壤（掘 10~15 厘米深），一并运至高燥地方，挖一个长 2.5 米、宽 1.5 米、深 2 米的坑，在坑底撒上一层 5 厘米厚的新鲜石灰，将尸体及被其污染的土壤扔进坑内，在尸体表面盖上一层石灰，然后掩埋、夯实，要严防狗或狼盗尸。

③ 全场进行彻底消毒，污染的地面连同 15~20 厘米厚的表层土一起取下，加入 20%漂白粉溶液混合后深埋。畜舍、场地、用具等，用 10%热烧碱溶液或 20%漂白粉，或 0.2%升汞消毒。畜舍以 1 小时间隔共消毒 3 次。患病动物吃剩的草料和排泄物，要深埋或焚烧。

④ 工作人员必须做好防护，有外伤的人员不得接触上述工作。

⑤ 解除封锁。在最有 1 头动物死亡或痊愈 14 天后，若无新病例出现时请有关部门批准，并经终末消毒后可解除封锁。

2. 治疗

对有治疗价值的病牛，必须在隔离的情况下采用抗炭疽高免血清和抗菌药物。

【处方1】抗炭疽高免血清。成年牛 100～300 毫升，犊牛 30～60 毫升，皮下或静脉注射，必要时可在 12 小时后重复使用 1 次。同时，配合青霉素钠 4 万～6 万单位/千克体重，注射用水 20～30 毫升，肌内注射，每 8 小时注射 1 次，连用 3～5 天。

【处方2】抗菌药物。青霉素 2.5 万～5 万单位/千克体重、链霉素 10～15 毫克/千克体重，肌内注射，每天 2 次，连用 3～5 天。或磺胺嘧啶钠注射液，每千克体重 100～200 毫克，静脉注射，每天 2 次，连用 5 天，首次量加倍。

【处方3】中药疗法。

方剂一：水牛角、生地黄、玄参、金银花各 60 克，连翘、黄连、麦门冬各 45 克，竹叶心、黄连各 30 克，水煎灌服。

方剂二：水牛角 180 克，生地黄 150 克，白芍 60 克，牡丹皮 45 克，水煎灌服。

方剂三：石膏 120 克，水牛角 60 克（研细末用药液冲服），生地黄、赤芍、栀子、牡丹皮、黄芩、玄参、知母、竹叶各 30 克，连翘、桔梗各 25 克，黄连 20 克，甘草 10 克，水煎灌服。

二、巴氏杆菌病

牛巴氏杆菌病又称为"牛出血性败血症"，简称"出败"，是由多杀性巴氏杆菌特定血清亚型引起牛和水牛的一种高度致死性传染病。临床上以高热、肺炎、急性胃肠炎及内脏器官广泛出血为特征。本病多见于犊牛。

（一）病原

多杀性巴氏杆菌属巴氏杆菌科巴氏杆菌属，革兰氏染色阴性，是一种两端钝圆、中央微凸的短杆菌。血涂片或脏器涂片，采用瑞氏、姬姆萨或美蓝染色，具有两极浓染的特性，但其培养物的两极着色现象不明显。本菌对外界抵抗力较弱，60℃20 分钟或 70℃5～10 分钟即可死亡，干燥条件下 2～3 天死亡，常用消毒剂如 0.5%～1% 的氢氧化钠溶液、5% 石灰水、10% 漂白粉溶液及 10% 福尔马林溶液等均可在数分钟内杀灭细菌。

（二）诊断要点

1. 流行特点

病牛排泄物、分泌物和带菌牛（包括健康带菌和病愈后带菌牛）为传染源。主要经过呼吸道、消化道传染，也可经皮肤、黏膜的损伤和吸血昆虫叮咬感染。一般散发或呈地方流行，同种动物能相互传染，一般不同动物种间不易互相传染。发病无明显季节性，但以冷热交替、气候剧变、闷热、潮湿、多雨的时期多发。本菌可存在于健康牛的上呼吸道和消化道中，当饲养管理不良、气候突变、牛栏有贼风侵袭、受寒、饥饿、拥挤、圈舍通风不良、长途运输、过度疲劳、饲料突变、营养缺乏、寄生虫病等使抵抗力降低时，可发生内源性传染。

2. 临床症状

本病潜伏期2～5天。根据临床症状可分为急性败血型、肺炎型和水肿型3种类型。

（1）急性败血型　表现为体温突然升高到41～42℃，精神沉郁，鼻镜干燥，反刍停止，食欲废绝，呼吸困难，黏膜发绀，鼻流带血泡沫，腹泻，粪便带血，一般于24小时内因虚脱而死亡，甚至突然死亡。

（2）肺炎型　此型最为常见。病牛呼吸困难，有痛性干咳，鼻流无色或带血泡沫。叩诊胸部，一侧或两侧有浊音区；听诊有支气管呼吸音和啰音，或胸膜摩擦音。严重时，呼吸高度困难，头颈前伸，张口伸舌，病牛犊迅速窒息死亡。

（3）水肿型　多见于牛、牦牛，病牛胸前和头颈部水肿，严重者波及腹下，肿胀、硬固、热痛。舌咽部高度肿胀，呼吸困难，皮肤和黏膜发绀，眼红肿、流泪。病牛常窒息而死。

3. 病理变化

（1）急性败血型　剖检时往往没有特征性病变，只见黏膜和内脏表面有广泛性的点状出血。

（2）肺炎型　剖检主要病变为纤维素性胸膜肺炎，胸腔内有大量蛋花样液体，肺与胸膜、心包粘连，肺组织肝变，切面红色或灰黄色、灰白色，散在有小坏死灶，小叶间质稍增宽。

（3）水肿型　剖检可见肿胀部位呈出血性胶样浸润。

4. 实验室诊断

采取病死牛的肺、肝、脾及胸腔液，制成涂片，采用瑞氏、姬姆萨或美蓝染色，然后镜检，看到明显的两极浓染的革兰氏阴性短杆菌，再结合流行特点、临床症状和病理变化即可做出诊断。

（三）防制

1. 预防

（1）平时的预防措施　包括加强饲养管理，注意通风换气和防暑防寒，避免过度拥挤，减少或消除降低机体抗病能力的因素，并定期进行牛舍及运动场消毒，杀灭环境中可能存在的病原体；坚持全进全出饲养制度；在经常发生本病的疫区，可以定期接种牛出血性败血病疫苗。

（2）发病时的预防措施

【措施1】发生本病时，对病牛在隔离治疗的同时，对于同群假定健康牛应仔细观察、测温，用磺胺类药物或抗生素做紧急药物预防，隔离观察一周后如无新病例出现，可再注射疫苗。

【措施2】用疫苗进行紧急接种预防，但应注意疫苗紧急接种预防时，被接种的牛应在接种前后至少1周内不得使用抗菌药物，同时还应做好潜伏期患病牛发病的紧急抢救准备。

【措施3】发病后，牛舍可用5%漂白粉或10%石灰乳等彻底消毒。

【措施4】必要时牛群可用高免血清作紧急免疫接种。

2. 治疗

发生本病时，应立即隔离患病牛并严格消毒其污染场所，在严格隔离的条件下对患病牛进行治疗。

【处方1】血清疗法。可用巴氏杆菌抗血清，成年牛80毫升，犊牛20～40毫升，皮下、肌内或静脉注射，每天1次，连用2～3天。

【处方2】初发病牛可用痊愈牛全血500毫升，5%葡萄糖注射液1000～2000毫升，加入盐酸四环素或土霉素8～15克，分别静脉注射，每天2次。

【处方3】普鲁卡因青霉素300万～600万单位，双氢链霉素5～10克，肌内注射，每天1～2次，连用3～5天。

【处方4】硫酸庆大霉素注射液80万单位，肌内注射，每天2次，连用3～5天。

【处方5】头孢噻呋，每千克体重2.2毫克，一次肌内注射，每天2次，连用3～5天。

【处方6】土霉素2～4克，5%糖盐水500毫升，一次静脉注射，每天1～2次，连用3天。

【处方7】10%磺胺嘧啶钠注射液100～150毫升，5～%糖盐水500毫升，40%乌洛托品注射液40～80毫升，每天1～2次，用至体温下降为止。

【处方8】肺炎型病牛可用新砷凡纳明2～3克，5%葡萄糖500毫升，静脉注射。或用磺胺二甲基嘧啶钠0.07克/千克体重，肌内注射，每天2次，连用3天。或用增效磺胺-5-甲氧嘧啶0.015～0.02克/千克体重，肌内注射，每天1次，连用2～3天。

【处方9】强心可用10%樟脑磺酸钠注射液20～30毫升或20%安钠咖注射液20毫升，肌内注射，每天2次；或用50%葡萄糖注射液500～800毫升，一次静脉注射。

【处方10】腹泻时可用次硝酸铋、磺胺脒各30克，灌服，每天3次。

【处方11】解热可用阿司匹林15.5～31克，每天2次，灌服。或保泰松1～2克，一次灌服，每天2次。

【处方12】控制肺水肿可用氢化可的松0.2～0.5克或地塞米松磷酸钠注射液5～20毫克，25%葡萄糖注射液500毫升，静脉注射。

【处方13】中药疗法

方剂一：黄药子100克，研末，沸水冲泡，加50°白酒100毫升，灌服。

方剂二：玄参、大青叶、鸡血藤、鱼腥草、麦门冬各100～200克，水煎，灌服。

方剂三：白药子100克研末，明矾30克，食盐100克，加水适量，灌服。

方剂四：玄参、麦门冬、桔梗、大黄各40克，山豆根50克，射干、黄柏、牛蒡子、金银花各35克，连翘、淡竹叶各30克，甘草20克，水煎灌服。

方剂五：鲜威灵仙、鲜射干根各60克，共捣烂，加米醋250毫升，灌服。

方剂六：雄黄、明矾各105克，研末，温水冲服。

方剂七：金银花、黄连、黄芩、马勃、茵陈、栀子各50克，山豆根、连翘、天花粉、射干、桔梗各 60 克，牛蒡子 30 克，水煎取汁，候温灌服，每天 1 剂，连用 3～5 天。

方剂八：金银花、射干、大黄各 50 克，豆根、黄连、僵蚕、蝉蜕、木桶、桔梗、甘草各 30 克，黄芩、麦门冬各 60 克，石膏 100 克，水煎服。

方剂九：水牛角、生地黄、金银花、玄参各 60 克，连翘、丹参、麦门冬各 45 克，竹叶心、黄连各 30 克，水煎灌服。

方剂十：水牛角 180 克，生地黄 150 克，白芍 60 克，牡丹皮 45 克，水煎灌服。

方剂十一：石膏 120 克，水牛角 60 克，生地黄、栀子、牡丹皮、黄芩、赤芍、玄参、知母、知母、竹叶各 30 克，连翘、桔梗各 30 克，黄连 20 克，甘草 10 克，水煎灌服。

方剂十二：鳖甲 90 克，生地黄、牡丹皮各 60 克，青蒿、知母各 45 克，水煎灌服。

方剂十三：党参、茯苓、炒白术、陈皮、半夏、山药、炙甘草各 45 克，扁豆 60 克，莲子、砂仁、薏苡仁各 30 克，水煎灌服。

方剂十四：大黄、薄荷、玄参、柴胡、桔梗、连翘、荆芥、板蓝根各 15 克，酒黄芩、甘草、马勃、牛蒡子、青黛、陈皮各 10 克，滑石 30 克，酒黄连 6 克，升麻 5 克。水煎候温灌服。

三、布氏杆菌病

布氏杆菌病简称"布病"，是由布氏杆菌引起的人兽共患的传染性疾病，牛、绵羊、山羊、猪、犬等家养动物和人均可感染发病。动物以母畜发生流产、不育、生殖器官和胎膜发炎，公畜发生关节炎、睾丸炎为特征，人感染后引起"波浪热"。该病在我国民间也被称为"波浪热""流产病""懒汉病"或"爬床病"等。本病危害养殖业，影响人类健康。近年来，国内外人兽的布氏杆菌病疫情均呈现回升势头，出现新的流行病学特征，应引起高度重视。

（一）病原

病原是布氏杆菌，又称为布鲁氏菌，是一组小的、不运动、不形成芽孢的革兰氏阴性、球形、球杆形或短杆状的细菌。根据其病原性、生化特性等不同，可分为 6 个种 20 个生物型，其中羊种布鲁氏菌 3 个型、牛种布鲁氏菌 9 个型、猪种布鲁氏菌 5 个型，还有犬种布鲁氏菌、绵羊附睾种布鲁氏菌和沙林鼠种布鲁氏菌，在我国发现的主要是前 3 种。它存在于患病动物的生殖器官、内脏和血液中。该菌对外界的抵抗力很强，在 pH7.0 时可存活时间较长，在干燥的土壤中可存活 37 天，在冷暗处和胎儿体内可存活 6 个月。布氏杆菌对各种物理和化学因子比较敏感。巴氏消毒法可以杀灭该菌，70℃10 分钟也可杀死，高压消毒瞬间即亡。对寒冷的抵抗力较强，低温下可存活 1 个月左右。该菌对消毒剂较敏感，1% 来苏尔液、2% 的福尔马林溶液、5% 的生石灰水 15 分钟可杀死该菌。本菌有很强的侵袭力，不仅能从损伤的黏膜、皮肤侵入机体，也从正常的皮肤、黏膜侵入体内。

（二）诊断要点

1. 流行特点

该病的传染源主要是患病动物及带菌动物，最危险的是受感染的妊娠母畜。病菌存在于流产的胎儿、胎衣、羊水及阴道分泌物中。患病动物乳汁或精液中也有病菌存在。也可从粪尿向外排菌。牛羊是人类散发性布氏杆菌病的主要传染源。本病主要经消化道感染，也可经伤口、皮肤和呼吸道、眼结膜和生殖器黏膜感染。因配种致使生殖系统黏膜感染尤为常见，也可因昆虫叮咬而感染。本病一年四季均可发生，但有明显的季节性，以夏秋季节发病率较高。成年母牛的易感性较犊牛高，母牛的易感性较公牛高。目前已知道的易感动物有 60 多种，包括马、牛、猪、绵羊、山羊、骆驼、鹿、兔、犬等各种家畜，野生哺乳动物，啮齿动物，鸟类，爬行类，两栖类和鱼类。本病常呈地方性流行，感染的牛常终身带菌，新疫区往往可使大批妊娠母牛流产，老疫区则妊娠母牛流产逐渐减少，但关节炎、子宫内膜炎、胎衣不下、屡配不孕、睾丸炎等增多。

人布病的传播途径主要有三种：一种是经皮肤黏膜接触感染，是最为多见的感染方式；一种是经消化道感染，可经过吃生肉、喝生奶等感染，如吃未烧熟的羊（牛）肉串、涮羊（牛）肉等；一种是经呼吸道感染，多见于皮毛加工等情况。当前，我国布病发生有增加的趋势，其中非职业人群布病感染率呈上升趋势，非传统牧区也有本病发生，流行优势的布鲁氏菌发生了新的变化。

2. 临床症状

潜伏期 2 周至 6 个月，通常依赖于病原菌毒力、感染剂量及感染时母牛所处妊娠阶段而定。患牛多为隐性感染，母牛最主要症状是流产，流产可发生于妊娠后的任何时期，多见于 6～8 个月，流产前表现出分娩的征兆，阴道黏膜潮红肿胀，阴道内流出灰黄色或灰红褐色黏液或黏液性分泌物，不久流产。流产胎儿多为死胎，或弱胎，但多在生后 1～2 天内死亡，少数呈木乃伊胎。流产后常伴有胎衣停滞或子宫内膜炎，从阴道流出红褐色、污秽不洁、恶臭的分泌物，甚至子宫积脓而导致不孕症。有的母牛发生腕、跗、膝关节炎。在老疫区发生流产的大都是妊娠第一胎的牛，并出现胎衣不下、子宫炎、关节炎、乳腺炎等。公牛除发生关节炎外，常发生睾丸炎和附睾炎，初期肿大、疼痛，随后无热痛，质地坚硬，有时可见阴茎潮红肿胀，精液质量和精子活力下降，重者导致不育。

3. 病理变化

本病主要病变是胎衣呈黄色胶冻样浸润，有些部位覆有纤维蛋白絮片和脓液，有的增厚，夹杂有出血点。绒毛叶部分或全部贫血呈苍白色，或覆有灰色或黄绿色纤维蛋白或脓汁絮片，或覆有脂肪状渗出物。胎儿胃（主要是真胃）内有淡黄色或白色黏液絮状物，肠胃和膀胱的浆膜下可能有点状或线状出血；皮下呈出血性浆液性浸润。淋巴结、脾脏、肝脏有程度不等的肿胀，有的散在炎性坏死灶。脐带常呈黏液性浸润、肥厚。胎儿和新生犊牛可见肺炎病灶。公牛生殖器官可能有出血点或坏死灶，睾丸和附睾可能有炎性坏死灶和化脓灶。

4. 实验室诊断

根据流行特点、临床症状、流产胎儿及胎衣的变化可怀疑为本病。引起动物流产的疾病较多，确诊需做细菌分离鉴定和血清学检验。目前最常用的诊断方法是血清学诊断。其中以平板凝集试验或试管凝集试验为准。

（三）防制

应当着重体现"预防为主"的原则，坚持自繁自养，引种时严格执行检疫。

1. 预防

【措施1】检疫措施。对疫区内的所有家畜、从布病疫区调运的家畜、进入市场交易的家畜及进出口牲畜均应进行布病检疫，查清当地疫情程度和分布范围，掌握畜间布病流行规律和特点，并杜绝传染源的输出和输入，避免非疫区受染。对阳性动物一般不予治疗，直接淘汰。

【措施2】控制和消灭传染源。患病动物的流产物和病死动物必须深埋，对其污染的环境用20%漂白粉或10%石灰乳或5%热的氢氧化钠热溶液严格消毒；患病动物乳及其制品必须煮沸消毒；皮毛可用过氧乙烷熏蒸消毒并放置3个月以上再运出疫区；应将患病动物与健康动物分群分区放牧；患病动物用过的牧场需经3个月自然净化后才能供给健康动物使用。

【措施3】保护易感人群及健康动物。密切接触动物及其产品的人员，应做好个人防护，特别在产犊季节更要注意。处理可疑患病动物时，需要戴口罩、眼睛和手套，穿防护衣，皮肤有伤口者应暂时避免接触动物，防止经皮肤、黏膜和呼吸道感染本病。最好在从事这些工作前1个月进行预防接种，且需年年进行。

【措施4】免疫接种。疫苗接种是预防布病的重要措施。我国主要使用布鲁氏菌19号疫苗、猪布鲁氏菌S2株疫苗和羊型5号（M5）弱毒活菌苗。严格按照疫苗的使用说明进行。

【措施5】建立健康牛群。对于污染牛群，可通过反复检测并淘汰阳性牛，同群阴性牛作为假定健康牛，在一年之内检疫两次均为阴性，且已正常分娩，可认为是无病牛群。另外，从患病群体中培养健康牛群，主要是早期隔离后代，经两次检疫全为阴性即可。

2. 治疗

对于需要治疗的病牛，应在严格隔离的情况下进行治疗。

【处方1】用0.1%温的高锰酸钾溶液冲洗子宫，每天1次，连用3～4天。

【处方2】长效土霉素2克，稀释后于颈部皮下分点注射，结合用硫酸链霉素，每千克体重20毫克，一次静脉注射。

【处方3】若发生胎衣不下，可在300毫升蒸馏水中加1克金霉素粉或2克土霉素粉，进行子宫灌注，隔日1次，直至其分泌物清亮透明为止。

【处方4】中药治疗。可用益母草30克，黄芩18克，川芎、当归、熟地黄、白术、金银花、连翘、白芍各15克，研末，沸水冲调，一次灌服，每天1剂，连用2～3天。

四、坏死杆菌病

坏死杆菌病是由坏死杆菌引起动物的一种慢性传染病。其特征为多种组织坏死，尤其是皮肤、皮下组织和消化道黏膜的坏死，有时在其他脏器上形成转移性坏死灶。成年牛感染本菌则常发生坏死性蹄炎，又称"腐蹄病"；犊牛感染本菌呈坏死性口炎，也称"犊白喉"。

（一）病原

病原是坏死杆菌。坏死杆菌为革兰氏染色阴性的一种多型性杆菌，小的呈现球杆状，大的呈长丝状，无鞭毛，不形成芽孢和荚膜，采用复红美蓝染色时，因着色不均匀呈串珠状。本菌为严格厌氧菌，较难培养成功。该菌至少可产生两种毒素，其外毒素皮下注射可引起组织水肿，静脉注射则数小时内死亡；内毒素皮下或皮内注射可致组织坏死。坏死杆菌对理化因素抵抗力不强，对热及常用消毒剂敏感，但在污染的土壤中能存活 10～30 天。本菌对 4% 的醋酸敏感。常规消毒药均可将其杀死。

（二）诊断要点

1. 流行特点

多种动物和野生动物均有易感性，人也会偶尔感染，其中牛羊最易感，尤其是奶牛和绵羊更易感。病牛和带菌牛为主要传染源，病牛常通过粪便排出病原菌，污染土壤、泥塘、饲养场，通过损伤的皮肤、黏膜而感染，通常以蹄部和四肢皮肤、口腔黏膜和生殖道黏膜发生较多，并可经血流散播全身。许多诱因如牛舍和运动场泥泞、杂有碎石、相互撕咬和践踏、吸血昆虫叮咬，饲喂坚硬尖锐的草料，饲料中钙、磷不足，维生素缺乏，营养不良，闷热，潮湿，污秽的环境等，均易引发本病。在多雨、潮湿和炎热季节多发。呈散发性或地方性流行。

2. 临床症状和病理变化

潜伏期数小时至 1～2 周，平均为 1～3 天。临床症状常见的有腐蹄病（成年牛）和坏死性口炎（犊牛白喉）。

（1）腐蹄病　成年牛多见。病初跛行，病肢不敢负重，喜卧地。蹄部肿胀，发热，叩击或用力按压病部时出现痛感。清理蹄底时，可见小孔或创洞，内有腐烂的角质和污黑的臭水，病程长者可见蹄壳变形、脱落。在趾（指）间、蹄冠、蹄缘、蹄踵等处出现蜂窝织炎时，多形成脓肿、脓漏或皮肤坏死，发出难闻的坏死气味，坏死部位也可波及腱、韧带和关节。病牛卧地不起，全身症状恶化，进而发生脓毒败血症而死亡。

（2）坏死性口炎　又称"犊白喉"，多发生于 1～4 月龄犊牛。病初体温升高 39.5～40.5℃，厌食，流涎，鼻漏呈脓样，齿龈、颊部、硬腭、舌及咽部有界限明显的硬肿，上附粗糙、污秽褐色的坏死物质。坏死物脱落留下溃疡，边缘肥厚，底部不平整。鼻腔、气管黏膜也有病变。当喉部、肺部感染，呼吸困难，咳嗽短，具有痛感，呼出气具有腐臭味，通常经 7～10 天死亡。病程长者，食欲恢复，体重增加缓慢，因部分勺状软骨凸入喉腔，故持续呈现喘鸣声。剖检可见舌、齿龈黏膜上有溃疡，上附坏死黏膜及渗出物，溃疡底部有肉芽增生。喉、气管、鼻、真胃及大肠也可见有类似病变。当肺部感染，可见有肺炎灶、胸膜炎及肝脏肿大与坏死灶。

3. 实验室诊断

根据流行特点、临床症状和病理变化，可做出初步诊断。确诊需进行病原学检查。从病灶与健康组织的交界处采取材料涂片，以稀释石炭酸复红或碱性美蓝加温染色，镜检，若见有着色不均细长丝状坏死杆菌，即可确诊。

（三）防制

1. 预防

【措施1】加强饲养管理，消除诱发因素。改善环境卫生条件，及时清除圈舍、运动场积水，保持干净、干燥；防止过度拥挤，避免外伤发生，不在低洼潮湿地区放牧。

【措施2】发生外伤时，应及时用5％碘酊涂擦伤口，以防感染；对腐蹄病的患牛及犊牛白喉的患犊，隔离治疗，污染的环境应彻底消毒；助产时要细心，脐带要严格消毒；营养要合理，给予优质细嫩干草。

2. 治疗

以局部治疗为主，配合全身抗感染治疗。

【处方1】局部治疗。

① 腐蹄病的治疗。首先彻底清除坏死组织，用10％～30％硫酸铜溶液或5％福尔马林溶液灌洗蹄，再撒以磺胺粉，包扎蹄绷带，将病牛置于干燥清洁的环境中饲养，每天或隔天换药1次。也可用1％高锰酸钾溶液或3％来苏儿冲洗，在蹄底的孔或洞内填塞硫酸铜粉、水杨酸粉或高锰酸钾粉。对软组织可用松馏油，磺胺碘仿或抗生素（如土霉素）等药物，以绷带包扎，再以融化的柏油涂布以防水渗入创伤内。

② 坏死性口炎的治疗。先除去口腔内的坏死组织及可见的伪膜，每天用3％过氧化氢溶液或1％高锰酸钾溶液洗涤两次，然后涂抹碘甘油或撒布冰硼散（冰片15克、朱砂18克、元明粉150克，研末备用），每天3次，连用3～5天。对本病的溃疡创面，也可用青霉素治疗，即先将病变部位清洗干净，再用绷带包扎，将青霉素生理盐水溶液经引流管注入，每天3次，每次10毫升左右，每毫升生理盐水内含青霉素4000～6000单位，现配现用。

【处方2】全身抗感染治疗。出现全身症状时，要消除炎症，防止病灶转移。常用青霉素（肌内注射，剂量为每次每千克体重22000单位，每天2次，连用7～14天）或用氨苄青霉素、土霉素、头孢菌素等，并结合磺胺类药物（剂量为第一天每千克体重140毫克，以后每天每千克体重为70毫克，连用3～5天）。根据全身症状，必要时可静脉注射葡萄糖、安钠咖，肌内注射维生素A、维生素D等。

五、犊牛大肠杆菌病

犊牛大肠杆菌病又称为"犊牛白痢"，是由致病性大肠杆菌引起的犊牛的一种急性细菌性传染病。本病临床上具有败血症、肠毒血症或肠道病变的特征，发病急、病程短、死亡率高，主要危害新生犊牛。

（一）病原

病原为某些血清型的致病性大肠杆菌，革兰氏染色阴性、中等大小的杆菌。根据大肠杆菌O抗原、K抗原和H抗原组合的不同，可将本菌分成不同的血清型。引起牛发病的致病性大肠杆菌血清型主要有O_{78}、O_{101}、O_8等。致病性大肠杆菌具有多种毒力因子，主要产生内毒素、外毒素（肠毒素）、大肠杆菌素等。本病对外界环境因素抵抗力不强，常用的消毒剂均可将其杀灭，50℃30分钟、60℃15分钟即可死亡。在寒冷而干燥的环境中能生存较长时间。

（二）诊断要点

1. 流行特点

病原性大肠杆菌存在于成年牛肠道或犊牛的肠道及各种组织器官内。病牛和带菌牛是主要传染源，通过粪便排出病菌，污染水源、饲料、母牛的乳房及皮肤等。主要通过消化道传染，也可通过子宫内感染或脐带感染。本病多见于新生犊牛，尤其2～3日龄的犊牛最为易感，一年四季均可发生，常见于冬春舍饲时期，呈地方性流行或散发，在放牧季节很少发生。母牛在分娩前后营养不足、饲料中缺乏足够的维生素或蛋白质、乳房部污秽不洁、牛舍阴冷潮湿、寒冷、通风不良、气候突变、拥挤、场地污秽、生后未食初乳、饲养用具及环境消毒不彻底等因素，都能促进本病的发生流行或使病情加重。

2. 临床症状

潜伏期短，一般为几小时至十几小时。根据临床表现分为败血症型、肠炎型和肠毒血症型。

（1）败血症型　主要发生在未吃过初乳的犊牛。一般在出生后数小时发病，最迟2～3日龄发病。发病急，病程短，少数病犊牛未表现腹泻即死亡。多数病犊表现发热高达40℃，停止吮乳，有时出现腹泻，可于数小时内急性死亡，致死率可达80%以上。耐过犊牛1周后可能继发关节炎、肺炎或脑膜炎。

（2）肠炎型　常见于7～10日龄犊牛，病初体温升高到40℃。病犊牛表现下痢，初期粪便呈粥样，黄色，后呈水样，灰白色，混有未消化的凝乳块、凝血及泡沫，有酸败气味。后期排粪失禁，腹痛、踢腹，尾和后躯染有稀粪。病程长者可见脐炎、肺炎及关节炎表现。致死率一般为10%～50%。不死的犊牛发育迟缓。

（3）肠毒血症型　较少见，多突然死亡，病程稍长者可见典型的中毒性神经症状，先兴奋不安，后沉郁、昏迷，最后死亡。死前多有腹泻症状，排出白色而充满气泡的稀粪。

3. 病理变化

败血症型及肠毒血症型常无明显病理变化。肠炎型病变是：真胃中有大量凝乳块、黏膜充血、水肿，覆有胶状黏液，皱褶部有出血。肠内容物混有血液及气泡，恶臭；小肠黏膜有充血，皱褶基部有出血点。肠系膜淋巴结肿大，切面多汁或充血。肝脏、肾脏苍白，有时有出血点。胆汁黏稠、暗绿，心内膜有出血点。病程长的病例脐部、关节和肺部有病变。

4. 实验室诊断

根据流行特点、临床症状和病理变化可做出初步诊断，确诊需进行细菌学检查。病原学检查取材部位，败血症为血液、内脏组织，肠毒血症为小肠前部黏膜，肠型为发炎的肠黏膜，直接涂片镜检。对分离培养出的大肠杆菌应进行血清型鉴定。

（三）防制

1. 预防

加强饲养管理，避免应激因素。对妊娠母牛要加强饲养管理，给予足够的营养，产前补喂些胡萝卜、骨粉、食盐及青草等，确保新生犊牛，抗病力强。做好产房消毒工作，保证环境卫生，减少环境因素的致病可能。做好接产的消毒工作，防止在接产过程中造成感染，特别要注意断脐后的消毒处理。对污染的环境、用具，可用3％～5％来苏儿溶液消毒。注意保暖，及时吃到足够的初乳，定时喂乳，防止哺乳过多或过少，内服链霉素、土霉素、金霉素或氟哌酸粉剂等可有效预防，也可自由饮用0.01％～0.05％的高锰酸钾水，可收到较好的预防效果。对常发本病的牛场，分离本场菌株制备大肠杆菌灭活菌苗免疫接种。犊牛出生后及时一次静脉注射母牛血液100～200毫升，或一次皮下注射20～20毫升，可使发病率显著降低。

2. 治疗

由于本病发病急，应以预防为主，发病后及时隔离治疗，对病程稍长者在确诊后应及时治疗。治疗原则是抗菌消炎，补液强心，保护胃肠黏膜。

【处方1】抗菌消炎。使用抗生素或磺胺类药物，如痢菌净、盐酸四环素、盐酸土霉素、硫酸新霉素、硫酸庆大霉素、恩诺沙星、氨苄青霉素、硫酸黄连素、磺胺类药物等。大肠杆菌容易产生抗药性，上述任何一种药物经使用5～7天后，如需继续治疗则应及时改用其他药物。

【处方2】补液强心，防止酸中毒。5％葡萄糖生理盐水500～2000毫升，25％葡萄糖溶液300毫升，5％碳酸钠注射液100～150毫升，10％安钠咖注射液5毫升，静脉注射，每天1次，连用3～5天。还可用葡萄糖甘氨酸溶液调整胃肠功能。其配方为葡萄糖43.2克，氯化钠9.2克，甘氨酸6.6克，枸橼酸0.5克，枸橼酸钾0.1克，磷酸二氢钾4.4克，以上药物加水2000毫升即成等渗溶液，每次喂服1000毫升，每天2次。

【处方3】补液强心，防止酸中毒。5％葡萄糖生理盐水500～2000毫升，25％葡萄糖溶液300毫升，5％碳酸钠注射液100～150毫升，10％维生素C注射液5～10毫升，10％安钠咖注射液5毫升，静脉注射，每天1次，连用3～5天。还可用葡萄糖甘氨酸溶液调整胃肠功能。其配方为葡萄糖43.2克，氯化钠9.2克，甘氨酸6.6克，枸橼酸0.5克，枸橼酸钾0.1克，磷酸二氢钾4.4克，以上药物加水2000毫升即成等渗溶液，每次喂服1000毫升，每天2次。

【处方4】腹泻不止者，可使用次硝酸铋5～10克或活性炭10～20克，以保护肠黏膜，减少毒素吸收，同时补液、强心等对症治疗。

【处方5】中药疗法。

方剂一：白头翁20克，黄连、黄柏、秦皮各10克，水煎取汁，每天分2次灌服。

方剂二：大蒜300克，捣成碎泥，加水1500毫升，灌服。

六、犊牛副伤寒

犊牛副伤寒又称为"犊牛沙门氏菌病"，是由多种血清型的沙门氏菌属细菌引起的一种犊牛传染病。其临床表现为败血症和胃肠炎的症状，慢性病例还表现肺炎和关节炎的症状。

（一）病原

本病最常见的病原是鼠伤寒沙门氏菌、纽波特沙门氏菌、都柏林沙门氏菌和肠炎沙门氏菌。沙门氏菌为两端钝圆、中等大小的革兰氏阴性菌，无芽孢，一般无荚膜，大多有周身鞭毛，能运动，大多数具有纤毛。在水、土壤和粪便中能存活数周至数月。但不耐热，一般消毒药物均能迅速将其杀死。

（二）诊断要点

1. 流行特点

本病主要发生于 10～40 日龄的幼犊，发病后传播迅速，往往呈地方性流行，在发病严重的牛场，犊牛的发病率可达 80％甚至更高，死亡率从 10％～40％不等。病牛和带菌牛是本病的传染源。病原菌随粪便排出体外，污染水源和饲料。主要经消化道传染，间有呼吸道感染的。此外，带菌牛在不良的因素影响下，也可发生内源性传染。未吸吮初乳、乳汁不良、断奶过早，或牛舍拥挤、长途运输、饲料中缺乏维生素和蛋白质、突然更换饲料、饮用污水或患有其他疾病时，均能促进本病的发生和传播。本病一年四季均可发生，以秋末春初发病较多。

2. 临床症状

潜伏期平均为 1～2 周。根据病程长短可分为急性和慢性两型。

（1）急性型　急性型的犊牛可于生后 24 小时内即表现拒食、卧地、迅速衰竭，常于 3～5 天死亡。多数在生后 10～14 日龄后发病，病初体温升高达 40～41℃，呈稽留热，持续不退。脉搏增数，呼吸加快，精神沉郁，食欲降低或废绝。初便秘、后腹泻，粪便呈灰黄或黄色液状，混有黏液和血丝。一般出现症状后 4～8 天死亡，死亡率达 10％～50％。

（2）慢性型　多由急性型转变而来。腹泻逐渐减轻或停止，但呼吸困难、咳嗽，从鼻孔排出黏液性分泌物而后变成脓性鼻液。初为支气管炎后发展为肺炎。体温升高，后期发生关节炎，腕关节和跗关节肿大、跛行。病犊极度衰弱，病期一般 1～2 周，长者可达 1～2 个月。恢复后体内很少带菌。

3. 病理变化

急性病犊的胃肠黏膜有出血性炎症变化，全身浆膜、黏膜及心外膜有多数出血点。淋巴结、脾脏、肝脏、肾脏肿大，特别是脾脏可肿大 1～3 倍。肝脏、脾脏散布有灰色小坏死灶。慢性型病犊的肺有肺炎症灶，且伴有坏死，表面覆盖有纤维素薄膜。肝有坏死结节。小肠黏膜有出血点。腕关节和跗关节等关节囊肿胀，腔内有较多的浆液性纤维素渗出物。

4. 实验室诊断

根据流行特点、临床症状和病理变化即可做出初步诊断。确诊需要采取犊牛的粪便或直肠拭子采样，然后进行细菌分离与鉴定。

（三）防制

1. 预防

加强母牛和犊牛的饲养管理，饲养人员特别注意观察犊牛精神、食欲、粪便，适时更换褥草，搞好犊牛舍卫生。对于发病犊牛要及时隔离治疗。深埋或焚烧死尸、流产胎儿、胎衣及污染物，消毒被污染的场地及设施。沙门氏菌可对人造成威胁，在接触感染犊牛时要穿工作服，鞋和手套等物要消毒，注意公共卫生。犊牛注射牛副伤寒氢氧化铝苗，在常发病的牛场，对妊娠母牛接种，犊牛可获得较好的免疫保护。

2. 治疗

治疗主要包括补液、抗生素或磺胺类药物治疗及中药疗法。

【处方 1】补充体液，维持体况。对处于休克状态、不能站立、严重脱水的犊牛应静脉补液；对能走动、哺乳和仅有中度脱水的犊牛可经口或皮下补液。为纠正代谢性酸中毒，可给予碳酸氢钠。可用 5％葡萄糖生理盐水 1000 毫升，25％葡萄糖溶液 250 毫升，5％碳酸氢钠溶液 150～200 毫升，一次静脉注射，每天 2～3 次。口服可用"口服补液盐"溶液，使其自饮或灌服。

【处方 2】抗生素或磺胺类药物疗法。如硫酸新霉素、合霉素、痢菌净、硫酸庆大霉素、硫酸卡那霉素、氨苄青霉素、硫酸多黏菌素、喹诺酮类药物、磺胺嘧啶、磺胺二甲氧嘧啶等。生产中应用抗生素或磺胺类药物治疗时，随时观察临床效果，当一种药物无效时，应更换另一药物治疗，但最好是在细菌培养和药敏试验的基础上选用敏感药物。对于急性病例，抗生素治疗至少持续 5～7 天。有肺炎症状的，可用青霉素 100 万单位、链霉素 150 万～200 万单位，一次肌内注射，每天 2 次，连用 5～7 天；或将"九一四"0.75 克加入 500 毫升 5％糖盐水中，缓慢静脉注射，每天 1 次，连用 5～7 天。伴有关节炎症状时，可用鱼石脂酒精绷带包裹患部，也可向关节腔内注入 1％普鲁卡因青霉素溶液 15～20 毫升。

【处方 3】中药疗法。

方剂一：牵牛子、金银花、鸡内金各等份，焙黄研末，每次灌服 30～50 克，每天 2 次。

方剂二：柿蒂、乌梅、柏子仁各 9 克，黄连、姜黄各 15 克，研末后用沸水冲调，候温灌服。

方剂三：食盐 60 克，大蒜 120 克，捣烂后用沸水冲调，候温灌服。

七、李氏杆菌病

李氏杆菌病是由产单核细胞增多性李氏杆菌引起的动物和人的一种食源性、散发性人兽共患传染病，该病致死率高。临床上主要表现为脑膜炎、败血症和妊娠母牛发生流产。

（一）病原

病原菌为产单核细胞李氏杆菌，是一种革兰染色阳性杆菌，两端钝圆的短小杆菌，单在、呈 V 字排列或成从排列；无芽孢、无荚膜。本菌对食盐和热耐受性强，在 20％的食盐溶液内能经久不死，巴氏消毒法不能杀灭，65℃经 30～40 分钟才可杀灭。但一般消毒药易使其灭活。

（二）诊断要点

1. 流行特点

本病易感动物非常广泛，已证明至少有 42 种哺乳动物和 22 种鸟类有易感性。

自然发病家畜以绵羊、牛、猪及兔感受性较高，家禽以鸡、火鸡、鹅较多，野兽、野禽、啮齿动物均易感染，且常为本病的贮存宿主。人也能自然感染。一般呈散发，发病率低，但病死率很高。各种年龄的牛羊都可感染发病，以犊牛较易感，发病急，有些地区牛羊发病多在冬季和早春。患病动物和带菌动物是本病的主要传染源，病菌随患病动物的分泌物和排泄物排到外界，污染饲料、饮水和外界环境。本病传播途径可能通过消化道、呼吸道、眼结膜、皮肤创伤以及交配。被污染的饲料和饮水可能是主要的传播媒介，吸血昆虫也能传播，腐败青贮饲料和碱性环境可以促进李氏杆菌的繁殖。冬季缺乏青贮饲料，天气骤变，有内寄生虫或沙门氏菌感染时，均可为本病发生的诱因；土壤肥沃的地方发病多。

2. 临床症状

本病潜伏期一般为 2~3 周，短可数日，长可达 2 个月。病初体温升高 1~2℃，不久降至常温。原发性败血症主要见于犊牛，表现精神沉郁，呆立，低头垂耳，轻热，流鼻液，流泪，不随群运动，不听驱使。咀嚼吞咽迟缓，有时在口颊一侧积聚多量没有嚼烂的草料。下痢，迅速死亡。脑膜脑炎发生于较大的犊牛或成年牛，主要表现精神症状，头颈一侧性麻痹，弯向对侧，该侧耳下垂，唇下垂，眼半闭，以至视力丧失。沿偏头方向旋转（回旋病）或作圆圈运动，遇到障碍物则头抵于其上。颈项强硬，有的呈现角弓反张，有的共济失调，有的吞咽肌麻痹而大量流涎，有的不能采食也不能饮水。最后卧地不起，呈昏迷状，妊娠的母牛流产，强行翻身，又迅速反转过来，以至死亡。病程短的 2~3 天，长的 1~3 周或更长。水牛突然发生脑炎，临床症状相似，但其病程更短，死亡率更高。

3. 病理变化

有神经症状的病牛，脑膜和脑实质可能充血、发炎或水肿，脑脊髓液增加，稍浑浊，含很多细胞，脑干变软，有小脓灶。肝脏可能有炎症和小坏死灶。败血症的犊牛，有败血症变化，肝脏、脾脏、心肌能见到小点状坏死或多发性脓肿以及皮下组织黄染等。流产母牛的胎盘发炎、子叶水肿，子宫内膜充血、出血或坏死。脑和小脑组织学检查，在白质部可见多型核和单核细胞灶以及由单核细胞组成的血管套。

4. 实验室诊断

根据流行特点、临床症状和病理变化进行初步诊断。确诊需要进行实验室检查。

（三）防制

1. 预防

做好卫生防疫和饲养管理。怀疑青贮饲料与发病有关须改用其他饲料。平时注意驱除鼠类和其他啮齿动物，驱除体内外寄生虫。严格检疫，禁止从疫区引进牛只。发病后，病牛应立即隔离治疗，对病牛尸体应深埋或化制处理，用漂白粉、5%来苏尔等消毒剂对牛舍、笼具、用具、环境和饲槽等进行消毒并采取综合防疫措施。由于本病可感染人，故畜牧兽医人员应注意保护。

2. 治疗

【处方 1】早期大剂量使用磺胺类药物并配合庆大霉素、四环素等都具有良好效果。10%磺胺-6-甲氧嘧啶注射液 120 毫升，肌内注射，每天 2 次，连用 5～7 天，首次用量加倍。同时配合庆大霉素注射液 10 万～40 万单位，肌内注射，每天 2 次，连用 5～7 天。

【处方 2】 土霉素 2.5～5 毫克/千克体重，5%糖盐水 500 毫升，静脉注射，每天 2 次，连用 5～7 天。

【处方 3】 注射用四环素 300 万～400 万单位，5%糖盐水 2000 毫升，静脉注射，每天 1 次，连用 5～7 天。

【处方 4】 注射用青霉素钠 1200 万～1600 万单位、注射用硫酸链霉素 6 克、注射用水 30 毫升，一次肌内注射，每天 2 次，连用 5～7 天。

【处方 5】 对有神经症状表现的病牛，可用丁胺卡那霉素 300 万单位，复方氯丙嗪注射液 0.6 毫克/千克体重，分别肌内注射。

大多数病牛需治疗 7～21 天，否则难以治愈。一般对于能行走的病牛，采用抗生素疗法、补液疗法和支持疗法预后良好；但对神经症状表现明显的病例，治疗都难以奏效。

八、传染性角膜结膜炎

牛传染性角膜结膜炎又称"流行性眼炎""红眼病"，是世界范围内分布的一种高度接触性传染性眼病。临床特征主要以急性传染为特点，发病动物眼睛流出大量分泌物、结膜炎、角膜浑浊、溃疡甚至失明。

（一）病原

已证实本病是由牛莫拉菌所引起的。该菌为革兰氏阴性菌，其致病型有弱毒力，溶血，并有菌毛。牛莫拉菌的菌毛有助于该菌黏附于角膜上皮，使角膜感染，但目前还不清楚破坏角膜基质的具体化学介质。牛莫拉菌的强毒株感染后，机体可产生局部免疫和体液免疫，但保护力和免疫期尚不清楚。

（二）诊断要点

1. 流行特点

本病可发生牛、绵羊、山羊、骆驼和鹿，并且这些动物的感染无年龄、品种和性别差异，但以哺乳和育肥的犊牛、羔羊发病率较高，以母羊的症状较严重；无角牛羊比有角牛羊发病率高。它广为流行于青年牛和犊牛中，未曾感染的成年牛也可感染。通常多侵害一只眼，然后再侵及另一只眼，两眼同时发病的较少。某些品种牛（如海福特、短角牛、娟姗牛和荷斯坦牛）似较其他品种牛（如婆罗门牛和婆罗门杂交牛）易感性强。本病是各国养牛业的一种重要眼病，它使患犊生长缓慢、肉牛掉膘和奶牛产奶量降低。患病及隐性感染动物是本病的主要传染源，康复后的动物不能产生良好免疫，在临床症状消失后仍能带菌、排菌，达几个月之久，而且可以重新发病。本病通过直接接触或间接接触被患病动物污染的器具而感染，也可通过飞蝇而传播。秋家蝇是传播牛莫拉菌的主要昆虫媒介。这些家蝇将莫拉菌强毒株从感染牛眼鼻分泌物携带至未感染牛眼中。本病的季节性不强，一年四季都有流行，但夏秋季节发病较多，一旦发病，1 周之内可迅速波及全群，甚至呈流行性或地方流行性。不良的气候和环境因素可使本病症状加剧，尤其是强烈的日光照射。

2. 临床症状

本病临床症状是羞明、流泪、眼睑痉挛和闭锁、局部增温，出现结膜炎和角膜炎。多数先一眼患病，然后波及另一眼。发病初期呈结膜炎症状，流泪，羞明，眼睑半闭。眼内角流出浆液或粘液性分泌物，不久则变成脓性。上、下眼睑肿胀、疼痛、结膜潮红，并有树枝状充血，其后发生角膜炎、角膜浑浊、圆锥角膜（圆锥角膜为本病的特征性病变）和角膜溃疡，眼前房积脓或角膜破裂，晶状体可能脱落，造成永久性失明。本病很少引起死亡，少数病牛多因结膜、角膜白斑，双目失明而被淘汰。

3. 病理变化

结膜浮肿及高度充血，结膜组织学变化表现含有多量淋巴细胞及浆细胞，上皮性细胞之间有中性细胞。角膜变化多种多样，可呈现出凹斑、白斑、白色混浊、隆起、突出等，角膜组织学变化视不同类型而异，如白斑类型，固有层局限性胶原纤维增生和纤维化；白色混浊类型，可见上皮增生，固有层弥漫性玻璃样变性。

4. 实验室诊断

根据本病夏秋季节发病较多、传染迅速等流行病学特点和眼角膜浑浊的典型临床症状可做出诊断。必要时可进行实验室检查、微生物学检查或应用荧光抗体技术确诊。

（三）防制

1. 预防

在本病常发地区，应避免太阳光直射牛的眼睛，做好牛圈舍及其周围环境的灭虫蝇工作，并避免灰尘、蝇的侵袭。将牛放在暗的和无风的地方，可降低牛群发病率。应设法避免饲料和饮水遭受泪液和鼻液的污染。建议用1.5％硝酸银溶液做预防剂，即向所有牛角膜囊内滴入硝酸银液5～10滴，隔4天后重复点眼（每次点眼后应用生理盐水冲洗患眼）。新引进的牛在合群饲养前经局部或全身给予抗生素，可减少本病的发生。

2. 治疗

【处方1】首先隔离病牛，消毒厩舍，转移变换牧场，消灭家蝇和牛体上的壁虱。

【处方2】向患眼滴入硝酸银溶液、蛋白银溶液（5％～10％）、硫酸锌溶液或葡萄糖溶液。或涂擦3％甘汞软膏、抗生素眼膏。

【处方3】向患眼结膜下注射庆大霉素20～50毫克或青霉素30万单位，每天1次，连续3天。

【处方4】肌内注射长效四环素，每千克体重20毫克，3天后重复1次（避免泪液分泌，使眼部抗生素保持一定水平）。

九、结核病

结核病是由结核分枝杆菌引起的人、兽和禽类共患的一种慢性传染病。其特征是病程缓慢、渐进性消瘦、咳嗽、衰竭，并在多种组织器官中形成结核肉芽肿（结核结节）和干酪样、钙化的结节性坏死病灶。世界范围内约有10％的结核病人是因感染了牛型分枝杆菌而发病。近年来，结核病的发病率不断增高，已成为影响人类及养殖业的主要疾病之一。

（一）病原

本病病原是结核分枝杆菌，又称结核杆菌。根据其对各种动物的致病力不同的特点，将其分为三个型，即牛分枝杆菌（牛型）、结核分枝杆菌（人型）和禽分枝杆菌（禽型）。该病病原主要为牛型，人型、禽型也可引起本病。革兰氏染色阳性，菌体形态为两端钝圆、短粗的杆菌，不形成芽孢和荚膜，无鞭毛，没有运动性，为严格需氧菌，抗酸染色为红色。结核杆菌对外界环境的抵抗力很强，在干燥的痰沫中，可存活 10 个月以上，在土壤或水中可生存 7 个月，在粪便内可生存 5 个月，在奶中可存活 90 天。但对直射阳光和湿热的抵抗力较弱，60～70℃经 10～15 分钟、100℃水中立即死亡。常用的消毒药如 70％酒精、3％～5％来苏尔可将其杀死，10％漂白粉溶液和碘化物消毒效果最好。本菌对链霉素、异烟肼、利福平、对氨基水杨酸和丝氨酸等药物敏感，对青霉素、磺胺类药物等不敏感。

（二）诊断要点

1. 流行特点

病原主要是牛型结核分枝杆菌，也可由人型结核杆菌感染。牛型结核分枝杆菌除感染牛外，还可引起人、猪、马、猫等致病。传染源为结核病患牛和病人，尤其是开放性结核病牛和病人。结核杆菌随呼出的气体、鼻汁、唾液、痰液、粪、尿、乳汁和生殖器官分泌物排出体外，污染饲料、饮水、空气和周围环境。通过呼吸道、消化道和生殖道传播，其中经呼吸道传染的威胁最大。本病可侵害人和多种动物，家畜中牛最易感。人感染牛结核主要是食入未经检疫的畜产品，尤其是饮用未经巴氏消毒或煮沸的患有结核病牛的牛奶而经消化道感染，特别是幼儿感染牛分枝杆菌者最多。另外，经常与患结核病牛相接触的人员（畜牧兽医工作者、挤奶人员、饲养人员等）也易感染结核。犊牛则以消化道感染为主。本病一年四季均可发生，牛舍阴暗潮湿、光线不足、通风不良、牛群拥挤、病牛与健牛同栏饲养、饲料配比不当及饲料中某些营养成分匮乏等因素，均可促进本病的发生和传播。本病多为散发或地方性流行。

2. 临床症状

潜伏期长短不一，一般为 3～6 周，有的可达几个月至数年。临床通常呈慢性经过，以肺结核、淋巴结核、乳房结核和肠结核最为常见，生殖器官结核、神经结核也时有发生。

（1）肺结核　病牛病初有短促干咳，清晨时症状最为明显；随着病程的发展变为湿咳，咳嗽加重、频繁，并有淡黄色黏液或脓性鼻液流出。呼吸次数增多，甚至呼吸困难。病牛食欲下降，消瘦，贫血，产奶减少，体表淋巴结肿大，体温一般正常或稍升高。最后因心力衰竭而死亡。部分病牛常伴发浆膜粟粒性结核，又称"珍珠病"，此时按压肋间有痛感，听诊有肺区有锣音，胸膜结核时可听到胸膜摩擦音。

（2）淋巴结核　不是一个独立病型，各种结核病的附近淋巴结都可能发生病变。常见于肩前、股前、腹股沟、颌下、咽及颈淋巴结等体表部位，可见局部硬肿变形，有时有破溃，形成不易愈合的溃疡。如纵隔淋巴结肿大压迫食道，则出现慢性臌气症状，咽喉淋巴结核可引起吞咽和嗳气困难。

（3）乳房结核　病牛乳房淋巴结肿大，常在后方乳腺区出现局限性或弥漫性硬结。乳房表面凹凸不平，硬结无热、无痛，乳房硬肿，乳量减少，乳汁稀薄，有时混有脓块，严重者泌乳停止。由于缺乳和乳腺萎缩，形成两侧乳房不对称。

（4）肠结核　多见于犊牛，表现食欲不振，消化不良，下痢与便秘交替，继而发展为顽固性下痢，粪便呈粥样，混有脓汁和黏液。当波及肝、肠系膜淋巴结等腹腔器官组织时，直肠检查可以辨认。

（5）生殖器官结核　可见性机能紊乱。母牛发情频繁、性欲亢进，但交配不能受孕，孕牛流产；母牛从阴道流出玻璃样、灰黄色黏性分泌物，有时可见干酪样絮片。公牛附睾、睾丸肿大，阴茎前部出现结节，发生糜烂等。

（6）神经结核　中枢神经系统侵害时，在脑和脑膜等可发生粟粒状或干酪样结核，常引起神经症状，如癫痫样发作、运动障碍等。

3. 病理变化

病牛尸体消瘦，黏膜苍白。在侵害的组织器官形成肉芽肿或粟粒样结节。最常见是肺部及所属淋巴结，其次为肠系膜淋巴结和头颈部淋巴结。切面呈干酪样坏死，有的钙化，切时有砂砾感。有的坏死组织溶解和软化，排出后形成空洞。胸膜和腹膜有粟粒大至豌豆大的半透明或不透明灰白色坚硬的结节，形似珠状，即"珍珠病"。多数病例肺与胸膜发生广泛而牢固的粘连。胃肠道黏膜可能有大小不等的结核结节或溃疡。乳房结核多发生于进行性病例，切开乳房可见大小不等的病灶，内含干酪样物质。

4. 实验室诊断

根据流行特点、临床特征和病理变化可做出初步诊断。确诊需采取患牛的病灶、痰液、尿液、粪便、乳汁及其他分泌物做实验室诊断，其方法有：细菌分离鉴定、结核菌素试验、ELISA、IFN-γ体外释放方法和PCR诊断。临床上，结核菌素试验是诊断牛结核的标准方法，以结核菌素皮内注射法和点眼法同时进行，任何一种呈阳性反应者，即为阳性。

（三）防制

1. 预防

由于疫苗的免疫效果不甚理想，对动物结核病不采取免疫预防。对病牛一般也不治疗，采取检疫后淘汰阳性牛的策略，同时采取综合措施，从牛群中净化本病。

【措施1】检疫检测牛群。对于临床健康的牛群，每年春秋各进行一次变态反应检疫，阳性牛淘汰。引进牛时，在产地检疫阴性方可引进。运回隔离观察1个月以上再行检疫，阴性者才能合群。结核病人不得从事养牛。

【措施2】净化感染牛群。淘汰有临床表现的阳性牛以及检疫后的阳性牛。对污染牛群，每年进行3次以上检疫，检出的阳性牛及可疑牛应立即分群隔离，对阳性牛应及时扑杀，进行无害化处理；同时及时对污染的养牛场所及用具严格消毒。可疑病牛在隔离饲养期间生产的牛乳作无害化处理；假定健康群向健康群过渡的牛群，应在第一年每隔3个月进行1次检疫，直到无阳性牛出现为止。然后在1～1.5年的时间内连续3次检疫，全为阴性时，即认为是健康群。

【措施3】加强消毒。每年进行 2～4 次预防性消毒，每当牛群出现阳性病牛后，都要进行一次大消毒。常用消毒药为 5％来苏儿或克辽林、10％漂白粉、3％福尔马林溶液或 3％氢氧化钠溶液。

2. 治疗

对阳性牛一般不做治疗，应及时扑杀，进行无害化处理。必须治疗时，可采用以下药物。

【处方1】异烟肼，每千克体重 2 毫克，灌服，每天 2～3 次。急性发作时，可肌内或静脉注射。与其他抗结核药物配伍应用，可减少其耐药性的发生。

【处方2】链霉素，成年牛 100 万～400 万单位，每天 1～2 次，肌内注射，连用 5～7 天。

【处方3】注射用卡那霉素 100 万单位，肌内注射，每天 2 次，连用 3～4 天。

【处方4】双氨基水杨酸钠，每天 80～100 克，分 2 次灌服，连用 5～10 天，与异烟肼有协同作用。

【处方5】利福平，成年牛每千克体重 6～10 毫克，分 2 次服用，与异烟肼有协同作用。

【处方6】中药疗法。

方剂一：熟地黄 60 克，生地黄 40 克，麦门冬 30 克，百合、白芍（炒）、当归、川贝母、生甘草各 20 克，玄参、桔梗各 15 克，水煎灌服。

方剂二：沙参、白扁豆各 60 克，麦门冬、玉竹各 50 克，桑叶、天花粉各 45 克，川贝母、杏仁、生甘草各 30 克，水煎灌服。

方剂三：五味子、熟地黄、肉桂、党参、附子、山药、补骨脂、山茱萸各 30 克，泽泻、茯苓、牡丹皮各 25 克，水煎灌服。

方剂四：苇茎 250 克，薏苡仁、桃仁各 120 克，金银花、鱼腥草、蒲公英、紫花地丁、冬瓜仁各 90 克，水煎灌服或共研为细末，沸水冲调候温灌服。

十、副结核病

副结核病，也称"副结核性肠炎"，是由副结核分枝杆菌引起的牛的一种慢性传染病，偶见于羊、骆驼和鹿。临床特征是慢性卡他性肠炎、顽固性腹泻和逐渐消瘦，剖检可见肠黏膜增厚并形成皱襞。

（一）病原

本病病原为副结核分枝杆菌。副结核分枝杆菌属于分枝杆菌属，革兰氏染色阳性，抗酸染色呈红色或淡红色，在肠黏膜的涂片标本上成团或成丛排列，无荚膜和鞭毛，为需氧菌。此菌对外界环境的抵抗力较强，在污染的牧场、圈舍中可存活数月，对热抵抗力差，75％酒精和 10％漂白粉能很快将其杀死。

（二）诊断要点

1. 流行特点

副结核分枝杆菌主要引起牛（尤其是乳牛）发病，犊牛最易感。绵羊、山羊、骆驼、猪、马、驴、鹿等动物也可感染。病牛和隐性感染的牛是传染源。病原菌通过排泄物和乳汁排出体外，污染饲料及饮水，通过消化道侵入易感牛体内。妊娠母牛也可通过子宫传染给胎牛。本病一般呈散发或地方性流行，无明显季节性，但春、秋两季多发。气温变化频繁及妊娠、分娩、寄生虫病、饲养管理不当、长途运输等因素易诱发本病。

2. 临床症状

本病的潜伏期很长，可达 6~12 个月，甚至更长。早期临床症状不明显，以后逐渐明显，表现为间断性腹泻或顽固腹泻，排泄物稀薄、恶臭带有气泡、黏液和血凝块；食欲逐渐减退、逐渐消瘦、精神不好、经常躺卧；泌乳逐渐减少，最后完全停止；皮肤粗糙，被毛粗乱，下颌及垂皮可见水肿；体温常无变化。尽管病牛消瘦，但仍有性欲。有时腹泻停止，恢复常态，但再度复发。腹泻不止的牛，一般经过 3~4 个月因衰竭而死。染疫牛群的死亡率每年高达 10%。

3. 病理变化

尸体消瘦，主要病变在消化道和肠系膜淋巴管。消化道局限于空肠、回肠和结肠前段，特别是回肠的浆膜和肠系膜显著水肿，肠黏膜常增厚 3~20 倍，并发生硬而弯曲的皱襞，黏膜呈黄色或灰黄色；皱襞突起处常充血，黏膜紧附黏稠浑浊的黏液，但无结节、无坏死和无溃疡；有时肠外表无大变化，但肠壁经常增厚。浆膜下淋巴管和肠系膜淋巴管常肿大呈索状，淋巴结肿大变软、切面湿润，有黄白色病灶。肠腔内容物甚少。

4. 实验室诊断

根据流行特点、临床特征和病理变化，一般可做出初步诊断。确诊要进行实验室诊断。

（三）防制

1. 预防

预防本病首先重在加强饲养管理、搞好环境卫生和消毒，特别是对幼牛更应注意给予足够的营养，以增强其抗病力。其次还要加强检疫，不从发病牛群或疫区中引进牛只，必须引进时，则进行严格检疫，新引进牛只必须隔离观察，确认健康后方可混群。再次对牛进行变态反应性诊断，及时淘汰阳性牛，被病牛污染过的环境、牛舍、用具要用生石灰、来苏儿、氢氧化钠、漂白粉、石炭酸等消毒液进行喷雾、浸泡或清洗。最后对假定健康牛要隔离，定期检疫，连续 3 次检疫为阴性者，可视为健康牛。

2. 治疗

本病治疗意义不大。对确诊病牛及时淘汰，20% 漂白粉溶液对污染场地和用具彻底消毒，粪便发酵处理。

十一、放线杆菌病

牛放线菌病俗称"大颌病"，是由放线菌引起的牛的一种非接触性、慢性化脓性肉芽肿性传染病。病的特征是在头、颈、下颌和舌上发生放线菌肿。其他动物如马、猪、人也可感染发病。

（一）病原

本病的病原是牛放线菌和林氏放线杆菌。牛放线菌革兰氏染色阳性，菌丝末端膨大，呈大头针状，压片后镜检形如菊花，呈放射状排列。在病灶的脓汁中呈灰色、灰黄色或棕色、质地柔软或坚硬的辐射状颗粒凝聚物，外观似硫黄样颗粒，常侵害硬组织，损伤下颌骨和牙齿，对青霉素、链霉素、四环素等抗生素敏感；林氏放线杆菌为革兰氏阴性菌，呈杆状或丝状，在病灶中呈灰白色小颗粒，常侵害软组织，形成化脓性肉芽肿，对链霉素、四环素和氟苯尼考等抗生素敏感。病原菌对外界抵抗力较弱，常规消毒药均可将其杀灭。

（二）诊断要点

1. 流行特点

本病主要侵害牛，特别是 2～5 岁的牛，多为散发，偶尔可呈地方性流行。放线菌病的病原体广泛存在于污染的土壤、饲料和饮水中，或寄居于牛的口腔和上呼吸道中。本病的病原体不能从完好的黏膜、皮肤侵入。当换牙或采食粗糙带刺的饲料时，口腔黏膜被刺破为此菌的侵入创造条件而发病，也可由呼吸道吸入而侵害肺脏。细菌进入机体组织后，发生局部的慢性炎症，白细胞向此处游走，形成结节，而后此结节被结缔组织包围，在它的边缘又可产生新的结节，新的结节又被结缔组织包围。如此发展下去，便形成大球形或分叶状肉芽肿。在发病过程中葡萄球菌有时参与致病。

2. 临床症状

病牛多见于上、下颌骨肿大，极为坚硬，不能移动，界限明显，与皮肤粘连，无热痛。肿胀进展缓慢，一般经过 6～18 个月才出现一个小而坚实的硬块。有时肿胀发展很快，牵连整个头骨。鼻骨以及下颌间隙处、肉垂处、头颈部的皮肤和皮下组织也时常发生。骨组织严重侵害时，则骨质变为疏松，骨表面高低不平，在骨组织上形成瘘管，经久不愈。软组织部位发生病变时，局部形成坚硬的肿胀，并与皮肤粘连，形成厚层包囊；肿胀由蚕豆大、拳头大至小孩头大，无热无痛，不附着在骨组织时能移动。切开后其中为脓肿，肿胀有时自然破溃或形成瘘管，流出多量脓性分泌物。舌头受侵害时，舌肿大，坚硬，活动困难，故称"木舌"，病牛流涎，咀嚼、吞咽、呼吸皆困难。病牛乳房被侵害时，呈弥漫性肿大或有局限性硬结，乳汁黏稠、混有脓液，乳房淋巴结肿大。

3. 病理变化

放线菌在组织内感染引起组织坏死、化脓，脓汁可穿透皮肤向外排脓，形成瘘管。在骨组织内的放线菌瘘管是弯弯曲曲伸向骨组织深部，破坏骨组织，使骨组织进一步坏死，呈豆腐渣状。在软组织内的放线菌病灶，其瘘管都伸向颌下间隙深部。脓液中含有坚硬光滑的、黄白色的细小菌块，其似硫黄颗粒。当舌体上患病时，舌体增粗变硬，称为木舌症。

4. 实验室诊断

根据流行特点、临床症状和病理变化即可确定，必要时进行脓液镜检。方法是用灭菌注射器于脓肿部无菌抽取少量脓液，将 1～2 滴脓液滴于载玻片上，加 1 滴 10%氢氧化钠溶液，混匀溶解脓液后，加盖玻片搓压。低倍弱光下镜检，有黄色的直径为 3 毫米的菊花状菌，确认为放线菌病。

（三）防制

1. 预防

平时做好卫生工作，不用带刺的或带芒的粗硬干草饲喂牛，避免在低湿地带放牧；经常检查口腔，发现外伤要及时治疗。

2. 治疗

放线菌病的软组织和内脏病灶，经不断治疗比较容易恢复，而骨质病变往往预后不良。

【处方1】对于局部浅表性脓肿，可采用手术切开排脓的方法，用1%高锰酸钾溶液或10%双氧水冲洗，然后塞入浸有5%碘酊的纱布，隔1～2天更换1次，直到伤口完全愈合为止。

【处方2】对于游离性的脓肿，可完全摘除；对于上下颌骨上的放线菌脓肿，可采用切开排脓与烧烙相结合的方法进行治疗；伤口周围用10%碘仿乙醚或2%碘水溶液做点状注射，同时给病牛口服碘化钾，成年牛每次5～10克，犊牛2～4克，每天1次，可连用2～4周。在服药过程中若出现碘中毒现象（出现浆液性流泪、浆液性或黏液性鼻液、面部和颈部皮肤出现鳞片样皮屑等症状），可停药5～6天后再用。

【处方3】重症者可静脉注射10%碘化钠溶液50～100mL，隔日1次，共用3～5次。

【处方4】"木舌病"，用开口器开口，在舌硬部位稍后方用青霉素100万国际单位（先用10毫升蒸馏水稀释）加2%普鲁卡因10毫升作封闭。后用青霉素、链霉素各100万国际单位分5～6点于病部注入舌体，隔日1次。

【处方5】用青霉素（200万～300万单位）和链霉素（300万单位），注射用水20～50毫升，混合溶解后，在肿块周围做点状注射，每日1次，5天为1个疗程。或用0.5%黄色素注射液15～30毫升，于肿胀部位周围分点注射，每天或隔天使用1次。

【处方6】用5%～7%氢氧化钠溶液，每个病灶部位用量10～20毫升，获得满意效果。其方法如下：对无脓期的病牛，用注射器吸取氢氧化钠溶液，在病灶基部以十字交叉法注入药液，边注射边退针，将药液注完后，再用清水洗净外部漏出的药液，以免烧伤正常组织。

【处方7】用高锰酸钾治疗牛放线菌病也有一定作用，治疗时应选择患牛放线菌肿块成熟软化时为佳，将高锰酸钾撒于湿纱布上，填塞患牛肿块创腔内。如肿块发硬，可外涂鱼石脂软膏，促其成熟。

【处方8】中药疗法。

方剂一：木舌症可用葱叶擦舌，取1500克擦完即可。

方剂二：黄柏12克，明矾9克，黄连6克，白及、白蔹各30克，研末后用沸水冲调成糊状，装入布袋，让病牛含于口中，布袋两端系绳，固定于病牛头部。

方剂三：郁金、连翘、黄连、大黄、生地黄、黄芩、栀子、玄参各45克，甘草25克。水煎取汁，候温化入芒硝90克，一次灌服。

方剂四：黄连、黄芩、乳香、没药、血竭各30克，共研为末，沸水冲调，候温灌服。

方剂五：冰片12克，青黛9克，芒硝30克，薄荷6克，滑石60克，研为细末，用蜂蜜调涂患部。

方剂六：生大蒜250克，白醋1000毫升，将大蒜研碎，以白醋冲服。

方剂七：黄芩、玄参、生地黄各90克，金银花、桔梗、山豆根、赤芍各60克，黄柏、麦门冬、射干各45克，黄连、连翘、牛蒡子各30克，甘草15克，水煎灌服。

方剂八：石膏200克，大黄、黄芩、赤芍各45克，黄连30克，竹茹、车前草各15克，灯芯草10克，研末冲服。

方剂九：芒硝60克，栀子、玄参各45克，连翘、黄芩、知母、麦门冬、大黄、葛根、淡竹叶各30克，黄连15克，灯芯草10克，水煎灌服。

十二、犊牛肺炎链球菌病

犊牛肺炎链球菌病是由肺炎链球菌引起犊牛的一种急性、热性呼吸道传染病，临床上以体温升高、气喘和败血症为特征。

（一）病原

本病病原是肺炎链球菌。肺炎链球菌分类上属于链球菌属。革兰氏染色阳性，菌体呈卵圆形、矛头状或瓜子仁状，典型的排列为双球状，两个菌体宽端相邻，矛头或瓜子仁尖端朝外，有清晰荚膜，无芽孢和鞭毛。本菌对外界抵抗力较弱，它们对一般的消毒药物均敏感，常用的消毒药如2%石炭酸溶液、0.1%升汞溶液、2%来苏尔溶液以及0.5%漂白粉溶液均可将其杀死。对青霉素、红霉素、金霉素、四环素及磺胺类药物均敏感。

（二）诊断要点

1. 流行特点

本病主要发生于3周龄以内的犊牛，发病时间多集中在1～3月份。患病和病死的犊牛是主要传染源，无症状和病愈后的带菌犊牛也可排出病原菌成为传染源。主要经呼吸道和受损的皮肤及黏膜感染，犊牛可因断脐带时处理不当引起脐带感染。饲养管理不当，环境卫生差，夏季气候炎热、干燥，冬季寒冷潮湿，气候骤变等使犊牛抵抗力降低时，都可能引起发病。在寒冷季节发病的犊牛死亡率高。

2. 临床症状

可分为最急性型、急性型和慢性型3种。

（1）最急性型　病初全身虚弱，不愿吮乳，发热，呼吸极度困难，眼结膜发绀，心脏衰弱，神经紊乱，四肢抽搐、痉挛，于几小时内死亡。如病程延长1～2天，鼻镜潮红，流脓性鼻液，结膜发炎，消化不良并伴有腹泻。有的发生支气管炎、肺炎并伴有咳嗽，呼吸困难，共济失调，肺部听诊有啰音。

（2）急性型　突然发病，精神沉郁，食欲废绝，体温升高至39.5～41.3℃，腹式呼吸，呼吸急促、浅表，每分钟可达80～100次，气喘；心跳加快，每分钟80～110次，多于病后10天内死亡。

（3）慢性型　病牛流涎，咳嗽，流浆液性或脓性鼻漏；呼吸急促，气喘，腹式呼吸；可视黏膜发绀；体温升高，食欲废绝，目光无神，眼窝下陷，被毛粗乱，极度消瘦。肺部听诊，肺泡呼吸音粗粝，肺脏的不同部位，特别是前下部有啰音。少数病例后期腹泻，排出褐色黏性稀便，恶臭；经过治疗的病犊，虽食欲有所好转，但气喘症状可持续多日。有的病犊初次治愈后，有再次复发现象。

3. 病理变化

病理剖检可见浆膜、黏膜和心包出血。胸腔内有多量混有血液的渗出液。脾脏充血性增生性肿大，脾髓黑红色，质地坚韧如硬橡皮，即所谓的"橡皮脾"，是本病的特征。肝脏和肾脏充血、出血，有的出现脓肿。

4. 实验室诊断

根据流行特点、临床症状和病理变化不难做出初步诊断。确诊应进行实验室诊断。

（三）防制

1. 预防

加强饲养管理，提高犊牛抵抗力；建立和健全卫生消毒隔离制度，保持舍内干净、干燥、通风、保暖。引进牛时要严格检疫和隔离观察，确保健康后方可并群。在严寒季节，牛舍既要通风又要保暖。发病后立即隔离病犊，单独集中饲养。隔离牛舍应选取远离犊牛舍的地方。隔离舍内更应干净、干燥、通风、保暖。已发病的牛场，对产后 3 天的犊牛加强检查，凡体温升高、食欲废绝的尽早隔离治疗。犊牛舍用土霉素粉按每立方米 1～1.5 克，配成悬浮液室内喷雾消毒。

2. 治疗

治疗原则是控制炎症，抑制细菌，保护肝脏。

【处方 1】应用抗生素治疗，可分离致病性链球菌进行药敏试验，根据试验结果，选择敏感的抗生素进行全身治疗。在未做药敏试验的情况下，可选择对革兰氏阳性菌最有效的青霉素、土霉素、庆大霉素和四环素等。

【处方 2】保护肝脏，可用 40％葡萄糖 250 毫升、维生素 C20 毫升，一次静脉注射。

【处方 3】促使炎性渗出物的吸收，可静脉注射 25％葡萄糖液、10％葡萄糖酸钙液、40％乌洛托品溶液及 10％安钠咖注射液，剂量按犊牛体重计算。

【处方 4】为了防止脱水和酸中毒，可选用 5％葡萄糖生理盐水 200～1500 毫升和 5％碳酸氢钠溶液 50～150 毫升，一次静脉注射，每天 1 次，连用 3～5 天。

十三、犊牛梭菌性肠炎

犊牛梭菌性肠炎是由产气荚膜梭菌引起的犊牛急性传染病，以急性发病、病程短、肠炎、水肿、组织出血和死亡率高为特点。由于本病发病急、治疗困难、死亡率高，给养牛业造成的经济损失相当大。

（一）病原

本病病原为产气荚膜梭菌，曾称为魏氏梭菌或产气荚膜杆菌。本菌呈直杆状，两端钝圆，单在，革兰氏染色阳性。芽孢大而钝圆，位于菌体中央或近端，使菌体膨胀，但在一般条件下罕见形成芽孢。在动物创伤组织中形成荚膜。多数菌株可形成荚膜，无鞭毛，不运动。产气荚膜梭菌能产生强烈的外毒素，经抗毒素中和试验分为 A、B、C、D、E 五型，D 型为土壤常在菌，也存在于水中。

（二）诊断要点

1. 流行特点

犊牛和青壮年牛对本病最易感，B 型和 C 型产气荚膜梭菌经常引起 3 周龄以内的哺乳犊牛发病，4 周龄以上的犊牛发病多由 D 型产气荚膜梭菌引起。7 日龄以下的犊牛也能感染 D 型产气荚膜梭菌。由 A 型产气荚膜梭菌所致的肠毒血症可见于各种年龄的牛，但最常发生于 2～16 周龄的犊牛。病牛和带菌牛是主要传染源，常通过污染的饲料、垫草、饲喂用具以及饮水经消化道传染，也可通过脐带或创伤感染。产气荚膜梭菌产生的毒素是引起发病和死亡的原因。春秋多发，但其他季节也可发病，呈散发或地方性流行。凡影响犊牛抵抗力的不良因素（如母牛妊娠期营养不良、产房及犊牛舍阴暗潮湿、密度过大、卫生条件差、脐带消毒不严或不消毒、犊牛体质差、严寒季节产犊、犊牛受冻、饲喂高蛋白质精饲料过多、感染肠道寄生虫、哺乳不足或饥饱不匀等）均可诱发本病。

2. 临床症状

根据临床症状可分为最急性型和急性型。

（1）**最急性型** 往往尚未见到临床症状即已死亡。

（2）**急性型** 病牛犊表现为精神委顿，不吃奶，皮温不整，耳、鼻、四肢末端发凉。口腔黏膜颜色由红逐渐变暗红至紫色。腹痛症状，仰头蹬腿，后肢踢腹。腹部膨胀，腹泻，排出暗红色、恶臭粥样粪便。呼吸促迫，体温 39.5～40℃。病后期病牛犊高度衰弱，卧地不起，虚脱死亡；也有出现神经症状的，头颈弯曲，磨牙，吼叫，痉挛死亡。

3. 病理变化

病理剖检可见后腹部皮下水肿，腹腔内积有多量透明、红色的渗出液。肠系膜充血，肠系膜淋巴结淤血、水肿、间或出血。皱胃及小肠浆膜出血。皱胃内积有凝乳块或灰绿色或紫色液体，黏膜充血、出血。小肠（特别是空肠段）发生出血性肠炎，肠腔内全为血水。肠黏膜充血、潮红，表面覆有糠麸样物。部分肠黏膜呈条状出血或溃疡。心包积液，心外膜有出血点。肺脏充血或有淤血斑。

4. 实验室诊断

根据流行特点、临床特征和病理变化不难做出初步诊断。为了确定病原及其毒素，应从新鲜尸体采取小肠内容物、肠系膜淋巴结和肝脏、心血等，在实验室进行细菌和毒素检验。

（三）防制

1. 预防

首先加强饲养管理，增强犊牛体质，注意保暖，合理哺乳。加强卫生消毒措施，阻止感染；其次进行免疫接种，增强犊牛抵抗力。母牛每年用五联梭菌疫苗预防接种 1 次。产前 2～3 周再接种 1 次；最后在犊牛出生后 12 小时内灌服土霉素 0.2～0.5 克，每天 1 次，连续灌服 3 天，有一定预防作用。

2. 治疗

治疗原则是补充体液、抗休克、消除炎症防止继发感染。

【处方1】对于症状轻的病牛，可用青霉素200万～400万国际单位肌内注射，12小时1次，连用3～5天。

【处方2】对于全身症状严重的病牛，立即注射5％葡萄糖生理盐水1500～2000毫升，痢菌净40毫升，10％维生素C注射液40毫升，青霉素800万国际单位，止血敏注射液12毫升，维生素K_3注射液6毫升。同时，用草木灰200克、碳酸氢钠100克、新诺明40克、鸡蛋清4个，荬粉50克，温水灌服，每天1次，连用3天；还可配合使用肾上腺皮质激素，如地塞米松磷酸钠注射液20～25毫克，静脉注射或肌内注射。

【处方3】林可霉素注射液，每千克体重15毫克，肌内注射，每天1～2次，连用3～4天。或诺氟沙星注射液，每千克体重15毫克，肌内注射，每天2次，连用3～5天。或环丙沙星注射液，每千克体重2.5毫克，肌内注射，每天2次，连用2～3天。

【处方4】磺胺嘧啶钠注射液，每千克体重70毫克，静脉注射，每天2次，连用3～4天。同时，灌服足量磺胺脒、适量鞣酸蛋白（每次20克）、次硝酸铋、碳酸氢钠（每次30～100克），每天2次。

【处方5】硫酸链霉素5～10克，大蒜20克，捣烂，混合后加水500毫升，灌服，每天2次。

【处方6】中药疗法。仙鹤草、黑地榆各40克，萹蓄、白头翁、血余炭、当归、生地黄、赤芍各30克，水煎，候温灌服，一般使用2次见效。

十四、破 伤 风

破伤风又名"强直症""锁口风"，是由破伤风梭菌经伤口感染后产生外毒素，侵害神经组织所引起的一种急性、中毒性人兽共患传染病。本病的主要特征为全身骨骼肌持续性或阵发性痉挛以及对外界刺激反射兴奋性增高，但牛感染后反射兴奋性增高不明显。

（一）病原

本病病原为破伤风梭菌。又称"强直梭菌"，分类上属芽孢杆菌属，为细长的杆菌，多单个存在，形成芽孢，芽孢在菌体一端，似鼓锤状。周鞭毛，无荚膜。幼龄培养物革兰氏染色阳性，48小时后呈阴性。本菌为严格厌氧菌。本菌可产生破伤风痉挛毒素、溶血毒素及非痉挛毒素。其中破伤风痉挛毒素引起该病特征性症状和刺激保护性抗体的产生，溶血毒素具有溶解红细胞，引起局部组织坏死。非痉挛性毒素对神经末梢有麻痹作用。本菌繁殖体对一般理化因素抵抗力不强，一般消毒药如10％碘酊、10％漂白粉液及30％过氧化氢等约10分钟将其杀死。但其芽孢具有很大的抵抗力，在土壤中可存活几十年，耐煮沸1～3小时，高压蒸汽120℃10分钟死亡。本菌对青霉素敏感，磺胺药次之，链霉素无效。

（二）诊断要点

1. 流行特点

各种动物均有易感性，其中以单蹄兽最易感，牛、羊和猪次之，人也易感，鹿、犬和猫仅在例外情况下发生，鸟类和家禽却有抵抗力。易感动物不分年龄、品种和性别均可感染发病。破伤风梭菌广泛存在于自然界中，动物可通过各种创伤，如断脐、断尾、阉割、剪毛、断角、去势、手术、穿鼻、钉伤、产后及其他外伤等感染；但并非一切创伤均可感染，必须具备缺氧条件；有些病例见不到伤口，可能是伤已愈合或经子宫、消化道黏膜损伤而感染，因此，本病在现代性规模化、集约化养殖过程中具有一定的危害性。本病无季节性，常表现零星散发。

2. 临床症状

潜伏期一般7～14天，最短为1天，最长可达数周。病初症状不明显，随着病情的发展，病牛逐渐出现全身僵硬，腰背强拘，运动不灵活；吞咽困难、流涎、两耳直立，眼半闭，瞬膜突出，鼻孔开张，瞳孔散大，严重时牙关紧闭；颈、腰僵硬不能弯曲，四肢强直如木马，尾高举，关节屈曲困难。嗳气、反刍停止，腹肌紧缩。常发生瘤胃臌胀或子宫积液和积气。病牛神志清楚，对外界刺激反射兴奋性增高，即轻微刺激（如音响、强光及触摸等）可使病牛惊恐不安、症状加重，但反射兴奋性增高不明显。体温一般正常，仅在临死前体温上升达42℃。病程长短不一，通常14～28天。

3. 病理变化

本病的病理变化不明显，仅在黏膜、浆膜及脊髓等处可见有小出血点，肺脏充血、水肿、骨骼肌变性或具有坏死灶以及肌间结缔组织水肿等非特异变化。

4. 实验室诊断

根据流行特点和典型的临床症状即可做出初步判断。确诊需要从创伤感染部位取材，进行细菌的分离和鉴定，结合动物实验进行诊断。

（三）防制

1. 预防

平时注意饲养管理和卫生，防止牛只受伤。一旦发生外伤，尤其严重创伤时，应及时进行伤口消毒和外科处理，或注射破伤风抗毒素。断脐、去角及外科手术时应严格及时用5%～10%的碘酊消毒，并在手术前后注射青霉素或破伤风抗毒素，以预防发生本病。发病较多的地区或养牛场，每年应定期给牛接种破伤风类毒素。

2. 治疗

应采取综合措施，包括创伤处理，加强护理和药物治疗。

【处方1】创伤处理。①牛受伤后立即进行伤口处理，清除创口内的污物、异物、坏死组织及痂皮，必要时进行扩创，用5%～10%碘酊和3%双氧水或2%高锰酸钾溶液冲洗伤口，再撒布碘仿磺胺粉（碘仿1份，氨苯磺胺9份），然后用青霉素、链霉素在创伤周围注射。②同时用青霉素、链霉素进行全身治疗，每天上午、下午各肌内注射1次，连续1周。

【处方2】药物治疗。①尽早用破伤风抗毒素进行治疗，犊牛用20万～60万单位，成年牛用60万～120万单位，分3次注射，也可一次全剂量皮下注射或静脉注射。②临床上为缓解肌肉的强直痉挛，常用 25% 硫酸镁溶液 20～120 毫升、40% 乌洛托品溶液 10～40 毫升、25% 葡萄糖溶液 50～200 毫升、25% 维生素 C 注射液 2～6 毫升、樟脑磺酸钠注射液 2～5 毫升，缓慢静脉注射，每天 1～2 次；也可用盐酸氯丙嗪（每毫升含 25 毫克），剂量按每千克体重 1～2 毫克肌内注射。③对于不能采食和饮水的病牛，用 10% 葡萄糖溶液 1000～2000 毫升，静脉注射，每天 1 次。④消除酸中毒可用 5% 碳酸氢钠溶液 150～1000 毫升静脉注射。⑤瘤胃臌胀时，可行瘤胃穿刺放气。⑥为缓解牙关紧闭、开口困难，可用 2% 盐酸普鲁卡因溶液 20 毫升加 0.1% 肾上腺素 0.5～1 毫升，混合后分点注入两侧咬肌，每点约 5～10 毫升。⑦抗菌消炎可用青霉素钠 400 万单位、链霉素 500 万单位，注射用水 40 毫升，分别一次肌内注射，每天 2 次，连用 3～5 天。

【处方3】中药疗法。

方剂一：天麻、乌蛇、羌活、川芎各 20 克，附子、天南星、防风、薄荷各 15 克，蝉蜕、荆芥、半夏各 12 克，水煎取汁，加 50°白酒 250 毫升，葱 3 根（切碎），灌服，同时用朱砂 9 克，麝香 1.5 克，研末取少许吹鼻，每天 2～3 次。

方剂二：石菖蒲 1000 克，煎汁，分早、晚 2 次灌服，同时静脉注射破伤风抗毒素 20 万单位，连用 3 天。

方剂三：槐树枝 1000 克，煎汁，加黄酒 500～750 毫升，导服，连用 2～3 剂。同时，用 10% 葡萄糖注射液 2000 毫升，40% 乌洛托品注射液 50 毫升，1% 盐酸普鲁卡因注射液 100～300 毫升，10% 维生素 C 注射液 20 毫升，精制破伤风抗毒素 15 万单位，静脉注射。

方剂四：干全蝎 20～40 克，水煎灌服，或研末后用温黄酒 200 毫升送服。

方剂五：鲜苍耳草 4～5 千克，煎汁灌服。如有中毒，可用硫酸钠 100 克，加水适量灌服。

方剂六：僵蚕、天麻、乌蛇各 15 克，防风、羌活各 12 克，钩藤、蔓荆子、藁本、款冬花、川芎各 10 克，白芷、甘草各 6 克，细辛 3 克，煎汁加黄酒 30 毫升，灌服，连用 2 天。

方剂七：威灵仙 90 克，大蒜 248 克，菜油 60 毫升，捣烂，热酒冲服，每天 1 剂，连用 3～6 天。

方剂八：防风、荆芥穗、薄荷、蝉蜕各 30 克，白芷、升麻、僵蚕各 25 克，天麻、胆南星各 15 克，葛根 18 克，水煎取汁灌服。

方剂九：乌蛇、生黄芪、金银花各 45 克，白菊花、麻黄根、蝉蜕、酒当归、酒大黄各 30 克，栀子、羌活、胆南星各 25 克，防风 18 克，荆芥、桂枝、地龙、甘草各 15 克。水煎取汁，加黄酒 250 毫升，灌服，连用 2～3 天。

方剂十：防风 30 克，羌活 25 克，蝉蜕 31 克，天麻、胆南星、炒僵蚕各 18 克，川芎 15 克，全蝎 12 克，细辛、白芷、红花、姜半夏各 9 克。水煎取汁，加黄酒 200 毫升，一次灌服，每天 1 剂，连用 3～4 天。

方剂十一：天麻 25 克，羌活、升麻、沙参、乌蛇、独活、阿胶、胆南星、生姜、蔓荆子、防风、何首乌各 30 克，蝉蜕、藿香、桑螵蛸、僵蚕、川芎、旋覆花各 20 克，细辛 10～15 克。除阿胶外，其余各药水煎取汁，候温后加阿胶灌服，每天 1 剂，连用 2~3 天。

方剂十二：天麻、党参、黄芩、当归、金银花、连翘各 31 克，玄参、僵蚕各 21 克，全蝎 19 克，乌蛇、蝉蜕、胆南星各 12 克，蜈蚣 3 克。水煎取汁，灌服，每天 1 剂，连用 2~3 天。

方剂十三：党参、玄参、天麻、黄芪、乌蛇、当归、金银花各 30 克，胆南星、蝉蜕各 15 克，连翘 25 克，蜈蚣 3 条，水煎取汁，灌服，每天 1 剂，连用 2~3 天。

另外，将精制破伤风抗毒素于大椎、百会等穴位注射，用量为常规注射剂量的一半，也可收到较好的疗效。

【处方 4】加强护理。①精心的护理是治愈破伤风的重要环节，将病牛置于光线较暗、安静、干燥洁净的厩舍中，避免音响刺激。②冬季注意保温，可将棉被或麻袋搭于背上。③给予易消化的青绿饲料和清洁饮水。④对牙关紧闭不能采食的病牛，用胃管给予小米粥等半流汁食物，恢复期口腔已经张开时，饲料要少给勤添，防止过食。⑤重症病牛用吊带吊起，以防卧倒或摔跌。⑥在背腰和四肢痉挛症状减轻时，要适当牵遛，按摩四肢，以促进肌肉功能恢复。总之，要认真做好静、养、防、遛 4 个方面的护理。

十五、传染性胸膜肺炎

牛传染性胸膜肺炎又称"牛肺疫"，是由丝状支原体引起的牛的一种急性或慢性、高度接触性传染病。临床上以出现纤维素性肺炎和胸膜肺炎为特征。世界动物卫生组织（OIE）将此病列为 A 类传染病。我国于 1996 年宣布消灭了本病。

（一）病原

病原体为丝状支原体丝状亚种，属于支原体科支原体属。支原体极其多形，可呈球菌样，丝状，螺旋体与颗粒状。基本形态以球菌体为主，革兰氏染色阴性。本菌在加有血清的肉汤琼脂可生成典型菌落。本病原对外界环境因素抵抗力不强，暴露在空气中，特别是在直射日光下，几小时即可失去毒力。干燥、高温可使其迅速死亡，但在肺组织冻结状态，能保持毒力一年以上。培养物冻干可保存毒力数年，对各种化学剂消毒敏感，几分钟就被杀死，对青霉素和龙胆紫则有抵抗力。

（二）诊断要点

1. 流行特点

传染源主要是病牛及带菌牛，病牛康复后 15 个月、甚至 2~3 年，还具有感染性。主要通过飞沫由呼吸道感染，也可经消化道和生殖道感染。本病易感动物主要是牦牛、奶牛、黄牛、水牛、犏牛、驯鹿及羚羊，其中以乳牛最易感，任何年龄的牛均易感。一年四季均有发生，但以冬春季节发病较多。带菌牛进到易感牛群中，常引起本病的急性暴发，以后转为地方流行性。饲养管理不当，牛舍拥挤等因素可促进本病的发生与流行。发病率一般为 60%~70%，病死率约 30%~50%。

2. 临床症状

潜伏期一般为 2~4 周，短的 8 天，长的可达 4 个月。按其经过可分为急性型和慢性型两种。

（1）急性型　多发生于流行初期。病牛体温升高到 40~42℃，呈稽留热，干咳，呼吸加快，常发"吭、吭"声，鼻孔扩张，呼吸极度困难，呈腹式呼吸，可视黏膜发绀。喜站立，前肢外展，不愿躺卧。咳嗽逐渐频繁，有时流出浆液性或脓性鼻液。叩诊胸部有实音、疼痛。听诊肺泡呼吸音减弱或消失。如肺部病变面积较大并有大量胸水时，叩诊有浊音或水平浊音。病牛食欲废绝，泌乳停止，尿量减少，便秘与腹泻交替出现。病后期高度呼吸困难，极度衰弱，体温下降，常因窒息而死。犊牛可见典型的呼吸道症状和关节炎，也可观察到心内膜炎和心肌炎等并发症。在非洲，牛出现典型症状时，死亡率达到10%～70%。

（2）慢性型　慢性病牛可能局限于轻微的咳嗽，或仅在受冷空气、冷饮刺激或运动时，发生短而干性咳嗽，以后咳嗽次数逐渐增多，食欲减退，反刍迟缓，泌乳减少。颈、胸和腹下水肿，叩诊胸部有实音区，按压胸廓敏感。

3. 病理变化

不同阶段病变不一。初期以小叶性肺炎为特征，肺炎灶充血、水肿，呈鲜红色或紫红色；中期为本病典型病变，表现浆液性纤维素性胸膜肺炎，多为一侧性，以右侧居多。肺肿大、变硬，呈紫红色、红色、灰白色、黄色或灰色等不同时期的肝变，肺切面呈大理石状，肺间质变宽，淋巴管高度扩张呈蜂窝状。胸膜增厚，表面有纤维素性附着物，与肺部粘连。胸腔内积有数量不等淡黄色杂有纤维素凝块的渗出物。肺门淋巴结和纵隔淋巴结肿大、出血。心包液增多，混浊；后期肺部病灶坏死、液化，并形成脓腔、空洞或瘢痕化，直径达1～10厘米。另外，犊牛可发生渗出性腹膜炎、关节黏液囊炎、腕骨的蛋白性关节炎。有时可观察到颈下淋巴结肿大。

4. 实验室诊断

根据流行特点、临床特征及典型病理变化可做出初步诊断，确诊需做补体结合反应以及病原体的分离培养鉴定。

（三）防制

1. 预防

在我国，采取的控制措施包括：检疫、隔离、扑杀病牛和对血清学阴性牛进行免疫接种。由于我国已经消灭了本病，因此，预防重点是防止病原从国外疫区传入。从国外引种时，需按照《中华人民共和国进出境动植物检疫法》进行检疫并使用牛传染性胸膜肺炎活疫苗（兔化弱毒或兔化绵羊化弱毒）接种。出现病牛时，将病牛隔离扑杀病死牛尸体深埋，并用2%来苏儿溶液或10%～20%石灰乳对污染场地进行消毒。加强饲养管理，防止发生牛流行性感冒而继发本病。

2. 治疗

当暴发此病时，国际上通常采取的策略有两种，即屠宰所有病牛及与病牛相接处的牛，是最有效和最简单的办法，但是成本较高；第二种策略是屠宰病牛并给受威胁的牛或假定健康的牛接种疫苗；目前，OIE推荐使用的疫苗是T1-44，其疫苗毒株是利用分离自坦桑尼亚的中等毒力菌株经鸡胚传44代后而获得。对于没有确诊前的病牛，可采取如下方法治疗。

【处方1】酒石酸泰乐菌素粉针，按每千克体重10毫克，注射用水20～30毫升，肌内注射，每天2次，连用5～7天。本品禁止与莫能菌素、盐霉素等同时使用。

【处方2】左旋氧氟沙星注射液，按每千克体重 5 毫克，肌内注射，每天 2 次，连用 5～7 天。

【处方3】替米考星注射液 10～20 毫升，静脉注射。或注射用盐酸四环素或土霉素 2～4 克，5%葡萄糖生理盐水 1000 毫升，1 次静脉注射，每天 2 次，连用 2～3 天。

【处方4】卡那霉素，每千克体重 10～15 毫克，配合地塞米松磷酸钠注射液 20 毫克，维生素 C4 克，分点肌内注射，每天 2 次，3 天为 1 个疗程，根据病情可使用 1～3 个疗程。

【处方5】氟苯尼考，每千克体重 15～20 毫克，肌内注射，每天 1 次，5 天为 1 个疗程。

【处方6】新砷凡纳明，每千克体重 10 毫克，用 500 毫升葡萄糖注射液溶解，静脉注射，5 天后重复用药 1 次。

【处方7】中药疗法。

方剂一：北沙参、麦门冬、桔梗各 45 克，黄芪、党参、白及各 30 克，合欢皮、冬瓜子、连翘各 60 克，金银花 90 克，水煎取汁，灌服。

方剂二：黄连、黄芪、知母、白芍、白术、厚朴、白蔹各 24 克，五味子、川贝母、阿胶、泽泻、茯苓各 15 克，大麻仁 9 克，研末，沸水冲调，候温灌服，每天 1 剂，连用 2～3 天。

方剂三：生石膏 180 克，板蓝根 60 克，川贝母、杏仁、甜葶苈子、黄芩各 45 克，桔梗、桑白皮、牛蒡子、甘草各 24 克，麻黄 15 克，水煎 2 次，混合 2 次煎液，候温灌服。

方剂四：沙参、麦门冬、玉竹、山药、山楂各 60 克，天花粉 50 克，桑白皮、地骨皮、茯苓各 45 克，半夏 30 克，陈皮、甘草各 24 克，水煎灌服。

方剂五：紫花地丁 90 克，黄芩、苦参、生石膏各 60 克，甘草 18 克，研末，沸水冲调，候温一次灌服，每天 2 次，连用 3～5 次。

十六、牛 冬 痢

牛冬痢又称"牛黑痢"，是舍饲牛的一种急性接触性肠道传染病。病原主要是空肠弯曲杆菌，有时冠状病毒参与致病，该病的主要特征是突然发病、传播迅速、排棕色稀便和出血性下痢。

（一）病原

本病病原尚未充分阐明，一般认为主要是弯曲杆菌属的空肠弯曲杆菌种。有时可能涉及一种或多种病毒。空肠弯曲杆菌能引起多种动物的小肠结肠炎，主要存在于动物的肠道中，具有黏膜亲嗜性，可产生一种类霍乱样毒素，现有 63 个血清型，呈嗜热性，25℃以下不生长，25～42℃下生长，但培养较困难。本菌对外界环境和常用消毒药抵抗力不强。

（二）诊断要点

1. 流行特点

主要发生在舍饲牛，气候恶劣和管理不良可以诱发本病。大牛、小牛都可感染，但成年牛病情较重，主要发生于秋冬季节的舍饲牛，呈地方性流行，流行期3天到3周。发病率很高，但很少死亡。病畜和带菌动物从粪便排菌，也可通过乳汁和其他分泌物排出，污染饮水、草场或饲料，经消化道传播。人和动物以及用具也可以机械地传播本病。

2. 临床症状

潜伏期2～3天。突然发病，一夜间可使牛群中20%的牛发生腹泻，2～3天内可波及80%～90%的牛，病牛排出棕黑色粪便，有腥臭味，粪中伴有气泡、血液和血凝块。除少数严重病例外，多数病牛体温正常，食欲无明显变化，小肠蠕动亢进，乳牛产奶量下降50%～95%。病情严重者表现精神委顿，食欲不振，背弓起，毛逆立、寒战、虚脱，不能站立。大多数病牛在3～5天内恢复，很少死亡。腹泻停止后1～2天，产乳量逐渐回升。少数严重病牛可出现衰弱、脱水，不能站立，但若能及时治疗，也很少发生死亡。

3. 病理变化

死后检查的主要特征是脱水，空肠和回肠的卡他性炎症、出血性炎症及肠腔含有血液。

4. 实验室诊断

根据流行特点、临床特征和病理变化可做出初步诊断，确诊需在实验室进行细菌学检查。

（三）防制

1. 预防

本病传播途径是经消化道感染，因此，冬季舍饲牛，要加强饲养管理和环境消毒，病牛及时隔离治疗，病牛用具及分泌物要彻底消毒，严防粪便污染饲料和饮水，加强粪便管理及无害化处理。

2. 治疗

本病主要采取对症疗法。

【处方1】灌服松节油和克辽林的等量混合剂，每次25～50毫升，每天2次，一般灌服2次即可痊愈。

【处方2】对病情严重者应及时补液，如5%葡萄糖生理盐水溶液2000～3000毫升，5%维生素C注射液100毫升，10%氯化钠溶液50毫升，一次静脉注射。高产奶牛同时加10%葡萄糖酸钙注射液500毫升。

【处方3】儿茶酚45份，碳酸氢钠45份，苯酚磺酸锌10份混合，每次灌服25～75克，每12小时使用1次，连用2～3天。

【处方4】四环素，每千克体重5～10毫克，用5%糖盐水配制成5%比例，静脉注射，每天2次，连用2～3天。

【处方5】庆大霉素注射液20万～40万单位，肌内注射，每天2次，连用2～3天。

【处方6】氟苯尼考注射液，每千克体重10毫克，肌内注射，每天1次，连用3～5天。

十七、牛气肿疽

气肿疽又称"黑腿病"或"鸣疽病"，是由气肿疽梭菌引起的一种急性、发热性、败血性传染病。临床上以肌肉丰满部位（尤其是股部）发生气性炎性肿胀、按压有捻发音，局部变黑，并常有跛行特征。本病在我国多发生于黄牛，地方性流行。

（一）病原

气肿疽梭菌又名"费氏梭菌"，属梭菌属，为革兰氏染色阳性大杆菌，两端钝圆，厌氧，芽孢位于菌体中央或偏于一端，呈纺锤形。一般为单个存在，偶尔有两个相连，能产生不耐热的外毒素。本菌的繁殖体对理化因素抵抗力不强，但形成芽孢后则具有极强的抵抗力，在土壤中可存活 20～25 年，且耐受 20 分钟煮沸。0.2%升汞溶液 10 分钟或 3%福尔马林溶液 15 分钟能将芽孢杀死，但 2%石炭酸对其无作用。盐腌肌肉中可存活 2 年以上，在腐败肌肉中可存活 6 个月。

（二）诊断要点

1. 流行特点

气肿疽主要侵害黄牛，发病年龄为 0.5～5 岁，以 1～2 岁青年牛多发。病牛及其肉尸是本病的主要传染源，病牛的排泄物、分泌物及尸体处理不当，就会污染饲料、水源及土壤，当动物采食了被污染的饲草或饮水，病原经产仔、断尾、剪毛、去势、口腔和咽喉创伤侵入组织，也可由胃肠黏膜侵入血液而致病，吸血昆虫的叮咬亦可传播本病。本病多发生于天气炎热的多雨季节和潮湿地区，常呈地方性流行。

2. 临床症状

潜伏期 3～5 天，最短 1～2 天，最长 7～9 天。黄牛发病多为急性经过，病初体温升高到 41～42℃，稽留一日后逐渐下降到 39℃，不再上升，轻度跛行。不久在肩、颈、股、腰、背及胸前部等肌肉丰满部位发生气性炎性肿胀，并迅速向四周扩散。初期热而痛，后来中央变冷、无痛。触诊有捻发音，叩诊呈鼓音。患部皮肤干硬呈暗红色或黑色，有时形成坏疽，穿刺或切开肿胀部，流出污红色带泡沫的酸臭液体。局部淋巴结肿大，触之坚硬。病牛食欲、反刍停止，鼻镜干燥，呼吸困难，脉搏快而弱，每分钟达 90～100 次。临死前体温下降，卧地不起。病程一般为 2～3 天，也有 4～10 天的。新疫区病死率高达 100%。

3. 病理变化

尸体迅速腐败臌胀，四肢张开和伸直，有时直肠突出。鼻孔、口腔、肛门与阴道流出血样泡沫。肿胀部位皮下组织呈红色或金黄色胶样浸润，肌肉间充满气泡，切面呈海绵状，并有刺激性酸臭气味。局部淋巴结肿胀、出血，切面黑红色。胸腹腔有暗红色积液。心脏内外膜出血、心肌变性。肝肾充血、肿大，呈暗黑色，有大小不等棕色干燥病灶，切开有大量暗红色血液和气泡流出，切面呈海绵状。

4. 实验室诊断

根据流行特点、临床症状及病理变化可初步诊断为本病，确诊需进行细菌分离鉴定，也可将细菌分离培养后进行动物试验。

（三）防制

1. 预防

凡近 3 年内发生过本病的地区，要坚持预防注射，每年春、秋两季各注射一次气肿疽甲醛苗，大牛、小牛一律皮下注射 5 毫升，小牛到 6 月龄应再注射一次。牛群发病时，应立即隔离治疗外，对其他牛只用抗气肿疽血清或抗生素作预防性治疗。对病牛污染的牛舍、地面、用具等用 20%漂白粉溶液、3%福尔马林溶液或0.2%升汞溶液消毒。粪便、病牛尸体连同被污染的饲料和垫草等一律烧毁。死亡牛只严禁剥皮吃肉，应深埋或销毁。

2. 治疗

【处方1】早期治疗效果较好。病初用抗气肿疽血清，肌内注射、静脉或腹腔注射，每头牛 150～300 毫升，间隔 12 小时可重复注射一次。

【处方2】青霉素 800 万单位，注射用水 30 毫升，肌内注射，每天 2 次，连用5 天。

【处方3】四环素 2～3 克，5%葡萄糖注射液 2000 毫升，静脉注射，每天 2次，连用 2～3 天。

【处方4】对肿胀局部早期可用 0.25%～0.5%普鲁卡因溶液 10～20 毫升、青霉素 160 万～320 万单位，溶解后于肿胀周围分点注射，每天 2 次，连用 3～4 天。

【处方5】中后期可切开肿胀部位，除去坏死灶，用 2%高锰酸钾溶液或 3%双氧水充分冲洗，并在肿胀周围分点注射。

【处方6】当病牛发生毒血症或休克时，可选用 5%碳酸氢钠注射液 500 毫升、1%地塞米松磷酸钠注射液 3 毫升、10%安钠咖注射液 30 毫升、5%糖盐水 3000 毫升，静脉注射，每天 1 次，连用 2～3 天（安钠咖注射液单独加入）。

【处方7】中药疗法。

方剂一：紫草 60 克，黄芩、黄连、黄柏、栀子、白芷各 30 克，升麻（焙焦）、甘草各 10 克，共为细末，开水冲调，候温，灌服，每天 1 剂，连用 3～5 剂。

方剂二：当归、赤芍、连翘各 30 克，金银花 60 克，甘草 10 克，蒲公英 120克，共为细末，开水冲调，候温，灌服，每天 1 剂，连用 3～5 剂。

第三节　其他传染病的诊疗与处方

一、附红细胞体病

附红细胞体病简称"附红体病"，是由附红细胞体引起的一种人兽共患传染病，其临床特征是呈现急性黄疸性贫血、体温升高、下痢、消瘦。

（一）病原

本病的病原是附红细胞体。附红细胞体也称"血虫体"，简称"附红体"，是立克次体目无浆体科的成员。形态为多形性，如球形、盘形、哑铃形、球拍形及逗号形等。常寄生于红细胞和血浆中。大小波动较大，寄生在人、牛、绵羊及啮齿类中的"附红体"直径约为 0.3～0.8 微米。瑞氏染色易于观察到附红细胞体，此时红细胞呈淡紫红色，病原体为淡天蓝色，轮廓清晰。病原体以二等分裂的出芽形式而增殖。到目前为止已发现附红体属有 14 个种，其中主要为五种：即绵羊附红体寄生于绵羊、鹿类中；温氏附红体寄生于牛；猪附红体寄生于猪；球状附红体寄生于鼠类及兔类等啮齿类动物中；短小附红体是家猪非致病性的寄生菌。附红体对干燥和化学药品的抵抗力很低，一般浓度的消毒药可将其杀死，但耐低温。

（二）诊断要点

1. 流行特点

牛附红细胞体可感染牛及瘤牛，对绵羊、山羊、鹿不感染。出生犊牛、年老牛都能感染，无年龄区别；发病以 6～9 月份即夏、秋季流行，呈明显季节性。目前认为有昆虫传播（自然感染的媒介有蚊、蠓、蜱等）和子宫内感染（即垂直传播）两种。也可通过污染的针头、手术器械和交配传播。饲养管理粗放，牛舍卫生不良，运动场低洼而污水潴留，粪尿不及时清扫而存留，圈舍堆放杂物牧草，粪池、积水坑、下水道等不封盖，杂草丛生，饲料品质低劣，营养缺乏，饮水不足，气温潮湿等，均是本病发生的诱因。

2. 临床症状

病初患牛食欲不振，异食沙石、土块，喜喝水，随之精神沉郁，食欲剧减至废绝，反刍减少至停止；体温升高达 40～42℃，呼吸增数至 60 次/分钟，脉搏增数至 100～120 次/分钟；腹泻，粪便恶臭；四肢无力，走路摇摆，出汗；可视黏膜、乳房及阴户黏膜黄染；怀孕牛可流产；严重者卧地不起，排出红褐色尿，流涎，流泪，全身肌肉震颤，黄疸严重，热骤退后死亡。

3. 病理变化

剖检变化主要是尸体消瘦，可视黏膜苍白；血液稀薄，凝固不良；在皮下、浆膜下、全身脏器有点状出血；胸腔积液，腹水增多；腹膜、网膜黄染；肝脏肿大、质软、呈黄色；胆囊肿大，胆汁浓稠呈胶冻样；脾脏肿大、质软；肾脏肿大，皮质出血、呈土黄色；心冠状沟脂肪黄染，心内外膜有小点状出血；脑出血；肺炎和肺水肿。

4. 实验室诊断

根据流行特点、临床特征、剖检变化和血液学检查可初步诊断本病。确诊需进行实验室的病原体检查。

（三）防制

1. 预防

【措施 1】以杀灭媒介来预防。根据蜱的生活习性进行杀灭，在发病季节，加强消灭蚊、蝇、蜱等吸血昆虫，阻断传播媒介。在夏初，牛场内可采用 1%～2% 敌百虫溶液、0.12%蝇毒磷、0.15%敌杀磷、0.5%马拉硫磷或 0.5%毒杀芬等喷洒牛圈及牛体表。

【措施 2】药物预防。发病牛场，每年在发病季节前（5 月份），用贝尼尔（三氮脒），每千克体重 3～7 毫克，以生理盐水配成 5%～7%的溶液，分点深部肌内注射，隔 10～15 天再注射 1 次，有较好的预防效果。或用新砷凡纳明（914）、四环素、土霉素等注射，可阻止病原体的感染。

2. 治疗

对病牛应隔离饲养、精心护理。治疗原则是阻止病原体在体内增殖和感染。可采用全身疗法和对症治疗。

【处方1】全身疗法。①贝尼尔（三氮脒），每千克体重3～毫克，以生理盐水配成5％～7％的溶液，分点于深部肌内注射，每日1次，连用2次。②或新砷凡纳明（914），剂量按每千克体重10毫克，直接溶于生理盐水或5％葡萄糖溶液中，制成5％～10％注射液，一次静脉注射，用药后15天，附红细胞体从血液中消失。③或四环素，每日剂量按每千克体重7～15毫克，溶于5％葡萄糖生理盐水中制成0.5％以下的注射液，每天分1～2次静脉注射，连续注射3～5天。④另外，土霉素、磺胺类药物等对此病也有效。

【处方2】对症治疗。治疗中，应注意病牛全身状况，对病情重剧、体质衰弱者，应及时采用静脉注射葡萄糖液、维生素C、维生素K等支持疗法，以增强机体抗病力，促进病牛康复。

二、牛皮肤真菌病（牛钱癣）

牛皮肤真菌病（牛钱癣）是牛的一种真菌性皮肤传染病，又称"脱毛癣""秃毛""匐行疹"和"皮肤霉菌病"。其特征是皮肤、角质和被毛发生皮炎和秃毛，形成界限明显的圆形、不正圆形或轮状癣斑。本病为养牛业中常见的人兽共患病。

（一）病原

主要是疣毛癣菌，其次是须毛癣菌和马毛菌，存在于被侵害的表皮内外及毛根周围，病原菌可产生抵抗力很强的孢子，在皮肤鳞屑或毛内能抵抗100℃干热1小时，在室温下可存活3～4年。在褥草和泥土中可生存数月。1％～3％石炭酸溶液、0.1％升汞及10％福尔马林溶液均可将其杀死。实践中常用甲醛熏蒸法达到消毒目的。

（二）诊断要点

1. 流行特点

舍饲牛冬季常发生本病，其他季节也可发生，但较少。幼龄牛比成年牛容易感染，特别是2个月到1岁的犊牛最易感，在发生过本病的牧场，犊牛每年都有流行。成年牛也可能严重感染。健牛主要通过与病牛直接接触感染，也可通过厩舍、用具间接传染发病，特别是颈枷、颈带、笼头、挤奶带、刷子和饲槽。患有慢性病、不健壮、营养不良或有急性病的牛与同群的其他牛相比，癣的扩散或发展都比较明显。潮湿、污秽、阴暗的厩舍有利于本病的传播。康复后的皮肤对感染无保护力。

2. 临床症状

潜伏期2～4周。成年牛多发生在头部、颈部或肛门周围，偶尔也可发生在胸部、臀部及乳房。犊牛在口腔周围、眼、耳附近、颈和躯干等部位最易感，但病变可出现于全身各处。初期仅呈现米粒至豆粒大小的结节，病变部真皮充血、水肿和局部炎症，并形成豆疹、小水疱或脓疱，有大量的皮屑或硬痂，毛发脱落。逐渐向周围呈环状发展，逐渐发展成为界限明显的隆起的秃毛圆斑，形如古钱币（故称为牛钱癣），癣斑上被覆灰白色或灰黄色的鳞屑，被毛蓬乱，逐渐扩大，直径可达72～75毫米。如得不到及时治疗，病变可波及全身各部，患牛瘙痒不安，逐渐消瘦。局限于颜色面部时，看上去像贴着面团，故常称"面团脸"。本病病程较长，可能持续 1 年以上。

3. 实验室诊断

根据流行特点、临床症状可初步诊断本病。确诊需进行实验室的病原体检查。

（三）防制

1. 预防

加强饲养管理，搞好牛体和环境卫生。发现病牛要及时隔离治疗，被污染的牛舍、饲料、用具用加热 60℃ 的 5% 克疗林溶液、3% 福尔马林溶液或 2% 的氢氧化钠溶液消毒，亦可用甲醛熏蒸。

2. 治疗

为获得较好的疗效，用药之前必须先刮或刷去感染性痂层。

【处方 1】局部治疗。可先剪去病变部周围的被毛，用温水浸软痂皮，再用温肥皂水或 3% 克疗林溶液洗净痂皮，每天涂擦抗真菌药。常用药剂和用法有：①10% 水杨酸酒精溶液或 5%～10% 硫酸铜或 10% 的碘酊涂擦，每隔 1～2 天一次；②也可用 5% 克疗林溶液或松馏油涂擦，直至痊愈；③20% 硫酸铜氨水溶液涂擦患部，经 1～2 昼夜涂中性油膏，可迅速治愈；④也可用适量豆油，烧沸，立即用镊子夹棉球涂于患部，每天涂擦 1 次，一般 2～3 次即可痊愈；⑤松节油 250 毫升、植物油 250 毫升、胡桃醌 20～30 毫克，充分混合为擦剂，用时加热 50℃ 以上，每天涂擦 1 次；⑥50% 鱼肝油除莠剂或 5% 克霉唑软膏，每天 1 次；⑦2%～5% 硫黄石灰、0.5% 次氯酸钠或红克丹涂擦或喷雾，连用 1 周。

【处方 2】中药疗法。可用巴豆 24 克，斑蝥 9 克，硫黄 12 克，红矾 0.3 克，狼毒 15 克，豆油 600～800 毫升，用时将巴豆、斑蝥、红矾、狼毒碾碎，加豆油煮沸 30 分钟，冷至 60℃ 时加硫黄，用毛刷沾取上药，涂于患处，直至痊愈。

【处方 3】全身治疗。①每 450 千克体重可用 20% 碘化钾溶液 150 毫升，静脉注射，3～4 天重复一次；②也可用灰黄霉素，口服，按每千克体重 6～7.5 毫克，连用 7 天以上。

三、衣原体病

动物衣原体病是由鹦鹉热衣原体和反刍动物衣原体等引起多种动物临床上从不明显、慢性到急性型表现的传染病。临床特征是流产、肺炎、肠炎、结膜炎、多发性关节炎、脑炎等。

（一）病原

衣原体系一类严格在真核细胞内寄生的原核细胞型微生物。根据衣原体的抗原结构和 DNA 同源性，将衣原体分为四个种，包括鹦鹉热衣原体、沙眼衣原体、肺炎衣原体和反刍动物衣原体。鹦鹉热衣原体可引起绵羊、牛、山羊等流产，牛脑脊髓炎，牛、绵羊、山羊等的肺炎，牛的肠炎，绵羊、牛的关节炎，绵羊的结膜炎等。反刍动物衣原体引起家畜肺炎、多发性关节炎、脑脊髓炎、流产、腹泻等。衣原体对高温的抵抗力不强，在低温下则可存活较长时间，如 4℃可存活 5 天，0℃存活数周。0.1%福尔马林溶液、0.5%石炭酸溶液、70%酒精溶液、2%来苏儿液、3%氢氧化钠溶液均能将其灭活。衣原体对青霉素、四环素、氯霉素、红霉素等抗生素敏感，而对链霉素、杆菌肽等有抵抗力。对磺胺类药物，沙眼衣原体敏感，而鹦鹉热衣原体则有抵抗力。

（二）诊断要点

1. 流行特点

许多野生动物和禽类是本病的自然贮存宿主。患病动物和带菌动物为主要传染源，病原体可通过粪便、尿液、乳汁、泪液、鼻分泌物以及流产的胎儿、胎衣、羊水排出，污染水源、饲料及环境。本病主要经呼吸道、消化道及损伤的皮肤、黏膜感染；也可通过交配或用患病公畜的精液人工授精发生感染，子宫内感染也有可能；蜱、螨等吸血昆虫叮咬也可能传播本病。本病流行形式多样，如多发性关节炎、流产等多呈地方性流行，而脑脊髓炎则为散发性。密集饲养、营养缺乏、长途运输或迁徙、寄生虫侵袭等应激因素可促进本病的发生、流行。

2. 临床症状

主要有下列几种病型。

（1）肠炎和肺炎型 主要见于 6 月龄以内的犊牛。潜伏期 1～10 天。病犊呈现沉郁，黏液性、水样、血样下痢，体温升高至 40.6℃，流泪，流浆液性鼻液。随后出现咳嗽和支气管肺炎症状。病犊临床症状轻重不一，一般呈急性、亚急性、慢性或隐性经过。

（2）关节炎型 又称多发性关节炎型。多发生于 3 月龄内的犊牛。被感染犊牛体温升高到 40℃以上，厌食，轻度腹泻，不愿站立，懒于走动，步态僵硬，肢体和关节肿胀，后肢关节症状严重。重者出现神经症状。病犊的 60%常在出现症状后 2～12 天死亡。病死率高。

（3）脑脊髓炎型 又名伯斯病。以 2 岁以内的牛发病为多，主要感染 6 月龄以下的犊牛。潜伏期 4～27 天。病初体温突然升高，达 40.5～41.5℃。病牛食欲减退或停食，流涎，咳嗽，消瘦，衰竭，体重减轻，行走摇摆，呈踩高跷样步伐，有的病牛有转圈运动，或以头抵硬物。四肢主要关节肿胀，疼痛。部分病例出现鼻漏或腹泻。末期，有些病牛角弓反张或痉挛。出现临床症状的病牛约有 30%归于死亡。耐过牛有持久免疫力。

（4）流产型 流产常发生于妊娠 7～9 月龄，流产前无任何临诊症状，偶尔按期娩出死胎或弱犊，胎盘滞留，产乳量下降。流产前通常无任何特殊征兆，有的体温升高 1～2℃。有的发生子宫内膜炎、阴道炎。同群的青年公牛常发生精囊炎综合征，精液品质下降，精囊、副性腺、附睾和睾丸呈慢性炎症，有的睾丸萎缩。

3. 病理变化

（1）肠炎和肺炎型 病犊呈现有结膜炎、浆液性卡他性鼻炎、急性或亚急性卡他性胃肠炎等炎症变化。肠系膜和纵膈淋巴结肿胀充血；肺脏有灰红色病灶，常膨胀不全，有时有胸膜炎；肝脏、肾脏和心肌营养不良，心内外膜有出血点，肾脏包膜下出血，大脑血管充血；有时可见纤维素性腹膜炎，此时腹腔脏器发生粘连；脾脏肿大，肢体关节多有浆液性炎症。

（2）关节炎型 主要病变在关节部位。眼观可见大的肢关节和寰枕关节的关节囊扩张，关节囊内集聚有大量琥珀色的炎性渗出物，滑膜附有疏松的纤维素性絮片，从纤维层直到邻近的肌肉水肿、充血和小出血点。患病数周的关节滑膜层由于绒毛样增生而变粗糙。肝脏、脾脏及淋巴结肿胀。肺脏有粉红色萎陷区和轻度实变区。双眼呈滤泡性结膜炎。

（3）脑脊髓炎型 尸体消瘦、脱水。胸腹腔和心包腔初有浆液渗出，以后浆膜面被纤维素性薄膜覆盖，并与附近脏器粘连。淋巴结、脾脏一般肿大。脑膜和中央神经系统血管充血。组织学检查呈严重的弥漫性脑脊髓炎和脑膜脑炎。

（4）流产型 流产母牛经常发生子宫内膜炎、子宫颈炎和阴道炎，并伴有生殖道黏膜和局部淋巴结出血。胎膜高度水肿，绒毛叶充血、出血，上有灰白色病灶。胎犊和胎盘的病变取决于妊娠期。妊娠 6 个月以前流产者，仅出现皮下水肿和体腔中微红色透明液体增加。在妊娠 7～9 个月流产时，可见胎儿苍白，皮肤和皮下组织水肿，口腔黏膜和舌上有出血点。脏器、淋巴结、黏膜和浆膜上有淤血状出血。腹腔充满大量腹水，淡黄色，肝脏肿大、坚实，表面粗糙，淡黄色至橙黄色，并有灰黄色结节状病灶。在胎犊的真胃、小肠黏膜、肝脏、脾脏、肾脏及胎盘涂片中可发现衣原体和胞浆内包涵体。组织学检查，所有器官有弥漫性和局灶性网状内皮细胞增生变化。

4. 实验室诊断

根据流行特点、临床特征和病理变化可做出初步诊断。确诊需进行实验室诊断。

（三）防制

1. 预防

加强饲养管理，搞好环境卫生，消除各种诱发因素，防止寄生虫侵袭，增强牛群体质。发生本病时，将病牛及时隔离治疗。流产胎盘、产出的死犊应予销毁。被污染的牛舍、场地等环境用 2% 氢氧化钠溶液、2% 来苏儿溶液等进行彻底消毒。牛场内不得养鸡、鸽和其他鸟类，以免传染病原。

2. 治疗

【处方 1】用于流产型病牛。①土霉素注射液，每千克体重 5～10 毫克，每天 1 次，肌内注射，连用 3～5 天；②温的 0.1% 高锰酸钾溶液反复冲洗子宫，排净冲洗液后，将 1.5% 露它净溶液 30～40 毫升与氯霉素注射液 10 毫升混匀后注入子宫，每天 1 次，连用 3～5 天；③催产素注射液，每头牛每次用 75～150 国际单位，肌内注射，4 小时后可重复应用 1 次。

【处方 2】用于流产型病牛。①5% 左旋氧氟沙星注射液，每千克体重 0.1 毫升，肌内注射，每天 2 次，连用 3～5 天；②温的 0.1% 高锰酸钾溶液反复冲洗子宫，排净冲洗液后，将 1.5% 露它净溶液 30～40 毫升与氯霉素注射液 10 毫升混匀后注入子宫，每天 1 次，连用 3～5 天。

【处方 3】用于肠炎和肺炎型病牛。①5% 葡萄糖生理盐水 1500～2500 毫升、盐酸多西环素粉针（每千克体重 5 毫克）、10% 樟脑磺酸钠注射液 10～20 毫升、10%

维生素 C 注射液 10～20 毫升、30％安乃近注射液 10～20 毫升，静脉注射，每天 2 次，连用 3～5 天；②复方氨基比林注射液，每次每头牛用 10～20 毫升，肌内注射，每天 2 次，连用 3～5 天；③白头翁散，腹泻病牛每头每次 200 克灌服，每天 1 次，连用 3 次；白矾散，咳嗽病牛每头每次 200 克灌服，每天 1 次，连用 3 天。

【处方 4】用于肠炎和肺炎型病牛。①复方氨基比林注射液，每次每头牛用 10～20 毫升，肌内注射，每天 2 次，连用 3～5 天；②5％葡萄糖生理盐水 1500 毫升、氨苄西林钠粉针（每千克体重 25 毫克）、10％樟脑磺酸钠注射液 10～20 毫升、地塞米松磷酸钠注射液 10 毫克、30％安乃近注射液 10～20 毫升，静脉注射，每天 2 次，连用 3～5 天；③清肺止咳散，每头病牛每次 350 克，温开水冲匀，灌服，每天 1 次，连用 3～5 天。

【处方 5】用于脑脊髓炎型病牛。①10％葡萄糖注射液 1500 毫升、5％碳酸氢钠注射液 250～500 毫升、磺胺甲噁唑注射液首次量用每千克体重 100 毫克（维持量减半）、10％樟脑磺酸钠注射液 10～20 毫升、地塞米松磷酸钠注射液 10 毫克，静脉注射，每天 2 次，连用 3～5 天；②30％安乃近注射液，每头牛每次 10～20 毫升，肌内注射，每天 1～3 次，连用 3～5 天。

【处方 6】用于脑脊髓炎型病牛。①10％葡萄糖注射液 1500 毫升、20％甘露醇注射液 1500 毫升、5％碳酸氢钠注射液 250～500 毫升、复方磺胺嘧啶钠注射液首次剂量每千克体重 60 毫克（以磺胺嘧啶钠计，维持量减半），静脉注射，每天 2 次，连用 3～5 天；②10％樟脑磺酸钠注射液，每头牛每次 10～20 毫升，肌内注射，每天 2～3 次，连用 3～5 天；③地塞米松磷酸钠注射液，每头牛每次 10 毫克，肌内注射，每天 2～3 次，连用 3～5 天。

【处方 7】用于关节炎型、结膜炎病牛。①肿大关节涂抹鱼石脂软膏，每天 1 次，连用数日；②氯唑西林钠粉针，每千克体重每次 5～10 毫升，肌内注射，每天 2 次，连用 3～5 天。

【处方 8】用于关节炎型、结膜炎病牛。①注射用氨苄西林钠 0.5 克、0.5％盐酸普鲁卡因 10 毫升，以 9 号注射针头刺入睛明穴，缓慢注射，注意不要刺入眼球内，两天 1 次；②以红霉素眼药膏点眼，每天 2 次，连用数日；③决明散 350 克、蜂蜜 60 克、鸡蛋 2 枚，温开水冲匀，一次灌服，每天 1 次，连用 3～5 天。

四、钩端螺旋体病

钩端螺旋体病简称"钩体病"，是由致病性钩端螺旋体（简称"钩体"）引起的一种人兽共患和自然疫源性传染病，动物多为隐性感染，有时可表现复杂多样的临床症状，如发热、黄疸、血红蛋白尿、出血性素质、皮肤黏膜坏死、水肿及妊娠动物流产等。

（一）病原

致病性钩体为本病的病原。在分类上属于钩端螺旋体属，钩体呈细长丝状，圆柱形，螺旋盘绕细致，有 12～18 个螺旋，规则而紧密，状如未拉开弹簧表带样。钩体的一端或两端弯曲成钩状，使菌体呈"C"或"S"或"O"字形。钩体运动活泼，沿长轴旋转运动，菌体中央部分较僵直，两端柔软，有较强的穿透力。革兰氏染色不易着色，用姬姆萨法染色呈淡紫红色，镀银法染色呈棕黑色。钩端螺旋体的血清型众多，已知有 19 个血清群、172 个血清型。其中致病力较强的血清型为出血性黄疸型、犬型、澳洲 A 型和澳洲 B 型等。本菌为严格需氧，最适宜培养温度为 28～30℃，最适 pH 为 7.2～7.5。钩体对理化因素的抵抗力较弱，如紫外线、温热 50～55℃，30 分钟均可被杀灭。钩体对干燥非常敏感，在干燥环境下数分钟即可死亡，极易被稀盐酸、70％酒精、漂白粉、来苏儿、石炭酸、肥皂水和 0.5％升汞灭活。本菌对链霉素及四环素族药物较敏感。但对自然环境有较强的抵抗力，在水田、池塘、沼泽里及淤泥中可以生存数月或更长时间。

（二）诊断要点

1. 流行特点

几乎所有恒温动物都可感染钩端螺旋体，以幼龄动物发病为多。畜禽以牛、猪和鸭的感染率较高，鼠类是最重要的贮存宿主。患病动物和带毒动物为传染源，其中牛、猪及鼠类等动物是主要传染源。病原通过各种途径特别是尿液排出，污染水源、土壤、圈舍、饲料以及用具等，使人和家畜感染。本病通过直接或间接接触方式传播，主要通过损伤的皮肤、黏膜和消化道感染，也可通过交配、人工授精和菌血症期间吸血昆虫的叮咬而传播。此外，还可经胎盘感染。本病主要分布于气候温暖、多雨的热带和亚热带地区。发病有明显季节性，我国南方多见于 6～10 月份，北方多见于 7～10 月份。本病的发生和流行与饲养管理有直接关系，饥饿、饲养不合理或其他疾病使机体衰弱时，原为隐性感染的牛就会表现出临床症状，甚至死亡。管理不善，牛舍、运动场的粪尿、污水未及时清理等常常成为本病暴发的重要因素。

2. 临床症状

潜伏期 2～20 天。牛感染本病后一般呈隐性经过。少数病例可表现出急性或亚急性症状。急性型多见于犊牛，通常呈流行性或散发性发生。病牛突然高热稽留，达 40℃以上，沉郁、黄疸、蛋白尿甚至血尿和贫血，并常见有皮肤干裂、坏死和溃疡的变化。采食、反刍停止，红细胞骤减 100 万～200 万个/立方厘米，常于 1 天内窒息死亡。有的病牛出现呼吸困难、腹泻、结膜炎以及脑膜炎，后期表现为嗜睡与尿毒症，常于 3～7 天内死亡，死亡率为 5％～15％。妊娠母牛感染出现流产或"弱犊综合征"，尤其是青年母牛多发。某些牛群发生本病的唯一症状就是流产。亚急性型感染常见于奶牛，主要表现为体温升高，食欲减少，黏膜黄染，产奶量迅速下降或停止，乳汁黏稠呈初乳状、色黄并且含有血凝块，病牛很少死亡，有的出现神经症状，经 6～8 周奶产量可能逐渐恢复。某些牛群感染时，主要表现为"产奶下降综合征"；有时则表现为繁殖失败或不育。

3. 病理变化

病变以黄疸、出血、严重贫血为特征。唇、齿龈、舌面、鼻镜、耳颈部、腋下、外生殖器的黏膜和皮肤出现局灶性坏死与溃疡。可视黏膜、皮下组织及浆膜明显黄染。皮下、肌间、胸腹下、肾周围组织发生弥漫性胶冻样水肿与散在性点状出血。体腔及心包腔内有过量的黄色或含胆红素的液体。肺苍白、水肿、膨大。心肌柔软，呈淡红色，心外膜常见点状出血，血液凝固不良。肝脏肿大、质脆，呈黄棕色，被膜下偶见点状出血。肾脏肿大，被膜易剥离，质地柔软，表面有不均匀的充血与点状出血。膀胱积有深黄色或红色浑浊的尿液。全身淋巴结肿大、出血。

4. 实验室诊断

根据流行特点、临床特征和病理变化只能提供初步诊断，确诊必须依靠实验室诊断。实验室诊断主要包括病原学诊断、血清学诊断和紧急接种性诊断等。

（三）防制

1. 预防

预防本病应搞好综合性防疫措施，包括及时消除传染源和防止环境污染、加强饲养管理、药物预防及免疫接种等。具体措施如下：

【措施1】及时消除传染源和防止环境污染。开展群众性捕鼠、灭鼠工作，防止饲料和水源被污染，及时清理淤泥，排除污水，被污染的水用漂白粉消毒（按每立方米加入含25%有效氯的漂白粉8克计算），污染的牛舍、用具和环境用5%漂白粉溶液、2%氢氧化钠溶液、3%来苏儿溶液等消毒，以防止传染和散播。

【措施2】加强饲养管理。提高牛的特异性和非特异性抵抗力。

【措施3】药物预防。可用链霉素、土霉素、四环素等抗生素。

【措施4】免疫接种。可用钩端螺旋体多价苗，用法：1岁以下的牛用3～5毫升，1岁以上的牛用10毫升，一次皮下注射，第一年注射2次，间隔7天，第二年注射1次。

2. 治疗

【处方1】可用钩端螺旋体高免血清，犊牛20～40毫升，成年牛80～120毫升，一次皮下注射。

【处方2】硫酸链霉素粉针，每千克体重15毫克，注射用水稀释，肌内注射，每天2次，连用3～5天。

【处方3】注射用盐酸四环素3～4克、5%葡萄糖生理盐水2000毫升，一次静脉注射，每天1次，连用2～3天。

【处方4】土霉素注射液，每千克体重15～30毫克，肌内注射，每天1次，连用3～5天。

【处方5】阿莫西林粉针，每千克体重10～15毫克，注射用水稀释，肌内注射，每天2次，连用3～5天。

【处方6】5%葡萄糖生理盐水500～1500毫升、10%维生素C注射液10～30毫升、10%安钠咖注射液10～30毫升，静脉注射，每天1～2次，连用3～5天。

第四章　牛寄生虫病的诊疗与处方

第一节　牛原虫病的诊疗与处方

一、球　虫　病

牛球虫病是由艾美耳科的艾美耳属或等孢子属球虫寄生于牛肠道上皮细胞内所引起的一种常见的寄生性原虫病。以出血性肠炎为特征，主要发生于犊牛，常呈地方性流行。临床上表现为渐进性贫血、消瘦及血痢。

（一）病原

1. 形态特征

据文献记载，牛球虫有 25 种，寄生于家牛的有 14 种之多，其中以邱氏艾美尔球虫和牛艾美尔球虫致病力最强、最为常见。

（1）邱氏艾美耳球虫，卵囊呈圆形或椭圆形，低倍显微镜下观察时为无色，而在高倍显微镜下呈淡玫瑰色，原生质团几乎充满卵囊腔。囊壁光滑为两层，厚 0.8～1.6 微米，外壁无色，内壁为淡绿色。无卵膜孔，无内外残体。卵囊大小为 （17～20）微米×（14～17）微米。孢子化时间为 48～72 小时。主要寄生于直肠，有时在盲肠和结肠下段也可发现。

（2）牛艾美耳球虫，卵囊呈卵圆形，在低倍显微镜下呈淡黄玫瑰色。卵囊壁光滑为两层，内壁为淡褐色，厚约 0.4 微米；外壁无色，厚 1.3 微米。卵膜孔不明显，有内残体，无外残体。卵囊大小为 （27～29）微米×（20～21）微米。孢子化时间是 48～72 小时。寄生于小肠、盲肠和结肠。

2. 发育过程

球虫是一种单细胞寄生虫，寄生于肠道上皮细胞中。牛的球虫发育史基本上同鸡艾美尔球虫相似。球虫的发育无需中间宿主，当牛羊吞食了具有感染性的卵囊后，在肠道中子孢子逸出，在小肠内进行裂体生殖，产生裂殖子，裂殖子发育到一定阶段，形成大、小配子体，大、小配子体结合为卵囊，排出体外，在适宜的环境下形成孢子化的卵囊，即具有感染性。

（二）诊断要点

1. 流行特点

各个品种的牛对艾美耳球虫都有易感性。不同月龄的小牛感染情况不同，2 岁以内的犊牛发病率高，死亡率亦高；老龄牛常呈隐性感染。感染来源主要是成年带虫牛及临床治愈的牛，它们不断地向外界排泄卵囊而使病原广泛存在。舍饲牛主要由饲料、垫草、母牛的乳房被粪污染，使犊牛在采食、吸吮和饮水时经口感染。自然条件下，一般都是几种球虫混合感染，且各种球虫的感染率也不完全相同。本病主要经消化道感染。多发生于温暖多雨的放牧季节，特别是在潮湿、多沼泽的牧场上最易发病，因为潮湿的环境有利于球虫卵囊的发育和存活。据报道，北京、天津、长春等地乳牛球虫多发生于6~9月份。卵囊的抵抗力非常强，在土壤中可存活4~9个月，在有树荫的运动场上可存活15~18个月。不良环境条件及患某种传染病（如口蹄疫等）、寄生虫病（如消化道线虫等）时，容易诱发本病。牛群拥挤和卫生条件差会增加发生球虫病的危险性。本病一般发生于春夏秋3季，尤其是温暖多雨季节，在低洼潮湿的牧场放牧易发生。冬季气温低，不利于卵囊发育，很少感染。

2. 临床症状

牛的球虫主要寄生于小肠下段和整个大肠的上皮细胞内，可引起肠壁炎症、细胞崩解、出血；产生的有毒物质蓄积在肠道中，被宿主吸收后会引起全身中毒。本病症状轻重主要取决于吃进卵囊的数量。实验感染证明，感染少量牛艾美尔球虫的感染性卵囊时，不会引起发病，反而能激发一定的免疫力；感染10万个以上，产生明显的症状；感染25万个以上，可致犊牛死亡。潜伏期2~3周，有时达1个月。根据病程可分为急性型和慢性型两种类型。

（1）急性型　多见于犊牛，是最常见的一种类型。病程通常为10~15天，也有个别情况发生，发病后1~2天犊牛死亡。初期病牛精神沉郁，被毛松乱，体温略高或正常，粪便稀薄含血。约经1周后，症状加重，病犊食欲废绝，消瘦，喜卧，体温升至40~41℃。瘤胃蠕动和反刍停止，肠蠕动增强，排带血的稀粪，其中混有纤维性薄膜，有恶臭。后肢、尾部及肛门被粪便污染。后期粪便呈黑色，几乎全为血便，体温下降，贫血、虚弱，呈恶病质而死亡。

（2）慢性型　病程缠绵，多由急性转变而来，或感染虫卵较少而呈慢性过程。病牛在发病后3~5天逐渐好转，但下痢和贫血症状仍持续存在，病程可持续数月，也可因高度贫血和消瘦而死亡。病牛有时伴发神经症状，其发病率约占球虫病牛的20%~50%，表现为肌肉震颤、痉挛、角弓反张、眼球震颤且偶有失明。具有神经症状的球虫病病牛，死亡率高达50%~80%。

3. 病理变化

尸体极度消瘦，可视黏膜苍白。主要病变在盲肠、结肠和回肠后段处。肛门敞开外翻，后肢和肛门周围被血粪污染。肠黏膜充血、水肿，有出血斑和弥漫性出血点，肠腔中含大量血液。直肠黏膜肥厚，有出血性炎症变化，淋巴滤泡肿大突出，有白色和灰色的小病灶，同时这些部位有直径4~15毫米的小溃疡，其表面覆有凝乳样薄膜。直肠内容物呈褐色，带恶臭，有纤维性薄膜和黏膜碎片。肠系膜淋巴结肿大、发炎。

4. 实验室诊断

生前诊断可用饱和盐水漂浮法检查粪便中的卵囊；死后剖检可作寄生部位肠黏膜抹片，观察裂殖子（香蕉形）和卵囊。确诊要结合虫体种类、流行特点（季节、饲养条件及感染强度）、临床特征（下痢、血便、粪便恶臭）及病理变化（直肠出血性炎症和溃疡）等进行综合判定。

（三）防制

1. 预防

【措施1】在本病流行地区，应当采取隔离、治疗、消毒等综合性措施。成年牛多为带虫者，应与犊牛分开饲养与放牧。发现病牛后应及时隔离治疗。哺乳母牛的乳房要经常擦洗。牛场定期用开水、3%～5%热的氢氧化钠溶液或0.5%过氧乙酸溶液消毒地面、牛栏、饲槽、饮水槽等，一般每周1次。注意饲料和饮水卫生，圈舍保持干燥。粪便每天清扫，并集中进行生物热发酵处理。

【措施2】药物预防。可用氨丙啉，以每千克体重5毫克混入饲料，连用21天；或莫能菌素，以每千克体重1毫克混入饲料，连用33天；或林可霉素，每头牛每天1克，混入饮水中给药，连喂21天；都可抑制牛球虫病的发生。磺胺药物和金霉素的混合物对牛球虫病也有预防作用。

2. 治疗

【处方1】磺胺类药物。如磺胺二甲嘧啶、磺胺六甲氧嘧啶等，可减轻症状，抑制病情发展，剂量为每千克体重140毫克，口服，每日2次，连服3天。磺胺类药物轻度毒性反应，一般停药后即可自行恢复，用药过程中可适当增加给水量；肝肾功能不良的动物以及脱水、少尿、酸中毒和休克病畜使用应慎重。如发生严重中毒反应时，除立即停药外，可静注补液剂和碳酸氢钠，并采取其他综合治疗措施。

【处方2】氨丙啉，剂量按每天每千克体重25～50毫克，口服，每天1次，连用5～6天，可抑制球虫的繁殖和发育，并有促进增重和饲料转化的效果。大剂量可引起多发性神经炎，硫胺可预防毒性反应。

【处方3】莫能菌素，推荐剂量按吨饲料中加入16～33克。屠宰前3天停药。莫能霉素也是一种良好的抗球虫药，同时也是生长促进剂。

【处方4】癸氧喹酯，也叫乙羟喹啉。每千克体重0.5～0.8毫克，口服，对卵囊产生有抑制作用。注意球虫易对该药产生耐药性。

【处方5】盐霉素，每天按每千克体重20～30毫克混饲，连用7～10天。

【处方6】磺胺脒1份、次硝酸铋1份、矽炭银5份，混合，200千克的牛，一次内服140克左右，每日1次，连服数天即可。

【处方7】中药疗法。

方剂一：白头翁45克，黄连、广木香各25克，黄芩、秦皮、炒槐米、地榆炭、仙鹤草、炒枳壳各30克。水煎灌服，每天1剂，连用3剂。

方剂二：白头翁、秦皮、黄柏、柴胡各30克，常山60克，木香、龙胆草各15克，水煎灌服，每天1剂，连用3剂。

方剂三：新鲜青蒿1～2千克，第一次喂0.5～1千克，翌日将余量压碎取汁，灌服，连用3天。

方剂四：炒槐花、炒侧柏叶、炒荆芥炭、炒枳壳各30克，共研为末，沸水冲调，候温灌服，每天1剂，连用3剂。

方剂五：地榆炭、诃子、五倍子各80克，槐花、马齿苋、白头翁各70克，磺胺脒片50片，研末用温水调匀，供中等大小的牛一次灌服，每天1剂，连用3剂。

方剂六：鸦胆子 45 克，地榆 40 克，白头翁 35 克，黄连、侧柏炭各 30 克，研末，沸水冲调，候温灌服。每天 1 剂，连用 3 剂。

【处方8】其他措施。在给予抗球虫药的同时，应注意对症治疗，如止血、止泻、强心和补液等。对有临诊症状的病牛应进行隔离，并降低牛群的密度，因为拥挤是球虫病流行病学上一个重要的因素。注射磺胺类药还可以防止继发细菌性肠炎或肺炎。

二、弓形虫病

弓形虫病又称"弓形体病""弓浆虫病"，是由龚地弓形虫引起的人和多种温血脊椎动物共患寄生虫病，呈世界性分布。虫体寄生于宿主的多种有核细胞中，对不同宿主造成不同形式和不同程度的危害，可引发感染动物的急性发病甚至死亡，或导致流产、弱胎、死胎等繁殖障碍，或成为无症状的病原携带者；弓形虫感染人不仅会引起生殖障碍，还可引起脑炎和眼炎。牛弓形体病多呈隐性感染，显性感染的临床特征是高热、呼吸困难、中枢神经机能障碍、早产和流产。

（一）病原

龚地弓形虫隶属于真球虫目、艾美耳亚目、弓形虫科、弓形虫属。龚地弓形虫只有一个种、一个血清类型。但因其在不同地域、不同宿主的分离株的致病性有所不同而分为 Ⅰ、Ⅱ、Ⅲ 型。

1. 形态特征

龚地弓形虫在不同的发育期可表现为 5 种不同的形态，即滋养体、包囊、裂殖体、配子体和卵囊。

（1）滋养体 是指在中间宿主在核细胞内营分裂繁殖的虫体，又称速殖子。游离的虫体呈香蕉形或月牙形，一端较尖，一端钝圆，平均大小为 （4～7）微米×（2～4）微米。经姬氏染剂或瑞氏染剂染色后可见胞浆呈蓝色，胞核呈紫红色。主要出现于疾病的急性期，常散在于血液、脑脊液和病理渗出液中。

（2）包囊（或称组织囊） 呈圆形或椭圆形，直径 5～100 微米，具有一层富有弹性的坚韧囊壁。囊内滋养体亦称缓殖子，形态与速殖子相似。可不断增殖，内含数个至数千个虫体，在一定条件下可破裂，缓殖子重新进入新的细胞形成新的包囊，可长期在组织内生存。包囊可长期存在于慢性病例的脑、骨骼肌、心肌和视网膜等处。

（3）裂殖体 在终末宿主小肠绒毛上皮细胞内发育增殖，成熟的裂殖体为圆形，内含 4～20 个裂殖子，以 10～15 个居多，呈扇状排列，裂殖子形如新月状，前尖后钝，较滋养体为小。

（4）配子体 见于终末宿主。裂殖子经过数代裂殖生殖后变为配子体，大配子体形成 1 个大配子，小配子体形成若干个小配子，大、小配子结合形成合子，最后发育为卵囊。

（5）卵囊 呈圆形或椭圆形，大小为 (11～14)微米×(7～11)微米。卵囊未孢子化，孢子化卵囊含 2 个孢子囊，每个孢子囊内含 4 个新月形子孢子。见于猫及其他猫科动物等终末宿主的粪便中。

2. 发育过程

弓形虫发育需要两个宿主，需以猫及其他猫科动物为终末宿主，中间宿主为200余种哺乳动物（包括人）和禽类。猫既是终末宿主同时也是中间宿主。中间宿主吃下包囊、滋养体或卵囊均可感染，虫体进入宿主有核细胞内进行无性繁殖，急性者在腹水中常可见到游离的滋养体。滋养体和包囊存于中间宿主体内；裂殖子、配子体和卵囊存在于终末宿主（猫）体内。当猫粪内的卵囊或动物肉类中的包囊或假包囊被中间宿主牛等吞食后，在肠管内逸出子孢子、缓殖子或速殖子，随即侵入肠壁，经血或淋巴进入单核吞噬细胞系统寄生，并扩散至全身各组织器官，如脑、淋巴结、肝、心、肺、肌肉等发育繁殖，直至细胞破裂，速殖子重行侵入新的组织、细胞，反复繁殖。猫或猫科动物捕食动物内脏或肉类组织时，将带有弓形虫包囊或假包囊的组织吞入消化道而感染。此外食入或饮入外界被成熟卵囊污染的食物或水也可感染。

（二）诊断要点

1. 流行特点

猫是各种易感动物的主要传染源。6个月以下的猫排出卵囊最多。猫粪便中的卵囊可保持感染力达数月之久。卵囊污染饲料、饮水、蔬菜或其他食品并被动物或人摄食时即造成感染。带有速殖子包囊的肉尸、内脏和血液也是重要的传染源。一般情况下经口感染。孕畜或孕妇感染后可以经胎盘传给后代，哺乳期可通过乳汁感染幼畜，输血和脏器移植也可传播本病。食粪甲虫、蟑螂、蝇和蚯蚓可能机械性地传播卵囊。吸血昆虫和蜱等有可能传播本病。实验动物中，小鼠、豚鼠均易感。在自然界，猫科动物和鼠类之间的传播循环是重要的传播形式。在自然条件下均可感染本病，其感染率、发病率和死亡率都有逐年上升的趋势，对健康危害性严重。弓形体卵囊孵育与气温、湿度有关。故本病常以温暖、潮湿的夏秋季节多发。弓形体易感性大小与牛的年龄、免疫状态和营养等有关。一般犊牛较成年牛易感性高，随着年龄增长感染率下降。免疫机能低下或体况不良的动物易感性增强。弓形虫病严重影响畜牧业发展，对猪和羊的危害最大。我国猪弓形虫病发病率可高达60%以上；羊血清抗体阳性率在5%～30%；其他多种动物（牛、犬、猫及多种野生动物等）都有不同程度的感染。人群普遍易感染弓形虫，但世界各地的感染率却并不相同。弓形虫的感染率通常为25%～50%，最高可达80%以上，我国的弓形虫感染率为5%～20%，我国不同地区、不同性别、不同年龄、不同职业的人群之间弓形虫感染率也存在差异。

2. 临床症状

病牛多呈急性发作，体温升高到40℃以上，呼吸困难，结膜充血，运动失调，精神极度兴奋，然后转入昏迷状态，常便血。怀孕牛流产，多为死胎，有的生下后很快死亡，有的呈现发热、呼吸困难、咳嗽、流鼻涕以及阵发性痉挛、磨牙、头颈震颤等神经症状，常在2～6天内死亡。

3. 病理变化

病死牛皮下血管怒张，颈部皮下水肿，结膜发绀；鼻腔、气管黏膜点状出血；肺水肿，有灰白色坏死灶，肺间质增款，切面流出多量带泡沫的液体；肝、脾肿大，淋巴结肿大，切面有坏死灶；皱胃和小肠黏膜出血，淋巴滤泡肿大、坏死。

4. 实验室诊断

根据流行特点、临床特征和病理变化可做出初步诊断。必须在实验室诊断中查出病原体或特异性抗体，方可确诊。

（三）防制

1. 预防

预防重于治疗。具体措施如下：①牛舍应经常保持清洁，定期消毒；②严格控制猫及其排泄物对牛舍、饲料和饮水等的污染；③扑灭牛舍内外的鼠类；④对死于本病或可疑的牛尸，要进行严格处理，防止污染环境或被猫及其他动物吞食；⑤动物流产的胎儿及其一切排泄物，包括流产现场均需严格处置，不准用上述物品饲喂猫及其他肉食动物；⑥已发生弓形体病的牛场，可在饲料中添加 0.01%磺胺间甲氧嘧啶和 0.05%磺胺嘧啶进行全群预防，每天饲喂 1 次，连续 7 天；⑦已发生过弓形虫病的牛场，应定期进行血清学检查，及时检出隐性感染牛，并进行严格防制，隔离饲养，积极治疗。

2. 治疗

治疗本病普遍采用磺胺类药物。磺胺类药物对急性弓形虫病有很好的治疗效果，与抗菌增效剂联合使用的疗效更好。但应注意在发病初期及时用药，如用药晚，虽可使临床症状消失，但不能抑制虫体进入组织形成的包囊，磺胺类药物也不能杀死包囊内的慢殖子。使用磺胺类药物时首次剂量加倍，与抗菌增效剂联合使用效果更好，一般需要连用 3～4 天。

【处方 1】磺胺嘧啶＋甲氧苄啶或二甲氧苄啶。磺胺嘧啶每千克体重 70 毫克，甲氧苄啶或二甲氧苄啶每千克体重 14 毫克，每天 2 次，口服，连用 3～4 天。磺胺嘧啶也可与乙胺嘧啶（剂量为每千克体重 6 毫克）合用。

【处方 2】12%复方磺胺甲氧吡嗪注射液＋甲氧苄胺嘧啶。按 5∶1 比例配合，每千克体重 50～60 毫克，每天肌内注射 1 次，连用 4 天。

【处方 3】磺胺甲氧吡嗪＋甲氧苄胺嘧啶。磺胺甲氧吡嗪每千克体重 30 毫克，甲氧苄胺嘧啶每千克体重 10 毫克，混合后 1 次口服，每天 1 次，连用 3 天。

【处方 4】磺胺六甲氧嘧啶。每千克体重 60～100 毫克，口服，或配合甲氧苄胺嘧啶（剂量为每千克体重 14 毫克）口服，每天 1 次，连用 4 天。

【处方 5】氯苯胍，每千克体重 10～15 毫克，一次口服，每天 2 次，连用 3～5 天。

【处方 6】中药疗法。常山 30 克，槟榔 35 克，柴胡 40 克，麻黄 25 克，桔梗 45 克，甘草 30 克。水煎取汁，一次灌服，每天 1 剂，连用 3 剂。

三、梨形虫病

梨形虫病曾被称作"焦虫病"，是由巴贝斯科和泰勒科的多种梨形虫寄生在红细胞内所引起的一种血液原虫病。牛梨形虫病病原在我国常见的有两种：一种是巴贝斯虫，引起牛巴贝斯虫病，我国主要是牛的巴贝斯虫病多见；另一种是泰勒虫，引起牛泰勒虫病。

（一）病原

1. 形态特征

（1）**牛巴贝斯虫病病原** 主要是双芽巴贝斯虫、牛巴贝斯虫或卵形巴贝斯虫。双芽巴贝斯虫是大型虫体，长度大于红细胞半径，多形性，典型形态是成双的梨籽形虫体以尖端相连成锐角，每个虫体内有一团染色质。虫体多位于红细胞的中央，每个红细胞内虫体数目为 1～2 个，很少有 3 个以上。红细胞染虫率为 2%～15%。虫体经姬姆萨染色后，胞浆呈淡蓝色，染色质呈紫红色。牛巴贝斯虫是小型虫体，长度小于红细胞半径，多形性，典型形态为成双的梨籽形虫体以尖端相连呈钝角，用姬氏法染色，虫体胞浆呈淡蓝色。卵形巴贝斯虫是大型虫体，长度大于红细胞半径，多形性，典型虫体中央往往不着色，形成空泡，双梨籽形虫体较宽大，位于红细胞中央，两个尖端呈锐角相连或不相连。

（2）**牛泰勒虫病病原** 主要是环形泰勒虫和瑟氏泰勒虫，尤其是环形泰勒虫更为多见。环形泰勒虫寄生于红细胞内的虫体称为血液型虫体（配子体），虫体很小，形态多样。有环形、杆形、卵圆形、梨籽形、逗点形、十字形、三叶形等各种形状。其中以环形和卵圆形为主，占总数的 70%～80%。典型虫体为环形，呈戒指状。寄生于单核巨噬系统细胞内进行裂体增殖时所形成的多核虫体为裂殖体（或称石榴体、柯赫氏蓝体）。裂殖体呈圆形、椭圆形或肾形，位于淋巴细胞或巨噬细胞浆内或散在于细胞外。用姬氏法染色，虫体胞浆呈淡蓝色，其中包含许多红紫色颗粒状的核。

2. 发育过程

（1）**牛巴贝斯虫病病原发育过程** 巴贝斯虫病皆通过硬蜱媒介进行传播。当蜱在患牛体上吸血时，把含有虫体的红细胞吸入体内，虫体在蜱体内发育繁殖一段时间后，经蜱卵传递或经期间（变态过程）传递，将虫体延续到蜱的下一个世代或下一个发育阶段，再叮咬易感动物时，造成感染。

（2）**牛泰勒虫病病原发育过程** 泰勒虫发育经过裂殖生殖、配子生殖和孢子生殖三个阶段：即感染泰勒虫的硬蜱在牛体吸血时，子孢子随蜱的唾液进入牛体，首先侵入脾脏、淋巴结等组织的单核巨噬系统细胞内进行反复裂体增殖，形成大裂殖体（无性型）。大裂殖体成熟后，破裂为许多大裂殖子，又侵入其他单核巨噬系统细胞内，重复上述的裂殖过程。同时大裂殖子可随血液循环至全身各组织器官。裂体增殖反复进行到一定时期后，有的可形成小裂殖体（有性型）。小裂殖体成熟后破裂，许多小裂殖子进入宿主红细胞内变为配子体（血液型虫体）。当幼蜱或若蜱在病牛身上吸血时，把带有配子体的红细胞吸入蜱的胃内，配子体由红细胞逸出并变为大配子、小配子，二者结合形成合子（配子生殖），进入蜱的肠管及体腔各部。当蜱完成蜕化时，再进入蜱的唾液腺细胞内开始孢子增殖，分裂产生许多具有感染性的子孢子。当若蜱或成蜱在宿主体吸血时即造成感染。

（二）诊断要点

1. 流行特点

（1）**巴贝斯虫病的流行特点** 呈世界性分布。牛双芽巴贝斯虫病在我国分布较广，已有 14 个省区报道，主要流行于南方各省及四川、青海、西藏等地；牛巴贝斯虫感染发现于贵州、安徽、湖北、湖南、河南及陕西等省；卵形巴贝斯虫曾见于河南等地。微小牛蜱为我国双芽巴贝斯虫和牛巴贝斯虫的传播者，两种虫体常混合感染。本病多发生在放牧时期。一般两岁以内的犊牛发病率高，但症状轻微，死亡率低；成年牛发病率低，但症状较重，死亡率高。当地牛对本病有抵抗力，良种牛和由外地引入的牛易感性较高。卵形巴贝斯虫的传播媒介为长角血蜱，故该虫常与牛瑟氏泰勒虫混合感染。

（2）环形泰勒虫病的流行特点　在我国的传播者主要是残缘璃眼蜱，另一种是小亚璃眼蜱，报道仅见于新疆南部。本病主要在舍饲条件下发生传播。1～3岁龄的牛易发病；外地牛、土种牛易感且发病严重。环形泰勒虫病在世界上许多国家都有分布，在我国内蒙古、山西、河北、宁夏、陕西、甘肃、新疆、河南、山东、黑龙江、吉林、辽宁、广东、湖北、重庆、西藏都曾有过本病的报道。环形泰勒虫病在我国内蒙古地区的流行季节是6月份开始，7月份达高峰，8月份逐渐平息。耐过的牛成为带虫者，带虫免疫可达2.5～6年，但在抵抗力下降（饲养管理不良、使役过度、感染其他疾病）时，仍可复发。

2. 临床症状

（1）相同临床症状　体温升高到40℃以上，呈稽留热；精神不振，喜卧地，食欲减退或废绝；反刍无力或停止；眼结膜苍白；贫血，黄疸；便秘或下痢，粪便呈黑褐色，有恶性臭味；脉搏加快，呼吸急促，病牛迅速消瘦，行动迟缓或摇摆。

（2）不同临床症状　巴贝斯虫病有血尿，尿色由淡红色变为棕红色或黑红色。泰勒虫病无血尿，尿呈淡黄色或深黄色，体表淋巴结肿大，特别是肩前淋巴结肿大明显；眼睑下有溢血点，严重者皮肤上还有出血斑块。

3. 病理变化

（1）牛巴贝斯虫病特征病变　尸体消瘦，贫血，血稀如水。皮下组织及脂肪均呈黄色胶样水肿状。各内脏器官被膜均黄染。皱胃和肠黏膜潮红并有点状出血。肝、脾肿大，胆囊扩张。肾肿大，淡红黄色，有点状出血。膀胱膨大，存有多量红色尿液，黏膜有出血点。肺瘀血，水肿。心肌柔软，黄红色；心内外膜有出血点或斑点。

（2）牛泰勒虫病特征性病变　全身皮下、肌间、黏膜和浆膜上均有大量的出血点和出血斑；全身淋巴结肿大，以颈浅淋巴结，腹股沟淋巴结，肝、脾、肾、胃淋巴结表现最为明显；在皱胃黏膜上，可见到高粱米到蚕豆大的溃疡斑，其边缘隆起呈红色，中央凹陷呈灰色。严重者病变面积可达整个黏膜的一半以上。

4. 实验室诊断

根据流行特点、临床症状和病理变化可做出初步诊断。血液涂片检出虫体是确诊本病的主要依据。

（三）防制

1. 预防

关键在于消灭动物体表及周围环境中的蜱。通常采用以下方法措施：

【措施1】杀灭牛身体上的蜱。①在蜱活动的季节，对寄生在牛体的垂肉、腿内侧、乳房等部位的各发育期的蜱，可用手摘除消灭。②药物灭蜱效果也很好，可采用敌杀死（2.5％溴氰菊酯乳剂）稀释 250 倍喷洒牛体，每隔 15 天喷 1 次，连续 10 次，可在 1 年内防止梨形虫病的发生。

【措施2】消灭圈舍内的蜱。从秋末初冬开始，注意观察圈舍内幼蜱的出现和活动，用 2％敌百虫溶液进行喷洒，杀死隐藏的蜱，并在春季将圈舍周围的杂草铲除，防止蜱类躲藏和滋生。

【措施3】避蜱放牧。在蜱大量繁殖活动的季节，为避免牛受到蜱的叮咬侵害而得病，可改放牧为舍饲，但要搞好圈舍周围环境的灭蜱工作。

【措施4】检疫观察。由外地调入的牛，首先要采血检疫，如发现病牛，应立即隔离治疗，以免将病原传入，并选择无蜱活动季节进行调动。

【措施5】药物预防注射。①流行地区的发病季节，对易感牛群用贝尼尔，每千克体重 3 毫克，配成 7％溶液，分点深部肌内注射，每 20 天注射 1 次，以预防本病发生。②咪唑苯脲的保护期可达 2～10 周，台盼蓝保护期约 1 个月，三氮脒或硫酸喹啉脲保护期约 20 天。

【措施6】预防接种。应用抗巴贝斯虫弱毒苗或分泌性抗原疫苗进行免疫接种；在环形泰勒虫流行地区，还可用"牛环形泰勒虫病裂殖体胶冻细胞苗"进行预防接种，接种后 20 天可产生免疫力，免疫持续期为 1 年以上。但此种虫苗对瑟氏泰勒虫病无交叉免疫保护作用。

2. 治疗

尽可能地早确诊、早治疗。在应用特效药物杀灭虫体的同时，应根据病牛机体状况，配合以强心、补液、止血、健胃、缓泻、疏肝利胆及抗生素类药物治疗，并加强护理。

【处方1】三氮脒（贝尼尔或血虫净）。临用时将粉剂用蒸馏水配成 5％～7％溶液做深部肌内分点注射，黄牛剂量为每千克体重 3～7 毫克；水牛剂量每千克体重 7 毫克；乳牛剂量每千克体重 2～5 毫克。除水牛仅能一次用药外，其他家畜可根据情况连续使用 3 次，每次间隔 24 小时。出现副作用时，可灌服茶叶水或肌内注射阿托品解救。休药期为 28～35 天。

【处方2】硫酸喹啉脲（阿卡普林、抗焦虫素）。剂量为每千克体重 0.6～1 毫克，配成 5％溶液，皮下或肌内注射，48 小时后再注射一次效果更好。如有代谢失调或心脏和血液循环疾患时，分 2～3 次注射，每次间隔数小时。治疗时可出现胆碱能神经兴奋的症状，如站立不稳、肌肉震颤、腹痛等，一般持续 30～40 分钟后逐渐消失；严重的患牛频频起卧、呼吸困难、呼吸和心跳加快、频排粪尿，最后可引窒息而死亡；可在用药前或用药的同时皮下注射硫酸阿托品，每千克体重 0.1 毫克。需要注意妊娠牛在使用此药后可能出现流产。

【处方3】咪唑苯脲（双咪苯脲、咪唑啉卡普），剂量为每千克体重 1～3 毫克，将药物粉末配成 10％水溶液，即为咪唑苯脲二盐酸盐注射液或咪唑苯脲二丙酸盐注射液，可肌内注射或皮下注射，每天 1～2 次，连用 2～4 次。本药安全性较好，仅有轻微副作用，表现为流涎、兴奋、轻微或中等程度的疝痛、胃肠蠕动加快等症状，应用小剂量阿托品能减轻副作用。本药最好不要用于乳牛，休药期为 28 天。

【处方4】台盼蓝（锥蓝素），剂量为每千克体重 5 毫克，用灭菌生理盐水或蒸馏水或注射用水配成1%溶液，加温溶解过滤后，在水浴锅内煮沸灭菌30分钟后静脉注射，勿使药液漏出血管外。注意药液要现用现配，注射时药液温度维持在30℃左右，注射速度要慢，有副作用时，可给予抗组胺类药物（如异丙嗪等），对体弱或重症患牛可分次注射。用药后乳汁或组织可呈蓝色。

【处方5】吖啶黄（黄色素、锥黄素），剂量为每千克体重3～4毫克，动物极限量为2克/头。用0.5%的安瓿制剂静脉注射；或药物粉末用生理盐水或蒸馏水或注射用水配成0.5%～1%的溶液，滤过后在水浴锅内灭菌30分钟，注射前加温到37℃使用，注射时严格防止药液漏入皮下，注射完后避免强光照射动物（光敏反应）。一般用药不超过2次，每次间隔1～2天，以免对肝、肾发生损害。应用该药时，可配合使用链霉素或乌洛托品，连用1周，然后再注射黄色素一次，效果很好。

【处方6】磷酸伯氨喹啉，剂量为每千克体重0.75～1.5毫克，每天口服1次，连服3次。杀虫效果较好，给药后24小时，即发生作用；疗程结束后2～3天，染虫率可降到1%左右。被杀死的虫体表现为变形、变色、变小，1～2周内从红细胞内消失。

【处方7】中药疗法。

方剂一：新鲜青蒿2～3千克，捣碎，用冷水浸泡1～2小时，连渣灌服，每天2次，连用3～5天。

方剂二：常山50克，青蒿粉200克，马鞭草、黄芩各60克，槟榔、使君子、黄柏、生山栀各40克，苦楝根皮40克，贯众30克。共研细末，开水冲调，候温冲入青蒿粉，灌服。

方剂三：水牛角、生地黄、玄参、金银花各60克，连翘、黄连、丹参、麦门冬各45克，竹叶心、黄连各30克，水煎灌服。

方剂四：党参、当归、白术、炙黄芪、龙眼肉、酸枣仁各60克，熟地黄、白芍、川芎、茯苓各45克，远志30克，木香、生姜、红枣各20克，炙甘草15克，水煎灌服。

【处方8】为了促进临床症状缓解，还应根据症状配合给予强心、补液、健胃、缓泻、疏肝利胆及抗生素类药物，并加强护理。

四、伊氏锥虫病

伊氏锥虫病，又名"苏拉病"，是由伊氏锥虫寄生于牛血液、淋巴液及造血器官内而引起的常见病。临床上以间歇热、渐进性消瘦、四肢下部水肿、贫血、耳尖尾尖干性坏死等为主要特征。

（一）病原

伊氏锥虫隶属于鞭毛虫纲、动体科、锥虫属。

1. 形态特征

单形型虫体，细长，呈柳叶状，大小为（18～34）微米×（1～2）微米，细胞核位于虫体中部，距虫体后端有1点状动基体，其附近有1生毛体，1根鞭毛从生毛体生出，沿虫体伸向前方并以波动膜与虫体相连，随后游离。在姬姆萨染色的血片中，核与动基体呈深红紫色，鞭毛呈红色，波动膜呈粉红色，原生质呈淡天蓝色。

2. 发育过程

伊氏锥虫在寄生部位以纵分裂法进行繁殖。由虻及吸血蝇类在吸血时进行机械性的传播。

（二）诊断要点

1. 流行特点

伊氏锥虫的宿主极为广泛，病原除了寄生于马、牛、驼、猪、犬等家畜，还能寄生于鹿、兔、象、虎等野生动物，对马属动物和犬的易感性最强。伊氏锥虫对不同动物的致病性差异很大，多数动物感染后不发病而长期带虫，成为传染源。虻和螫蝇等吸血昆虫在患病或带虫动物体上吸血时，将虫吸入体内。伊氏锥虫在吸血昆虫体内不发育，只起到机械传播病原的作用。当携带伊氏锥虫的虻和螫蝇等再次吸食健康牛的血液时，即造成本病的传播。此外，消毒不完全的手术器械也可造成感染。孕畜感染后可传给胎儿。本病常发生于热带、亚热带地区，发病季节和流行地区与吸血昆虫出现的时间和活动范围相一致。牛对伊氏锥虫的易感性较弱，虽有少数在流行初期因急性发作而死亡者，但多数呈带虫状态而不发病。当气候变冷、枯草季节，机体抵抗力降低时，则开始发病。南方气候温暖，一年四季均可发病，但7～9月份为多发季节。我国目前有两个疫区，一个在新疆、甘肃、宁夏、内蒙古阿拉善盟和河北北部一带，主要感染骆驼为主；另一个在秦岭—淮河一线以南，主要以感染马属动物、黄牛、水牛、奶牛和其他动物为主。

2. 临床症状

有急性型和慢性型两种，多呈慢性经过或带虫状态。

（1）急性型　多发于春耕和夏收期间的肥壮牛。患牛体温升高，持续1～2天后下降，经1～2天的间歇后，体温再次升高。精神不振，贫血，黄疸，呼吸增数，心悸，如不及时治疗，多于数天或数周内死亡。

（2）慢性型　患牛体温升高，呈不规则的间歇热型。精神委顿，日渐消瘦，骨骼显露，肌肉萎缩。皮肤干裂，流出黄色或血色液体，结成痂皮，而后痂皮脱落。被毛脱落，形成无毛区。眼结膜有出血点或出血斑，体表淋巴结肿胀。四肢下部肿胀。耳尖和尾尖发生干枯、坏死，不断流出黄色液体，严重时，部分或全部干僵脱落（俗称焦尾症）。孕牛常发生流产。行走无力，喜卧，卧下后起立困难，后期多发生麻痹，不能站立，最终死亡。

3. 病理变化

病理变化以皮下水肿为主要特征，最多发部位是胸前、胯下、公畜的阴茎部位。体表淋巴结肿大，血液稀薄，凝固不全。胸腔、腹腔积水，心包积液，胸膜及腹膜上常有出血点。骨骼肌混浊肿胀。脾脏肿大，包膜下有出血点。肝脏肿大，硬度增加。肾脏混浊、肿胀，有点状出血，被膜易剥离。瓣胃、皱胃黏膜多见有出血斑。小肠呈现出血性炎症。心脏肥大，切面似水煮样，心内、外膜上均有出血斑。内脏淋巴结肿大、充血。

4. 实验室诊断

根据流行特点、临床症状和病理变化可做出初步诊断，但确诊需在血液中查出病原。但由于虫体在末梢血液中的出现有周期性，而且血液中虫体数量不定，因此，即使没有发现虫体，也不能否定本病的存在，而应对患牛反复进行多次采血检查。

（三）防制

1. 预防

预防应加强饲养管理，搞好牛舍及周围环境卫生，尽可能地消灭环境中虻、吸血蝇等传播媒介。必要时，用烟熏、喷药等方法，减少虻、蝇叮咬。临床上常采用药物预防，注射一次喹嘧胺可达3～5个月；萘磺苯酰脲用药一次可有效预防1.5～2个月；沙莫林预防期可达4个月。

2. 治疗

治疗要早，用药量要足。

【处方1】三氮脒（亦称贝尼尔、血虫净）。按每千克体重3.5～5毫克，用生理盐水配成7%溶液，深部肌内注射，每天1次，连用2～3天。

【处方2】萘磺苯酰脲（商品名纳加诺或苏拉明或拜耳205）。每千克体重10～12毫克，以生理盐水配成10%溶液，一次静脉注射，隔周重复1次。用药后个别病牛有体表水肿、口炎、肛门及蹄冠糜烂、跛行和荨麻疹等副作用。

【处方3】喹嘧胺（商品名又叫安锥赛）。有硫酸甲基喹嘧胺和氯化喹嘧胺两种。前者易溶于水，易吸收，见效快；后者仅微溶于水，吸收缓慢但在体内维持较长时间。一般治疗多用前者，按每千克体重3～5毫克，以生理盐水配成10%溶液，分2～3点一次皮下或肌内注射，每天1次，连用3～5天。

【处方4】氯化氮胺菲啶盐酸盐（商品名沙莫林）。按每千克体重1毫克，用生理盐水配成2%溶液，深部肌内注射，当药液总量超过15毫升时，应分两点注射。

【处方5】新砷凡纳明，每千克体重10毫克，极量每头不得超过4克，用5%葡萄糖注射液200毫升稀释后做缓慢静脉注射，每3～4天使用1次，3～4次为1个疗程。用药前先肌内注射10%樟脑磺酸钠注射液20毫升，或用药后静脉注射25%葡萄糖注射液500毫升，有助于减轻本药的副作用。

【处方6】中药治疗。

方剂一：黄芪、党参、苍术、土茯苓、蒲公英、金银花、连翘各50克，生地黄、玄参、黄柏、甘草、当归各40克。共研细末，开水冲调，候温灌服，每天1剂，连用2～3剂。

方剂二：柴胡、桂枝、白芍各45克，党参、黄芩各30克，制半夏25克，炙甘草20克，生姜、大枣各60克，水煎灌服。

第二节　牛节肢动物病的诊疗与处方

一、螨　病

牛螨病又叫"疥癣"或"癞""疥疮""疥虫病"，是由牛疥螨（又叫"穿孔疥癣虫"）寄生在牛的表皮内或牛痒螨（又叫"吸吮疥癣虫"）寄生在牛的皮肤表面而引起的一种接触性传染的慢性皮肤寄生虫病。以剧痒、湿疹性皮炎和脱毛、患部逐渐向周围扩展和具有高度传染性为本病特征。临床上将螨病分为疥螨病和痒螨病。

（一）病原

牛螨病的病原体主要是疥螨和痒螨两种。

1. 形态特征

（1）疥螨 又叫"穿孔疥癣虫"，寄生于表皮深层。成虫身体呈龟形，背面隆起，腹扁平、浅黄色。虫体大小为 0.2～0.5 毫米。体背面有细横纹、锥突、圆锥形鳞片和刚毛。腹面有 4 对粗短的足，两对伸向前方，另两对伸向后方，均粗短。向后的两对短小，不超过体缘。

（2）痒螨 又叫"吸吮疥癣虫"，寄生于皮肤表面。体呈长圆形，大小为0.5～0.9毫米，肉眼可见。口器长，呈圆锥形。肛门位于躯体末端。第 1 和第 2 对足伸向侧前方，第 3 和第 4 对足伸向侧后方，均露出于体缘外侧。足的末端有时着生有带柄的吸盘。雄虫末端有两个向后突起的大结节，上有长毛数根，腹后部有两个性吸盘。

2. 发育过程

疥螨和痒螨的全部发育过程都在牛体上度过，包括卵、幼虫、若虫、成虫四个阶段。

（1）疥螨的发育过程 疥螨的口器为咀嚼式，在宿主表皮挖凿隧道，在隧道内进行发育和繁殖。雌螨在隧道内产卵后，卵经 3～8 天孵出幼虫。幼虫离开隧道爬到皮肤表面，然后钻入皮内开凿小穴，在其中脱皮变为若虫，若虫进一步蜕化形成成虫。雌、雄成螨在宿主表皮上交配，交配后的雄螨不久死亡，雌螨寿命约为 4～5 周。整个发育过程为 8～22 天，平均 15 天。

（2）痒螨的发育过程 痒螨口器为刺吸式，寄生于皮肤表面，吸取渗出液为食。雌螨在皮肤上产卵，约经 3 天孵出幼虫，进一步发育蜕化为若虫、成虫。雌、雄成螨在宿主表皮上交配，交配后 1～2 天即可产卵。痒螨整个发育过程 10～12 天。

（二）诊断要点

1. 流行特点

病牛是重要的传染源。本病主要通过健牛和病牛直接接触发生感染，也可通过被螨及其卵污染的墙壁、垫草、饲槽、用具以及饲养员的衣服和手、诊断治疗器械等发生感染。犊牛皮嫩，最易感染。各种家畜体表寄生的痒螨虽形态相似，但有宿主特异性，不相互传染。疥螨在寒冷季节和牛营养不良时均促使本病发生和蔓延。痒螨病多发生于秋冬季节，但夏季有潜伏型的痒螨病，病变比较干燥，常见于肛门周围、阴囊、包皮、胸骨处、角基、耳朵以及眼眶下窝。

2. 临床症状

（1）疥螨病 牛疥螨病，开始发生于牛的面部、颈部、背部、尾根等被毛较短的部位，严重时可波及全身。水牛疥螨病多发生于角根、背部、腹侧及臀部，严重时头、颈、腹下及四肢内侧也有发生。

（2）痒螨病　牛痒螨病，初期见于颈、肩和垂肉，严重时蔓延到全身。奇痒，常在墙、桩等物体上摩擦或用舌舐患部，被舐部的毛呈波浪状。患部脱毛，结痂，皮肤增厚失去弹性。水牛痒螨病多发生于角根、背部、腹侧及臀部，严重时头、颈、腹下及四肢内侧也有发生。体表形成很薄的"油漆起爆"状的痂皮。

3. 病理变化

（1）疥螨寄生时，首先在寄生局部出现小结节，而后变为小水泡，病变部奇痒而擦痒破溃，皮下渗出液体而形成痂皮，被毛脱落，皮肤增厚，病变逐渐向四周扩张。

（2）痒螨寄生时，首先局部皮肤奇痒，进而出现粟粒乃至黄豆大的结节，而后变为水泡及脓疱，擦痒而破溃后流黄色渗出液，并形成痂皮。严重可引起表皮损伤，被毛脱落。

4. 实验室诊断

根据流行特点、临床症状和病理变化可做出初诊。在健康与病变皮肤交界处采集病料，显微镜下检查发现虫体即可确诊。采集病料时应刮至稍微出血。

（三）防制

1. 预防

在流行地区，控制本病除定期有计划地进行药物预防及药浴驱虫外，还要加强饲养管理，保持圈舍干燥、清洁、通风、定期消毒（10％～20％石灰乳）。饲养管理人员要时刻注意消毒，以避免通过手、衣服和用具散布病原。经常注意牛群中牛的皮肤有无瘙痒、脱毛现象，一旦发现及时隔离治疗。引入牛时，应隔离观察，确认无螨病后，再并入牛群。治疗期间可应用0.1％的蝇毒磷乳剂对环境进行消毒，以防散步病原。

2. 治疗

治疗方法有口服或注射药物疗法、药浴疗法、局部喷洒或涂抹药物疗法。

【处方1】口服或注射药物疗法。用伊维菌素或阿维菌素类药物，有效成分一次剂量为每千克体重0.2～0.3毫克，间隔7～10天重复用药1次，病牛根据病的严重程度来决定注射次数。国内生产的类似药物有多种商品名称，剂型有粉剂、片剂（口服）和针剂（皮下注射）等。

【处方2】药浴疗法。适用于大群发病牛。一般在气候温暖季节的无风天气进行，也是预防本病的主要方法。常用药浴药物0.0025％～0.0050％溴氰菊酯（倍特、敌杀死）溶液、0.025％～0.075％二嗪农（地亚农、螨净）溶液、0.05％辛硫磷乳油水溶液、0.05％蝇毒磷溶液、0.05％双甲脒溶液、0.005％～0.025％巴胺磷（赛福丁）溶液等。根据情况可采用水泥药浴池或机械化药浴池；药液温度维持在36～38℃；成批牛药浴时，要及时补充药液；药浴前让牛饮足水，以免误饮中毒；药浴时间1分钟左右；注意浸泡头部；药浴后将牛放在阴凉处注意观察，等药干以后再去放牧，以加强护理。如1次药浴不彻底，过1周后可再进行第2次。

【处方3】局部喷洒或涂抹疗法。可用伊维菌素或阿维菌素类药物浇泼剂进行防治。如是对局部病灶进行处理，也可进行局部药物喷洒或涂抹。为了使清除药物能充分接触虫体，治疗前最好应先剪除患部周围被毛，再用肥皂水或煤酚皂液彻底洗刷，清除硬痂和污物后再用药。每千克体重50～100毫克剂量溴氰菊酯（倍特）喷洒2次，中间间隔10天；或每千克体重250～750毫克剂量二嗪农（螨净）水乳液喷淋2次，中间间隔7～10天。常用涂抹药物有2%敌百虫水溶液，或0.01%辛硫磷乳剂溶液，或0.01%亚胺硫磷溶液。

【处方4】中药疗法。

方剂一：生石灰5.4千克，硫黄粉10.8千克，水455升，混合后浸洗患处，每周1次，连用4次。

方剂二：硫黄200克，黄柏100克，百部150克，雄黄200克，共研末，用植物油调成软膏，涂搽患部。

方剂三：辣椒500克，烟叶1500克，常水1500～2500毫升，混合后煮沸，煎至500～1000毫升，取汁，再使用时将药液加温。

方剂四：百部、大枫子、马钱子、苦参、白芷各10克，狼毒、苦楝根皮、紫草、当归各15克，黄蜡30～60克，植物油500克。除黄蜡外，各药入油内炸至红色，取药油加入黄蜡，冷却后呈膏状。用时涂搽患部，间隔5～7天使用1次。

方剂五：硫黄、山花椒各适量，研末，调茶油涂抹患处。

方剂六：硫黄、冰片、雄黄、密陀僧、轻粉各10克，樟脑2克，胆矾25克，研末，调煤油涂搽患处。

方剂七：硫黄50克，胆矾25克，松针1000克，鲜颠茄300克，烟叶250克，共捣烂，水煎后加入煤油250毫升，涂搽患处。

方剂八：狼毒500克，硫黄150克（煅），白胡椒45克（炒），共研细末备用。用时取药30克，加入烧沸的植物油750毫升，搅匀放凉，用毛刷涂搽患部。

方剂九：蛇床子60克，硫黄、花椒、木鳖子、大枫子各30克，食盐15克，水银6克，胡桃仁120克，共研为细末，用棉籽油调匀，涂搽患部。

需要注意的是：间隔一定时间后重复用药，以杀死新孵出的虫体；在治疗病牛的同时，应用杀螨药物彻底消毒圈舍和用具，治疗后非病牛应置于消毒过的圈舍内饲养；隔离治疗过程中，饲养管理人员要时刻注意消毒，避免通过手、衣服和用具散布病原。

二、牛皮蝇蛆病

牛皮蝇蛆病是由皮蝇科、皮蝇属的纹皮蝇和牛皮蝇的幼虫寄生于牛背部皮下组织而引起的一类蝇蛆病。皮蝇蛆偶尔也能寄生于马、驴、其他野生动物及人。皮蝇幼虫的寄生，可使患牛消瘦，犊牛发育不良，皮革质量下降，造成巨大的经济损失。

（一）病原

1. 形态特征

寄生于牛的皮蝇属昆虫有2种，即牛皮蝇和纹皮蝇。成蝇较大，体表密生有色长绒毛，有3对足及1对翅，外形似蜂。复眼不大，有3个单眼；触角芒简单，不分支。口器退化，不能采食，也不能叮咬牛只。纹皮蝇成熟第3期幼虫虫体粗壮，棕褐色，前后端钝圆，长26～28毫米，无口前钩。体表各节具有很多结节和小刺，但最后一节腹面无刺；有 2 个较平的后气门板，上有许多所谓气孔。牛皮蝇成熟第 3 期幼虫长可达 28 毫米，最后两节腹面无刺，气门板呈漏斗状。

2. 发育过程

牛皮蝇与纹皮蝇的生活史基本相似。属于完全变态，整个发育过程须经卵、幼虫、蛹和成蝇 4 个阶段。成蝇一般多在夏季晴朗无风的白天侵袭牛只。纹皮蝇在牛的后肢球节附近和前胸及前腿部产卵。牛皮蝇在牛的四肢上部、腹部、乳房和体侧产卵。卵经 4～7 天孵出第 1 期幼虫，幼虫由宿主皮肤毛囊钻入皮下。纹皮蝇的幼虫钻入皮下后，沿疏松结缔组织走向胸腹腔后到达咽、食道、瘤胃周围结缔组织，在食道黏膜下停留约 5 个月，然后移行到牛前端背部皮下。而牛鼻蝇的幼虫钻入皮下后，沿外周神经的外膜组组移行到椎管硬膜外的脂肪组织中，在此停留约 5 个月，然后从椎间孔爬出移行到牛腰背部皮下。由牛食道黏膜等或椎管硬膜外脂肪组织移行至背部皮下的幼虫为第 2 期幼虫。它们到达牛背部皮下后，皮肤表面呈现瘤状隆起，随后隆起处出现直径 0.1～0.2 毫米的小孔，并逐渐增大，第 3 期幼虫在其中逐步长大成熟，第二年春天，则由皮孔蹦出，离开牛体入土中化蛹，蛹期为 1～2 个月，之后羽化为成蝇。成蝇不食不螫，只生活 5～6 天，在牛被毛上产卵后即死亡。整个发育过程需要 1 年左右。

（二）诊断要点

1. 流行特点

皮蝇广泛分布于世界各地，我国牛的皮蝇蛆病分布广、寄生率高、寄生强度大，成蝇飞翔能力强（一次飞翔 2～3 千米），多呈区域性危害。我国以内蒙古、东北及西北地区较为严重。成蝇出现的季节，随各地气候条件和种类不同而有差异。在同一地区，纹皮蝇出现的季节比牛皮蝇为早，纹皮蝇一般出现于 4～6 月份，牛皮蝇则出现于 6～8 月份。牛只的感染多在夏季炎热、成蝇飞翔的季节里。成蝇侵袭牛只一般在晴朗无风的白天，在牛毛上产卵，阴雨天不活动。

2. 临床症状和病理变化

雌蝇飞翔产卵时可引起牛只的强烈不安，表现踢蹴、狂跑（跑蜂）等，站在水中不愿出来或长时间站在高坡上，不但严重影响牛采食、休息、抓膘，甚至可引起摔伤、流产或死亡。幼虫钻入皮肤时，引起皮肤痛痒，精神不安，患部生痂。幼虫在深层组织内移行时造成组织损伤。寄生在食道时可引起浆膜发炎。到背部皮下时可引起皮下结缔组织增生，在寄生部位发生肿瘤状隆起和皮下蜂窝织炎。皮肤稍微隆起，继而皮肤穿孔，损伤牛皮，如有细菌感染可引起化脓，形成瘘管，经常有脓液和浆液流出，幼虫脱落后，瘘管逐渐愈合，形成斑痕，影响皮革价值。严重感染时，病牛表现消瘦，贫血，肉质降低，生长缓慢。感染严重时，牛的背部皮肤上就有 50 到 100 多个疱块，对牛危害是很大的。有时幼虫钻入延脑或大脑，可引起神经症状，如作后退动作，突然倒地，麻痹或昏厥等，重者可造成死亡。

3. 实验室诊断

幼虫出现于牛背部皮下时易于诊断，能够触诊到隆起，上有小孔，内含幼虫，用力挤压，可挤出虫体，即可确诊。此外，流行特点，包括当地牛的皮蝇蛆病流行情况和病牛来源等，对本病的诊断也有很重要的参考价值。

（三）防制

1. 预防

预防本病首先应打破行政地区界限，实行区域性联防联治。其次在牛皮蝇蛆病流行地区，每逢皮蝇的活动季节，可用1‰～2‰敌百虫溶液对牛体进行喷洒，每隔10天喷洒一次，杀虫率可达90％以上。产奶牛不得使用本品，肉牛屠宰前7天停药。或用当归2千克，放在4升食醋中浸泡48小时，在9月中旬、10月上旬，于牛背部两侧各涂擦浸液一次（大牛150毫升/次，小牛80毫升/次），以浸湿被毛和皮肤为度。或用每千克体重用1～1.5克剂量的拟除虫菊酯类药物喷洒，每30天喷洒一次，可杀死产卵的雌蝇或由卵孵出的幼虫。再次严禁输入感染牛皮蝇蛆病的牛只。

2. 治疗

消灭寄生于牛体内的幼虫，对防控牛皮蝇蛆病具有极其重要的意义，即可以减少幼虫的危害，又可以防止幼虫发育成成蝇。消灭幼虫可用机械疗法或药物疗法、中药疗法。

【处方1】机械疗法。多用在牛数量不多和虫体寄生数量少的情况下。即用手指压迫皮孔周围，将幼虫挤出，并将其杀死，伤口涂以碘酒。由于幼虫成熟期不同，机械疗法每隔10天需要重复操作，但需注意勿将虫体挤破，以免引起过敏反应。

【处方2】药物疗法。多用有机磷杀虫药和伊维菌素或阿维菌素类药物，治疗时间应在4～11月间进行。各地根据当地具体的流行特点来确定治疗时间，常用的药物种类、浓度和剂量如下：

药物一：伊维菌素或阿维菌素。剂量为每千克体重为0.2毫克，皮下注射；或采用微量注射法（1％伊维菌素或阿维菌素溶液），剂量为每50千克体重1毫升，1次皮下注射。

药物二：倍硫磷针剂。剂量为每千克体重6～7毫克，成年牛1.5毫升，青年牛1～1.5毫升，犊牛0.5～1毫升，臀部肌内注射，对皮蝇第1、2期幼虫的杀虫率可达到95％以上；浇泼剂，每100千克体重用10毫升，沿牛背中线由前向后浇泼。犊牛及泌乳牛禁用，肉牛屠宰前35天停药。

药物三：蝇毒磷。剂量按每千克体重10毫克，臀部肌内注射，对纹皮蝇的移行期幼虫有一定杀灭作用，本药是有机磷杀虫药中唯一可用于泌乳奶牛的杀虫剂，奶牛吸收后，大部分经代谢或以原形由粪尿排出，残留于体内的药物主要分布于脂肪组织中，乳汁中含量极微。

药物四：皮蝇磷。8％皮蝇磷溶液。剂量按每千克体重0.33毫升；母牛产犊前10天禁用，泌乳牛禁用，肉牛宰前10天停药。

药物五：敌百虫。2％敌百虫水溶液，取300毫升在牛背部或只在牛皮肤上的小孔处涂擦2～3分钟，经24小时后，大部分幼虫即软化死亡，其杀虫率可达90％～96％。本药对牛十分安全。涂擦时间一般从3月份中旬至5月底，每隔30天处理一次，共处理2～3次。

注意事项：12月份至翌年3月因幼虫在食道和脊椎内寄生，虫体在该处死亡后可引起相应的局部严重反应，故此期间不宜用药。

【处方3】中医疗法。

方剂一：百部30克，加水500毫升，水煎至250毫升，用注射器吸取30毫升，注入病牛鼻孔内，每天2次。

方剂二：3%～5%鱼藤浸剂喷洒牛体。

方剂三：当归2千克，置于4千克食醋中浸泡48小时，9月中旬和10月上旬给牛背两侧各涂浸1次，成年牛用150毫升，以浸湿被毛和皮肤为度。

方剂四：在幼虫寄生部位的周围，用60度白酒做点状注射，1次即可杀死皮蝇幼虫；或针刺寄生部位，再涂抹白酒。

方剂五：蒲芦茶（葫芦茶）60克，陈石灰15克，捣烂敷于患处。

方剂六：樟脑粉适量，吹入患部。

方剂七：猫尾草叶适量，捣烂后塞入患部。

方剂八：生桃叶捣烂，调入煤油，加冰片少许，涂敷患处。

方剂九：生石灰50克，熟烟叶100克，研末后加水调成糊状，塞进患部。

三、蜱　病

蜱是寄生于畜禽体表的一类重要吸血性寄生虫。蜱病是由蜱寄生于动物的体表所引起的一类外寄生虫病。

（一）病原

蜱有硬蜱和软蜱两类。

1. 形态特征

（1）硬蜱　硬蜱又称"扁虱""牛虱""草爬子""草蜱""草瘪子""马鹿虱""狗豆子"等，在兽医学上具有重要意义的有六个属：硬蜱属、扇头蜱属、牛蜱属、血蜱属、革蜱属和璃眼蜱属。硬蜱呈红褐色或灰褐色，长椭圆形，小米粒至大豆大。分为假头和躯体两部分。假头位于躯体前面；躯体背面有一块硬的盾板，雄蜱的盾板几乎覆盖整个背面，雌虫和若虫的盾板仅覆盖背面的前部。躯体腹面前部正中有一生殖孔；肛门位于后部正中，呈纵裂的半球形隆起；有一对气门板位于第4对足基节后侧方，其形状随种类和性别不同而异。足由6节组成，由基部向外依次为基节、转节、股节、胫节、后跗节和跗节，足末端有爪一对；第1对，足跗节末端背缘有哈氏器，为蜱的嗅觉器官。硬蜱卵小，呈卵圆形，黄褐色。

（2）软蜱　软蜱属于软蜱科，与兽医有关的有两个属，即锐缘蜱属和钝缘蜱属。

（3）软蜱与硬蜱的区别　体背面无盾板，呈弹性的革状外皮；成虫假头隐于虫体前端腹面（幼虫除外），须肢为圆柱状，末节不隐缩；足的跗节背面生有瘤突，其数目、大小有分类意义；雌雄形态相似，雌蜱生殖孔为半圆形；雄蜱为横沟状。幼虫3对足，假头突出。

2. 发育过程

（1）硬蜱的发育过程　大多数硬蜱发育过程中的幼虫期和若虫期寄生在小型哺乳动物（兔、刺猬、野鼠等），成虫期寄生在家畜体；有的硬蜱发育过程中需要更换宿主，根据其更换宿主的次数，将硬蜱分成三类类型：即一宿主蜱（不更换宿主，幼虫、若虫、成虫在一个宿主体上发育）；二宿主蜱（幼虫、若虫在一个宿主体上发育，成虫在另一个宿主体上发育）；三宿主蜱（幼虫、若虫、成虫分别在三个宿主体上发育）。雌雄交配后，雌蜱落地产卵，产卵量可达千余到上万个。在适宜的条件下，经一段时间，卵中孵出幼虫，爬到宿主体上吸血，之后根据所需更换宿主次数的不同，逐渐发育为若虫、成虫。从卵发育至成蜱的时间，以种类和气温而异，可为3～12个月，甚至一年以上。

（2）软蜱的发育过程　软蜱的生活史为不完全变态。经卵、幼虫、若虫、成虫4个阶段。雌蜱一生产卵数次，每次产卵数个至数十个。一生产卵不超过一千个。从卵发育到成虫需4～12个月。

（二）诊断要点

1. 流行特点

硬蜱的活动有明显的季节性，大多数是在温暖季节活动；越冬场所因种类而异，一般在自然界或在宿主体上过冬；各种蜱均有一定的地理分布区，与气候、地势、土壤、植被及动物区系等有关。软蜱生活在畜禽舍的缝隙、洞穴等处，只在吸血时才到宿主身上，吸完血后就落下来。成虫吸血多半在夜间，生活习性和臭虫相似；幼虫则不受昼夜限制，吸血时间长些。软蜱寿命长，一般为6～7年，甚至可达15～25年。各活跃期均能长期耐饥饿，对干燥有较强的适应能力。

2. 临床症状和病理变化

硬蜱可吸食宿主大量血液，幼虫期和若虫期吸血时间一般较短，而成虫期较长。尤其是雌蜱吸血后膨胀很大。寄生数量多时可引起牛贫血、消瘦、发育不良、皮毛质量降低以及产乳量下降等。由于蜱的叮咬可使宿主皮肤发生水肿、出血。蜱的唾液腺能分泌毒素，使牛产生厌食、体重减轻、肌萎缩性麻痹和代谢障碍。此外，蜱又是许多种病原体的传播媒介或贮存宿主。软蜱的危害与硬蜱相似。

3. 实验室诊断

在牛体身上发现硬蜱或软蜱即可确诊。

（三）防　制

1. 预防

【措施1】消灭或控制圈舍内的蜱。可用水泥、石灰、泥土拌入上述药物堵塞圈舍的所用缝隙和孔洞或定期用药物喷洒圈舍。必要时也可隔离停用圈舍10个月以上或更长时间，使蜱自然死亡。

【措施2】消灭或控制自然界的蜱。根据具体情况可采取轮牧，相隔时间1～2年，牧地上的成虫即可死亡；也可在严格监督下进行烧荒，或深翻牧地、清除杂草灌木等破坏蜱的滋生地；有条件时，可选择上述有关杀虫剂的高浓度制剂或原液，进行超低量喷雾。

2. 治疗

消灭畜体上的蜱。可采用人工捕捉或药物杀灭的方法。

【处方1】人工捕捉。适应于感染数量少、人力充足的条件下，要经常检查牛的体表，发现蜱时应及时摘掉（摘取时应与体表垂直向上拔取）销毁。

【处方 2】药物杀灭。常用杀蜱药物可根据季节和应用对象的不同，可选用口服、注射、药浴、喷涂或粉剂涂洒等不同用药方法；还应随蜱种不同，优选合适的药液浓度和使用间隔时间；各种药应交替使用，以避免耐药性的产生。

药物一：维菌素或伊维菌素。皮下注射或口服，剂量为每千克体重 0.2～0.3 毫克。

药物二：拟除虫菊酯类杀虫剂。如溴氰菊酯乳油（倍特、敌杀死），用 0.0025%～0.0050%浓度的药液进行药浴、喷淋、涂搽或洗刷。本药有触杀和胃毒杀虫作用，具有广谱、高效、药效期长、低残留等优点。牛在用药后 48 小时内可能有轻度不适。牛的休药期为 3 天。在此期间内不得屠宰供人食用。

药物三：有机磷杀虫剂。如二嗪农（又称为地亚农、螨净），用 0.025%～0.075%浓度的药液进行药浴、喷淋等，药物具有触杀、胃毒、熏蒸等作用和较弱的内吸作用，乳汁废弃时间为 3 天，宰前 14 天停药；还有巴胺磷（商品名为赛福丁）药液，浓度为 0.005%～0.025%。

第三节　牛蠕虫病的诊疗与处方

一、牛蛔虫病

牛蛔虫病是由弓首科弓首属的牛弓首蛔虫寄生于犊牛小肠内，引起的以下痢为主要特征的疾病。多见于我国南方各省犊牛，初生犊牛大量感染可致死亡，对发展养牛业危害甚大。

（一）病原

1. 形态特征

牛弓首蛔虫虫体粗大，呈淡黄色。头端有 3 片唇，食道呈圆柱形，后端由一个小胃与肠管相接。雄虫长 11～26 厘米，有 3～5 对肛后乳突，有许多肛前乳突；尾端有一小锥突，弯向腹面；交合刺一对，形状相似，等长或稍不等长。雌虫长14～30 厘米，尾直，生殖孔开口于虫体前 1/8～1/6 处。虫卵近似球形，大小为（70～80)微米×(60～66)微米，胚胎为单细胞期，壳厚，外层呈现蜂窝状。

2. 发育过程

牛弓首蛔虫生活史非常特殊。雌虫在小肠产卵，卵随粪便排出体外，在适宜的温度和湿度下 7～9 天发育成第 1 期幼虫，再经 13～15 天在壳内蜕化 1 次，为第 2 期幼虫（即感染性虫卵）。母牛吞食感染性虫卵后，幼虫在小肠中从卵壳内钻出，穿过肠壁，移行至肝脏、肺脏、肾脏等器官组织中，进行第 2 次蜕化，变为第 3 期幼虫，并停留于该组织中。待母牛怀孕 8.5 个月左右时，幼虫又开始移行至子宫，进入胎盘羊膜液中，进行第 3 次蜕化，变为第 4 期幼虫，该幼虫被胎牛吞入小肠中发育。小牛出生后，幼虫在小肠内进行第 4 次蜕化后，逐渐长大，约经 25～31 天变为成虫。感染性虫卵也可通过乳汁使犊牛感染。也有人认为，犊牛初生时肠内已有发育良好的成虫。还有报道幼虫在母牛体内移行时，除一部分到子宫外，还有一部分幼虫经循环系统到达乳腺，犊牛可以因哺食母乳而获得感染，在小肠内发育至成虫。另有一条途径是幼虫从胎盘移行到胎儿的肝和肺，以后沿着一般蛔虫的移行途径（肺—气管—口—食道—小肠）转入小肠，发育为成虫。

（二）诊断要点

1. 流行特点

本病主要发生于 5 个月以内的犊牛。成虫在犊牛小肠中可寄生 2～5 个月，以后逐渐从宿主体内排出。在成年牛，只在内部器官组织中寄生有移行阶段的幼虫，尚未见有成虫寄生的报道。虫卵对干燥及高温的耐受能力较差，土壤表面的虫卵，在阳光直接照射下，经 4 小时全部死亡；在干燥的环境里，虫卵经 48～72 小时死亡；感染期的虫卵，需有 80% 的相对湿度才能够生存。但虫卵对消毒药物的抵抗力较强，虫卵在 2% 的福尔马林溶液中仍能正常发育；在 29℃ 时，虫卵在 2% 克辽林溶液或 2% 来苏儿溶液中可存活约 20 小时。

2. 临床症状

本病受害最严重的时期是犊牛出生 2 周后。犊牛被毛粗乱，体温正常，眼结膜苍白。食欲不振，腹部膨胀，排灰白色稀粪，有时混有血，有特殊臭气味。消瘦，臀部肌肉松弛，后肢无力，站立不稳。如虫体过多形成肠梗死，有疝痛，或肠穿孔，死亡率较高。如犊牛出生后感染，幼虫移行至肺部、支气管时，引起咳嗽。如幼虫在肺部成长，还因肺炎而呼吸困难，口腔有特殊臭气味。

3. 病理变化

剖检可见小肠黏膜受损、出血或溃疡，肠道内有大量成虫寄生。出生后的犊牛受感染时，可看到幼虫移行可致肠壁、肺脏、肝脏、肾脏等组织损伤，点状出血、发炎，血液和组织中嗜酸性细胞明显增多。

4. 实验室诊断

犊牛有腹泻、排灰白色稀粪，有时混有血，有特殊腥臭味，后肢无力，被毛粗乱，眼结膜苍白等症状时，均可作为疑似蛔虫病的依据，进一步确诊可采用直接涂片法或饱和盐水漂浮法检查粪便中有无虫卵。也可结合症状、流行特点资料分析，进行诊断性驱虫来加以判定。死后剖检可在小肠找到虫体或血管、肺脏找到移行期幼虫，即可确诊。

（三）防制

1. 预防

应对 15～30 日龄的犊牛进行驱虫，许多犊牛尽管不表现临床症状，但可能带虫，而且此时成虫数量正达到高峰。早期治疗不仅对保护犊牛健康有益，并可减少虫卵对环境的污染。还要注意保持牛舍的干燥与清洁，每天定时清理粪便并堆积发酵，以杀死虫卵。将母牛和犊牛隔离饲养，减少母牛受感染的机会。对怀孕后期的母牛，应用左旋咪唑进行驱虫，切断感染途径。

2. 治疗

【处方 1】左咪唑（左旋咪唑）。口服剂量按照每千克体重 8 毫克，一次内服；或肌内注射每千克体重 4～6 毫克。中毒可用阿托品解除；左旋咪唑还可引起肝功能变化，严重肝病患牛禁用；肌内注射或皮下注射时，对组织有较强的刺激性，尤其是盐酸左旋咪唑；泌乳期牛禁用。休药期：口服给药为 3 天，注射给药为 28 天。

【处方2】阿苯达唑（丙硫咪唑）。内服剂量每千克体重5～20毫克，一次内服。屠宰前14天停药。

【处方3】阿维菌素（或伊维菌素）类药物。口服（片剂或粉剂）或皮下注射（针剂），一次量为每千克体重0.2～0.3毫克；用药后28天内所产牛奶，人不得食用；牛屠宰前21天停用药物。

【处方4】哌嗪（也叫哌哔嗪、驱蛔灵）。一次口服剂量为每千克体重250毫克。

【处方5】精制敌百虫。剂量为每千克体重100毫克，总量不超过10克，溶解后均匀拌入饲料中，一次喂服。出现副作用时，用阿托品解救。

【处方6】中药疗法。使君子、苦楝皮各48克，神曲、贯众各30克，槟榔、雷丸各24克，前5味药共煎汁，再放入雷丸，分2次灌服。或用苦楝树两层白皮90～120克，炒后加水煎服。

二、肝片吸虫病

肝片吸虫病是由肝片吸虫寄生于反刍动物的肝脏和胆管中所引起的一种寄生虫病，俗称"肝蛭病"，肝片吸虫也可寄生于人体。本病能引起慢性或急性肝炎和胆管炎，同时伴有全身性中毒现象及营养障碍等症状，危害相当严重，尤其对幼畜和绵羊，可引起大批死亡。

（一）病原

1. 形态特征

肝片吸虫呈扁平片状，灰红褐色，大小为（21～41）毫米×（9～14）毫米。前端有头锥，上有口吸盘，口吸盘稍后方为腹吸盘。肠管主干有许多内外侧分支。雌雄同体。雄性生殖器官具有2个睾丸，前后排列，高度分支，位于虫体中后部；雌性生殖器官具有1个卵巢，呈鹿角状，位于腹吸盘后方的一侧。曲折重叠的子宫内充满虫卵。卵黄腺由许多褐色颗粒组成，分布于虫体两侧。虫卵呈长卵圆形，黄色或黄褐色。前端较窄，后端较钝，卵壳明显。卵内充满卵黄细胞和1个胚细胞，大小为（133～157）微米×（74～91）微米。

2. 发育过程

片形吸虫发育过程需要中间宿主淡水螺。成虫在牛的肝脏胆管内产生虫卵，卵随胆汁进入肠道，而后随粪便排出体外，在适宜的条件下（pH5～7.5，温度15～30℃），经10～25天孵出毛蚴并游动于水中，遇到中间宿主--淡水螺蛳时，便钻入其中，经无性繁殖发育为胞蚴、雷蚴和尾蚴。尾蚴离开螺体，游动于水中，约经3～5分钟便脱掉尾部，黏附于水生植物的茎叶上或浮游于水中而形成囊蚴。牛在吃草或饮水时吞入囊蚴而感染。幼虫穿过肠壁，经肝表面钻入肝内胆管发育为成虫，需要2～4个月。成虫以红细胞为养料，在动物体内可寄生3～5年。

（二）诊断要点

1. 流行特点

肝片形吸虫系世界性分布，是我国分布最广泛、危害严重的寄生虫之一。本虫的宿主范围较广，主要寄生于黄牛、水牛、绵羊、山羊、鹿等反刍动物。本病的流行与中间宿主淡水螺（锥实螺）有极为密切关系。本病呈地方性流行，多发生在低洼、潮湿和沼泽地带的放牧地区。干旱年份流行轻，多雨年份可促进本病的流行。感染多在每年春末夏秋季节，感染季节决定了发病季节，幼虫引起的疾病多在秋末冬初，成虫引起的疾病多见于冬末和春季。肝片形吸虫的中间宿主在我国内蒙古地区主要为土蜗螺。

2. 临床症状

患牛一般表现为营养障碍、贫血和消瘦。临床症状与感染强度及牛的体质、年龄、饲养管理条件等有关。一般来说，牛体寄生有250条成虫时便会表现出明显的临床症状，但犊牛即使轻度感染，也可能表现出症状。根据病情可分为急性和慢性两种。

（1）急性型　较少见，主要见于吞食大量囊蚴后（2000个以上）发病。多发生于夏末、秋季及初冬季节，患牛病势急，初期表现体温升高，精神沉郁，食欲减退，衰弱，易疲劳，离群落后；叩诊肝区半浊音界扩大，压痛明显；很快出现贫血、黏膜苍白、红细胞及血红素显著降低；严重者在几天内死亡。

（2）慢性型　较多见，多发于冬末和春季。主要表现为精神沉郁，食欲不振，逐渐消瘦、贫血和低蛋白血症，眼睑、颌下、胸前和腹下水肿，腹水。消化机能障碍，出现周期性前胃弛缓，伴发卡他性肠炎，便秘与腹泻交替发生。怀孕牛可流产，公牛生殖力下降。最后因消瘦、衰竭而死。

3. 病理变化

剖检时，病理变化主要呈现在肝脏，其变化程度与感染虫体的数量及病程长短有关。

（1）急性型　在大量感染、取急性死亡的病例中，可见到急性出血性肝炎的表现。肝脏肿大、充血，包膜有纤维素沉积、出血，肝实质内有数毫米长的暗红色虫道和幼小的虫体，虫道内有凝固的血液及移行中的童虫。严重感染者，腹腔内有红色液体，有腹膜炎病变。

（2）慢性型　病例主要呈现慢性增生性肝炎，在肝组织被破坏的部位呈现淡白色索状瘢痕，肝脏病变区实质萎缩，退色，变硬，边缘钝圆，呈土黄色。胆管肥厚，呈绳索样突出于肝表面；胆管内有磷酸钙和磷酸镁等盐类的沉积而使内膜粗糙，刀切时有沙沙声；胆管内有虫体和污浊稠厚的液体。皮下及其他脂肪沉积处水肿，呈胶冻样。胸腹腔及心包内都蓄积着透明的液体。

4. 实验室诊断

根据流行特点、临床症状、粪便虫卵检查和死后剖检等进行综合判定。虫卵检查可用沉淀法和锦纶筛集卵法。死后剖检急性病例可在腹腔和肝实质中发现幼虫；慢性病例可在胆管内检获成虫。

（三）防制

1. 预防

根据该病的流行特点，制定综合性预防措施。首先要定期驱虫，一般每年驱虫两次，一次在冬季，另一次在春季；急性病例随时驱虫，并将牛的粪便特别是驱虫后1～2天排出的粪便应堆集进行发酵处理，以杀死虫卵。其次要防控和消灭中间宿主——淡水螺，消灭中间宿主可结合农田水利建设和草场改良，以破坏螺的生活条件；流行地区应用药物灭螺时，可选用1:5000的硫酸铜溶液或2.5毫克/千克的血防67对锥实螺进行浸杀或喷杀。最后要加强卫生饲养管理，在放牧地区，尽可能选择高燥地区放牧；饮水最好用自来水、井水或流动的河水，保持水源清洁；从流行区运来的牧草须经处理后，再喂给牛。

2. 治疗

治疗肝片吸虫病时，不仅要进行驱虫，而且应注意对症治疗，尤其对体弱的重症患牛。

【处方1】西药治疗。

药物一：三氯苯唑（肝蛭净）。牛为每千克体重6～15毫克，一次口服量，对成虫和童虫均有效。对急性肝片吸虫病的治疗，5周后应重复用药1次。本药品不得用于牛的泌乳期；禁用于1周内将要产犊的奶牛。牛的休药期为28天。为了扩大抗虫谱，可与左旋咪唑、甲噻吩嘧啶联合应用。

药物二：阿苯达唑（丙硫苯咪唑、丙硫咪唑、抗蠕敏）。一次口服剂量，牛为每千克体重10～20毫克。该药为广谱驱虫药，也可用于驱除胃肠道线虫和肺线虫及绦虫，剂型一般有片剂、混悬液、瘤胃控释剂和大丸剂等。本药品有致畸作用，妊娠牛慎用；牛屠宰前的休药期不少于14天，用药后3天内的奶不得供人食用。

药物三：氯氰碘柳胺。一次口服剂量，牛为每千克体重5毫克。皮下或肌内注射剂量，每千克体重2.5～5毫克。注射液对局部组织有一定的刺激性，应深层肌内注射；为防止中毒，不得同时使用其他含氯化合物；休药期为28天。

药物四：溴酚磷（蛭得净）。一次口服剂量，每千克体重12毫克。本品对成虫、童虫有效，可用于治疗急性病例。妊娠牛应按实际体重减10%计算用量，预产期前2周内不要给药；对重症和瘦弱牛切不可过量应用本品；有中毒症状时，可用阿托品解救；本品溶于水后静置时有微量沉淀，要充分摇匀后投药；休药期为21天；用药5天内，所产牛奶不得供人食用。

药物五：硝氯酚（拜耳9015）。一次口服剂量，每千克体重3～4毫克；针剂为每千克体重0.5～1.0毫克，皮下注射或深部肌内注射。成虫有效。用药8天内，所产牛奶不得供人食用。

药物六：硝碘酚腈（硝羟碘苄腈、虫克清、肝2号）。一次口服剂量，每千克体重20毫克。皮下注射剂量，每千克体重10～15毫克。内服不如注射有效，本品的注射液对组织有刺激性；重复用药应间隔4周以上；休药期为30天。本品对幼虫作用不佳。

【处方2】中药治疗。

方剂一：苏木、茯苓、龙胆草、槟榔各30克，贯众45克，肉豆蔻、木通、厚朴、泽泻、甘草各20克。共为细末，开水冲调，候温，一次灌服，每天1剂，连用3剂。

方剂二：贯众30克、槟榔40克、龙胆草40克，研末，灌服。

方剂三：烟叶或烟杆30克，煎服。

方剂四：贯众150克，槟榔、榧子、苍术、陈皮、厚朴、龙胆草、藿香各50

克，水煎灌服。

方剂五：贯众、苏木、槟榔各 30 克，研末用水浸后煎汁灌服，2 天 1 次，连用 3 次。

方剂六：茵陈 250 克，栀子 60 克，大黄、黄芩、黄柏、连翘各 45 克，木通 30 克，甘草 20 克，水煎候温灌服。

方剂七：贯众研末，成年牛 90～150 克，青年牛 15～24 克，犊牛 1.5～2 克，灌服。

方剂八：苏木 15 克，贯众 9 克，槟榔 12 克，煎汁后加白酒 60 毫升，灌服。

方剂九：苦楝树二层白皮 90～120 克，炒后加水煎服。

三、消化道绦虫病

牛消化道绦虫病由裸头科的莫尼茨属、曲子宫属及无卵黄腺属的数种绦虫寄生于牛小肠中引起，其中以莫尼茨绦虫危害最严重，在我国分布很广，常呈地方性流行，对犊牛危害严重，不仅影响它们的生长发育，而且可引起死亡。

（一）病原

病原主要有莫尼茨属的扩展莫尼茨绦虫和贝氏莫尼茨绦虫、曲子宫属的曲子宫绦虫、无卵黄腺属的无卵黄腺绦虫。

1. 形态特征

（1）莫尼茨绦虫　扩展莫尼茨绦虫和贝氏莫尼茨绦虫在外观上很相似，头节小，近似球形，上有 4 个吸盘，无顶突和小钩。体节宽而短，成节内有两套生殖器官，每侧一套，生殖孔开在节片的两侧。子宫呈网状。卵巢和卵黄腺在节片两侧构成花环状。睾丸数百个，分布在整个体节内。扩展莫尼茨绦虫的节间腺为一列小圆囊状物，沿节片后缘分布；贝氏莫尼茨绦虫的节间腺呈带状，位于节片后缘的中央。扩展莫尼茨绦虫长 1～5 米，宽 1.6 厘米，呈乳白色带状，分节明显，虫卵近似三角形；贝氏莫尼茨绦虫长可达 6 米，宽为 2.6 厘米，呈黄白色，虫卵为四角形。虫卵内有特殊的梨形器，器内有六钩蚴，卵的直径为 56～67 微米。

（2）曲子宫绦虫　大小与莫尼茨绦虫类似，主要特征是体节中仅有一套生殖器官，生殖孔左右不规则地交替排列；由于雄茎囊外伸，因此，虫体两侧外观边缘不整齐。孕卵节片子宫呈波状弯曲。虫卵无梨形器。每 5～15 个虫卵被包在一个副子宫器内。

（3）无卵黄腺绦虫　虫体窄细，宽度仅为 2～3 毫米，因而肉眼观分节不明显。成节内有一套生殖器官，生殖孔左右不规则地交替排列在节片侧缘，子宫位于节片中央，无卵黄腺。

2. 发育过程

终末宿主将虫卵和孕节随粪便排出体外，虫卵被中间宿主——甲螨（地螨、土壤螨）吞食后，六钩蚴从虫卵内出来，进入体腔，发育成具有感染性的似囊尾蚴。反刍动物吃草时吞食了含似囊尾蚴的甲螨而感染。虫体经 45～60 天变为成虫。绦虫在动物体内的寿命为 2～6 个月，一般为 3 个月以后自动排出体外。各属绦虫仅在病原体形态上有差异，生活史及其他方面大致相同，多呈混合感染。

（二）诊断要点

1. 流行特点

牛绦虫为全球性分布。在我国的东北、西北和内蒙古的牧区流行广泛，几乎每年都有不少黄牛死于本病；在华北、华东、中南及西南各地也经常发生；农区虽不如牧区严重，但亦有局部流行。本病的流行与地螨生态特性密切相关。地螨在适当的温度、高湿度和阴暗而富有腐殖质的土壤中极易滋生，反之在日照强或干燥的环境则不能生存。我国各地感染季节不同，在南方，4～6月份为感染高峰，北方多于5月份开始感染，9～10月份达到感染高峰。该病主要危害犊牛，随年龄增加，牛的感染率和感染强度逐渐下降。

2. 临床症状

牛感染后症状表现的程度取决于感染的强度。轻度感染时则不表现明显的症状，感染强度增高则症状明显。患牛表现消化不良、便秘、慢性肠臌气、贫血、消瘦。常腹泻，粪便间可见有白色长方形孕节片，有时一泡粪中有几个或十几个孕节片，肉眼可见其蠕动。当大量虫体聚集成团，可引起肠阻塞、肠套叠、肠扭转，甚至肠破裂。有的出现抽搐、痉挛或回旋等神经症状。到末期，患牛常卧地不起，头向后仰，常作咀嚼样运动，口角周围有许多白沫，最后衰竭而死。

3. 病理变化

在胸腔、腹腔、心囊有不甚透明或浑浊的液体。小肠内可发现数量不等的长1米以上的带状虫体，其寄生处有卡他性炎症。肠系膜、肠黏膜、淋巴结和肾脏发生增生性变性过程。脑内有时可见出血性浸润和出血，并可见肠黏膜和心内膜出血及心肌变性。

4. 实验室诊断

清理圈舍时，注意查看新鲜粪便，可能找到活动性的孕卵节片，将其夹在两块载玻片之间压薄，根据虫体的构造便可诊断。还可采用漂浮法或沉淀法检查粪便中的虫卵，结合流行病学和临床症状等资料分析进行确诊。

（三）防制

1. 预防

由于牛在早春放牧时感染，所以应在放牧后4～5周进行"成虫期前驱虫"，第一次驱虫后2～3周，最好再进行第二次驱虫；驱虫后的粪便应集中发酵处理，以免污染草场，同时经过驱虫的牛也要及时地转移到干净的牧场；感染的牧地空闲两年后可以净化；放牧的草地或饲草地3年左右翻耕1次，以杀灭地螨；在感染季节尽可能避免在低洼湿润草地放牧，并尽可能地避免在清晨、黄昏和雨后放牧，以减少感染机会；及时清除圈舍粪便，堆积发酵处理，杀灭虫卵，防止传染。

2. 治疗

【处方1】吡喹酮，剂量按每千克体重10～15毫克，一次口服，疗效较好。

【处方2】阿苯达唑（丙硫咪唑），剂量按每千克体重10～20毫克，配成1%水悬液灌服。

【处方3】氯硝柳胺（灭绦灵），剂量按每千克体重60～70毫克，配成10%水悬液灌服；给药前应隔夜禁食12小时，休药期为28天。

【处方4】甲苯咪唑，剂量按每千克体重 10 毫克，一次口服。

【处方5】中药疗法。南瓜子 750 克，槟榔 125 克，白矾、鹤虱、川椒各 25 克。水煎取汁，一次灌服，每天 1 剂，连用 3 剂。

四、肺线虫病

牛肺线虫病也称"牛肺丝虫病"，主要是由网尾科的胎生网尾线虫寄生于牛肺部的支气管和气管所引起。

(一) 病原

1. 形态特征

胎生网尾线虫是大型肺线虫。虫体乳白色，丝线状，较长，24～100 毫米。头端有 4 片小唇，口囊浅。寄生于宿主的气管和支气管内。交合刺两根，为多孔性结构，棕黄色或黄褐色。导刺带色稍淡，也呈泡孔状构造。虫卵内含幼虫。不同种网尾线虫主要根据交合伞中后侧肋的合并与分支情况进行区分。胎生网尾线虫中后侧肋完全则融合。

2. 发育过程

发育不需要中间宿主。虫卵产出后随着宿主咳嗽，经支气管、气管进入口腔，后被咽下，进入消化道，虫卵多在大肠中孵化，幼虫随粪便排出；经过 1 周，第 1 期幼虫发育为感染性幼虫，经口感染终末宿主。幼虫进入肠系膜淋巴结，随淋巴循环进入心脏，再随血流到肺脏，约经 18 天发育成为成虫。

(二) 诊断要点

1. 流行特点

胎生网尾线虫耐低温，在 4～5℃环境下就可发育。第 3 期幼虫在积雪覆盖下仍能生存。我国西南的黄牛和西藏的牦牛多有此病。此病是牦牛春季死亡的重要原因。

2. 临床症状

病牛病初主要表现为咳嗽，初为干咳后为湿咳，运动时或夜间和清晨出圈时更为显著。此时呼吸音明显粗粝，如拉风箱。阵发性咳嗽时，常咳出含有幼虫及虫卵的黏液团块，鼻孔中排出黏稠分泌物。严重时，呼吸困难，体温有时升高可达到 39.5～40℃，精神不振，食欲减退或废绝，逐渐消瘦，贫血，最终卧地不起乃至死亡。

3. 病理变化

主要表现在肺部，可见有不同程度的肺膨胀不全和肺气肿，肺表面隆起，呈灰白色，触摸时有坚硬感；支气管中有黏性或脓性混有血丝的分泌团块和肺线虫。气管及支气管内分泌物增多，见有数量不等的肺线虫。

4. 实验室诊断

可根据流行特点、临床症状、检查幼虫和尸体剖检做出诊断；临床主要特点是阵发性咳嗽和流鼻涕等。进一步确诊，需要检查粪便中的虫卵或幼虫。常用幼虫分离法对第 1 期幼虫进行检查，鉴别可根据其长度、特点来进行。胎生网尾线虫第 1 期幼虫头端钝圆，无扣状突。必要时还可进行寄生虫血剖检。

（三）防制

1. 预防

应改善饲养管理，提高牛的健康水平和抵抗力，可缩短虫体寄生时间；在本病流行区，每年春秋两季（春季在 2 月，秋季在 11 月为宜）进行两次以上定期驱虫，驱虫治疗期应将粪便进行生物热处理；圈舍和运动场应保持清洁干燥，及时清扫粪便并堆积发酵；应尽量避免到潮湿和中间宿主多的地方放牧；牛的人工免疫目前广泛应用的是 X 射线 40000 伦琴辐射剂量照射的幼虫疫苗，免疫 2 次，第 1 次 1000条幼虫疫苗，第 2 次 4000 条幼虫疫苗。据试验，攻毒后，既未见寄生虫性支气管炎升温症状，剖检也未发现虫体。

2. 治疗

【处方1】氰乙酰肼（网尾素），对牛羊网尾属线虫及部分原圆科线虫成虫均有效，但对幼虫及缪勒线虫无效。剂量按每千克体重 17.5 毫克，1 次内服；或每千克体重 15 毫克，皮下或肌内注射。本品安全范围小，应慎用。牛 300 千克以上，总量不超过 5 克。

【处方2】阿苯达唑（丙硫咪唑），剂量为每千克体重 5～20 毫克，1 次口服。

【处方3】乙胺嗪，其枸橼酸盐也叫枸橼酸乙胺嗪或海群生，剂量按每千克体重 22 毫克，每天 1 次口服，连服 5 天，适合对感染早期童虫（感染后 14～25 天的虫体）的治疗。

【处方4】左咪唑，剂量按每千克体重 8 毫克，1 次口服；或按每千克体重 7.5毫克，1 次肌内或皮下注射。

【处方5】伊维菌素或阿维菌素，剂量按每千克体重 0.2～0.3 毫克，1 次口服或皮下注射。对注射部位局部有刺激作用；产奶牛、临产 1 个月内的牛及小于 3 月龄的犊牛禁用；牛羊内服给药后的屠宰前休药期不少于 14 天。

五、脑多头蚴病

脑多头蚴病又称"脑包虫病"，是带科多头属的多头绦虫的中绦期幼虫多头蚴寄生于牛羊的脑部及脊髓所引起的一种绦虫蚴病。偶见于骆驼、猪、马及其他野生反刍动物，极少见于人；成虫寄生于犬、狼、狐狸的小肠中。

（一）病原

1. 形态特征

脑多头蚴为乳白色半透明囊泡，呈圆形或卵圆形，从豌豆大到皮球大不等。囊内充满液体。囊壁由两层膜组成，外膜为角质层，内膜为生发层，其上有十几个到上百个分布不均匀的原头蚴（头节），头节直径 2～3 毫米。成虫长 40～100 厘米，由 200～250 个节片组成。头节上有顶突，上有排列成两圈的小钩。孕节的子宫内充满虫卵，子宫侧支为 14～26 对。

2. 发育过程

寄生在终末宿主体内的成虫，其孕节脱落后随宿主粪便排出体外，虫卵污染牧草、饲料和饮水等，被牛、羊（中间宿主）吞食而进入胃肠道；虫卵在小肠内孵化成六钩蚴，经肠内消化作用，六钩蚴脱壳逸出，借小钩吸附于肠黏膜上，然后穿入肠壁静脉而随血流进入门脉系统，随血流到达脑和脊髓中，经 2～3 个月发育为多头蚴。多头蚴在牛羊体内发育缓慢，感染后 2～5 周呈粟粒大小，6 周囊体直径可达 2～3 厘米，经过 2～3 个月，直径可达 3～4 厘米或更大，并有很多头节，但还可继续生长到 7～8 个月停止生长，包囊的直径可达 5 厘米以上。犬、狼、狐狸等肉食兽吞食了含有多头蚴的牛羊脑、脊髓而感染，多头蚴在终末宿主的消化道中经消化液的作用，囊壁溶解，原头蚴附着在小肠壁上逐渐发育，经过 45～76 天虫体成熟。多头蚴上的每个原头蚴均可发育成一条绦虫。多头绦虫在终宿主的小肠内可存活数年之久，一年内任何季节都可以向外散布病原。

（二）诊断要点

1. 流行特点

本病为全球性分布，欧洲、亚洲及北美洲绵羊的脑多头蚴病极为常见。呈地方性流行，其主要传播源是犬。我国牧区内蒙古、宁夏、甘肃、青海及新疆多发。其他省，如陕西、山西、河南、山东、江苏、福建、贵州、云南、四川等有羊多头蚴病的报道。此外，黄牛、山羊和牦牛的多头蚴病在山东、山西、西北各省（地区）常见。一年四季都有感染可能。

2. 临床症状和病理变化

牛感染后 1～3 周，呈现体温升高及类似脑炎或脑膜炎的症状，严重感染者常引起死亡，耐过牛的上述症状消失而呈健康状态。牛感染 2～7 个月后，出现典型的神经症状，即表现异常运动和异常姿势。虫体寄生于一侧大脑半球时，常向患侧做转圈运动，因此又称"回旋病""转圈病"，多数病例对侧视力减弱或全部消失；虫体寄生于大脑正前部时，头下垂抵于胸前，或向前直线运动或常把头抵在障碍物上呆立不动；虫体寄生于大脑后部时，头高举，后退，可能倒地不起，颈部肌肉强直性痉挛或角弓反张；虫体寄生于小脑时，表现知觉过敏，容易惊恐，行走急促或步样蹒跚，平衡失调，痉挛等；虫体寄生在腰部脊髓时，后躯及盆腔脏器麻痹，最后死于高度消瘦或因为重要神经中枢受害。前期有脑膜炎和脑炎病变，后期可见囊体或在表面，或嵌入脑组织中。寄生部位的头骨变薄、松软和皮肤隆起。如果寄生多个虫体而又位于不同部位时，则出现综合性症状。

3. 实验室诊断

在流行区，根据其特殊的临床症状、病史做出初步判断。寄生在大脑表层时，头部触诊（患部皮肤隆起，头骨变薄变软，甚至穿孔）可以判定虫体所在位置。有些病例需经剖检才能确诊。

（三）防制

1. 预防

本病只要不让犬吃到含有脑多头蚴患病动物的脑和脊髓即可得到控制；对牧羊犬和家犬应用吡喹酮（每千克体重 5～10 毫克，一次内服）或氢溴酸槟榔碱（每千克体重 2～4 毫克，一次内服）进行定期驱虫，排出的犬粪和虫体应深埋或烧毁；药物预防，将吡喹酮 1 份、葵花籽油 10 份，充分研磨混合均匀，用前加温至 40～42℃，每千克体重 50 毫克，选臀部两点深部肌内缓慢注射。此药物防治脑包虫病疗效显著，毒性小，如能驱虫 2 次，可消灭脑包虫的寄生，以在每年 7 月下旬及

10 月下旬驱虫为宜。

2. 治疗

【处方 1】对脑表层寄生的囊体，可施行手术摘除，在脑深部寄生者则难以去除。

【处方 2】吡喹酮，每千克体重 100 毫克，一次口服，每天 1 次，连用 5 次。

【处方 3】吡喹酮（口服每次每千克体重 75 毫克）和丙硫苯咪唑（阿苯达唑，口服或注射治疗，每次每千克体重 75 毫克），每天 1 次，连用 3 次。

六、消化道线虫病

消化道线虫病是寄生于牛等反刍动物消化道内的各种线虫引起的疾病。其特征是患病动物消瘦、贫血、胃肠炎、下痢、水肿等，严重感染可引起死亡。牛消化道线虫种类很多，它们具有各自引起疾病的能力和不同的临床症状，常呈混合感染。本病分布广泛，是牛重要的寄生虫病之一，给养牛业造成严重的经济损失。

（一）病原

1. 形态特征

牛消化道线虫属于毛圆科的血矛线虫属、奥斯特线虫属、毛圆线虫属、细颈线虫属、似细颈线虫属、古柏线虫属、马歇尔线虫属和长刺线虫属等的虫体，其中以捻转血矛线虫危害最为严重；其他还有钩口科仰口属的线虫；食道口科食道口属的线虫；毛首科毛首属的线虫。

（1）捻转血矛线虫　又称"捻转胃虫"，寄生于宿主的皱胃。呈毛发状，淡红色，头端尖细，口囊小，内有一角质背矛，雄虫长 15～19 毫米，交合伞发达，背肋呈"人"字形。雌虫长 27～30 毫米，眼观可见红白线条相间，阴门位于虫体后半部，有明显的阴门盖。虫卵无色，壳薄，大小为（75～95）微米×（40～50）微米，内含 16～32 个胚细胞。虫卵随宿主粪便排出，孵出幼虫经蜕皮发育到带鞘的感染性幼虫，牛随吃草和饮水吞食感染性幼虫而感染，经 3～4 周发育为成虫。

（2）仰口线虫　又称"钩虫"，寄生于宿主的小肠。虫体前端弯向背侧，口囊大，呈漏斗状，口囊底部有 1 个大背齿和 2 个小亚腹齿。雄虫长 10～20 毫米，交合伞由 2 个发达的侧叶和 1 个不对称的小背叶组成。背肋的分支不对称。交合刺 1 对，褐色，等长。雌虫长 15～28 毫米，尾端粗短而钝圆。虫卵大小为（72～85）微米×（45～49）微米。

（3）食道口线虫　寄生于宿主的大肠，主要是结肠，由于可在肠黏膜上形成绿豆大小坚硬的结节，所以又称"结节虫"。寄生于牛的食道口属的线虫主要有哥伦比亚食道口线虫、微管食道口线虫、粗纹食道口线虫及辐射食道口线虫。哥伦比亚食道口线虫，有发达的侧翼膜，致使虫体前部弯曲，口囊在口领下界的前方，头囊不甚膨大，外叶冠由 20～24 叶组成，内叶冠由 40～48 个小叶组成，颈乳突于颈沟的稍后方，其尖端突出于侧翼膜之外。雄虫长 12～13.5 毫米，交合伞发达，交合刺长 0.74～0.87 毫米。雌虫长 16.7～18.6 毫米，尾部长，有肾形的排卵器。虫卵呈椭圆形，大小为（73～89）微米×（34～45）微米。

（4）毛首属线虫　又称"鞭虫"，寄生于宿主盲肠。球形毛首线虫，虫体鞭状，鞭部与体部之比，雄虫为（2：1）～（3：1），雌虫为（3：1）～（4：1）。雄虫长54～69毫米，交合刺长3.32～5.60毫米，交合刺鞘伸出时远端有球形膨大，上有小刺。雌虫长62～86毫米，阴道短，阴门开口于虫体粗细交界处。虫卵呈棕黄色，腰鼓形，卵壳厚，两端有卵塞，大小为（57～65）微米×（32～57）微米。

2. 发育过程

牛消化道线虫在发育过程中，不需要中间宿主，为直接发育，称土源性线虫。它们的生活史可以概括为3种类型，即圆形线虫型、钩虫型和毛首线虫型。

（1）圆形线虫型 雌雄虫在消化道内交配产卵，虫卵随宿主粪便排至外界，在适宜的温度、湿度和氧气条件下，从卵内孵化出第一期幼虫，蜕二次皮变为第三期幼虫（感染性幼虫）。感染性幼虫对外界的不利因素有很强的抵抗力，能在土壤和牧草上爬动。清晨、傍晚、雨天和雾天多爬到牧草上，当牛采食牧草吞食感染性幼虫而获得感染。幼虫在终末宿主体内或移行，或不移行，而发育为成虫。

（2）钩虫型 虫卵随宿主粪便排至外界，在外界发育为第一期幼虫。孵化后，经两次蜕皮变为感染性幼虫。感染性幼虫能在土壤和牧草上活动，主要是通过终末宿主的皮肤感染，随血流到肺，其后出肺泡，沿支气管、气管到咽，又随唾液一起咽下，到小肠发育为成虫，也能经口感染。从感染到成熟需30～56天。

（3）毛首线虫型 虫卵随宿主粪便排至外界，在粪便和土壤中发育为感染性虫卵。宿主吞食到感染性虫卵后，幼虫在小肠内孵出，在大肠内发育为成虫。

（二）诊断要点

1. 流行特点

病畜及带虫畜为主要感染来源，排出的虫卵污染外界环境。捻转血矛线虫流行甚广，各地普遍存在，多与其他毛圆科线虫混合感染。虫卵在北方地区不能越冬。第3期幼虫抵抗力强，在一般草场上可存活3个月；不良环境中可休眠达1年；幼虫有向植物茎叶爬行的习性及对弱光的趋向性，温暖时活性增强。钩虫在温暖适宜、潮湿、草场载畜量过大时易使牛感染，秋季感染，春季发病。食道口线虫从感染宿主到成虫排卵需30～50天。虫卵在低于9℃时不发育，高于35℃则迅速死亡。春末夏秋季节，宿主易遭受感染。低湿牧地有利于传播此病，在早晚放牧吃露水草或小雨后的阴天放牧，反刍动物更易感染。牛消化道线虫因种类不同，其感染性幼虫对外界环境因素抵抗力也不同，因此具有一定的地区性。

2. 临床症状

本病一般呈现慢性、消耗性疾病的症状，多发生在冬春季节。轻度感染时，呈带虫现象，不显症状。重度感染时，主要病状表现为消化紊乱，排稀便或腹泻，有时粪便带有血液、黏液、脓汁，患牛贫血，食欲减退，可视黏膜苍白。有时下颌及颌下水肿，犊牛发育不良，生长缓慢。血液检查红细胞减少，血红蛋白降低，淋巴细胞和嗜酸性白细胞增加。少数患牛体温升高，呼吸、脉搏增数，心音减弱，最后导致衰弱而死亡。

3. 病理变化

可见尸体消瘦，贫血。皱胃黏膜水肿，有小创伤和溃疡，小肠和盲肠有卡他性炎症，大肠可见到黄色小点状的结节或化脓性结节以及肠壁上遗留下来的一些瘢痕性斑点，大网膜、肠系膜胶样浸润，胸腔、腹腔有淡黄色渗出液，心包有积水。

4. 实验室诊断

根据本病的流行情况、患病牛的症状、病死牛的剖检结果作综合判断。粪便虫卵计数法只能了解本病的感染强度，作为防控的依据。在条件许可的情况下，必要时可进行粪便培养，检查第三期幼虫。

（三）防制

1. 预防

每年春秋两季定期进行驱虫；夏秋感染季节避免牛吃露水草；不要在低湿地带放牧；草场可和单蹄兽轮牧；禁饮低洼地区的积水或死水。加强粪便管理，将粪便集中在适当地点进行生物热处理，消灭虫卵和幼虫。注意冬季补饲，搭建棚圈。

2. 治疗

【处方1】丙硫咪唑（阿苯达唑），每千克体重 10～20 毫克，一次内服，而对鞭虫应按每千克体重 20 毫克内服才能有较好的效果。

【处方2】左咪唑（左旋咪唑），每千克体重 6～8 毫克，一次内服或注射。

【处方3】伊维菌素（或阿维菌素），每千克体重 0.2 毫克，一次皮下注射或口服。

【处方4】甲苯咪唑，每千克体重 10～15 毫克，一次内服。

【处方5】中药疗法。

方剂一：雷丸、榧子、槟榔、使君子、大黄各等份，研末开水冲调，50 千克牛一次服 25～35 克，但总量每次不得超过 60 克。

方剂二：贯众 52 克，蒜皮 28 克，花椒 55 克，芜荑、雷丸各 27 克，川椒 18 克，共研为末，开水冲，候温灌服。

七、日本分体吸虫病

血吸虫病也称"日本分体吸虫病"，是由日本分体吸虫寄生于人和多种动物的门静脉和肠系膜静脉内所致的一种严重的地方性人兽共患寄生虫病。

（一）病原

1. 形态特征

病原为日本分体吸虫。日本分体吸虫属分体科、分体属。日本分体吸虫雌雄异体。寄生时呈雌雄合抱状态。虫体呈长圆柱状，外观线状。体表有细棘。口、腹吸盘各一个。雄虫呈乳白色，粗短，体长 9.5～22 毫米，口吸盘在体前端，腹吸盘较大，具有粗而短的柄，体壁自腹吸盘后方至尾部两侧向腹面卷起形成抱雌沟，通常雌虫在沟内呈合抱状态，睾丸为 6～8 个，多为 7 个，呈线状排列。雌虫呈暗褐色，体形细长，长 12～26 毫米，卵巢呈椭圆形，位于虫体中部偏后方两肠管合并处前方。虫卵呈椭圆形，大小为（70～100）微米×（50～65）微米，淡黄色，内含毛蚴。毛蚴呈梨形，平均大小为 90 微米×35 微米，周身披有纤毛，在水中活泼游动。

2. 发育过程

日本分体吸虫生活史需要中间宿主，在我国为湖北钉螺。雌虫在寄生的静脉末梢产卵，产出的虫卵一部分随血流到达肝脏，一部分沉积在肠壁上。肠壁上的虫卵在血管内成熟后，虫卵分泌的溶细胞物质使虫卵周围肠组织发炎、坏死、破溃，虫卵进入肠道随粪便排出体外，并在外界水中孵出毛蚴。毛蚴遇中间宿主钉螺即迅速钻入螺体内，经母胞蚴、子胞蚴和尾蚴阶段的发育后，尾蚴离开螺体进入水中。牛羊饮水或放牧时，尾蚴即钻入牛羊皮肤或通过口腔黏膜进入体内，体内的虫体亦可通过胎盘感染胎儿。在终末宿主体内的幼虫又侵入小血管或淋巴管，随血流到达其寄生部位发育为成虫。日本分体吸虫成虫在宿主体内一般能活3~5年，人体内为4.5年，在黄牛体内能活10年以上。

（二）诊断要点

1. 流行特点

人、畜和野生动物等终末宿主均为传染源，其中以人、牛、羊、猪、犬及野鼠为主要传染源。尾蚴主要经皮肤侵入终末宿主，在饮水或吃草时吞食尾蚴可经口腔黏膜感染。孕妇或妊娠的母畜也可经胎盘感染胎儿。日本分体吸虫的易感动物主要有人、黄牛、水牛、羊、猫、猪、犬及马属动物等，此外还有30多种野生动物。在我国，日本分体吸虫病的流行与湖北钉螺的分布相一致，主要有江苏、浙江、安徽、江西、湖南、湖北、四川、云南、福建、广东、广西及上海等12个省、自治区、直辖市。我国血吸虫病流行区域可以划分为3种类型，即水网区（主要指长江和钱塘江之间的长江三角洲的广大平原地区）、湖沼型［又称江湖洲滩型，主要指长江中、下游的湘、鄂、赣、皖、苏5省的沿江洲滩及与长江相通的大小湖泊沿岸（包括洞庭湖、鄱阳湖等），是我国目前血吸虫病流行的主要疫区］和山丘型（地势高低不平，自然环境复杂多样，疫区往往独立成块，有时仅一峰之隔，除上海市外，其他流行省区均有山丘型流行区的分布）。

2. 临床症状

牛患本病多呈慢性经过，只有当突然感染大量尾蚴后，才急性发病。病犊表现体温升高，呈不规则间歇热，似流感症状，食欲减退，精神不振，呼吸迫促，有浆液性鼻液，下痢，消瘦等，常可造成大批死亡。若有较好的饲养管理条件，逐渐转为慢性，但可反复发作。一经耐过则转为慢性。轻度感染的牛，缺乏急性表现。慢性病例一般呈现黏膜苍白，下颌及腹下水肿，腹围增大，消化不良，软便或下痢。犊牛生长发育停滞，甚至死亡。母牛不发情、不孕或流产。胎儿期感染日本分体吸虫的犊牛，症状尤为明显，多于出生后不久死亡。其中存活的幼畜，生长发育障碍，成为"侏儒牛"。

3. 病理变化

剖检可见尸体明显消瘦，贫血，腹腔内常有大量腹水。在感染数千条以上虫体的病例，其肠系膜及大网膜均有明显的胶样浸润，更严重的可以波及到胃肠壁的浆膜层。小肠黏膜上可见有出血点或坏死灶。肠系膜淋巴结普遍表现水肿。肝组织出现程度不同的结缔组织化。肝脏质地变硬，在肝表面可以见到灰白色网状组织的凹陷纹理，而使肝表面低洼不平，并且散布着大小不等的灰白色坏死结节。肝脏在初期多表现为肿大，后期多表现为萎缩，被膜增厚，呈灰白色。

4. 实验室诊断

本病的诊断应根据流行特点、临床症状、病理变化、免疫学检查和病原学检查等综合进行。

（三）防制

1. 预防

每年在 4、5 月份和 10、11 月份进行两次定期驱虫，病牛要淘汰；结合环境改造工程和药物灭螺杀灭中间宿主，阻断血吸虫的发育途径；疫区内要加强粪便管理，进行堆肥发酵和制造沼气；搞好个人防护并做好封洲禁牧；选择无螺水源，实行专塘用水，以杜绝尾蚴的感染。

2. 治疗

目前，人、畜日本分体吸虫病的推荐治疗药物为吡喹酮。各种剂型的吡喹酮一次口服治疗各种家畜均可达到 99.3%～100% 的杀虫效果。黄牛（奶牛）每千克体重 30 毫克（限体重 300 千克），水牛每千克体重 25 毫克（限体重 400 千克）。对妊娠 6 个月以上和哺乳期母牛以及 3 月龄以内的犊牛可缓治。

八、牛眼虫病

牛眼虫病又叫"牛吸吮线虫病""寄生性结膜角膜炎"，是由旋尾目吸吮科吸吮属的多种线虫寄生于牛的眼角膜囊、第三眼睑（瞬膜）和泪管引起的。我国各地普遍流行，对牛的危害甚大，可引起牛的结膜炎和角膜炎，甚至角膜糜烂和溃疡，严重者可导致失明。最常发于秋季。

（一）病原

1. 形态特征

虫体呈乳白色，表皮上有显著的横纹，口囊小，无唇，边缘上有内外两圈乳突。雄虫长 9.3～13 毫米，通常有大量的肛前乳突；雌虫长 14.5～17.7 毫米，阴门位于虫体前部，胎生。我国最常见的有罗氏吸吮线虫。其次有大口吸吮线虫、斯氏吸吮线虫。

2. 发育过程

吸吮线虫的生活史中需要蝇参加，如胎生蝇、秋蝇等作为中间宿主。雌虫寄生在牛的结膜囊内，在此产幼虫，幼虫在蝇舔食牛眼分泌物时被咽下，然后进入蝇的卵滤泡内发育，并蜕化，约经 1 个月后变为感染性幼虫。感染性幼虫穿出卵滤泡，进入体腔，移行到蝇的口器。带有感染性幼虫的蝇舔食牛眼分泌物时，感染性幼虫进入牛眼内，大约经过 20 天即可发育为成虫。成虫在牛眼内可生存 1 年左右。在牛眼内越冬的雌虫，是第二年春季流行牛眼虫病的主要来源。所以，春季是牛眼虫病春防春治的大好时机。

（二）诊断要点

1. 流行特点

本病的流行与蝇的活动季节密切相关，而蝇的繁殖速度和生长季节又决定于当地的气温和湿度等环境因素，故通常在温暖而湿度较高的季节常有大批牛只发病（5、6 月份开始发病，8、9 月份达到高峰，是冬轻夏重的一种眼虫病），干燥而寒冷的冬季则少见。各种年龄的牛都可感染，以犊牛和放牧牛多见。

2. 临床症状

吸吮线虫的致病作用主要表现为机械性地损伤结膜和角膜，引起结膜炎、角膜炎，如继发细菌感染时，可导致失明。临床上常见患牛眼潮红、流泪和角膜混浊等症状。病牛极度不安，摇头，摩擦眼部，食欲不振等。

3. 实验室诊断

根据流行特点、临床症状可做出初步诊断，确诊需做病原学检查。扒开牛眼发现线状长 10～20 毫米乳白色虫体在牛眼内活动，虫体有时游走到眼球表面，更容易发现。如能用牛的眼泪做涂片，在显微镜下检出幼虫，更能进一步确诊。

（三）防制

1. 预防

本病的流行与蝇的活动季节密切相关，在蝇活动季节应该大量灭蝇、灭蛆，消灭蝇类孳生地。流行地区可于每年冬、春季及蝇类出现之前对全部牛进行 1 次计划性驱虫。对发病牛应及时治疗，防止病原传播。

2. 治疗

【处方1】药物治疗可选用磷酸左旋咪唑，每千克体重 8 毫克，每天 1 次，口服，连续用药 2 天。

【处方2】冲洗疗法，可任选下列一种药液：2％～3％硼酸溶液、0.2％海群生溶液、稀碘液（碘片 1 克、碘化钾 1.5 克、蒸馏水 1500 毫升）、1％敌百虫溶液、0.5％来苏尔溶液、0.1％雷佛奴尔溶液、3％盐酸普鲁卡因液，用一个橡皮球或注射器，吸取药液，冲洗第三眼睑内侧和结膜囊，可杀死或冲出虫体。

【处方3】对症疗法，可选用青霉素软膏、黄降汞眼药膏或磺胺类药物治疗结膜炎或角膜炎。

九、棘球蚴病

棘球蚴病也叫"包虫病"，是由寄生于犬、狼、狐狸等动物小肠的棘球绦虫中绦期幼虫——棘球蚴寄生于牛、绵羊、山羊、马、猪、骆驼、人及其他动物的肝、肺等脏器和组织中所引起的一种严重的人兽共患寄生虫病。本病对人畜危害严重，甚至引起死亡。在各种动物中，对绵羊的危害最为严重。

（一）病原

棘球绦虫在分类上隶属于圆叶目、带科、棘球属的多种绦虫。我国常见的棘球绦虫有细粒棘球绦虫和多房棘球绦虫，前者多见。两者形态相似。

1. 形态特征

（1）细粒棘球绦虫　成虫寄生于犬科动物的小肠中。细粒棘球绦虫为小型绦虫，长仅有 2～7 毫米，由头节和 3～4 个节片组成。头节上有 4 个吸盘，顶突钩 36～40 个，排成二圈。成节内含一套雌雄同体的生殖器官，睾丸数 35～55 个。生殖孔位于节片侧缘的后半部。孕节的长度约占全虫长度的一半，子宫侧枝为 12～15 对，内充满虫卵。虫卵大小为 (32～36)微米×(25～30)微米。

（2）细粒棘球蚴　是细粒棘球绦虫的中绦期幼虫，为一包囊状构造，内含液体。一般近似球形，直径约为 5～10 厘米。棘球蚴的囊壁分两层：外层为乳白色的角质层，内为胚层，又称生发层，前者由后者分泌而成。胚层向囊腔芽生出成群细胞，这些细胞空腔化后形成一个小囊，并长出小蒂与胚层相连，在囊内壁上生成数量不等的原头蚴，此小囊称为育囊或生发囊。育囊可生长在胚层上或者脱落下来漂浮在囊液中。母囊内还可生成与母囊结构相同的子囊，甚至孙囊，与母囊一样亦可生长出育囊和原头蚴。有的棘球蚴还能外生，即向母囊外衍生子囊。游离于囊液中的育囊、原头蚴和子囊统称为棘球砂。原头蚴上有小钩和吸盘及微细的石灰颗粒，具有感染性。

2. 发育过程

终末宿主狗、狼、狐狸把含有细粒棘球绦虫的孕卵节片和虫卵随粪便排出，污染牧草、牧地和水源。当牛、羊等中间宿主通过吃草、饮水吞下虫卵后，卵膜因胃酸作用被破坏，六钩蚴逸出，钻入肠黏膜血管，随血流达到全身各组织，逐渐生长发育成棘球蚴，最常见的寄生部位是肝脏和肺脏。经 6～12 个月的生长可成为具有感染性的棘球蚴。如果犬等终末宿主吃了含有棘球蚴的器官，经 40～50 天就在肠道内发育成细粒棘球绦虫，并可在宿主肠道内生活达 6 个月之久。

（二）诊断要点

1. 流行特点

本病多因直接接触犬、狐狸，经口感染虫卵，或因吞食被虫卵污染的水、饲草、饲料、食物、蔬菜等而感染；猎人在处理和加工狐狸、狼等的皮毛过程中，易遭受感染。犬或犬科动物主要是食入了带有棘球蚴的动物内脏器官和组织而感染棘球绦虫。犬和犬科的多种动物都是终末宿主，寄生于小肠。绵羊、山羊、牛、猪等多种家畜或野生动物都是较敏感的中间宿主，其中绵羊最为易感，人也是敏感的中间宿主。本病原寄生于动物内脏器官和全身脏器中，尤其多寄生于肝脏和肺脏。我国是世界上包虫病高发的国家之一，主要以新疆、西藏、宁夏、甘肃、青海、内蒙古、四川等 7 省（区）最为严重。绵羊的平均感染率约为 64%、牛 55%、猪 13%，对我国畜牧业造成极大的经济损失。家犬的平均感染率为 35%。虫卵对外界环境的抵抗力较强，可以耐低温和高温，对化学物质亦有相当的抵抗力，但直射阳光易使之致死。

2. 临床症状

患牛症状的轻重取决于棘球蚴的大小、寄生的部位及数量。轻度感染或初期感染都无症状。严重感染时，机械性压迫可使寄生部位周围组织发生萎缩和功能障碍，代谢产物被吸收后，使周围组织发生炎症和全身过敏反应，严重者可致死。寄生在肺部时，发生长期的慢性呼吸困难和轻度咳嗽，叩诊肺部，可以在不同部位发现局限性半浊音病灶；听诊病灶时，肺泡呼吸音特别微弱或完全没有。剧烈运动时症状加重，产奶量下降。寄生在肝脏时，患牛表现消瘦，衰弱，反刍无力，肝脏叩诊浊音区扩大，触诊浊音区疼痛。当肝脏容积极度增加时，可观察右侧腹部稍有膨大。如棘球蚴破裂，则全身症状迅速恶化，很快窒息死亡。

3. 病理变化

剖检病变主要表现在虫体经常寄生的肝脏和肺脏。可见肝肺表面凹凸不平，重量增大，表面有数量不等的棘球蚴囊泡突起；肝脏实质中亦有数量不等、大小不一的棘球蚴囊泡。棘球蚴内含有大量液体，除不育囊外，液体沉淀后，可见有大量包囊砂。有时棘球蚴发生钙化和化脓。有时在心、脾、肾、脑、脊椎管、肌内、皮下亦可发现棘球蚴。

4. 实验室诊断

本病的生前诊断比较困难。严重病例可依靠症状诊断，或用 X 光和超声检查进行诊断。最好的方法是用皮内变态反应作生前诊断。尸体剖检时，在肝脏、肺脏等处发现棘球蚴可以确诊。

（三）防制

1. 预防

对棘球蚴病应实施综合性防控措施，具体措施包括：禁止用感染棘球蚴的动物肝脏、肺脏等组组器官喂犬；对牧场上的野犬、狼、狐狸进行监控，可以试行定期在野生动物聚居地投药；对犬进行定期驱虫（可用氢溴酸槟榔碱，绝食 12～18 小时后，一次内服量为每千克体重 2 毫克；或吡喹酮，一次内服量为每千克体重 5～10 毫克），驱虫后的犬粪，要进行无害化处理，杀灭其中的虫卵；保持畜舍、饲草、饲料和饮水卫生，防止犬的粪便污染；定点屠宰，加强检疫，防止感染有棘球蚴的动物组织和器官流入市场；加强科普宣传，注意个人卫生，在人与犬等动物接触或加工狼、狐狸等毛皮时，防止误食孕节和虫卵。

2. 治疗

【处方 1】吡喹酮，剂量为每千克体重 25～30 毫克，每天服 1 次，连用 5 天（总剂量为每千克体重 125～150 毫克）。

【处方 2】丙硫咪唑，剂量为每千克体重 90 毫克，连服 2 次，对原头蚴的杀灭率为 82%～100%。

第五章　牛营养代谢病的诊疗与处方

第一节　维生素缺乏症的诊疗与处方

一、维生素 A 缺乏症

维生素 A 缺乏症是由于维生素 A 或其前体胡萝卜素缺乏或不足所引起的一种营养代谢疾病，临床上以生长发育受阻、上皮角化、干眼、夜盲症、繁殖机能障碍以及机体免疫力低下等为特征。本病常发生于犊牛、仔猪、仔犬和幼禽，其他动物亦可发生，但极少发生于马。

（一）病因

（1）原发性（外源性）病因　各种青绿饲料包括发酵的青绿饲料在内，特别是青干草、胡萝卜、南瓜、黄玉米等都含有丰富的维生素 A 原（能转变成维生素 A），如不能饲喂这些饲料，即易患本病；棉籽、亚麻籽、萝卜、干豆、干谷、马铃薯、甜菜根及其谷类加工副产品（麦麸、米糠、粕饼等）中，几乎不含维生素 A 原，长期饲喂此类饲料，即造成缺乏；饲料收刈、加工、贮存不当，饲料中维生素 A 和胡萝卜素被破坏，如在有氧条件下长时间高温处理或长期曝晒以及贮存时间太长，雨淋、发霉变质等。生大豆和生豆饼中含的脂氧化酶可使维生素 A 破坏，即导致缺乏；干旱年份，植物中胡萝卜素含量低下；犊牛在 3 周龄前，不能从饲料中摄取胡萝卜素，易引起维生素 A 缺乏。

（2）继发性（内源性）病因　当犊牛患有慢性胃肠道病和肝脏疾病时，犊牛腹泻、瘤胃不全角化或角化过度，均易继发本病；此外，饲料中脂肪、蛋白质、矿物质（无机磷）、维生素（维生素 C、维生素 E）、矿物质（钴、锰）缺乏或者不足，都能影响体内胡萝卜素的转化和维生素 A 的贮存。妊娠和哺乳期母牛以及生长发育快速的犊牛，对维生素 A 的需要量增加；长期腹泻、罹患热性疾病的牛，维生素 A 的排出和消耗增多，也可引起维生素 A 相对缺乏。

（3）诱发因素　饲养管理条件不良，牛舍污秽不洁、寒冷、潮湿、通风不良、过度拥挤，缺乏运动以及阳光照射不足等因素都可诱导发病。

（二）诊断要点

1. 临床症状

（1）生长发育受阻　食欲不振，消化不良。犊牛生长缓慢，发育不良，增重低下，成牛营养不良，衰弱乏力，生产性能低下。

（2）视力障碍　夜盲症是早期症状（猪除外）之一，特别在犊牛，当其他症状都不甚明显时，就可发现在早晨或傍晚或月夜中光线朦胧时，盲目前进，行动迟缓，碰撞障碍物。至于所谓"干眼病"，是指角膜增厚及云雾状形成，仅可见于犬和犊牛。

（3）皮肤病变　皮肤干燥、脱屑，甚至发生皮炎，被毛粗刚、逆立、无光泽，脱毛，皮肤有麸皮样痂块，蹄、角生长不良。

（4）繁殖力下降　公牛精小管生殖上皮变性，精子活力降低，青年公牛睾丸显著小于正常。母牛发情扰乱，受胎率下降。胎儿吸收、流产、早产、死产，所产犊牛生活力低下，体质孱弱，易死亡。胎儿发育不全，先天性缺陷或畸形。

（5）神经症状　如由于颅内压增高引起的脑病，视神经管缩小引起的目盲，以及外周神经根损伤引起的骨骼肌麻痹。由于骨骼肌麻痹而呈现的运动失调，最初常发生于后肢，然后再见于前肢。犊牛还可引起面部麻痹、头部转位和脊柱弯曲。至于脑脊液压力增高而引起的脑病，通常见于犊牛，呈现强直性和阵发性惊厥及感觉过敏的特征。

（6）抗病力低下　由于黏膜上皮角化，腺体萎缩，极易继发鼻炎、支气管炎、肺炎、胃肠炎等疾病，或因抵抗力下降而继发感染某些传染病。

2. 实验室诊断

根据饲养管理情况、病史和临床症状可做出初步诊断。必要时配合维生素 A 和胡萝卜素含量测定确诊。患病奶牛血液中维生素 A 含量多在 10 单位/100 毫升以下（正常奶牛为 60 单位/100 毫升以上），患病犊牛肝脏活组织维生素 A 含量为 0.3 微克/克以下（正常为 10～50 微克/克），患病成年牛肝脏活组织维生素 A 含量为 3 微克/克以下（正常为 50～300 微克/克）。确诊还须参考病理损害特征、临床病理学变化、脑脊液压变化和治疗效果。

（三）防制

1. 预防

日粮中应有足量的青绿饲料、优质干草、胡萝卜和块根类及黄玉米，必要时应给予鱼肝油或维生素 A 添加剂。饲料不宜贮存过久，以免胡萝卜素被破坏而降低维生素 A 效应，也不宜过早地将维生素 A 掺入饲料中做贮备饲料，以免氧化破坏。舍饲牛，冬季应保证舍外运动，夏季应进行放牧，以获得充足的维生素 A。

2. 治疗

【处方 1】对患本病的牛，首先应查明病因，积极治疗原发病，同时改善饲养管理条件，加强护理。其次要调整日粮组成，增补富含维生素 A 和胡萝卜素的饲料，优质青草或干草、胡萝卜、青贮料、黄玉米，也可补给鱼肝油。

【处方 2】治疗可用维生素 A 制剂和富含维生素 A 的鱼肝油。维生素 AD 滴剂，牛 5～10 毫升，犊牛 2～4 毫升，内服。或浓缩维生素 A 油剂，牛 15 万～30 万单位，犊牛 5 万～10 万单位，内服或肌内注射，每天 1 次。或维生素 A 胶丸，每千克体重 500 单位，内服。或鱼肝油，牛 20～60 毫升，犊牛 1～10 毫升，内服。维生素 A 剂量过大或应用时间过长会引起中毒，应用时应予注意。

【处方 3】中药治疗。苍术、松针、侧柏叶各 25 克，共研细末，拌料饲喂，每天 1 次，连喂 5～7 天。

二、硒和维生素 E 缺乏症

硒和维生素 E 缺乏症主要是由于体内微量元素硒和维生素 E 缺乏或不足而引起的一种营养缺乏病。临床上以猝死、跛行、腹泻和渗出性素质等为特征，病理学上以骨骼肌、心肌、肝脏和胰腺等组织变性、坏死为特征。本病可发生于各种动物，以仔畜为多见。

（一）病因

饲料（草）中硒和（或）维生素 E 含量不足是本病发生的直接原因。当饲料中硒含量低于每千克 0.05 毫克以下时，或饲料加工贮存不当，其中的氧化酶破坏维生素 E 时，就出现硒和维生素 E 缺乏症。饲料中硒来源于土壤硒，因此土壤低硒是硒缺乏症的根本原因。饲料中含有大量不饱和脂肪酸，可促进维生素 E 氧化，如鱼粉、猪油、亚麻油、豆油等作为添加剂掺入日粮中，可产生过氧化物，促进维生素 E 氧化，引起维生素 E 缺乏。生长快的动物对硒和维生素 E 的需要量增加，容易引起发病。此外，硫与硒存在竞争性吸收现象，若土壤中含硫过多或草料中硫酸盐含量过大，可导致机体对硒的吸收减少而致病。本病以 1～3 月龄犊牛易发。

（二）诊断要点

1. 临床症状

按病程可分为急性型、亚急性型和慢性型 3 种。

（1）急性型　年幼的犊牛多表现为急性型。临床症状不明显，往往在驱赶、奔跑或蹦跳中或受惊吓时突然死亡。或表现呼吸困难，黏膜发绀，心跳加快，心音混浊，体温正常，精神沉郁，站立不稳，病程数小时至 1 天，死于急性心力衰竭。主要表现为心肌营养不良。

（2）亚急性型　主要表现精神沉郁，食欲减退或废绝，不愿活动，站立时肘部肌群和后肢股部肌肉震颤，运步缓慢，背腰僵硬，后躯摇摆，后期卧地不起。触诊四肢和背腰部肌肉，有硬痛感。舌和咽喉部肌肉变性时，吸吮和采食动作发生困难。膈肌和肋间肌发病时，引起严重的呼吸困难，并出现喘鸣音。初期心搏动增强，以后心搏动减弱，并出现心律不齐。体温多正常，呼吸加快到 80～90 次分钟，心率增加到 120～140 次/分钟。病程可持续 1～2 周，最后因心力衰竭和肺水肿而死亡。

（3）慢性型　犊牛生长发育停滞，精神沉郁，食欲减退，有异嗜癖，消化不良性腹泻，渐进性消瘦，被毛粗乱无光泽。脊柱弯曲，全身乏力，驱赶时行走缓慢，步履蹒跚，喜卧地，易继发呼吸道炎症。成年母牛繁殖性能下降，分娩出羸弱的犊牛或死胎。成年公牛睾丸变性萎缩，性欲减退，失去种用能力。发病犊牛一般是在 3～7 周龄，运动可促进病情加剧。

实验室检查，病犊牛的血硒含量在 5 微克/100 毫升以下（正常血硒含量在 10 微克/100 毫升以上），同时，血中谷胱甘肽过氧化物酶、谷草转氨酶、谷丙转氨酶、肌酸磷酸激酶、乳酸脱氢酶等活性升高。

2. 病理变化

病变部肌肉（骨骼肌、腰、背、臀、膈肌）变性，色淡似煮肉样，呈灰黄色、黄白色的点状、条状、片状不等。横断面有灰白色、淡黄色斑纹，质地变脆、变软、钙化。心肌扩张变薄，以左心室最为明显，多在乳头肌内膜有出血点，心内外膜有黄白色或灰白色与肌纤维方向平行的条纹斑。肝脏肿大，硬而脆，表面粗糙，断面有槟榔样花纹。有的病例肝脏由深红色很快变成灰白色，最后呈土黄色。肾脏充血、肿胀、实质有出血点和灰色的斑状灶。

3. 实验室诊断

根据基本症状群（幼龄，群发性），结合临床症状（运动障碍，心脏衰竭，渗出性素质，神经机能紊乱），特征性病理变化（骨骼肌、心肌、肝脏等典型的营养不良病变），参考病史可以初步诊断。进一步诊断可通过对病牛血液及某些组织的含硒量、谷胱甘肽过氧化物酶活性，血液和肝脏维生素 E 含量进行测定，同时测定周围的土壤、饲料硒含量，进行综合分析。还可对病牛作补硒和维生素 E 治疗进行验证性诊断。

（三）防制

1. 预防

在低硒地带饲养的牛或饲喂由低硒地区运入的饲粮、饲草时，必须补硒。补硒的方法有：①直接注射硒制剂；②将适量硒添加于饲料、饮水中喂饮；③对饲用植物做植株叶面喷洒，以提高植株及籽实的含硒量；④低硒地区施用硒肥；⑤谷粒种子（如小麦）和豆科牧草（如苜蓿）是维生素 E 的良好来源；⑥母牛泌乳期补充维生素 E 饲料可提高产奶量，一般每天在饲料中混合 α-生育酚不少于 1 克；⑦简便易行的方法是应用硒-维生素 E 饲料添加剂，按照说明使用；⑧妊娠母牛，从分娩前 2 个月起，每隔 20 天用 0.1％亚硒酸钠溶液 5～10 毫升，每隔 15 天用维生素 E 250～300 毫克，肌内注射；犊牛出生 2～3 天，用 0.1％亚硒酸钠溶液 5～10 毫升，肌内注射。

2. 治疗

【处方1】亚硒酸钠溶液配合醋酸生育酚肌内注射，治疗效果确实。成年牛 0.1％亚硒酸钠溶液 15～20 毫升；醋酸生育酚，成年牛每千克体重 5～20 毫克。犊牛 0.1％亚硒酸钠溶液 5 毫升；醋酸生育酚，每头犊牛 0.5～1.5 克。

【处方2】适当使用维生素 A、复合维生素 B、维生素 C 及其他对症疗法（如强心、消炎、止泻等）。

第二节　常量元素和微量元素缺乏症的诊疗与处方

一、佝　偻　病

佝偻病是在生长期的幼畜或幼禽由于维生素 D 及钙、磷缺乏或饲料中钙、磷比例失调所致的一种骨营养不良性代谢病。病理特征是生长骨的钙化作用不足，并伴有持久性软骨肥大与骨骺增大。临床特征为消化紊乱，异嗜癖，跛行及骨骼变形。本病常见于犊牛、羔羊、仔猪和幼犬，幼驹和幼禽亦可发生。

（一）病因

主要是由于饲料中维生素 D 含量不足或缺乏，以及光照不足，致使幼犊体内维生素 D 缺乏而引起发病。怀孕母牛或幼犊饲料中钙磷含量不足或比例失调，也是本病发生的主要原因。圈舍潮湿、拥挤、阴暗，犊牛消化功能严重紊乱，营养不良，可成为该病的诱因。放牧的母牛秋膘较差，冬季未补饲，春季产的幼犊更容易发生本病。在快速生长中的犊牛，主要是由于原发性磷缺乏及牛舍中光照不足。哺乳幼犊对维生素 D 的缺乏要比成年牛更敏感，舍饲和缺乏光照的牛发病率高。

（二）诊断要点

1. 临床症状

（1）先天性佝偻病　犊牛出生后即出现不同程度的衰弱，经数天后仍然不能站立。辅助站立时，背腰拱起，四肢弯曲不能伸直，多向一侧扭转，躺卧时亦呈不自然姿势。

（2）后天性佝偻病　患病犊牛早期呈现食欲减退，消化不良，精神委顿，不活泼，然后出现异嗜癖。病犊牛易疲劳，经常卧地，不愿起立和运动。发育停滞，消瘦，下颌骨增厚和变软，出牙期延长，齿形不规则，齿质钙化不足（坑凹不平，有沟，有色素），常排列不整齐，齿面易磨损，不平整。严重的犊牛，口腔不能闭合，舌突出。流涎，吃食困难。最后在面骨和躯干、四肢骨骼有变形。头骨颜面部肿大。肋骨扁平，胸廓狭窄，脊柱弯曲，肋骨肋软骨结合部膨大隆起，形成串珠状。四肢管状骨弯曲变形，犊牛低头，拱背，站立时前肢腕关节屈曲，向前方外侧凸出，呈现内弧形，即呈"O"形姿势；后肢跗关节内收，呈"八"字形叉开站立，即呈"X"形姿势。运步时步态僵硬，肢关节增大，前肢关节和肋骨软骨联合部最明显。X 线检查，可表现为骨质密度降低，长骨末端呈现"羊毛状"或"蛾虫状"外观。骨骼末端凹而扁，若发现髌变宽或不规则，更可证实为佝偻病。

2. 病理变化

剖检主要病变在骨骼，长骨变形、骨端肥大、骨质变软和直径变粗，关节肿大，肋骨与肋软骨结合处肿胀（串珠样肿）。

3. 实验室诊断

根据动物的年龄、饲养管理条件、慢性经过、生长迟缓、异嗜癖、运动困难以及牙齿和骨骼变化等特征，不难诊断。血清钙、磷水平及碱性磷酸酶活性的变化，也有参考意义。骨的 X 射线检查及骨的组织学检查，可以帮助确诊。

（三）防制

1. 预防

防治佝偻病的关键是保证机体能获得充分的维生素 D。加强对孕畜及幼畜的饲养管理，给予充足光照，增加运动；合理配制日粮，注意钙磷比例，维持钙磷平衡，供给足够的维生素 D。在北方寒冷季节和地区的舍饲幼畜群，应延长其户外太阳光照射时间，或定期利用紫外线灯照射，照射距离为 1.0～1.5 米，照射时间为 5～15 分钟。

2. 治疗

治疗原则是改善饲养管理，补充维生素 D 制剂和矿物质。但应注意剂量不宜过大，否则会导致钙在骨组织中沉积不良的后果。

【处方1】有效的治疗药物是维生素D制剂，例如鱼肝油、浓缩维生素D油、维丁胶性钙等。如内服鱼肝油20～60毫升；或内服浓鱼肝油，各种家畜均每百千克体重0.4～0.6毫升，每天1次，发生腹泻时停止用药。或维丁胶性钙注射液皮下注射或肌内注射2.5万～10万单位，每天1次或隔天1次，连用5～7次。或维生素A、维生素D注射液，肌内注射5～10毫升，每天1次，连用5～7天。或维生素D$_3$注射液，肌内注射，各种家畜均按每千克体重1500～3000单位，注射前、后需补充钙剂。

【处方2】先天性佝偻病，从出生后第1天起，即用维生素D$_3$液7万～10万单位，皮下或肌内注射，每2～3日1次，重复注射3～4次，至四肢症状好转时为止。

【处方3】应用钙剂，如碳酸钙30～120克内服。或乳酸钙5～15克内服。

【处方4】葡萄糖氯化钙注射液，静脉注射100～300毫升。或10%氯化钙注射液，静脉注射，犊牛5～10毫升。或10%葡萄糖酸钙液，静脉注射，犊牛10～20毫升。静脉注射钙剂，初期每日1次，以后每周1～2次。

二、骨　软　症

骨软症是发生在软骨内骨化作用已经完成的成年牛的一种骨营养不良，主要原因是钙磷缺乏及二者的比例不当（在反刍动物，主要由于磷缺乏）。特征性病变是骨质的进行性脱钙，呈现骨质软化及形成过量的未钙化的骨基质。临床特征是消化紊乱，异嗜癖，跛行，骨质软化及骨变形。

（一）病因

骨软症的病因与佝偻病相似。但应注意，牛的骨软症通常由于饲料、饮水中磷含量不足或钙含量过多，导致钙、磷比例不平衡而发生。本病常发生于土壤严重缺磷的地区，而继发性骨软症，则是由于日粮中补充过量的钙所致。泌乳和妊娠后期的母牛发病率最高。在黄牛和水牛骨软症的流行区，往往在前一个季节中曾发生过严重的天气干旱，导致植物根部能吸收到的土壤磷很低，同时又缺乏某些含磷精饲料的补充。乳牛的骨粉或含磷饲料补充不足时，特别在大量应用石粉（含碳酸钙99.05%）或贝壳粉以代替骨粉的牧场，高产母牛的骨软症发病率显著增高。

（二）诊断要点

1. 临床症状

病初出现消化紊乱，并呈现明显的异食癖。病牛表现食欲减退，体重减轻，被毛粗乱。病牛舐食泥土、墙壁、铁器，在野外啃嚼石块，在牛舍吃食污秽的垫草。有时，由于异嗜癖而伴有食道阻塞、创伤性网胃炎等。随后动物出现运步强拘，腰腿僵直，拱背站立，走路后躯摇摆，或呈现四肢轮跛。经常卧地不愿起立。乳牛腿颤抖，伸展后肢时做拉弓姿势。某些奶牛后蹄蹄壁龟裂，角质变松肿大。伴发腐蹄病，病程稍久的变为芜蹄。进一步发展可出现躯体四肢骨骼肿胀变形，呈现胸廓扁平，凹腰，拱背，四肢关节肿大变形、疼痛，后肢呈"X"形等症状。牛尾椎骨排列移位、变形，重者尾椎骨变软，椎体萎缩，最后几个椎体消失。人工可使尾卷曲，病牛不感痛苦。骨盆变形，常致难产。肋骨、肋软骨接合部肿胀，易折断。卧地时常摔倒或滑倒，导致腓肠肌腱剥脱，四肢及腰椎关节扭伤。长期卧地不起者，可继发褥疮。血液学检查，血清钙多无明显变化，多数病牛血清磷含量明显降低。正常牛血清磷水平是5～7毫克/分升，骨软症时可下降至2.8～4.3毫克/分升，血清碱性磷酸酶活性升高。

2. 实验室诊断

根据病因、临床症状和饲料分析，结合病牛年龄、性别、妊娠和泌乳情况、发病季节等调查可确诊。

（三）防制

1. 预防

对日粮要经常分析，有条件时可做预防性监测，根据饲养标准和不同生理阶段的需求，调整日粮中的钙磷比例，补充维生素D。日粮中的钙、磷含量，黄牛按2.5∶1、乳牛按1.5∶1的比例饲喂。粗饲料以花生秸、高粱叶、豆秸、豆角皮为佳。红茅草、山芋干是磷缺乏的粗饲料。最好是补充苜蓿干草和骨粉，而不应补充石粉。在日粮中添加含氟1%～1.5%的磷酸盐岩，对乳牛骨软症有预防作用。

2. 治疗

【处方1】针对饲料中钙磷不足，维生素D缺乏可采取相应的治疗措施。对牛的治疗，当病的早期呈现异嗜癖时，就应在饲料中补充骨粉，可不用药而愈。

【处方2】病牛每天给予骨粉250克，5～7天为1疗程。对跛行的病牛给予骨粉时，在跛行消失后，仍应坚持1～2周。

【处方3】严重病牛，除从饲料中补充骨粉外，同时应配合无机磷酸盐进行治疗，例如可用20%磷酸二氢钠溶液300～500毫升，或3%次磷酸钙溶液1000毫升，静脉注射，每日1次，连续3～5天。也可同时应用维生素D_2或维生素D_3 400万单位，肌内注射，每周1次，用2～3次。

【处方4】维生素AD注射液15000～20000单位，维丁胶性钙注射液20毫升，一次肌内注射，隔日使用1次，连用3～5天。

【处方5】中药治疗。

方剂一：煅牡蛎20份，煅骨头30份，炒食盐、炒黄豆各15份，小苏打10份，苍术7份，炒茴香3份。共研细末，每天90～150克，口服，并将精粉料加酵母发酵24小时，拌料饲喂，连用30～40天。

方剂二：牡蛎、海螵蛸、麦芽各60克，龙骨50克，补骨脂20克，炒苍术30克，研末，沸水冲调，一次灌服。

方剂三：龙胆根100克，炒牡蛎、南京石粉、苍术各200克，研末，每天50克，拌料喂服，连用数天。

方剂四：苍术、牡蛎各1000克，炒盐150克，研末，早、晚各100克，拌料喂服。

方剂五：海螵蛸、蚕砂、鸡蛋壳、苍术各300克，研末后混料投喂，每天50克，分2次用，连用数天。

方剂六：骨碎补、牛膝、杜仲、自然铜、当归、白术、厚朴、陈皮、白芷、延胡索、五灵脂、萆薢、小茴香各 30 克，川楝子 10 克，水煎，候温加酒 125 毫升、姜 30 克（切碎），灌服。

【处方 6】水针疗法。维丁胶性钙注射液 10 万单位，抢风穴、大胯穴分别注射。

三、异嗜癖

异食癖是指由于营养、环境和疾病等多种因素引起的以舔食、啃咬通常认为无营养价值而不应该采食的异物为特征的一种复杂的多种疾病的综合征。各种家畜都可发生，且多发生在冬季和早春舍饲的动物。

（一）病因

常见原因是矿物质及微量元素的缺乏，如硫、钠、铜、钴、锰、钙、铁、磷、镁等矿物质不足，特别是钠盐的不足；与硫及某些蛋白质、氨基酸，某些维生素，特别是维生素 B 族的缺乏有关。圈养的牛舍十分拥挤，饲养密度太大，积粪太多，环境卫生很差，异味严重，牛体脱落被毛很多，以致牛群互相舔食现象严重。另外光照不足或过强、户外运动少也会造成本病多发。疾病主要以体内外寄生虫病所引起，如螨病等。

（二）诊断要点

1. 临床症状

病牛舔食、啃咬、吞咽被粪便污染的饲草或垫草，舔食墙壁、食槽，啃吃土块、砖瓦、煤渣、破布等物。病牛神经敏感后迟钝。病牛皮肤干燥而无弹性，被毛无光泽。拱腰，磨牙，畏寒，口干舌燥，病初便秘，继而下痢或两者交替发生，渐进性消瘦，食欲、反刍停止，泌乳极少。重症治疗不及时，可导致心脏衰竭而死亡。

2. 病理变化

解剖时可见胃内和幽门处有牛毛或牛毛球，坚硬如石，形成堵塞。成年牛或犊牛食毛，常可使整群牛被毛脱落，全身或局部缺失被毛。

3. 实验室诊断

根据发病原因和临床症状可以做出初步诊断。剖检尸体可见胃内和幽门处有毛球可以确诊。

（三）防制

1. 预防

预防本病要改善饲养管理，密度合理，给予全价日粮，多喂给优质苜蓿、青草、青干草、青贮料，补饲谷芽、麦芽、酵母等富含维生素的饲料。定期对牛体进行驱寄生虫，以保证牛体的健康。

2. 治疗

【处方 1】治疗本病可服用植物油类、液状石蜡或人工盐、碳酸氢钠等，如伴有腹泻可进行强心补液。

【处方 2】根据病因给予氯化钴 30～40 毫克，小牛 10～20 克，或硫酸铜配合氯化钴 300 毫克，小牛 75～150 毫克。

四、母牛倒地不起综合征

母牛倒地不起综合征是泌乳奶牛产前或产后发生的一种以"倒地不起"为特征的临床综合征，又称"爬行母牛综合征"。它不是一种独立的疾病，而是许多疾病经过中伴随的一个体征。大部分病例与生产瘫痪同时发生。广义上认为，凡是经两次或多次钙制剂治疗无反应或反应不完全的倒地不起母牛，都可归属在这一综合征范畴内。母牛卧地不起综合征不但发病率高，致死率也高。究其原因，除疾病本身的发生过程比较急骤、病因比较复杂以外，兽医在诊治上未能做到及时和准确也是一个重要原因。

（一）病因

（1）营养代谢性病因　主要是由于饲料品质不良，特别是矿物质缺乏症引起，如低磷酸盐血症、低钙血症、低镁血症、低钾血症、白肌病和酮病等。

（2）产科性原因　胎儿过大、产道开张不全或助产粗鲁等，损伤了产道及周围神经，犊牛产出后，母牛发生卧地不起。此外，脓毒性子宫内膜炎、乳腺炎、胎盘滞留等都可能与本病的发生有关。

（3）外伤性原因　主要指骨骼、神经、肌肉、韧带、关节周围组织损伤及关节脱臼等。如因母牛体重较重，产房地面太滑，在分娩、起卧或行走时失去平衡不慎跌倒所造成，包括腓肠肌断裂、髋关节损伤、闭孔神经麻痹、腓神经麻痹、关节脱臼、桡神经全麻痹、坐骨神经损伤、股骨头脱臼、骨折等。

（4）其他原因　如某些重剧性疾病，如肾机能衰竭、中枢疾病等也可引起本病。

（二）诊断要点

1. 临床症状

倒地不起常发生于产犊过程或产犊后 48 小时内。饮食欲表现正常或减退，体温正常或稍有升高，但心率增加到每分钟 80～100 次，脉搏细弱。严重病例则呈现感觉过敏，并且在倒地不起时呈现某种程度的四肢抽搐、食欲消失。大多数病例呈现低钙血症、低磷酸盐血症、低钾血症、低镁血症。血糖浓度正常，血清肌酸磷酸激酶（CK）和天冬氨酸氨基转移酶（AST）活性在躺卧 18～20 小时后可明显升高，并可持续数天。有的病牛表现中度的酮尿症、蛋白尿，也可在尿中出现一些透明圆柱和颗粒圆柱。有些病牛见有低血压和心电图异常。

2. 实验室诊断

根据发病原因和临床症状可以做出初步诊断。结合实验室中各项指标的测定数据进行分析可以确诊。

（三）防制

【处方 1】在消除病因的基础上，采取对症治疗，特别应防止肌肉损伤和褥疮形成，可适当给予垫草及定期翻身，或在可能情况下人工辅助站立，经常投予饲料和饮水。静脉补液和对症治疗，有助于病牛的康复。

【处方2】当怀疑伴有低磷酸盐血症时，可用20％磷酸二氢钠溶液300～500毫升静脉注射。

【处方3】当怀疑低镁血症时，可静脉注射25％硼葡萄糖酸镁溶液400毫升。

【处方4】当怀疑为低钾血症时，可将10％氯化钾溶液80～100毫升加入2000～3000毫升葡萄糖生理盐水溶液中静脉注射，静脉注射钾剂时要注意控制剂量和速度。

【处方5】应用皮质醇、兴奋剂、维生素B族、维生素E和硒等药物和对症治疗。

五、铜缺乏症

铜缺乏症是由动物体内铜不足而引起的一种营养缺乏病。临床上以贫血、腹泻、被毛褪色、共济失调为特征。各种动物均可发生，但主要发生在牛、羊、鹿、骆驼等反刍动物。曾被称为牛的癫痫病或摔倒病、羔羊晃腰病、羊痢疾、舔（盐）病、骆驼摇摆病等。

（一）病因

通常分为原发性铜缺乏症和继发性铜缺乏症。

（1）原发性铜缺乏症　即单纯性铜缺乏症，多见于长期饲喂在低铜土壤上生长的饲草、饲料（含铜量低于3毫克/千克，可以引起发病；3～5毫克/千克为临界值），是本病常见的病因。

（2）继发性铜缺乏症　即综合性或条件性铜缺乏症，是指饲料和饮水中铜含量较为充足，只是由于机体组织对铜的吸收和利用受阻，导致机体肠管对铜吸收功能降低。如钼与铜具有拮抗性；饲料中锌、镉、铁、铅和硫酸盐等过多影响铜的吸收；饲草中植酸盐含量过高，可与铜离子形成稳定的复合物，降低动物对铜的吸收；反刍兽饲料中的蛋氨酸、胱氨酸、硫酸钠、硫酸铵等含硫物质过多时也可降低铜的利用。

（二）诊断要点

1. 临床症状

主要表现为营养不良，被毛粗糙蓬乱且被毛褪色，由深变淡，黑毛变为棕色、灰白色毛，常见于眼睛周围，状似戴白框眼镜，即眼睛周围有特征性的"铜眼镜"。有些外观貌似健康的牛不断哞叫，头颈高抬，肌肉震颤并倒卧于地，呈间歇性发作，并以前肢为轴作圆圈运动，多数病牛于发作中突然死亡。犊牛表现为生长发育缓慢，消瘦，步态僵硬，四肢运动障碍，掌骨和跖骨的远端骨骺增大，关节肿胀且僵硬，触压疼痛敏感，易发生骨折。病犊消化不良，呈持续性腹泻，排黄绿色乃至黑色的水样粪便，即所谓"泥炭泻"。

2. 病理变化

铜缺乏症的特征病变是贫血和消瘦。骨骼的骨化推迟，易发骨折，严重时表现骨质疏松。地方性铜缺乏症的最主要组织病变是小脑束和脊髓背外侧束的脱髓鞘。肝脏、脾脏和肾脏有大量含铁血黄素沉着。

3. 实验室诊断

根据病史和临床症状等可做出诊断。对饲料、动物组织（尤其是血铜、肝脏中的铜）、体液中的含铜量进行测定，有助于确诊。

（三）防制

1. 预防

预防一般是合理配制饲料，保证饲料中铜含量。缺铜的土壤，每年每公顷可施硫酸铜5～6千克（根据实际缺铜量确定）；平时用2％硫酸铜矿物质舔盐。

2. 治疗

治疗原则是补铜。

【处方1】用硫酸铜口服，每千克体重20毫克，间隔7天用1次，重复用药，一般连用3～5次。

【处方2】用甘氨酸铜液皮下注射。成年牛400毫克（含铜125毫克），犊牛200毫克（含铜62.5毫克），每3～4个月1次。

【处方3】将硫酸铜按0.5％～1％比例混于食盐内让病牛舔食。铜与钴合用，效果更好。

【处方4】在日粮中添加铜，使硫酸铜的水平达25～30微克/克，连喂2周效果显著；将矿物质添加剂舔砖中硫酸铜的水平提高至3％～5％，让其自由舔食。

第三节 糖、脂肪及蛋白质代谢障碍疾病的诊疗与处方

一、牛酮病

牛酮病又叫"牛酮血症""牛醋酮症""牛酮尿症"，是泌乳母牛产犊后几天至几周内由于体内碳水化合物及挥发性脂肪酸代谢紊乱所引起的一种全身性功能失调的代谢性疾病。临床上以血液、尿、乳中的酮体含量增高、血糖浓度下降、消化机能紊乱、体重减轻、产奶量下降、间断性地出现神经症状为特征。根据有无明显的临诊症状可将其分为临床酮病和亚临床酮病。健康牛血清中的酮体（指β-羟丁酸、乙酰乙酸、丙酮）含量一般在1.72毫摩尔/升（100毫克/升）以下，亚临床酮病母牛血清中酮体含量在1.72～3.44毫摩尔/升（100～200毫克/升）之间，而临床酮病母牛血清中的酮体含量一般在3.44毫摩尔/升（200毫克/升）以上。本病主要发生于舍饲高产奶牛，以3～5胎次、产后2～8周内泌乳盛期的牛较多见。

（一）病因

本病病因涉及的因素很多，并且较为复杂。下列因素在酮病的发生中起重要作用。

（1）乳牛高产 在母牛产犊后的4～6周已出现泌乳高峰，但其食欲恢复和采食量的高峰在产犊后8～10周，因此在产犊后的8～10周内食欲较差，能量和葡萄糖的来源本来就不能满足泌乳消耗的需要，假如母牛产乳量高，势必加剧这种不平衡，体内糖消耗过多、过快，造成糖供给与消耗不平衡，使血糖降低。由此种原因引起的酮病，称为"生产性酮病"。

（2）日粮中营养不平衡和供应不足　饲料供应过少，品质低劣，饲料单一，日粮不平衡，或者精料过多，粗饲料不足，而且精料属于高蛋白、高脂肪和低碳水化合物饲料，使机体的生糖物质缺乏，糖生成减少，血糖浓度降低，产生大量酮体而发病。由此种原因引起的酮病，称为"食源性酮病"或"饥饿性酮病"。

（3）母牛产前过度肥胖　干奶期供给能量水平过高，母牛产前过度肥胖，严重影响产后采食量的恢复，同样会使机体的生糖物质减少，糖生成减少，引起能量负平衡，产生大量酮体而发病。由此种原因引起的酮病，称为"消耗性酮病"。

（4）其他　如母牛患肝脏疾病以及矿物质如钴、碘、磷等缺乏。皱胃变位、创伤性网胃炎、前胃弛缓、胃肠卡他、子宫内膜炎、产后瘫痪等疾病，也可继发本病。由此种原因引起的酮病，称为"继发性酮病"。

（二）诊断要点

1. 临床症状

根据血液中酮体含量和有无临床表现，将本病分为临床型和亚临床型两种。酮病往往都呈现低糖血症、酮血症、酮尿症和酮乳症。

（1）临床型酮病　症状常在产犊后几天至几周出现，根据症状不同又可分为消化型和神经型。

① 消化型酮病。病牛表现食欲减退或废绝，喜喝牛尿、污水，异嗜脏物、墙壁和泥土，可视黏膜发黄。反刍咀嚼口数不定，或少于 30 次或多于 70 次。便秘，粪便上覆有黏液。精神沉郁，凝视，体重显著下降，产奶量也降低。呈拱背姿势，表现轻度腹痛。乳汁易形成泡沫，类似初乳状，有与呼吸、排尿相同的酮气味（类似烂苹果气味），加热更明显。病牛迅速消瘦。

② 神经型酮病。病牛多数表现嗜睡，少数病牛表现有神经症状。突然发作，上槽后不认其槽位，在棚内乱转，目光怒视，横冲直撞，站立不稳，全身紧张，颈部肌肉强直，兴奋狂暴。也有的在运动场内乱跑，阻挡不住，饲养员称"疯牛病"。有的牛不愿走动，呆立于槽前，低头搭耳，目光无神，眼睛闭合，似如睡状。这些症状间断地多次发生，每次持续 1 小时，然后间隔 8～12 小时又重新出现。尿呈浅黄色，水样，易形成泡沫。

（2）亚临床型酮病　病牛虽无明显的临床症状，但由于会引起母牛泌乳量下降，乳质量降低，体重减轻，生殖系统疾病和其他疾病发病率增高，仍然会引起严重的经济损失。

2. 实验室诊断

根据临床症状、饲养管理、日粮搭配、产量高低综合分析一般不难诊断。高产经产牛突然发病，消化机能障碍表现明显，伴有精神状态不佳等全身表现，吃粗料不吃精料，呼出的气体、尿、乳有明显的烂苹果味，可基本做出诊断。在临床实践中，常用快速简易定性法检测血液（血清、血浆）、尿液和乳汁中有无酮体存在。所用试剂为亚硝基铁氰化钠 1 份，硫酸铵 20 份，无水碳酸钠 20 份，混合研细。方法是：取其粉末 0.2 克放在载玻片上，加待检样品 2～3 滴，当酮体含量在 1.72 毫摩尔/升（100 毫克/升）以上时，试剂立即出现淡红色或紫红色即为阳性。也可用人医检测尿酮的酮体试剂进行测定。但需要指出的是，所有这些测定结果必须结合病史和临床症状才能进行诊断。亚临床型酮病，必须根据实验室检验结果进行诊断，其血清中酮体含量在 1.72～3.44 毫摩尔/升（100～200 毫克/升）。继发性酮病（如子宫炎、乳腺炎、创伤性网胃炎、真胃变位等因食欲下降而引起发病者）可根据血清酮体水平增高、原发病本身的特点以及对葡萄糖或抗酮疗法治疗不能得到良好效果而诊断。

（三）防制

1. 预防

加强泌乳盛期和干奶期的饲养管理，限制使用高蛋白饲料，适量加糖。防止干奶期的牛过肥，日粮中干草和草粉的比例不低于 30%，优质青贮不低于 30%，块根、块茎应占 10%，精料不高于 30%，加强运动，及时治疗前胃疾病，定期检测酮体。酵母 120 克、葡萄糖 200 克、酒精 50 毫升，加水 120 毫升制成合剂，有较好的预防和治疗作用，在干奶期或产前 30 天给予，每次间隔 10 天，连用 2 次。

2. 治疗

治疗原则是以补充体内葡萄糖不足及提高酮体利用率为主、解除酸中毒，配合调整瘤胃机能及其他疗法。继发性酮病，以根治原发病为主。治疗措施包括补糖疗法、抗酮疗法、对症治疗和中药疗法。

【处方 1】补糖疗法，对大多数母牛有明显效果。①用 50% 葡萄糖溶液 500～1000 毫升，1 次静脉注射，每天 2 次，须重复注射，否则可能复发。②重复饲喂丙二醇或甘油（每天 2 次，每次 500 克，连用 2 天；随后每天 250 克，用 2～10 天），效果很好。③丙酸钠，口服，每次 250 克，每天 2 次，连用 3～5 天。④乳酸钠或乳酸钙，首日用量 1 千克，随后为每天 0.5 千克，连用 7 天。⑤乳酸铵每天 200 克，连用 5 天。需要指出的是，口服葡萄糖无效或效果很小，因为瘤胃中的微生物使糖发酵而成为挥发性脂肪酸，其中丙酸只是少量的，因此治疗意义不大。

【处方 2】抗酮疗法。①对于体质较好的病牛，用促肾上腺皮质激素（ACTH）200～600 单位肌内注射，效果是确实的，而且方便易行。因为 ACTH 兴奋肾上腺皮质，促进糖皮质类固醇的分泌，既能动员组织蛋白的糖元异生作用，又可维持高血糖浓度的作用时间。②应用糖皮质激素（剂量相当于 1 克可的松，肌内注射或静脉注射）治疗酮病效果也很好，有助于迅速恢复，但治疗初期会引起泌乳量下降。③本法对于慢性病例或体弱的牛应慎用。

【处方 3】对症治疗。①水合氯醛早就在奶牛酮病中得到应用，首次剂量为 30 克，以后用 7 克，每天 2 次，连续 3～5 天。因首次剂量较大，通常用胶囊剂投服，继则剂量较小，可放在蜜糖或水中灌服。水合氯醛的作用是对大脑产生抑制作用，降低兴奋性，同时破坏瘤胃中的淀粉及刺激葡萄糖的产生和吸收，并通过瘤胃的发酵作用提高丙酸的产生。②维生素 B_{12}（1 毫克，静脉注射）和钴（每天 100 毫克硫酸钴，放在水和饲料中，口服）有时用于治疗酮病。③静脉输入 10% 葡萄糖酸钙注射液或 5% 氯化钙溶液，缓解慢性酮病的神经症状，有效预防营养不良。④解除酸中毒，用 5% 碳酸氢钠 1000 毫升，1 次静脉注射。⑤防止不饱和脂肪酸生成过氧化物，可用维生素 E，每次 400～700 毫克内服。⑥促进皮质激素的分泌可用维生素 A，每千克体重用 500 国际单位，内服；或用维生素 C 2～3 克内服。⑦治血酮，可用丙二醇，每天每头牛用 120 克。⑧调整瘤胃机能。可喂给健康的牛瘤胃液 3～5 升，每天 2～3 次；或脱脂乳 2 升，蔗糖 500～1000 克，1 次内服，每天 1 次。⑨保肝可用氯化胆碱、蛋氨酸、肝泰乐等。

【处方 4】中药疗法。①神曲 100 克，苍术 80 克，党参、当归、赤芍、熟地、砂仁各 60 克，茯苓、木香、白术、甘草各 50 克，川芎 40 克。共为细末，开水冲调，候温灌服，每天 1 剂，连用 3 天。②若粪中带有未消化饲料，重用砂仁 80～100 克，加肉桂 50 克。③瘤胃蠕动弛缓者，加厚朴 60 克，枳壳 50 克。④病程较长，超过 20 天，耳鼻四肢冰凉者，重用党参 80～100 克，加黄芪 60 克，黑附片 50 克。⑤有恶露者，加益母草 100 克。⑥有神经症状者，去茯苓，加石菖蒲、酸枣仁、茯神各 40 克，远志 30 克。

二、奶牛肥胖综合征

奶牛肥胖综合征又称"牛脂肪肝病"，因发病经过和病理变化类似于母羊妊娠毒血症，所以也称为"牛妊娠毒血症"。本病是奶牛分娩前后发生的一种以厌食、抑郁、严重的酮血症、脂肪肝、末期心率加快和昏迷，以及致死率极高为特征的脂质代谢紊乱性疾病。奶牛常在分娩后、泌乳高峰期发病，有些牛群发病率可达 25％，致死率达 80％。

（一）病因

妊娠母牛过度肥胖是本病的主要原因。引起母牛过度肥胖的因素有：干乳期，甚至从上一个泌乳后期开始，大量饲喂谷物或者全株青贮玉米；干乳期过长，能量摄入过多；未把干乳期的牛和正在泌乳的牛分群饲养，精饲料供应过多。分娩、产乳、气候突变、临分娩前饲料突然短缺等是本病的诱发因素。

（二）诊断要点

1. 临床症状

病牛显得异常肥胖，脊背展平，毛色光亮。乳牛产仔后几天内呈现食欲不振，逐渐停食。病牛虚弱，躺卧，血液和乳中酮体增加，严重酮尿。采用酮病的治疗措施常无效。肥胖牛群还经常出现皱胃扭转、前胃弛缓、胎衣滞留、难产等，按治疗这些疾病的常用方法疗效甚差。部分牛呈现神经症状，如举头、头颈部肌肉震颤，最后昏迷，心动过速。病牛致死率极高。幸免于死的牛，表现休情期延长，牛群中不孕及少孕的现象较普遍，对传染病的抵抗力降低，容易发生乳腺炎、子宫炎、沙门氏菌病等，某些代谢病，如酮病和生产瘫痪等发病率增高。

肥胖孕牛常于产犊前表现不安，易激动，行走时运步不协调，粪少而干，心动过速。如在产犊前两个月发病者，患牛有 10～14 天停食，精神沉郁，躺卧、匍匐在地，呼吸加快，鼻腔有明显分泌物，口腔周围出现絮片，粪便少，后期呈黄色稀粪、恶臭，病死率很高，病程为 10～14 天，最后呈现昏迷，并在安静中死亡。

血液检测出现血清天冬酸氨基转移酶（AST）、鸟氨酸胺甲酰转移酶（OCT）和山梨醇脱氢酶（SDH）活性升高，血清中白蛋白含量下降，胆红素含量增高，提示肝功能损害。血清酮体、尿中酮体、乳中酮体含量增高。患病乳牛常有低钙血症（15～20 毫摩尔/升，60～80 毫克/升），血清无机磷浓度升高到 64.4 毫摩尔/升

（200 毫克/升），血清中非酯化脂肪酸（NE-FAs）含量升高、胆固醇和甘油三酯浓度降低。病初期呈低糖血症，但后期呈高糖血症。白细胞总数、中性粒细胞和淋巴细胞减少。

2. 实验室诊断

（1）本病均发生于肥胖母牛，肉牛多发生于产犊前，奶牛于产犊后突然停食、躺卧等。

（2）根据临床病理学检验结果（如肝功能损害、酮体含量增高等）进行诊断。

（3）根据肝脏活体采样检查进行诊断，肝中脂肪含量在 20％ 以上。

（三）防制

本病致死率较高。一般而言，食欲废绝的病牛多取死亡。①对于尚能保持食欲者，配合支持疗法常可治愈。②补充能量，如静脉注射 50％ 葡萄糖溶液 500 毫升，能减轻症状，但其作用时间较短。③皮质类固醇注射可刺激体内葡萄糖的生成，也可刺激食欲，但用此药时应同时注射高渗葡萄糖。④病牛应喂以可口的高能量饲料（如玉米麦片），也可按每头牛每天 250 毫升的丙二醇或甘油，用水稀释后灌服，并注射多种维生素，能提高疗效。⑤灌服健康牛的瘤胃液 5～10 升，或喂给健康牛的反刍食团有助于疾病的恢复。⑥建议用氯化胆碱治疗，每 4 小时 1 次，每次 25 克，口服或皮下注射，或用硒-维生素 E 制剂口服。

第六章　牛中毒病的诊疗与处方

第一节　饲料中毒病的诊疗与处方

一、硝酸盐和亚硝酸盐中毒

硝酸盐和亚硝酸盐中毒是牛摄入过量含有硝酸盐或亚硝酸盐的植物或饮水，引起的以皮肤、黏膜发绀，呼吸困难，角弓反张，血液凝固不良为特征的一种中毒病。

（一）病因与发病机理

白菜、油菜、菠菜、芥菜、韭菜、甜菜、萝卜、玉米秸秆、苜蓿等青绿植物，是喂牛的好饲料，但又都含有数量不等的硝酸盐。亚硝酸盐为硝酸盐在硝化细菌的作用下，还原为氨的过程中的中间产物。硝化细菌广泛分布于自然界中，适宜的生长温度为20~40℃之间，青绿饲料堆放过久发酵腐熟或在牛的瘤胃中，硝酸盐可转化为亚硝酸盐，毒性大大提高，引起亚硝酸盐中毒。亚硝酸盐中的亚硝酸根（NO_2^-）具有强氧化性，可将血液中的氧合血红蛋白迅速地氧化成高铁血红蛋白，从而使血红蛋白失去携氧功能，导致组织细胞缺氧。因血液与组织都缺氧，故发病动物可视黏膜呈暗红色。

（二）诊断要点

1. 临床症状

多在食后1~5小时出现症状。病牛精神沉郁，茫然呆立，步态蹒跚，肌肉震颤，高度呼吸困难，心跳加快，眼结膜及口、鼻黏膜发绀。常伴有流涎，腹痛，腹泻，有时可有呕吐。瘤胃蠕动减弱甚至消失，反刍停止，嗳气减少或停止，瘤胃臌气。重者耳、鼻、四肢冰凉，体温正常或稍有下降。最后卧地不起，四肢划动，全身痉挛挣扎死亡。血液凝固不良，呈酱油色。严重的几分钟到1小时死亡。轻的可以耐过而自然恢复。

2. 病理变化

最具特征的变化是血液呈黑红色或咖啡色如酱油状，凝固不良，与空气接触经久仍不变为鲜红色。胃肠道有炎性病变，心肌变性柔软或出血，肺充血。

3. 实验室诊断

根据病史调查和临床症状可做出诊断。必要时取胃内容物或饲料汁液1滴，滴于滤纸上，滴加10%联苯胺溶液1~2滴，再滴加10%醋酸1~2滴，若滤纸变为棕色，则为阳性。

（三）防制

1. 预防

本病预防要注意喂牛的青绿饲草，收割后应摊开敞放，不要露天堆积、日晒雨淋，如已发热不应喂牛。接近收割期的青饲料不能再施用硝酸盐或 2.4-D 等化肥农药，曾用硝酸盐化肥和除莠剂的植物和污染的水不要给牛饮食，以免发生中毒。对已经中毒的病牛，应迅速抢救。

2. 治疗

【处方1】治疗本病特效解毒剂是美蓝（亚甲蓝），剂量为每千克体重 8～10 毫克，加生理盐水或葡萄糖溶液，制成 1％溶液，静脉注射。用甲苯胺蓝治疗变性血红蛋白效果比美蓝好，剂量按每千克体重 5 毫克，制成 5％溶液，静脉注射，也可用于肌内或腹腔注射。同时应给予大剂量维生素 C（3～5 克）和静脉滴注高渗葡萄糖以增强疗效。

【处方2】呼吸困难者，可用 25％尼可刹米注射液 10～20 毫升，皮下注射。或用 5％糖盐水 1000 毫升，50％葡萄糖注射液 100 毫升，20％安钠咖注射液 20 毫升，静脉注射。或用 10％维生素 C 注射液 30～50 毫升，一次肌内注射，或用 5～20 毫克/千克体重，加入 25％葡萄糖注射液 500 毫升中，静脉注射。或用硫代硫酸钠 5～20 克，静脉注射。当出现高度呼吸困难时，可用 3％过氧化氢溶液 80 毫升，10％葡萄糖注射液 2000 毫升，静脉注射。或用 0.1％高锰酸钾溶液 500～1000 毫升，10 分钟后再灌服 1％硫酸铜溶液 100 毫升。或用十滴水 30～50 毫升，加入等量水，一次缓慢灌服。

【处方3】采用放血等疗法。通过尾尖、蹄头、耳静脉或颈静脉放血 500～1000 毫升，放血的同时于对侧颈静脉注射 5％糖盐水补液，直至血液黏稠度接近正常为止。

【处方4】中药治疗。用绿豆粉 500～700 克，甘草末 100 克，开水冲调，候温，一次灌服。

二、氢氰酸中毒

氢氰酸中毒是指动物采食富含氰苷的饲料引起的以呼吸困难、黏膜鲜红、肌肉震颤、全身惊厥等组织性缺氧为特征的一种中毒病。本病多发于牛、羊，单胃动物较少发病。

（一）病因与发病机理

多种饲草饲料均含有较多的生氰糖苷，如木薯、高粱及玉米的鲜嫩幼苗（尤其是再生苗），亚麻子及机榨亚麻子饼（土法榨油时亚麻子经过蒸煮则氰苷含量少），豆类中的海南刀豆、狗爪豆，蔷薇科植物如桃、李、梅、杏、枇杷、樱桃的叶和种子，牧草中的苏丹草、约翰逊草和白三叶草等。当饲喂过量时，均可引起中毒。生氰糖苷本身无毒，但当含有生氰糖苷的植物被动物采食咀嚼时，在有水分及适宜的温度条件下，经植物体内所含脂解酶（如 β-葡萄糖苷酶和羟腈裂解酶）作用，或经反刍动物瘤胃水解酶的作用，产生氢氰酸，导致动物中毒。另外，牛放牧时误食或吸入氰化物农药（氰化钠、氰化钾、氰化钙等）也易引起中毒。

（二）诊断要点

1. 临床症状

牛通常在采食含氰苷植物的过程中或采食后 15～20 分钟内突然发病。表现腹痛不安，呼吸加快，肌肉震颤，全身痉挛，可视黏膜鲜红，流出白色泡沫状唾液；先兴奋，很快转为抑制，呼出气有苦杏仁味，随后全身极度衰弱无力，行走不稳，突然倒地，体温下降，肌肉痉挛，瞳孔散大，反射减少或消失，心动徐缓，呼吸浅表，很快昏迷而死亡。闪电型病程，一般不超过 2 小时，最快者 3～5 分钟死亡。

2. 病理变化

血液凝固不良，各组织器官的浆膜和黏膜，特别是心内外膜，有斑点状出血，肺淡红色，水肿，气管和支气管内充满大量淡红色泡沫状液体，有时切开瘤胃可闻到苦杏仁味。

3. 实验室诊断

根据采食氰苷植物的病史、起病的突然性、呼吸极度困难、神经机能紊乱等不难做出诊断。

（三）防制

1. 预防

禁用高粱和玉米幼苗，特别是再生幼苗等富含氰苷的植物喂牛。含氰苷的饲料，最好放于流水中浸渍 24 小时或漂洗后再加工利用。如果新鲜饲喂，可适量配合干草同喂。防止牛误食氰化物农药。口服桃仁、杏仁、郁李仁等含氰苷的中药治疗疾病时，剂量不宜过大。不要在含有氰苷植物的地区放牧牛。

2. 治疗

【处方1】用 0.1％高锰酸钾溶液和 3％过氧化氢溶液洗胃，灌服液体石蜡500～1000 毫升，以促进胃内容物排出。

【处方2】治疗本病的特效解毒剂是亚硝酸钠和硫代硫酸钠，必须两药联用。发病后立即用亚硝酸钠 2 克，配成 5％的溶液，静脉注射；随后再注射 5％～10％硫代硫酸钠溶液 100～200 毫升。

【处方3】亚硝酸钠 3 克，硫代硫酸钠 15 克，蒸馏水 200 毫升，混合，一次静脉注射，可重复使用。

【处方4】为防止胃肠内氢氰酸的吸收，可内服或向瘤胃内注入硫代硫酸钠，也可用 3％过氧化氢洗胃。同时根据病情进行对症治疗。

【处方5】放血疗法。先于耳尖或颈静脉放血 1000～1500 毫升，然后立即静脉注射 5％葡萄糖溶液 2000～2500 毫升。

【处方6】中药疗法。

方剂一：金银花 30～100 克，绿豆（去壳）150～500 克，煎汤灌服。

方剂二：芥菜 1500～2500 克，捣烂，加水冲服。

方剂三：鸡蛋 20 个，花生油 250 毫升，灌服。

方剂四：新鲜石灰 500 克，水 1500 毫升，拌匀，取澄清液灌服。

方剂五：蕹菜 1500 克，捣烂水冲，加鸡蛋 4 个、白糖 250 克，灌服。

方剂六：绿豆 500 克（磨浆），甘草 100 克（研末或水浸），混合后灌服。

方剂七：山药 90 克，熟地黄、山茱萸、五味子、党参各 60 克，茯苓、牡丹皮、泽泻、白术、麦门冬各 45 克，甘草 30 克，水煎 2 次，混合煎液，候温灌服。

方剂八：黄芩、生代赭石各 120 克，熟地黄、生龙骨（先煎）、生牡蛎（先煎）、枸杞子各 60 克，川芎、川楝子、延胡索、泽泻、茯神等各 45 克，当归、白芍各 30 克，水煎 2 次，混合煎液，候温灌服。

方剂九：绿豆 500～1000 克，金银花 65 克，甘草 60 克，共研为细末，加冷水适量灌服。

方剂十：使用特效解毒药后，先灌服麻油 1000～1500 毫升，再取绿豆 1000 克，甘草 60 克，水煎候温，药渣和药液一并灌服。

三、瘤胃酸中毒

瘤胃酸中毒是指反刍动物采食大量易发酵碳水化合物饲料后，瘤胃乳酸产生过多而引起瘤胃微生物区系失调和功能紊乱的一种急性代谢性疾病。临床上又称为"乳酸性消化不良""中毒性消化不良""反刍动物过食谷物""谷物性积食""中毒性积食"等。临床以消化障碍、瘤胃运动停滞、脱水、酸血症、运动失调等为特征。本病发病急骤，病程短，死亡率高。

（一）病因

常见的病因是病牛突然采食大量富含碳水化合物的谷物（如大麦、小麦、玉米、水稻和高粱或其糟粕等）或高精饲料，如因精粗饲料混合不匀、采食过多的精料；进入粮食或饲料仓库或晒谷场，短时间内采食了大量的谷物或畜禽的配合饲料；采食苹果、青玉米、甘薯、马铃薯、甜菜及发酵不全的酸、湿谷物的量过多时，也可发生本病。

（二）诊断要点

1. 临床症状

瘤胃酸中毒临床上一般分为以下 4 种类型。

（1）最急性型　精神高度沉郁，极度虚弱，侧卧而不能站立。双目失明，瞳孔散大，体温低下，36.5～38℃。重度脱水，腹部显著膨胀，瘤胃活动停滞，内容物稀软或水样，瘤胃 pH 值＜5，无纤毛虫存活。心跳 110～130 次/分钟，微血管再充盈时间延长，常于发病后 3～5 小时死亡，直接原因是内毒素休克。

（2）急性型　体温不定，呼吸、心跳增加，精神沉郁，食欲废绝。结膜潮红，瞳孔轻度散大，反应迟钝。消化道症状典型，磨牙虚嚼不反刍，瘤胃膨满不蠕动，触诊有弹性，冲击性的触诊有震荡音，瘤胃液 pH 5～6，无存活的纤毛虫。排稀软酸臭粪便，有的排粪停止，中度脱水，眼窝凹陷，血液黏滞，尿少色脓或无尿。后期出现神经症状，步态蹒跚，或卧地不起，头颈侧曲，或向后仰，呈现角弓反张样，昏睡或昏迷。若不及时救治，多在 24 小时内死亡。

（3）亚急性型　食欲减退或废绝，瞳孔正常，精神沉郁，能行走而无共济失调。轻度脱水，体温正常，结膜潮红，脉搏加快。瘤胃蠕动减弱，中等充满，触诊瘤胃内容物呈生面团样或稀软，pH 5.5～6.5，纤毛虫数量减少。常继发或伴发蹄叶炎或瘤胃炎而使病情恶化，病程24～96小时不等。

（4）轻微型　呈原发性前胃弛缓体征，表现为精神轻度沉郁，食欲减退，反刍无力或停止。瘤胃蠕动减弱，稍膨满，内容物呈现捏粉样硬度，瘤胃pH6.5～7.0，纤毛虫活力基本正常，脱水体征不明显。体温、脉搏和呼吸数无明显变化。腹泻，粪便灰黄稀软，或呈水样，混有一定黏液，多能自愈。

2. 病理变化

发病后于24～48小时内死亡的急性病例，其瘤胃和网胃中充满酸臭的内容物，黏膜呈玉米糊状，容易擦掉，露出暗色斑块，底部出血；血液浓稠，呈暗红色；内脏静脉瘀血、出血和水肿；肝脏肿大，实质脆弱；心内膜和心外膜出血。病程持续4～7天后死亡的病例，瘤胃壁与网胃壁坏死，黏膜脱落，溃疡呈袋状溃疡，溃疡边缘呈红色。被侵害的瘤胃壁的区域增厚3～4倍，呈暗红色，形成隆起，表面有浆液渗出，组织脆弱，切面呈胶冻状。脑及脑膜充血；淋巴结和其他实质器官均有不同程度的瘀血、出血和水肿。

3. 实验室诊断

本病根据病牛表现脱水，瘤胃胀满，卧地不起，蹄叶炎的症状和神经症状，结合过食豆类、谷类或含丰富碳水化合物饲料的病史，以及实验室检查的结果——瘤胃pH值下降至4.5～5.0，血液pH值降至6.9以下，血液乳酸升高等，进行综合分析与论证，可做出诊断。

（三）防制

1. 预防

应严格控制精料喂量，做到日粮供应合理，构成相对稳定，精粗饲料比例平衡；加喂精料时要逐渐增加，严禁突然增加精料喂量；饲料中添加缓冲剂或加一些抑制乳酸生成菌作用的抗生素（如莫能菌素）；对产前、产后的牛应加强健康检查，随时观察异常表现并尽早治疗；防止牛闯入饲料房、仓库、晒谷场，暴食谷物、豆类及配合饲料。

2. 治疗

治疗原则为清除瘤胃有毒内容物，纠正脱水、酸中毒和恢复胃肠功能。

【处方1】清除瘤胃内有毒的内容物。多采用洗胃和/或缓泻法或手术疗法。①洗胃可用双胃管或内径25～30毫米的粗胶管，经口插入瘤胃，排除液体内容物，然后用1％食盐水、1％碳酸氢钠溶液、自来水或1：（5～10）石灰水溶液上清液反复洗胃，直到瘤胃内容物无酸臭味而呈中性或弱碱性为止。②缓泻多用盐类或油类泻剂，如石蜡油或植物油500～1500毫升。③硫酸新斯的明注射液20毫克，1次皮下注射，2小时重复1次，同时肌注氯丙嗪注射液（每千克体重0.5～1毫克）。④重症病例，应尽快施行瘤胃切开术，直接取出瘤胃内容物，然后接种健康牛的瘤胃液或瘤胃内容物3～5升，效果更好。

【处方2】纠正酸中毒和脱水。①纠正酸中毒，可用5％碳酸氢钠液1000～3000毫升，一次静脉注射。②纠正脱水，用生理盐水、复方氯化钠液、5％葡萄糖氯化钠液等，每天4000～10000毫升，分2～3次静脉注射。③酸中毒基本解除时，内服健康牛的瘤胃液3～5升，或酵母粉100～200克，葡萄糖粉100克，酒精50～

100 毫升，加温水 1000～2000 毫升内服。④病轻的牛，可灌服制酸药和缓冲剂（如氢氧化镁）或碳酸盐缓冲合剂（干燥碳酸钠 50 克、碳酸氢钠 420 克、氯化钾 40 克）250～750 克，水 5～10 升，一次灌服。

【处方 3】恢复胃肠功能。可灌服健康牛的瘤胃液 5 升，大黄苏打片 30 克，人工盐 150 克。或给予调整胃肠的健胃药（如碳酸氢钠、人工盐、健胃散、氯化钠等）或拟胆碱制剂（如新斯的明、氨甲酰胆碱、毛果芸香碱等）。

【处方 4】对症治疗。①防止心力衰竭，应用强心药物。②降低脑内压，缓解神经症状，应用山梨醇、甘露醇。③有蹄叶炎伴发时，可应用抗组胺药物。④防止休克，宜用肾上腺皮质激素制剂。

【处方 5】如果以上治疗效果仍不明显，可进行瘤胃切开术，将瘤胃中内容物取出大半，再投入健康牛适量的瘤胃内容物。

四、黄曲霉毒素中毒

黄曲霉毒素中毒是指动物采食了被黄曲霉毒素污染的饲草饲料，引起以全身出血、消化功能紊乱、腹腔积液、神经症状等为临床特征的一种中毒性疾病。各种动物均可发生本病，幼年动物比成年动物易感，雄性动物比雌性动物（怀孕期除外）易感，高蛋白饲料可降低动物对黄曲霉毒素的敏感性。

（一）病因

黄曲霉菌广泛存在于自然界中，在多雨季节、温度在 25～30℃ 时最为活跃，易感染花生、棉籽、黄豆、玉米等植物种子，其代谢产物为黄曲霉毒素，具有很强的毒性和致癌作用。若牛采食或饲喂了被黄曲霉毒素污染的上述种子及其副产品时，则会引起中毒。本病一年四季均可发生，但在多雨季节、温度和湿度又比较适宜时发病率增加。

（二）诊断要点

1. 临床症状

成年牛多为慢性经过，表现为厌食，消瘦，精神委顿，一侧或两侧角膜浑浊。腹腔积液，间歇性腹泻。乳牛产奶量减少或停止，间或发生流产。怀孕母牛所产犊牛体重轻，抗病力弱。少数病例呈现中枢神经兴奋症状，如惊恐、突发转圈运动等。犊牛容易死亡，特别是 3～6 月龄犊牛，表现精神沉郁，食欲不振或废绝，生长发育缓慢，营养不良，被毛粗乱而无光泽，鼻镜干裂。磨牙，呻吟，无目的徘徊，不安。角膜混浊，重者一侧或两侧眼睛失明。间歇性腹泻，粪中带有凝血块和黏液，里急后重，重者脱肛。最终昏迷、死亡。

2. 病理变化

病牛死后剖检呈现肝脏硬化、纤维化、肝细胞瘤、苍白变硬，表面有灰白色区，呈退行性变性。胆管上皮增生，胆囊扩张。腹腔积液，肠系膜、皱胃和结肠水肿。

3. 实验室诊断

根据病史调查、饲料样品分析，结合临床症状和病理变化，可做出初步诊断。确诊必须进行病原菌分离培养和毒素检测。

（三）防制

1. 预防

本病关键在于预防，做好饲料的防霉和有毒饲料的去毒工作。①防霉主要是选育抗黄曲霉毒素的农作物品种；②采用适合当地的种植技术和收获方法，如花生种植不重茬，收获前灌水，收获时尽量防止破损；③玉米、小麦等农作物收割后要及时晾晒，使含水量符合要求；④采用适当的贮藏方法和化学防霉剂，如对氨基苯甲酸、丙酸、醋酸钠、亚硫酸钠等都能阻止黄曲霉的生长；⑤对已含有黄曲霉毒素的饲料，可应用物理、化学和生物学方法去除其中的毒素，但这些方法需要一定的设备和技术，不够简便，且去毒处理后，产品营养价值下降；⑥定期检查贮存的饲料，对重度污染的饲料应全部舍弃为宜。

2. 治疗

发现中毒时，应立即停止饲喂霉败饲料，给予含碳水化合物丰富的青绿饲料和高蛋白饲料，减少或不饲喂含脂肪多的饲料。本病目前尚无特效疗法，主要根据病情采取对症治疗。

【处方1】发病后立即停喂发霉饲料，换喂优质牧草。急性中毒者，先用0.1%高锰酸钾溶液、清水或弱碱性溶液灌肠、洗胃，然后口服健胃缓泻剂（人工盐、硫酸钠或硫酸镁200～300克，加水灌服）。

【处方2】解毒保肝，防止出血，可用25%～50%葡萄糖溶液500～1000毫升、复方氯化钠注射液1000～2000毫升、维生素C 0.5～1克，静脉注射。或用10%葡萄糖酸钙注射液或5%～10%氯化钙溶液500～1000毫升，一次静脉注射。

【处方3】强心，用20%安钠咖注射液10～20毫升，肌内注射。

【处方4】用土霉素，每千克体重10毫克，肌内注射，每天1～2次，连用5天，有很好的治疗作用。

【处方5】中药治疗。

方剂一：防风20克，甘草30克，水煎取汁，加生绿豆粉500克，白糖100克，水1000毫升，混合，灌服，每天1次，连用3～5天。

方剂二：芒硝500克，食盐20克，制成10%水剂，冲炒面500克，灌服。

方剂三：大米250克熬粥，加芒硝150～250克，一次灌服。

方剂四：绿豆150克，食盐15克，水2000毫升，煎汤灌服。

方剂五：鲜仙人掌2000～3000克，去皮、刺，捣烂，加芝麻油500毫升，每天1次，灌服，连用3～5天。

方剂六：防风、贯众、甘草各50克，黄豆500克，白糖200克，前3味药水煎取汁，黄豆磨浆后与药液混合一并灌服。

五、栎树叶中毒

栎树叶中毒是指反刍动物大量采食栎树叶后，引起的以前胃弛缓、便秘或便痢、胃肠炎、皮下水肿、体腔积水及血尿、蛋白尿、管型尿等肾病综合征为特征的中毒病，常发生于牛羊。栎树又叫"青杠树"，是壳斗科、栎属植物的俗称，为多年生乔木或灌木。

（一）病因

本病发生于生长青杠树的林带，尤其是乔木被砍伐后、新生长的灌木林带。据报道，牛采食青杠树树叶占日粮的 50％以上即可引起中毒，超过 75％会中毒死亡。也有因采集青杠树叶喂牛或垫圈而引起中毒者。

（二）诊断要点

1. 临床症状

自然中毒病例多在采食栎树叶 5～15 天发病。病牛首先表现精神沉郁，食欲、反刍减少，厌食青草，喜食干草。瘤胃蠕动减弱，肠音低沉，很快出现腹痛综合征（磨牙、不安、后退、后坐、回头顾腹以及后肢踢腹等）。排粪迟滞，粪球干燥、色深，外表有大量黏液或纤维性黏稠物，有时混有血液，粪球常呈串联成捻珠状或算盘珠样，严重者排出腥臭的焦黄色或黑红色糊状粪便。鼻镜干燥或龟裂。病初排尿频繁，量多，清亮如水，有的排血尿。随着病情发展，饮欲将逐渐减退以至消失，尿量减少，甚至无尿。病的后期，会阴、股内、腹下、胸前、肉垂等部位出现水肿，触诊呈捏粉样。腹腔积水，腹围膨大而均匀下垂，病牛虚弱，卧地不起，出现黄疸、血尿、脱水等症状。最终死亡。体温一般无变化。妊娠牛可见流产或胎儿死亡。尿蛋白试验呈强阳性，尿沉渣中有大量的肾上皮细胞、白细胞及各种管型。

2. 实验室诊断

根据病史和临床症状基本上可以确诊。

（三）防制

1. 预防

【措施 1】预防的根本措施是恢复栎林区的自然生态平衡，改造栎林区的结构，建立新的饲养管理制度。

【措施 2】在发病季节里，不在栎树林放牧，不采集栎树叶喂牛，不采用栎树叶垫圈。

【措施 3】应控制牛采食栎树叶的量；高锰酸钾能使栎单宁及其降解产物氧化分解，牛采食栎树叶后应灌服或饮用高锰酸钾水（高锰酸钾粉 2～3 克，加清洁水4000 毫升），坚持至发病季节终止。

2. 治疗

本病的治疗原则为排出毒物、解毒和对症治疗。

【处方 1】为促进胃肠内容物的排出。①可用 1％～3％氯化钠溶液 1000～2000毫升，瓣胃注射；②或用鸡蛋清 10～20 个，蜂蜜 250～500 克，混合 1 次灌服；③或灌服菜籽油 250～500 毫升。

【处方 2】碱化尿液，促进血液中毒物排泄。①可用 5％碳酸氢钠溶液 300～500 毫升，1 次静脉注射；②硫代硫酸钠 5～15 克，制成 5％～10％溶液 1 次静脉注射，每日 1 次，连续用 2～3 天，对初中期病例有效。

【处方 3】对症治疗。①对机体衰弱、体温偏低、呼吸次数减少、心力衰竭及出现肾性水肿者，使用 5％葡萄糖生理盐水 1000 毫升、林格氏液 1000 毫升、10％安钠咖注射液 20 毫升，1 次静脉注射；②对出现水肿和腹腔积水的病牛，用利尿剂；③晚期出现尿毒症的还可采用透析疗法；④为控制炎症可内服或注射抗生素或磺胺类药物。

第二节　其他中毒病的诊疗与处方

一、有机磷农药中毒

有机磷农药中毒是指畜禽接触、吸入或误食某种有机磷农药后发生的以呈现腹泻、流涎、肌群震颤和瞳孔缩小等为特征的一种中毒病。各种动物均可发生。临床上以体内胆碱酯酶活性被钝化、乙酰胆碱蓄积而出现胆碱能神经兴奋效应为特征。

（一）病因

有机磷农药是一种毒性较强的接触性神经毒，主要通过饲草的残存或因操作不慎污染，或因纠纷投毒而造成牛生产性或事故性中毒。

（二）诊断要点

1. 临床症状

牛中毒后多在1～3小时内出现症状，最快的在采食后20分钟即可发病。有机磷农药中毒后主要表现为胆碱能神经兴奋，乙酰胆碱大量蓄积，出现毒蕈碱样、烟碱样症状及中枢神经系统症状。

（1）毒蕈碱作用症状　又称"M样症状"，主要表现为胃肠运动过度、腺体分泌过多而导致腹痛，患牛回顾腹部，反刍、嗳气减少甚至消失，瘤胃臌气，肠音高亢，腹泻，粪尿失禁，不时排出稀软或水样带血粪便。大量流涎，流泪，鼻孔和口角有白色泡沫，瞳孔缩小呈线状，食欲废绝，可视黏膜苍白等。呼吸困难，呼出气中带有蒜臭味，四肢末端厥冷，听诊肺区有湿啰音。频尿，全身出汗。

（2）烟碱样作用症状　又称"N样症状"，表现肌肉痉挛，如上下眼睑、颈、肩胛、四肢肌肉发生震颤，常以三角肌、斜方肌和股二头肌最明显，严重者波及全身肌肉，出现肌群震颤。继发骨骼肌无力和麻痹，心跳加快。重则强直性痉挛，共济失调，倒地不起，最后因呼吸肌麻痹窒息而死。

（3）中枢神经系统症状　由于乙酰胆碱在脑组织中蓄积，影响中枢神经之间冲动的传导，而出现过度兴奋或高度抑制，后者多见。

2. 病理变化

胃黏膜充血、出血、肿胀，黏膜易脱落，肺充血肿大，气管内有白色泡沫，肝脾肿大，肾脏混浊肿胀，包膜不易剥落。

3. 实验室诊断

根据有接触有机磷农药的病史，结合神经症状和消化系统症状，进行综合分析可以建立初步诊断。确诊需进行胆碱酯酶活力测定和毒物检验。

（三）防制

1. 预防

预防本病的根本措施是建立和健全有机磷农药的购销、运输、保管和使用制度，以防动物误食；喷洒过农药的田地或草场要做好标记，在 7～30 天内严禁牛进入摄食，也严禁在场内刈割青草饲喂牛；使用敌百虫驱寄生虫时应严格控制剂量。此外，研制高效、低毒、低残的新型有机磷农药。

2. 治疗

【处方 1】排出毒物。①立即使中毒牛脱离毒源，马上停止使用可疑饲料和饮水；②除去尚未吸收的毒物，经皮肤沾染的可充分用清水、5% 石灰水、0.5% 氢氧化钠液或肥皂水洗刷皮肤；③经消化道中毒的，可用大量清水、2%～3% 碳酸氢钠液或食盐水洗胃，并灌服活性炭。④须注意，敌百虫中毒不能用碱水洗胃和清洗皮肤，否则会转变成毒性更强的敌敌畏。

【处方 2】特效解毒。目前常用的解毒药有两种，一种是抗 M 受体拮抗剂；另一种为胆碱酯酶复活剂。

抗 M 受体拮抗剂，即乙酰胆碱对抗剂，常用硫酸阿托品，其一次用量为 10～50 毫克，皮下或肌内注射。中毒严重时以 1/3 剂量缓慢静脉注射，2/3 剂量皮下注射。经 1～2 小时症状未见减轻的，可减量重复应用，直到出现"阿托品化"状态（即口腔干燥、出汗停止、瞳孔散大、心跳加快等）。"阿托品化"后，应每隔 3～4 小时皮下或肌内注射一次一般剂量阿托品，以巩固疗效。此外，山莨菪碱（654-2）和樟柳碱（703）对有机磷农药中毒有一定疗效。

胆碱酯酶复活剂常用的有解磷定、氯磷定和双复磷等。解磷定剂量为每千克体重 20～50 毫克，用 5% 葡萄糖溶液或生理盐水配成 2.5%～5% 溶液，缓慢静脉注射，以后每隔 2～3 小时注射 1 次，剂量减半，直至症状缓解。氯磷定，剂量同解磷定，可肌内注射或静脉注射。双复磷，每千克体重 40～60 毫克，皮下、肌内或静脉注射。

【处方 3】对症治疗。除采取【处方 1】、【处方 2】的措施外，还需要进行对症治疗。治疗过程中特别注意保持患牛呼吸道的通畅，防止呼吸衰竭或呼吸麻痹，如消除肺水肿、兴奋呼吸、输入高渗葡萄糖溶液等。口服中毒者，应及早洗胃，适量应用阿托品，勿过早停药。

【处方 4】中药治疗。

方剂一：防风 60 克，绿豆 250～500 克，煎水灌服，每天 2 次，连用 2 天。

方剂二：甘草 120 克，绿豆 250～500 克，煎水灌服，每天 2 次，连用 2 天。

方剂三：大黄、黄芩各 250 克，白芍、葶苈子、防风、麻仁、甘草各 100 克，朴硝 60 克，水 4500 毫升，煎汁 3500 毫升，加红糖 250 克，灌服。

方剂四：蕹菜 2500 克，白糖 1500 克，将蕹菜捣烂，加洗米水 2500～3000 毫升，冲入白糖，灌服。

方剂五：蚯蚓 250 克，韭菜 2000 克，共捣烂，冲水 2500 毫升，去渣加蜂蜜 250 克，灌服。

方剂六：明矾 124 克，红糖 1000 克，沸水 2500 毫升，冲服。

方剂七：甘草、滑石各 200 克，明矾 100 克，绿豆 250 克，研末，沸水冲调，候温灌服。

方剂八：泡酸菜水 1000～1500 毫升，加水适量，灌服。

二、氟　中　毒

氟中毒分为无机氟化物中毒和有机氟化物中毒两类。

（一）无机氟化物中毒

无机氟化物中毒是指动物经消化道或（和）呼吸道连续摄入无机氟化物，在体内长期蓄积所引起的全身器官和组织的毒性损害的急、慢性中毒的总称。临床上分为急性无机氟化物中毒和慢性无机氟化物中毒。主要见于犊牛、牛、羊、猪、马和禽。

1. 病因

急性无机氟化物中毒主要是动物一次性食入大量氟化物或氟硅酸钠而引起中毒，常见于给牛用氟化钠驱虫时用量过大。慢性无机氟化物中毒是牛长期连续摄入超过安全限量的无机氟化物引起的。

2. 临床症状

（1）急性无机氟化物中毒　一般在食入半小时后出现症状。一般表现为流涎、呕吐、腹痛、腹泻，呼吸困难，肌肉震颤、阵发性强直痉挛，瞳孔扩大，严重时虚脱而死。有时动物粪便中带有血液和黏液。

（2）慢性无机氟化物中毒　慢性无机氟中毒又称"氟病"，最为常见，是以骨、牙齿病变为特征，常呈地方性群发。牙齿的损害是本病的早期特征之一，牙面、牙冠有许多白垩状，黄、褐以至黑棕色、不透明的斑块沉着。表面粗糙不平，齿釉质碎裂，甚至形成凹坑，色素沉着在孔内，牙齿变脆并出现缺损，病变大多呈对称发生，尤其是门齿，具有诊断意义。颌骨、掌骨、肋骨等呈现对称性的肥厚，骨变形，常有骨赘。管骨变粗，有骨赘增生；腕关节或跗关节硬肿，甚至愈合在一起，患肢僵硬，蹄尖磨损，有的蹄匣变形，重症起立困难。临床表现背腰僵硬，跛行，关节活动受限制，骨强度下降，骨骼变硬、变脆，容易出现骨折。

3. 防制

（1）预防　预防主要根治"三废"，减少氟的排放，对废气、废水中氟做无害化处理。在高氟污染区，应饮用深井水，给予优质饲料、饲草，可减轻环境高氟带来的损害。

（2）治疗

【处方1】急性无机氟化物中毒应及时抢救，用0.5%氯化钙或石灰水洗胃，也可静脉注射葡萄糖酸钙或氯化钙，以补充体内钙的不足。也可配合维生素D、维生素B_1和维生素C治疗。

【处方2】慢性无机氟化物中毒的治疗较困难，首先要停止摄入高氟牧草或饮水。转移动物至安全牧区放牧是最经济和有效办法，并给予富含维生素的饲料及矿物质添加剂，修整牙齿。对跛行病牛，可静脉注射葡萄糖酸钙。

（二）有机氟化物中毒

有机氟化物中毒是指动物误食了被有机氟农药（氟乙酰胺）或鼠药（氟乙酸钠、氟乙酰胺、甘氟等）污染的饲草或饮水而引起的以中枢神经系统和心血管系统机能障碍为特征的一种中毒病。本病的临床特征是起病突然，有抽搐、痉挛等神经症状及循环系统症状等。各种动物都可发生，以犬、猫、猪和反刍动物多见。

1. 病因

由误食或误饮有机氟化物污染的饲料或饮水引起。

2. 临床症状

牛中毒后有两种类型。突发型，无明显先兆性症状，经9~18小时后突然倒地，剧烈抽搐、惊厥，角弓反张，来不及抢救、迅速死亡。潜伏型，一般在摄入毒物潜伏1周后，经运动或受刺激后突然发作，全身肌肉震颤，共济失调，尖叫，惊恐，在抽搐中死于心力衰竭。

3. 防制

（1）预防　预防急性氟中毒的措施就是在利用氟制剂作兽药时，应特别注意剂量和应用方法。预防慢性氟中毒的措施，在工业污染区，根本措施是根治污染源，把排氟量控制在安全范围以下；在自然高氟区（牧草含氟量平均超过70毫克/千克为高氟区），应严禁放牧，超过40毫克/千克为危险区，只允许成牛作短期放牧；而且应采取在无氟或低氟区与危险区轮牧的方法放牧，在危险区放牧不宜超过3个月；饲料中氟含量不应超过干物质的0.003%，对牛补饲磷酸盐时，该磷酸盐含量不应高于1000毫克/千克，磷酸盐的用量亦不能高于日粮的2%；饮水含氟量超过2.0毫克/升时不宜饮用；改良草场的根本措施是使高氟草场面积逐渐缩小，安全区逐渐扩大。

（2）治疗

【处方1】发现中毒后，立即停喂可疑饲料，尽快排出胃肠内毒物，先用0.1%高锰酸钾洗胃（忌用碳酸氢钠），然后可投服鸡蛋清、次硝酸铋，保护胃肠黏膜。

【处方2】及时应用特效解毒药解氟灵（50%乙酰胺），剂量为每日每千克体重0.1~0.3克，用0.5%普鲁卡因液稀释，分2~4次肌内注射（首次注射为日量的1/2），连续用药3~7天。解氟灵和纳洛酮（1~5毫克/天，肌内注射）合用，疗效较好。

【处方3】用乙二醇乙酸酯（甘油乙酸酯、醋精）100毫升，溶于500毫升水中灌服；或用5%酒精和5%醋精（剂量为每千克体重2毫升）内服。

【处方4】用95%酒精100~200毫升，加水适量，每日内服1次；或65°白酒200~300毫升，1次内服。

【处方5】对症治疗。严重者进行强心补液、镇静、兴奋呼吸中枢等对症治疗。

三、硒 中 毒

硒中毒是指动物因摄入过量的硒而发生的急性或慢性中毒性疾病，多发生于土壤和草料含硒量高的特定地区。急性硒中毒以腹痛、呼吸困难和运动失调为特征；慢性硒中毒主要表现为消瘦、跛行和脱毛。各种动物均可发生，高硒地区放牧的牛、羊和马常见。

（一）病因

（1）土壤含硒量高　导致生长的粮食或牧草含硒量高，动物采食后引起中毒。一般认为土壤含硒1~6毫克/千克、饲料含硒达3~4克/千克，即可引起中毒。一些专性聚硒植物（或称硒指示植物），如豆科黄芪属某些植物的含硒量可高达1000～1500毫克/千克，是牛、羊硒中毒的主要原因。此外，有些植物如玉米、小麦、大麦、青草等，在富硒土壤中生长亦可引起动物硒中毒。

（2）人为因素　多因硒制剂用量不当。如治疗白肌病时亚硒酸钠用量过大，或动物饲料添加剂中含硒量过多或混合不均匀等都能引起硒中毒。此外，由于工业污染而用含硒废水灌溉，也可使作物、牧草被动蓄积硒而导致硒中毒。

（二）诊断要点

1. 临床症状

硒中毒在临床上主要表现急性、亚急性和慢性三种形式，这主要取决于硒的剂量、类型及接触的时间。

（1）急性硒中毒　常见于犊牛和羔羊。表现为精神沉郁，呼吸困难、黏膜发绀、脉搏细数，运动失调、步态异常，腹痛、臌气，呼出气体有明显的大蒜味，最终因呼吸衰竭而死亡。严重病例在数小时内则死亡。

（2）亚急性硒中毒　又称"蹒跚病"或"瞎撞病"，常见于饲喂含硒10～20毫克/千克饲料或进入高硒牧地数周（6～8周）的牛、绵羊和马。主要表现为病畜步态蹒跚，头抵墙壁，卧地时回头观腹，无目的徘徊，作圆圈运动，到处瞎撞，吞咽困难、流涎、呕吐、腹泻，往往因麻痹、虚脱、窒息而死。

（3）慢性硒中毒　又称"碱病"，常见于动物长期采食含硒在5毫克/千克以上的富硒饲料或牧草的动物。主要表现为食欲下降，渐进性消瘦，中度贫血，被毛粗乱，尾根长毛脱落，跛行，蹄冠下部发生环状坏死，蹄壳变形或脱落。慢性硒中毒还可影响胚胎发育，造成胎儿畸形及新生仔畜死亡率升高。

2. 病理变化

急性中毒动物表现为全身出血，肺充血、水肿，腹水增多，肝、肾变性。急性硒中毒动物的气管内充满大量白色泡沫状液体。亚急性及慢性中毒时，组织器官的病变见于肝脏、肾脏、心脏、脾脏、肺脏、淋巴结、胰脏和大脑。如肝脏萎缩、坏死或硬化，脾肿大并有局灶性出血，脑水肿、软化等。

3. 实验室诊断

根据饲喂病史、临床症状及病理变化可做出初步诊断。结合饲料、血液、被毛和肝、肾等组织中硒测定的结果即可确诊。

（三）防制

1. 预防

【措施1】预防本病的关键是日粮添加硒时，一定要根据机体的需要，控制在安全范围内，并且混合均匀。

【措施2】在治疗硒缺乏症时，要严格掌握用量和浓度，以免发生中毒。

【措施3】在富硒地区，增加日粮中蛋白质的含量，适当添加硫酸盐、砷酸盐等硒拮抗物。

【措施4】被富硒煤矿或其他冶炼含硒矿产的厂矿（硫酸厂、熔炼硫铁矿）排放的废气、废水所污染的水和饲料，不能供动物饮用和食用。

【措施5】建设圈舍也应远离这些厂矿，以免发病。

【措施6】若已发病，应立即停用原来的饮水和饲料。

2. 治疗

【处方1】应立即停喂高硒日粮，可用0.1%砷酸钠溶液皮下注射。或在饲料中添加氨基苯胂酸10毫克/千克，可减少硒的吸收，促进硒的排泄。

【处方2】慢性硒中毒时，应供给高蛋白（鸡蛋白、煮黄豆浆、亚麻籽油）、高含硫氨基酸和富含铜的饲料，则可逐渐恢复。

【处方3】用10%～20%的硫代硫酸钠以0.5毫升/千克静注，有助于减轻刺激症状。

四、食盐中毒

食盐中毒或称"氯化钠中毒"，是在动物饮水不足的情况下，因摄入过量的食盐或含盐饲料所引起的以消化紊乱和神经症状为特征的中毒性疾病。主要的病理学变化为嗜酸性粒细胞性脑膜炎。食盐中毒可发生于各种动物，常见于猪和家禽，其次是牛、羊、马。除食盐外，其他钠盐如碳酸钠、丙酸钠、乳酸钠等亦可引起与食盐中毒一样的症状，因此也可称为"钠盐中毒"。正常情况下，牛食盐的饲喂量为每千克体重0.3～0.5克，中毒剂量为每千克体重1～2.2克，致死量为每千克体重1.5～3克。

（一）病因

（1）作为饲料组成部分的食盐，超过日粮的1%即易引起中毒。

（2）不正确地利用腌制食品（如腌肉、咸鱼、泡菜）或乳酪加工后的废水、残渣及酱渣等，因其本身含盐量高，加之喂量过多则可引起中毒。

（3）治疗用药（10%氯化钠、人工盐）过量或重复使用。

（4）对长期缺盐饲养或"盐饥饿"的家畜突然加喂食盐，特别是喂含盐饮水，又未加限制时；或对饲料食盐保管不好，被脱缰牲畜偷食时，极易发生异常过量采食的情况。

（5）饮水缺乏可促使本病发生，特别服用盐类药物后。

（6）机体水盐平衡的状态可直接影响动物对食盐的耐受性。如高产奶牛在泌乳期对食盐的敏感性要比干乳期高得多；夏季炎热，机体失去大量水分，往往耐受不了在冬季能耐受的食盐量等。

（二）诊断要点

1. 临床症状

主要表现为食欲废绝，烦渴贪饮，口腔干燥，黏膜充血，腹痛、腹泻，粪便中混有黏液和血液，频频排尿、尿少，口吐白沫，结膜潮红或发绀。一般体温正常，但在夏季可能升至42℃。严重时出现双目失明，后肢麻痹、球节挛缩等症状，后期卧地不起，四肢搐搦、做游泳动作，多于24小时内死亡。慢性中毒时主要表现食欲减退，体重减轻，体温下降，衰弱，有时腹泻，多因衰竭而死亡。

2. 病理变化

肠黏膜充血、出血，瘤胃、皱胃壁水肿、有溃疡（黄牛），或瘤胃、网胃、瓣胃黏膜脱落（水牛）。皮下、骨骼肌呈现水肿，心包有积液，肺也可能充血、水肿，膀胱黏膜发红，脑充血、出血。

3. 实验室诊断

结合病史（有过量摄入食盐和/或限制饮水）、临床症状（烦渴贪饮、口吐白沫、结膜潮红、卧地四肢做游泳动作等）和剖检变化进行诊断，必要时可测定血清及脑脊液中的钠离子浓度。当脑脊液中钠离子浓度超过 160 毫摩尔/升、脑组织中钠离子超过 1800 微克/克时，就可认为是钠盐中毒。

（三）防制

1. 预防

牛日粮中添加食盐总量应占日粮的 0.3%～0.8%，或以每千克体重补饲食盐0.3～0.5 克，以防因盐饥饿引起对食盐的敏感性升高。在饲喂盐分较高的饲料时，在严格控制用量的同时供以充足的饮水。在利用含盐的加工残渣和废水（酱渣、腌肉、腌菜的水）时必须适当限制用量，对饲料用盐应保管好，防止食盐中毒。

2. 治疗

尚无特效解毒药。治疗要点为排钠利尿，恢复阳离子平衡和对症治疗。

【处方 1】首先应停喂含盐饲料和停饮含盐水。中毒早期可多次给予少量清水或灌服适量的温水，较好的方法是洗胃，然后用液体石蜡或植物油导泻，以减少氯化钠吸收，促使其排出，但禁用盐类泻剂。发作期禁止饮水。

【处方 2】为了调节体液一价、二价阳离子平衡，可静脉注射 5% 葡萄糖酸钙溶液 200～400 毫升或 10% 氯化钙溶液 100～200 毫升。

【处方 3】缓解脑水肿，降低颅内压，可静脉注射 25% 山梨醇溶液、20% 甘露醇溶液或高渗葡萄糖溶液 1000～1500 毫升。

【处方 4】镇静解痉，可肌内注射盐酸氯丙嗪注射液或安定注射液，亦可静脉注射硫酸镁注射液或溴化物（钙或钾）注射液。

【处方 5】中药疗法。

方剂一：甘草 60 克，绿豆 120～300 克，水煎取汁，一次灌服。

方剂二：蔗糖 150～300 克，或生萝卜叶 1500 克，捣烂，加水灌服。

方剂三：茶叶 120 克，菊花 100 克，水煎取汁，灌服。

方剂四：生豆浆 1500～3000 毫升，灌服。

方剂五：醋 2000 毫升或麻油 600 毫升，一次灌服。

方剂六：甘草 40～70 克，绿豆 200～300 克，水煎取汁，加入白糖 300～600克，一次灌服。

方剂七：鲜绿豆 250 克，生石膏、天花粉各 180 克，鲜芦根 120 克，水煎灌服。

五、尿素中毒

尿素中毒是指家畜采食过量尿素引起的以肌肉强直、呼吸困难、循环障碍、新鲜胃内容物有氨气味为特征的一种中毒病。主要发生在反刍动物，多为急性中毒，死亡率很高。

（一）病因

发病原因主要是尿素饲料使用不当。如将尿素溶解成水溶液喂给时，易发生中毒；饲喂尿素的动物，若不经过逐渐增加用量，初次就突然按规定量喂给，也易发生中毒；不严格控制定量饲喂，或对添加的尿素未均匀搅拌等，都能造成中毒。将尿素堆放在饲料的近旁，导致发生误用（如误认为食盐）或被动物偷吃。个别情况下，动物因偷喝大量人尿而发生急性中毒的病例。此外，由于饲料中糖类含量不足，而豆科饲料比例过大，饮水不足、体温升高、肝功能紊乱、瘤胃液 pH 值升高，以及饥饿或间断性饲喂尿素等，也可成为中毒诱因。

（二）诊断要点

1. 临床症状

中毒症状出现的迟早和严重程度与食入的尿素量和血氨浓度有关。牛在食入中毒量尿素后 30～60 分钟即出现症状，起初表现为沉郁和呆滞，接着表现不安和感光过敏，呻吟，反刍停止，瘤胃臌气，肌肉抽搐、震颤，步态不稳，反复出现强直性痉挛，呼吸困难，脉搏加快，出汗，流涎。后期病牛倒地，肛门松弛，四肢游泳状划动，如不及时治疗，大部分动物 3 小时左右开始窒息而死亡。血氨浓度升高至 4.7 毫摩尔/升（正常为 0.12～0.36 毫摩尔/升），红细胞压积增高，血液 pH 值在中毒初期升高，死亡前下降并伴有高血钾、尿液 pH 值升高。

2. 病理变化

鼻孔内流出红褐色液体，眼球下陷，眼结膜发绀，阴道黏膜发绀，有白色胶样物，皮下淤血。腹腔内有强烈的腐败气味。瘤胃饱满，浆膜呈暗褐色，切开后有刺鼻的氨味，黏膜脱落，底部出血，胃内容物呈现红白相间。肠黏膜脱落出血，尤其是小肠前段的出血和溃疡严重。肝脏肿大，含血量多，质地变脆，胆囊扩张，充满胆汁。肾脏肿大，有大量的尿酸盐沉积。肺脏淤血，支气管内有粉红色泡沫状分泌物。心外膜有鲜红色弥漫性出血点。心室扩大，血凝块分层明显。膈膜有轻度充血和少量淤血。

3. 实验室诊断

结合病史（突然食入大量尿素或饮用高浓度尿素的水）、临床症状（强直性痉挛、循环衰竭、呼吸困难等）和剖检变化进行诊断，必要时进行血氨测定。

（三）防制

1. 预防

【措施1】首先，要注意初次饲喂尿素添加量要小。大约为正常喂量的 1/10，以后逐渐增加到正常的全饲喂量，持续时间为 10～15 天，并要供给玉米、大麦等富含糖和淀粉的谷类饲料。一般添加尿素量为日粮的 1% 左右，最多不应超过日粮总干物质量的 1% 或精料干物质的 2%～3%。

【措施2】其次，要注意使用尿素饲料要合理。使用尿素要适量，将添加的尿素要均匀地搅拌在粗精饲料成分中饲喂；不能将尿素溶于水后饲喂；也不能给反刍动物饲喂尿素后立即大量饮水；尿素不宜与豆饼、南瓜等含有脲素酶的饲料同喂。

【措施3】最后，必须严格遵守饲料保管制度。不能将尿素饲料同饲料混杂堆放，以免误用；在牛舍内应避免放置尿素饲料，以免被偷吃。

2. 治疗

【处方1】发现中毒时应立即停喂尿素，并用食醋500～1000毫升，或用5％醋酸4500毫升加适量水，成年牛1次灌服。

【处方2】用5％葡萄糖溶液或糖盐水3000～4000毫升、25％葡萄糖溶液500毫升、25％维生素C注射液8～10毫升、10％安钠咖注射液30毫升（或樟脑磺酸钠20毫升）静脉注射。必要时在12～24小时再注射1次。

【处方3】用硫代硫酸钠5～10克，用蒸馏水配成5％～20％溶液静脉注射或肌内注射。

【处方4】肌肉抽搐时，可肌注苯巴比妥（每千克体重5～15毫克，用蒸馏水或生理盐水溶解）；或用25％硫酸镁溶液40～100毫升肌内注射。

【处方5】呼吸困难时，可使用盐酸麻黄碱，成年牛50～300毫克，肌内注射。

【处方6】中药治疗。绿豆250克，滑石粉250克，炙甘草80克，水煎取汁，候温灌服。

第七章　牛普通内科病和外科病的诊疗与处方

第一节　普通内科病的诊疗与处方

一、口　炎

口炎是口腔黏膜表层和深层组织的炎症的统称，包括舌炎、腭炎和齿龈炎。其病演变过程有单纯性局部炎症和继发性全身反应。

（一）病因

1. 非传染性病因

有机械性（吃了粗糙或尖锐的饲料，饲料中混有木片、玻璃或麦芒等杂物所造成；牙齿磨灭不正或各种坚硬机械的刺激）；温热性和化学性损伤（服用高浓度的刺激性药物如冰醋酸、酒石酸锑钾等；吃了有毒植物，误饮氨水等）；以及核黄素、抗坏血酸、烟酸、锌等营养缺乏症。另外霉菌性中毒、过敏反应也可引起口炎。

2. 传染性病因

见于微生物感染，如口蹄疫、坏死杆菌病、牛黏膜病、牛恶性卡他热、牛流行热、水疱性口炎、蓝舌病等特异病原性疾病。

（二）诊断要点

1. 临床症状

原发性口炎病牛常采食减少或停止，口腔黏膜潮红、肿胀、疼痛、流涎，甚至糜烂、出血和溃疡，口臭，全身变化不大。继发性口炎多见有体温升高等各传染病固有的其他全身反应。如口蹄疫时，除口腔黏膜发生水疱及烂斑外，趾间及皮肤也有类似病变。另外，霉菌性口炎，常有采食发霉饲料的病史，除口腔黏膜发炎外，还表现下泻、黄疸等病变过程。过敏反应性口炎，多与突然采食或接触某种过敏原有关，除口腔有炎症变化外，在鼻腔、乳房、肘部和股部内侧等处见有充血、渗出、溃烂、结痂等变化。

2. 实验室诊断

原发性口炎根据口腔黏膜炎症的变化进行诊断。但应注意鉴别诊断，要考虑到营养缺乏症、中毒、传染性等因素。

（三）防制

1. 预防

加强饲养管理，合理调配饲料，对粗硬饲草可进行碱化、粉碎处理；防止不良因素对口腔黏膜的刺激，口服给药时，药物温度不能过高，使用开口器时应避免损伤黏膜等；不喂粗硬带芒的草料和严防损伤口舌的刺激性异物进入口腔，如口腔内有芒刺等异物要取出，防止因口腔受伤而发生原发性口炎；若在牛群中发现口炎病牛，应立即隔离病牛，观察治疗，查明原因，并对全场牛只进行监测，以防止某些传染病的蔓延。

2. 治疗

【处方1】反复洗涤口腔，一般用1％食盐水或3％硼酸溶液或0.1％雷佛奴耳溶液，一日数次洗口。

【处方2】口腔恶臭，用0.1％的高锰酸钾溶液冲洗；唾液分泌旺盛，用1％～2％明矾溶液或鞣酸溶液洗口。口腔黏膜溃烂或溃疡时，口腔洗涤后溃烂面涂10％磺胺甘油乳剂或碘甘油（5％碘酊1份，甘油9份），每日2次。或用青霉素80万单位加适量蜂蜜混匀后，每日涂抹数次。

【处方3】中药疗法。

方剂一：青黛、黄柏、薄荷、黄连、桔梗、儿茶各等份，研末，取适量装入纱布袋内，噙于口中，或直接将药末撒于患处。

方剂二：黄柏、儿茶、枯矾各等份，共研细末，取少许涂于舌体糜烂处。

方剂三：冰片12克，青黛9克，芒硝30克，薄荷6克，滑石60克，共研为细末，调蜂蜜涂于患处，每天2次。

方剂四：取市售冰硼散、青黛散，用时涂于患处。

方剂五：石膏150克，金银花、玄参、车前子（包）各60克，连翘、黄连、黄芩、知母、栀子各30克，水煎灌服，每天2次。

方剂六：蜂蜜200克，生绿豆粉50克，元明粉30克，青黛、枯矾粉各10克，冰片5克，阿莫西林5克，加适量水，将以上药物混合调成膏剂装入沙布袋内，袋的两端系绳备用。先以0.2％高锰酸钾溶液清洗口腔，将药袋放入病牛口内，并固定在病牛头上，饲喂和饮水时取下。每天2次，每次放置1.5小时左右。

方剂七：黄柏10克，青黛6克，冰片3克，共研为末，撒布于溃烂面。

方剂八：山药30克，冰糖30克，共研为末，撒在患处。

方剂九：取冰片5克，朱砂6克，硼砂50克，元明粉50克，混合均匀，吹入溃疡面上。

【处方4】病情严重，体温升高，不能采食时，要静脉注射葡萄糖并结合抗菌药物或磺胺药物疗法等；每日2次经胃管投入流质饲料。对传染病合并口腔炎症者，宜隔离消毒。

二、食道阻塞

食道阻塞是由于吞咽物过于粗大和（或）咽下机能紊乱所致的一种食道疾病。临床上以突发吞咽障碍、流涎和瘤胃臌胀等为特征。各种动物均可发生，多发生于牛、马和犬。

（一）病因

阻塞物除日常饲料外，还有马铃薯、甜菜、萝卜等块根块茎，还可能有西瓜皮、洋芋、玉米棒、包心菜根、落果及胎衣等。亦见有误食塑料袋、地膜等异物造成食道阻塞的。原发性阻塞常发生在饥饿、抢食、采食受惊等应激状态下或麻醉复苏之后。继发性阻塞常伴随于异嗜癖（营养缺乏症）、脑部肿瘤以及食道的炎症、痉挛、麻痹、狭窄、扩张、憩室等疾病。

（二）诊断要点

1. 临床症状

按其程度，可分为完全阻塞和不完全阻塞。按其部位，可分为咽部食道阻塞、颈部食道阻塞和胸部食道阻塞。采食中止，突然发病。口腔和鼻腔大量流涎；低头伸颈，徘徊不安或晃头缩脖，做吞咽动作。几番吞咽或试以饮水后，随着一阵颈项挛缩和咳嗽发作，大量饮水和（或）唾液从口腔和鼻孔喷涌而出。若为颈部食道阻塞，可见局限性膨隆，能摸到堵塞物。若为胸部食道阻塞，由于咽下的唾液积存于阻塞物前部的食道中，可看到左颈静脉沟处出现膨大的食道，触诊有波动，如用手向口腔方向挤压，则有大量泡沫状唾液从口、鼻流出。不完全阻塞，液体可以通过食道，而食物不能下咽。完全阻塞，在阻塞物上方部位可积存液体，手触有波动感，由于不能嗳气而迅速继发瘤胃膨胀和呼吸困难。食道阻塞时，如有异物吸入气管可发生异物性气管炎和异物性肺炎。

2. 实验室诊断

食道阻塞的诊断，临床上根据在采食中突然发生咽下障碍和胃管插至阻塞部即不能前进，容易诊断，确诊依据于食道探诊和X射线检查。

（三）防制

1. 预防

为了预防该病的发生，应防止牛偷食未加工的块根饲料。补喂牛生长素制剂或饲料添加剂。清理牧场、厩舍周围的废弃杂物。

2. 治疗

治疗要点是润滑管腔，缓解痉挛，清除堵塞物。

【处方1】对已经发生瘤胃膨胀的病牛，应立即用套管针在肷俞穴穿刺，缓慢放出瘤胃内气体后，再做其他处理。

【处方2】应用镇痛解痉药，并以1％～2％普鲁卡因溶液混以适量液状石蜡或植物油灌入食道。然后依据阻塞部位和堵塞物性状，选用下列方法疏通食道。

（1）直接掏取法 若阻塞物在近咽部，妥善保定后，先给牛戴上开口器，用胃管灌入液状石蜡100～300毫升，一人用双手在食道两侧将堵塞塞物推至咽部，另一人将手或钝钳伸入咽内取出。

（2）推送法 先用胃管将液状石蜡或豆油150～200毫升、2％盐酸普鲁卡因注射液30毫升，投入到阻塞部，10～15分钟后用硬质胃管推送或接打气管气压推送或接水管水压推送阻塞物至胃内。

（3）挤出法 颈部垫以平板，手掌抵到堵塞物下端，向咽部挤压，从咽部取出。

（4）砸碎法 当阻塞物易碎、表面光滑并阻塞在颈部食道时，可在阻塞物两侧垫上软垫，将一侧固定，在另一侧用木槌或拳头砸（用力要均匀），使其破碎后咽入瘤胃。

（5）吸取法　阻塞物如为草料食团，可将牛保定好，送入胃管后用橡皮球吸取水，注入胃管，在阻塞物上部或前部软化阻塞物，反复冲洗，边注入边吸出，反复操作，直至食道畅通。

（6）手术法　若上述方法无效时，采用手术方法，切开食道，取出堵塞物。

三、前胃弛缓

前胃弛缓又称"脾胃虚弱"，是由各种原因导致的前胃神经兴奋性降低、肌肉收缩力减弱，瘤胃内容物运转缓慢，微生物菌群紊乱，产生大量发酵和腐败的物质，并引起消化障碍和全身机能紊乱的一种疾病。临床上以食欲减退，反刍、嗳气障碍，前胃蠕动机能减弱或停止为特征。本病是反刍动物的常见病，舍饲的牛多发。

（一）病因

分为原发性前胃弛缓（亦称单纯性消化不良）和继发性前胃弛缓。

1. 原发性前胃弛缓的原因

主要是饲养不当。当长期饲喂粗硬劣质难以消化的饲料时，如豆秸、甘薯蔓、糠秕、秸秆等，强烈刺激胃壁，尤其在饮水不足时，前胃内容物是缠结成难以移动的团块，影响瘤胃内微生物的消化活动；反之，当长期饲喂柔软刺激性小或缺乏刺激性的饲料，如麸皮、面粉、细碎精料等，不足以兴奋前胃机能，均易发生前胃弛缓。饲喂品质不良的草料，如发酵变质的青草、青贮料、酒糟、豆腐渣等，或草料突然变换，前胃机能一时不易适应，也是前胃弛缓的常见原因。另外，血钙水平降低、矿物质和维生素缺乏、管理不当（主要是过度使役或运动不足）、应激反应等因素也可造成前胃弛缓。

2. 继发性前胃弛缓的原因

后者由胃肠道疾病（如瘤胃臌气、瘤胃积食、创伤性网胃炎、皱胃变位、腹膜炎等）、口腔疾病、外产科疾病、营养代谢病（酮血病）、某些传染病和寄生虫病（肝片吸虫病等）、治疗中用药不当引起菌群失调等因素继发的。本病在冬末、春初粗饲料缺乏时最为常见。

（二）诊断要点

1. 临床症状

临床症状可分为急性和慢性两种类型。

（1）急性前胃弛缓　多呈现急性消化不良，精神委顿，神情不活泼，表现为应激状态。食欲减退或消失，反刍迟缓或停止。体温、呼吸、脉搏及全身机能无明显异常。瘤胃收缩力减弱，蠕动次数减少或正常，瓣胃蠕动音低沉，泌乳产量下降，时而嗳气，有酸臭味，便秘，粪便干硬、呈深褐色。瘤胃充满内容物，黏硬，或呈粥状；由变质饲料引起的，瘤胃收缩力消失，轻度或中等度膨胀，下痢；由应激反应引起的，瘤胃内容物黏硬，而无膨胀现象。一般病例病情轻，容易康复。如果继发前胃炎或酸毒症病情急剧恶化，呻吟、磨牙，食欲反刍废绝，牛粪便大量为棕褐色糊状便，具有恶臭，精神高度沉郁，皮温不整。体温降低，鼻镜干燥，眼球下陷，黏膜发绀，发生脱水现象。实验室检查，瘤胃内容物 pH 值可下降到 6.5～

5.5，甚至 5.5 以下。纤毛虫活性降低，数量减少，甚至消失。血浆二氧化碳结合力下降。

（2）慢性前胃弛缓　多为继发性因素引起或由急性转变而来。食欲不定，时好时坏，常常空嚼磨牙，发生异嗜，舔砖吃土，或吃被粪尿污染的垫草污物。反刍不规则，间断无力或停止，嗳气减少，嗳出的气体带臭味。病情时好时坏，水草迟细，日渐消瘦，皮焦毛躁，无神无力，体质衰弱。瘤胃蠕动音减弱或消失，内容物停滞，稀软或黏硬。网胃与瓣胃蠕动音减弱或消失，瘤胃轻度膨胀。腹部听诊，肠蠕动音微弱或低沉。便秘，粪便干硬、呈暗褐色、附着黏液；下痢，或下痢与便秘互相交替。排出糊状粪便，散发腥臭味；潜血反应往往呈阳性。病后期伴发瓣胃阻塞，精神沉郁，鼻镜龟裂，不愿移动，或卧地不起，食欲、反刍停止，瓣胃蠕动音消失，继发瘤胃膨胀，脉搏快速，呼吸困难。眼球下陷，结膜发绀，全身衰竭、病情危重。

2. 实验室诊断

本病的诊断，通常根据发病原因和临床症状（食欲、反刍障碍，瘤胃蠕动音减弱）分析判断，必要时结合检测瘤胃内容物 pH 和计数纤毛虫，一般容易诊断。

（三）防制

1. 预防

应做到及时诊治原发疾病；防止长期饲喂单调的难以消化的草料；防止饲喂霉败变质和过粗、过细（粉质）、过热或冰冻的饲料；还要避免突然变换饲料。役牛在大忙季节，不能劳役过度，冬季休闲，注意适当运动；保持安静，避免奇异声、光、色等不利因素的刺激和干扰，引起应激反应；注意圈舍清洁卫生和通风保暖；提高牛群健康水平，防止本病的发生。

2. 治疗

治疗原则为加强护理，除去病因，增强瘤胃机能。

【处方 1】病初绝食 1～2 天，多饮清水，多次少量饲喂优质干草和易消化的饲料，适当运动。

【处方 2】增强瘤胃机能。为了兴奋瘤胃蠕动机能，通常先服缓泻制酵剂，而后应用兴奋瘤胃蠕动的药物。

（1）缓泻止酵　常用硫酸镁或硫酸钠 500 克，松节油 30～40 毫升，酒精 80 毫升，常水 4000～5000 毫升，一次内服；或液状石蜡 1000～2000 毫升，苦味酊 20～40 毫升，一次内服。

（2）兴奋瘤胃蠕动的药物　最好先测定瘤胃内容物 pH，当 pH 值为 5.8～6.9 时，宜用偏碱性药物，如人工盐 60～90 克，或碳酸氢钠 50～100 克，常水适量，一次内服，同时应用 10％氯化钠溶液 250～500 毫升，10％安钠咖液 20～40 毫升，一次静脉注射，每日 1 次，效果良好。当 pH 值为 7.6～8.0 时，宜用偏酸性药物，如苦味酊 60 毫升，稀盐酸 30 毫升，番木鳖酊 15～25 毫升，酒精 100 毫升，常水 500 毫升，一次内服，每日 1 次，连用数日。促反刍液，通常用 5％氯化钠溶液 300 毫升，5％氯化钙溶液 300 毫升，20％安钠咖溶液 10 毫升，一次静脉注射。或用 10％氯化钠溶液 100 毫升，5％氯化钙溶液 200 毫升，20％安钠咖溶液 10 毫升，静脉注射，可促进前胃蠕动，提高治疗效果。

（3）应用拟胆碱药　新斯的明4～20毫克，一次皮下注射，每2～3小时1次；或毒扁豆碱30～50毫克，一次皮下注射。但应注意，应用任何拟胆碱药物时，都必须适当地采用小剂量，必要时可经1～2小时重复1次。重症的病牛，伴有腹膜炎的病牛，特别是妊娠后期的病牛禁用。也可用吐酒石4～6克，常水2000毫升，溶解后一次内服，每日1次，不超过2～3次，效果较好。但应注意，瘤胃蠕动音一旦停止则禁用。

（4）原发性急性前胃弛缓，如果是由于血钙水平低引起的，可用10%氯化钠溶液100～200毫升，10%氯化钙溶液100～200毫升，20%安钠咖液10毫升，静脉注射，对提高血钙、促进前胃运动机能有良好效果。为了改善瘤胃生物学环境，提高纤毛虫的活力，还可以移植健康牛的瘤胃内容物，最好是用胃管先给健康牛灌服生理盐水8000～12000毫升，而后采取其瘤胃内容物，加适量水混合后，用胃管灌服，效果较好。

【处方3】中药治疗。

（1）对于脾胃虚弱、水草迟细、消化不良的病牛，应以健脾和胃、补中益气为主，宜用四君子汤加味。党参100克、白术75克、茯苓75克、炙甘草25克、陈皮40克、黄芪50克、当归50克、大枣200克。水煎去渣内服，每天1剂，连用2～3剂。

（2）对于久病虚弱、气血双亏的病牛，应以补中益气、养气益血为主，宜用八珍散加味。党参、白术、当归、熟地、黄芪、山药、陈皮各50克，茯苓、白芍、川芎各40克，甘草、升麻、干姜各25克，大枣200克。水煎去渣内服，每天1剂，连服数剂。

（3）对口色淡白、耳鼻俱冷、口流清涎、水泻的病牛，温中散寒补脾燥湿为主，宜用厚朴温中汤加味。厚朴、陈皮、茯苓、当归、茴香各50克，草豆蔻、干姜、桂心、苍术各40克，广木香、砂仁、甘草各25克。水煎去渣内服，每天1剂，连用数剂。也可用红糖250克，生姜200克（捣碎），开水冲，内服，具有和脾暖胃、温中散寒的功效。

【处方4】针灸治疗。关元俞为主穴，配脾俞、六脉穴，电针30分钟，每天1次，连用3～5次。

四、瘤胃积食

瘤胃积食是反刍动物采食大量粗劣难消化的饲料，致瘤胃运动机能障碍、食物积滞于瘤胃内，使瘤胃壁扩张、容积增大的疾病。临床上以瘤胃蠕动音极弱或消失、腹部膨满、触诊瘤胃黏硬或坚硬、反刍嗳气停止为特征。中兽医又称"宿草不转"。牛、羊均可发生，舍饲牛较多见。

（一）病因

1. 原发性瘤胃积食的病因

主要原因是饲养不当，一次或长期采食过量劣质、粗硬的饲料，如麦草、豆秸、花生蔓以及其他粗秸秆植物等，其中特别是半干的花生蔓、甘薯蔓、豆秸等，具有高度韧性，当秋后给牛单纯饲喂时，最易发病。或一次喂过量适口饲料，或采食多量干料后饮水不足，或偷食大量精料等。由于过食，瘤胃运动机能紊乱，运送机能障碍，使瘤胃内容物逐渐积聚而发病。

2. 继发性瘤胃积食的病因

常见于前胃弛缓、瓣胃阻塞、创伤性网胃炎、腹膜炎、皱胃炎、皱胃阻塞、皱胃扭转、皱胃移位和热性疾病等的经过中。

（二）诊断要点

1. 临床症状

病牛表现食欲减退，甚至拒食，初期反刍减慢、次数稀少，不断嗳气，以后反刍、嗳气减少或停止。鼻镜干燥，腹痛不安，摇尾，弓背，回头顾腹，有时呻吟。左侧下腹部轻度膨大，左肷窝部为平坦。听诊瘤胃，蠕动音减弱或消失；触诊瘤胃胀满，内容物黏硬或坚硬，并有痛感。叩诊呈浊音。排粪迟滞，粪便干少色暗，有时排少量恶臭的粪便。晚期病情急剧恶化，泌乳量锐减或停产，肚腹膨隆，呼吸急促而困难，全身战栗，眼球下陷，黏膜发绀，全身衰弱，卧地不起，陷于昏迷状态，发生脱水与自体中毒，呈现循环衰竭虚脱。

2. 实验室诊断

根据过食病史，瘤胃内容物膨满而黏硬，不难诊断。

（三）防制

1. 预防

预防本病主要是加强饲养管理，防止过食，避免突然更换饲料，粗饲料要适当加工软化后再喂。注意充分饮水、适当运动。积极治疗其他前胃疾病。

2. 治疗

以排出瘤胃内容物和兴奋瘤胃蠕动为基本治疗原则，同时根据病情采取补液、强心和纠正酸中毒等对症治疗措施。

【处方1】排除瘤胃内容物。根据病情可适当采取以下措施。

（1）轻症的瘤胃积食　禁食并进行瘤胃按摩，每次10～20分钟，1～2小时按摩1次。或先灌服大量温水，再按摩，则效果更好。也可用酵母粉500～1000克，1天分2次内服。

（2）中等或重度程度的瘤胃积食　可内服泻剂，如硫酸镁或硫酸钠500～800克，加鱼石脂15～20克，常水5000～6000毫升，一次内服；也可用液状石蜡或植物油1000～2000毫升，一次内服；或盐类和油类泻剂并用。

【处方2】兴奋瘤胃蠕动。可于瘤胃内容物泻下后，或与泻下措施同时施行，措施参见前胃弛缓的治疗。在瘤胃内容物已泻下，食欲仍不转好时，可用健胃剂，如番木鳖酊15～20毫升，龙胆酊50～80毫升，加水适量，一次内服。

【处方3】对症治疗。对高度脱水的病牛，需大量输液，每天至少静脉注射4000～10000毫升，同时静脉注射5%碳酸氢钠注射液500～1000毫升。

【处方4】中药疗法。

方剂一：老南瓜2～5千克，切碎捣烂喂服。

方剂二：碳酸氢钠250克，加温水灌服。20分钟后，再用芒硝500克，加水

5000 毫升，灌服。

方剂三：烟丝 65 克，香油 500 毫升，混合后加水适量，一次灌服。

方剂四：炒莱菔子 65 克，香附 35 克，研为细末，加醋 1500 毫升，水适量，一次灌服。

方剂五：水萝卜籽 300 克，煎汁 500 毫升，加红糖 150 克，陈醋 500 毫升，白酒 150 毫升，一次灌服。

方剂六：焦三仙 250 克，莱菔子 200 克，椿树皮 150 克，煎汁 1500 毫升，加麻油 500 毫升，一次灌服。

方剂七：啤酒花 250～300 克，水煎取汁，一次灌服。

方剂八：大黄 100～150 克，槟榔 40～80 克，莱菔子 50～100 克，研末，沸水冲调，候温后加精油 500～800 毫升、食盐 300～400 克，水适量，灌服。

方剂九：莱菔子 50～250 克，香附 50～150 克，槟榔 50～80 克，煎汁，加醋 500 毫升，灌服。

方剂十：莱菔子 250～500 克，研末，加植物油 500～1000 毫升，灌服。

方剂十一：蜂蜜 500～1000 毫升，健胃散 100～200 克，水 2000～3000 毫升，灌服。

方剂十二：芒硝 250 克，神曲 120 克，大黄、黄芪、滑石各 60 克，牵牛子、枳实、厚朴、黄芩各 45 克，大戟、甘遂各 30 克，猪脂 25 克，水煎，候温灌服。

方剂十三：椿皮、莱菔子各 60～90 克，枳实或枳壳 30 克，常山、柴胡各 20～25 克，甘草 15 克，水煎灌服或研末后用沸水冲调，候温灌服。

方剂十四：芒硝 250～600 克，大黄 90～120 克，神曲、麦芽、山楂、枳实、厚朴各 60 克，槟榔 30 克，共研为细末，沸水冲调，候温灌服。

方剂十五：刘寄奴、槟榔、枳壳、茯苓、山楂、甘草各 30 克，木通、神曲、青皮各 18 克，厚朴、木香各 15 克，水煎，候温灌服。

方剂十六：半夏、茯苓各 60 克，神曲 60 克，陈皮、连翘、莱菔子各 30 克，共研为末，每次 150 克，沸水冲调，候温灌服。

方剂十七：芒硝 400 克，神曲、山楂各 120 克，大黄 100 克，麦芽 90 克，枳实 60 克，厚朴、槟榔各 30 克，共研为细末，沸水冲调，候温灌服。

方剂十八：大黄、枳实、槟榔、麦芽、茯苓各 60 克，白术、青皮、香附各 45 克，厚朴 90 克，山楂 120 克，木香、甘草各 30 克，共研为末，开水冲调，候温灌服。

方剂十九：石菖蒲 250 克，水煎灌服，每天 1 次，连用 2 天。

【处方 5】手术疗法。重症而顽固的瘤胃积食，经上述措施治疗无效时，可行瘤胃切开术。

五、瘤胃臌胀

瘤胃臌气是反刍动物采食了大量易发酵的草料，在瘤胃和网胃内发酵，以致瘤胃和网胃内迅速产生并积聚大量气体，而使瘤胃急剧臌气的疾病。临床上以呼吸极度困难、腹围急剧膨大、触诊瘤胃紧张而有弹性为特征。瘤胃内气体多与液体和固体食物混合存在，形成泡沫臌气。本病多发于牛和绵羊，山羊少见。夏季草原上放牧的牛羊，可能有成群发生瘤胃臌胀的情况。

（一）病因与发病机理

本病可分为原发性瘤胃臌气（泡沫性臌气）和继发性瘤胃臌气（非泡沫性或自由气体性臌气）两种。

1. 原发性瘤胃臌气

主要是牛采食了大量易发酵的草料，最常见的是长期舍饲的牛，初到幼嫩多汁而茂盛的草地放牧，一时采食过多，尤其是过食豆科牧草，如苜蓿、紫云英、三叶草、野豌豆等更易发病；或采食新鲜干红薯、萝卜缨子、白菜叶等也可引起发病；采食多量雨季潮湿的青草、凋萎的牧草、霜冻牧草、腐烂的干草以及质地不良的青贮料，或采食大量多汁而易发酵的饲料，如青贮料、马铃薯、粉渣、酒糟，均能引起瘤胃臌气。

发病机理较为复杂，病情发展也更为急剧。泡沫的形成主要决定于瘤胃液的表面张力、黏稠度以及内容物 pH 值和菌群关系的变化。当采食豆科植物，含有多量的蛋白质、皂苷、果胶等物质，都可产生气泡，其中核蛋白体18S更具有形成气泡的特性，而果胶与唾液中的黏蛋白和细菌的多糖类等，可增高瘤胃液的黏稠度。瘤胃内容物发酵过程所产生的有机酸（特别是柠檬酸、丙二酸、琥珀酸等非挥发性酸）致使瘤胃液 pH 值下降至 5.2～6.0 时，泡沫的稳定性显著增高。显而易见，瘤胃内所产生的大量气体，与其中表面张力、黏稠度高的内容物互相混合而形成附着在饲草上的稳定性小泡沫，既不能融合成较大的气泡，大量的瘤胃内容物又阻塞贲门，妨碍嗳气，迅速导致泡沫性臌胀的发生和发展，病情急剧，若不及时消胀，可导致患病动物缺氧窒息乃至死亡。

2. 继发性瘤胃臌气

主要是由于前胃机能减弱，嗳气机能障碍。多见于前胃弛缓、食管阻塞、瓣胃阻塞、迷走神经性消化不良、创伤性网胃炎及慢性腹膜炎等。

除瘤胃内碳酸盐及其内容物发酵所产生的大量一氧化碳和甲烷外，饲料中还含有氰苷与脱氢黄体酮化合物，具有降低前胃神经兴奋性、抑制瘤胃平滑肌收缩的作用，因而引起非泡沫性瘤胃臌胀的发生。

在本病发生发展的过程中，由于瘤胃壁过度臌胀和扩张，腹内压升高，使呼吸和血液循环发生障碍，瘤胃内腐酵产物刺激瘤胃壁发生痉挛性收缩，出现疼痛现象。

（二）诊断要点

1. 临床症状

（1）原发性瘤胃臌气　多在采食中或采食后不久突然发病，病牛表现不安，回顾腹部，后肢踢腹及背腰拱起等腹痛症状。食欲废绝，反刍和嗳气很快停止。腹围迅速膨大，肷窝凸出，左侧更为明显，常可高至髋结节或背中线。此时，触诊左侧肷窝部紧张而有弹性，叩诊呈鼓音。瘤胃蠕动音减弱或消失。呼吸高度困难，每分钟 60～80 次，甚至张口呼吸，舌脱出。黏膜呈蓝紫色。心搏动增强，脉搏细弱增数，每分钟达 120～140 次，静脉怒张。后期病牛呻吟，步样不稳或卧地不起，常因窒息或心脏麻痹而死亡。

（2）继发性瘤胃臌气　一般发生发展缓慢，对症施治，症状暂时减轻，但原发病不愈，不久又可复发。通常是为非泡沫性臌胀，穿刺排气后，继而又臌胀起来，瘤胃收缩运动正常或减弱，穿刺针随同瘤胃收缩而转动。病牛逐渐消瘦，可能便秘和腹泻交替发生。犊牛排出的气体，具有显著的酸臭味。病情发展缓慢，食欲、反刍减退，水草迟细，逐渐消瘦。生产性能降低，奶牛泌乳量显著减少。

2. 病理变化

死后立即剖检的病例，瘤胃壁过度扩张，充满大量气体及含有泡沫的内容物。死后数小时剖检，瘤胃内容物无泡沫，间或有瘤胃或膈肌破裂。瘤胃腹囊黏膜有出血斑，甚至黏膜下瘀血，角化上皮脱落。肺脏充血，肝脏和脾脏被压迫呈贫血状态，浆膜下出血等，很像窒息病变。

3. 实验室诊断

原发性瘤胃臌气，根据采食易发酵草料后迅速发病，腹围急剧膨大等，容易诊断。继发性瘤胃臌气，主在分析发病原因，确定原发病，原因除不去，常反复发作。急性瘤胃臌气，病情急剧，根据病史，采食大量易发酵性饲料发病，腹部臌胀，左旁肷窝凸出，血液循环障碍，呼吸极度困难，确诊不难。慢性臌气病情弛张，反复产出气体。随原发病而异，通过病因分析，也能确诊。

（三）防制

1. 预防

【措施1】预防本病主要在加强饲养管理，防止贪食过多幼嫩、多汁的豆科牧草，尤其是由舍饲转为放牧时，应先喂些干草或粗饲料，适当限制在牧草幼嫩茂盛的牧地和霜露浸湿的牧地放牧时间。

【措施2】在放牧或改喂青绿饲料前1周，先饲喂青干草、稻草，或作物秸秆，然后放牧或青饲，以免饲料骤变发生过食；在放牧中应注意避免采食开花前的豆科植物；堆积发酵或被雨露浸湿的青草，要尽量少喂，以防臌胀；气体产生与牧草含糖量有关，苜蓿、紫云英等豆科植物的含糖量下午比上午高，下午采食，易发生急性臌胀，故应注意；幼嫩牧草，采食后易发酵，应晒干后掺干草饲喂。饲喂量应有所限制；放牧应注意茂盛牧区和贫瘠草场进行轮牧，避免过食；注意饲料保管，防止霉败变质，加喂精料应适当限制，特别是粉渣、酒糟、甘薯、马铃薯、胡萝卜等，更不宜突然多喂，饲喂后也不能立即饮水，以防发生本病；舍饲牛在开始放牧前一两天内，先给予聚氧化乙烯或聚氧化丙烯20～30克，加豆油少量，放在饮水内，内服，然后再放牧，可以预防本病。继发性瘤胃臌气，早期积极治疗原发病。

2. 治疗

急救贵在及时，排气消胀。治疗原则是排气、制酵、泻下。

【处方1】病情轻的牛，使牛立于斜坡上，保持前高后低姿势，不断牵引其舌；或用涂有煤酚皂溶液或植物油的木棒，或用椿木棒，木棒两端用绳子固定在牛角上，给牛衔在口内，同时按摩瘤胃；或在牛口内放一些食盐，引起咀嚼以咽下唾液；或病的初期使病牛头颈抬举，按摩瘤胃，促进瘤胃内气体排出，同时应用松节油20～30毫升，鱼石脂10～15克，95%酒精30～50毫升，加适量温水，一次内服；或用 8％氧化镁溶液 600～1000 毫升，一次内服；或消胀片 30～60 片，一次内服；或应用菜籽油、豆油、花生油或香油 300 毫升，温水 500 毫升，制成油乳剂，一次内服。

【处方 2】对病情严重、腹围显著膨大、呼吸极度困难的病牛，首先应用套管针在牛的饿眼穴进行瘤胃穿刺放气急救。饿眼穴是专门治疗瘤胃臌气的穴位。穴位在左侧腰椎横突水平线下，最后肋骨与髋结节当中的三角形的正中点。操作方法：在穴位处（当瘤胃臌气时，穴位基本处在瘤胃外部隆起最高的地方）剪毛，用 5％碘酊消毒，将穿刺点的皮肤稍向前移，用套管针或 16 号针头，向对侧肘头方向刺入，然后将套管针针芯拔出，使瘤胃内气体缓慢放出。待气体放完后，可以向瘤胃内注射药物等，注射完后，将套管针针芯插入，再拔出套管针，消毒穴位；放气后向瘤胃内注入稀盐酸 10～30 毫升；或鱼石脂 15～25 克，95％酒精 100 毫升，常水 1000 毫升；或 0.25％盐酸普鲁卡因 50～100 毫升，青霉素 100 万单位；或皮下注射毛果芸香碱 0.02～0.05 克，或新斯的明 0.01～0.02 克，同时强心补液。

【处方 3】中药疗法。

方剂一：市售十滴水或藿香正气水 50～200 毫升，加温水适量，灌服。

方剂二：大蒜或葱 250～500 克，石菖蒲 100～150 克，食盐 30～50 克，一次灌服。

方剂三：大蒜 250 克，50°白酒或 75％酒精 500 毫升，浸泡 1 周备用。临用时取 100 克，加水适量，灌服。

方剂四：皂荚 45 克，槟榔 60 克，研末，加温水适量，灌服。

方剂五：滑石粉 300～800 克，丁香末 40 克，肉豆蔻末 40 克，凉水适量，灌服。

方剂六：熟清油 500～1000 毫升，加辣椒面 50～70 克，候温灌服。

方剂七：当归 250～500 克，研末，用清油 500～1000 毫升炒，候温灌服。

方剂八：姜黄 120 克，研末，加清油 500 毫升，灌服。

方剂九：食醋 500 毫升，白酒 500 毫升，水 1000 毫升，灌服。

方剂十：续随子 150 克，研末，加食醋 250 毫升，水适量，灌服。

方剂十一：陈石灰 50～100 克，食用油 250 毫升，先将油煎沸，然后加入陈石灰，去渣灌服。

方剂十二：食用油 250～500 克，熬热，加烟丝或烟叶 30～60 克，炸黑过滤，候温加食醋 150 毫升，灌服。

方剂十三：白萝卜 2500 克，大蒜 50 克，榨汁加糖 150 克，醋 500 毫升灌服。

方剂十四：莱菔子 300 克，芒硝 120 克，大黄 45 克，滑石 60 克，研末，加食醋 500 毫升，植物油 500 毫升，一次灌服。

方剂十五：鲜蚯蚓 100～150 克，白糖 60 克，混合后蚯蚓即溶化，加冷开水一次灌服。

方剂十六：碱面 60 克，加水适量溶解，再加食用油 500 毫升，灌服。

方剂十七：油脚或奶油 400～500 克，灌服，能灭沫消胀。

方剂十八：生烟叶 120 克，食盐 30 克，麻油 250 克，先将麻油煮沸，再加入烟叶，搅拌后加食盐，一次灌服。

方剂十九：烟叶 300 克，生牵牛子 15 克，水煎，加食醋 100 毫升，一次灌服。

方剂二十：食醋 2000 毫升，清油 500 毫升，混合后一次灌服。

方剂二十一：臭椿角 200 克，水煎取汁，候温后加红糖 150 克，灌服，每天 1 次，连用 2 天。

方剂二十二：炒莱菔子 120 克，小茴香 60 克，枳壳、木香各 45 克，陈皮、槟榔各 30 克，煎汤，加独头蒜泥 100 克，灌服。

方剂二十三：丁香 30 克，青皮、藿香、陈皮、槟榔各 15 克，木香 9 克，共研为细末，沸水冲调，加麻油 250 毫升，候温灌服。

方剂二十四：党参、茯苓、白术各 45 克，木香、砂仁、陈皮、莱菔子、甘草各 30 克，水煎，候温灌服。

方剂二十五：芒硝 250 克，大黄 120 克，槟榔 60 克，枳壳 45 克，莱菔子 40 克，山楂、神曲、麦芽各 30 克，甘草 21 克，共研为细末，沸水冲调，候温加豆油 500 毫升，灌服。

方剂二十六：芒硝 500 克，大黄 120 克，枳实 45 克，厚朴、京三棱、莪术、生甘草各 30 克，大戟、芫花、甘遂各 15 克，共研为细末，加清油 1000 毫升，沸水冲调，候温灌服。

方剂二十七：健胃散加莱菔子 60 克，枳壳 45 克，大黄 20 克，共研为末，沸水冲调，候温灌服。

六、创伤性网胃腹膜炎

创伤性网胃腹膜炎是反刍动物采食时吞下尖锐的金属异物，进入网胃内，损伤网胃壁而引起的疾病。临床上以顽固的前胃弛缓症状和触压网胃表现疼痛为特征，乳牛多发。

（一）病因

本病的主要原因是牛采食迅速，并不咀嚼，以唾液裹成食团，囫囵吞咽，又有舔食习惯，往往将随同饲料的坚硬异物（特别是尖锐的金属异物，如碎铁丝、铁钉、钢笔尖、回形针、大头钉、缝针、发卡、废弃的小剪刀、指甲剪、铅笔刀、碎铁片以及鱼串等）吞咽落进网胃，随着腹内压急剧消长，促使金属异物刺损网胃或穿透网胃壁，导致发生网胃炎，甚至损伤其他脏器，可引起其他受损伤脏器的炎症，最常发生的如牛创伤性（网胃）心包炎。通常在瘤胃积食或臌胀、繁重劳役、妊娠、分娩以及奔跑、跳沟、滑倒、手术保定等过程中，腹内压升高，从而导致本病的发生和发展。

（二）诊断要点

1. 临床症状

单纯的创伤性网胃炎症状轻微，难以发现。病牛呈现顽固性的前胃弛缓症状，精神沉郁，食欲减退或拒食，反刍缓慢或停止，鼻镜干燥，经常磨牙、呻吟。瘤胃蠕动减弱，次数减少，触压瘤胃，感觉内容物松软或黏硬。按原发性前胃弛缓治疗，尤其是应用前胃兴奋剂后，病情不但不轻，反而加重，甚至突然恶化。并有慢性瘤胃臌气的症状。有的患牛，一发病就呈现慢性前胃弛缓症状，病情轻微而发展缓慢。随着病情的发展，当尖锐异物穿透网胃刺伤膈膜、腹膜引起腹膜炎，甚至发展到迷走神经性消化不良；或刺伤心包引起创伤性心包炎的中后期，出现严重前胃弛缓、间歇性瘤胃臌气，甚至颈静脉隆起，颈下、胸前水肿，食欲减少或废绝，反刍停止，才怀疑本病发生。创伤性网胃炎的特征症状是疼痛引起的异常姿势，如头颈前伸，肘头开张，磨牙，拱背摇尾，缓慢小心的步态，拒绝下坡，卧地时后躯先卧，起立时前躯先起等反常现象。进食时往往前肢站在食槽上，或者后肢退到排粪沟内；触压网胃时，多数病牛表现疼痛不安，后肢踢腹，呻吟，或躲避检查。炎症严重时，体温升高到 40～41℃，脉搏增数，白细胞总数增多，可达 11000～16000，其中嗜中性白细胞增至 45%～70%，淋巴细胞减少 30%～45%，核型左移。

2. 实验室诊断

本病的诊断应根据饲养管理情况，结合病情发展过程进行。姿态与运动异常，水草迟细，顽固性前胃弛缓，逐渐消瘦，网胃区触诊疼痛，血象变化（白细胞总数增多，嗜中性白细胞与淋巴细胞比例倒置）以及长期治疗不见效果，是本病的基本病征。应用金属异物探测器检查，可获得阳性结果。有条件单位，应用 X 线透视或摄影，也可获得正确诊断。

（三）防制

1. 预防

预防本病的关键是加强饲养管理。

【措施 1】首先在于加强经常性饲养管理工作，给予营养全价的饲料，防止异嗜，注意饲料选择和调理，防止饲料中混杂金属异物。

【措施 2】在加工饲料的铡草机上，应增设清除金属异物的电磁铁装置，除去饲料、饲草中的异物，牛场内严防铁丝、铁钉、发针、注射针头等散失，以防本病的发生。

【措施 3】定期请兽医人员应用金属探测器进行定期检查，必要时再应用金属异物打捞器从瘤胃和网胃中去除异物。

【措施 4】不用铁丝捆扎草料，不要在工厂或垃圾场附近堆放草料，还要防止牛进入这种场地。

2. 治疗

本病目前尚无理想的治疗方法。对于确诊为创伤性心包炎的病牛多无治疗价值，应尽早淘汰。对于贵重的病牛可采取以下方法治疗。

【处方 1】手术疗法。创伤性网胃腹膜炎，在早期如无并发病，采取手术疗法，施行瘤胃切开术从网胃壁上摘除金属异物，同时加强护理措施，其治愈率可达 85.1%。

【处方 2】保守疗法。可将病牛立于斜坡上或斜台上，保持前躯高后躯低的姿势，减轻腹腔脏器对网胃的压力，促使异物退出网胃壁。同时应用磺胺类药物，按每千克体重 0.07 克内服；或用青霉素 600 万单位与链霉素 600 万单位，每天上、下午分别肌内注射，连续用药 3 天，据报道治愈率可达 70%。还可用特制磁铁经口投入网胃中，吸取胃中金属异物，同时应用青霉素和链霉素，肌内注射，治愈率约达 50%，但有少数病例可能复发。同时加强饲养和护理，使病牛保持安静，先禁食 2～3 天，其后给予易消化的饲料，并适当应用防腐止酵剂、高渗葡萄糖或葡萄糖酸钙溶液，静脉注射，增进治疗效果。

【处方 3】磁铁吸取法。特制磁铁经口吸取胃内金属异物的操作方法：病牛禁食 12 小时以上，不限制饮水。在操作前先让病牛充分地饮水，或给牛灌水 4000～5000 毫升。先装置牛网胃金属异物打捞器开口器，并抬高牛头使之呈水平状态，将打捞器磁铁经特制开口器的硬质塑料管送入牛咽腔内，牛即可自然咽下磁铁。磁铁相连的金属软绳及塑料管仍保留在口腔外。拉紧金属软绳，推送塑料管，将塑料管端顶在磁铁尾端，用塑料管推送磁铁通过贲门进入瘤胃内 10～15 厘米，然后放松金属软绳，向外抽出塑料管 15～20 厘米，使塑料管末端进入食道，此时一手固定塑料管，另一只手缓缓向外牵拉金属软绳，当磁铁靠近贲门时，金属软绳的阻力加大，此时猛然放松金属软绳，使磁铁从瘤胃前庭的贲门处自然下降而落入下方的网胃腔内，让磁铁在网胃腔内停留 5～8 分钟，待磁铁吸上网胃内金属异物后，再缓缓向外牵拉金属软绳，磁铁和吸在磁铁上的金属异物一起经食道拉出口腔外，然后去除磁铁上的金属异物。经过 3～4 次的反复打捞，即可将游离在网胃内或与网胃壁结合不太紧密的金属异物全部取出。

七、瓣 胃 阻 塞

瓣胃阻塞又称"瓣胃秘结"，在中兽医称为"百叶干"，是瓣胃收缩力减弱、瓣胃内积滞干涸食物而发生阻塞的疾病。临床上以前胃弛缓、瓣胃听诊蠕动音减弱或消失、触诊疼痛、排粪干、少、色暗为特征。本病常见于牛。

（一）病因

本病的病因可分为原发性和继发性两种。

1. 原发性瓣胃阻塞

主要见于长期饲喂麸糠、粉渣、芦苇、酒糟等含泥沙的饲料，或粗纤维坚硬的甘薯蔓、花生秧、豆秸、青干草、红茅草以及豆荚、麦秸等。其次，放牧改为舍饲或突然变换饲料、饲料质量低劣、缺乏蛋白质、维生素以及微量元素，或因饲养不科学、饲喂后缺乏饮水及运动不足等都可引起本病。

2. 继发性瓣胃阻塞

常继发于前胃弛缓、瘤胃积食、瓣胃炎、皱胃阻塞、皱胃溃疡、皱胃变位与扭转、肠便秘、腹腔脏器粘连、生产瘫痪、牛产后血红蛋白尿、黑斑病甘薯中毒、急性肝脏病、急性热性病以及血液原虫病等。

（二）诊断要点

1. 临床症状

本病病期较长，逐渐发病，持续约 1～2 周。病初呈现前胃弛缓症状，食欲减退，反刍缓慢，嗳气减少，鼻镜干燥，瘤胃轻度臌胀，瓣胃蠕动音微弱或消失。便秘，粪便呈饼状，或干小呈算盘珠样，或排出恶臭的泥状粪便，这一点可以作为诊断参考。于右侧腹壁瓣胃区（第 7～9 肋间的中央，肩关节线上）触诊，病牛有疼痛感，叩诊浊音区扩大。精神沉郁，时而呻吟，泌乳下降。

病情进一步发展，精神沉郁，反应减退，鼻镜干燥、龟裂，空嚼、磨牙，呼吸浅表、快速，心脏机能亢进，脉搏数增至 80～100 次/分钟。食欲、反刍消失，瘤胃收缩力减弱。进行瓣胃穿刺检查，用 15～18 厘米长穿刺针，于右侧第 7～9 肋间肩关节水平线上，进行穿刺时，有阻力，不感到瓣胃收缩运动。直肠检查可见肛门与直肠痉挛性收缩，直肠内空虚、有黏液，少量暗褐色粪块附着于直肠壁。晚期病例，瓣胃叶坏死，伴发肠炎和全身败血症，体温升高 0.5～1℃，食欲废绝，排粪停止，或排出少量黑褐色糊状带有少量黏液恶臭粪便。尿量减少、呈黄色，或无尿。呼吸疾速，次数增多，心悸，脉搏数可达 100～140 次/分钟，脉律不齐，有时徐缓，微循环障碍，皮温不整，结膜发绀，形成脱水与自体中毒现象。体质虚弱，神情忧郁，卧地不起，病情显著恶化，甚至死亡。

2. 实验室诊断

本病多继发于前胃其他疾病和皱胃疾病，临床诊断应分清原发与继发。对本病的诊断应根据病史调查，临床症状，瓣胃蠕动音低沉或消失，触诊瓣胃敏感性增高，叩诊浊音区扩大，粪便呈算盘珠大小，数量很少或不排粪或排出较多的黏液等表现，结合瓣胃穿刺诊断。必要时进行剖腹探诊，可以确诊。

（三）防制

1. 预防

本病预防以正确饲养，注意避免长期应用麸糠及混有泥沙的饲料喂养，同时注意适当减少坚硬的粗纤维饲料，增加青绿饲料和多汁饲料，保证足够饮水；糟粕饲料也不宜长期饲喂过多，注意补充矿物质饲料，并给予适当运动；发生前胃弛缓时，应及早治疗，以防止发生本病。

2. 治疗

治疗时应着重增强前胃运动机能，促进瓣胃内容物排出，强心补液，恢复瓣胃功能。

【处方 1】轻症病牛，内服泻剂和使用促进前胃蠕动的药物。①硫酸镁或硫酸钠 500～800 克，加常水 10～16 升，或液体石蜡 1～2 升，或植物油 0.5～1 升，一次内服。同时应用 10％氯化钠溶液 300～500 毫升、10％氯化钙 100～200 毫升、20％安钠咖注射液 10～20 毫升，一次静脉注射。②可应用士的宁 0.015～0.03 克，皮下注射；毛果芸香碱 0.02～0.05 克，或新斯的明 0.01～0.02 克，或氨甲酰胆碱 1～2 毫克，皮下注射。但须注意，体弱、妊娠母牛，心肺功能不全病牛，忌用这些药物。③可用硫酸钠 300～500 克、番木鳖酊 10～20 毫升、大蒜酊 60 毫升、槟榔末 30 克、大黄末 40 克、常水 6～10 升，一次内服，服药后要勤饮水，如不饮水时，可灌服 1％盐水，每次 5 升，每天 2～3 次。

【处方 2】重症病牛，进行瓣胃内注射。①注射部位在右侧第 8 肋间与肩关节水平线相交点，略向前下方刺入 10～12 厘米。判断针头是否刺入瓣胃内，可先注入少量注射用水或生理盐水，能抽出少量混有草料碎渣的液体，表明针头已刺入瓣胃内，方可注入药物。一般可用 10％硫酸钠溶液 2000～3000 毫升、液体石蜡或甘油 300～500 毫升、普鲁卡因 2 克、盐酸土霉素 3～5 克，配合一次瓣胃内注入。②可用硫酸镁 400 克、普鲁卡因 2 克、呋喃西林 3 克、甘油 200 毫升、常水 3000

毫升，溶解后一次注入。如注射 1 次效果不明显时，次日或隔日再注射 1 次。③可静脉注射 10％盐水 250～500 毫升，10％安钠咖注射液 20 毫升，并适当配合补碱、补液等治疗措施。

【处方 3】中药疗法。

方剂一：用于病的初期。大黄、郁李仁、生地黄、枳壳、麦门冬、石斛、玄参、陈皮各 25～30 克，研末，水煎去渣，加芒硝 60～120 克，猪油 500 克，蜂蜜 120 克，糖瓜蒌 3 个，捣烂后调服。

方剂二：用于病的初期。炒麻仁 500 克，山楂、神曲、麦芽各 64 克，水煎候温灌服。

方剂三：用于病的初期。生猪油或麻油 250 克，加萝卜 750 克（捣烂）、发酵面 250 克，常水适量，灌服。

方剂四：用于病的初期。鲜知母 500 克（或干知母 200 克）捣烂，沸水冲调，候温灌服。

方剂五：用于病的中期。大黄 60 克，芒硝（后入）120 克，当归、白术、牵牛子、大戟、滑石各 30 克，甘草 10 克，共研为末，水煎取汁，加猪油 500 克，灌服。

方剂六：用于病的中期。白藜芦根 2～5 克，或白藜芦酊 10～15 毫升，加水适量灌服。

方剂七：用于病的后期。党参、当归、生黄芪各 30 克，大黄 60 克，芒硝 90 克，牵牛子、枳实、槟榔各 20 克，榆白皮、麻仁、续随子各 30 克，桔梗 25 克，甘草 10 克，研末，加蜂蜜 125 克，猪油 120 克，沸水冲调，候温灌服。

方剂八：用于病的后期。火麻子 500 克炒黄，加水磨碎去渣，加萝卜 5 千克，捣汁，六神曲、麦芽、山楂各 90 克，煎汤灌服。

方剂九：用于病的后期。榆白皮 1000 克，煎汁，加黄蜡 150 克，灌服；若口色红，可用侧柏叶 500 克，榆白皮冲芝麻粉、油菜籽粉各 500 克，灌服。

方剂十：用于病的后期。槟榔 100 克，牵牛子 50 克，硫酸镁或硫酸钠 200 克，大黄 150 克，牙皂 50 克，香附 50 克，五灵脂 50 克，液状石蜡 500 克，槟榔、牵牛子、牙皂、香附、五灵脂加水 3000 毫升，用文火煎 10 分钟后加大黄继续煎 20 分钟，过滤，药渣再煎 2 次，合并煎汁，加液体石蜡和硫酸钠，一次灌服。

方剂十一：用于病的后期。蜂蜜 500～1000 毫升，碳酸氢钠 100 克，龙胆末 50 克，加水适量，灌服。或用白糖、蜂蜜各 250 克，水 2500 毫升，每天 1 剂，连用 4 天。

方剂十二：用于病的后期。用活泥鳅 1500 克，捣烂，加菜油 500 克调和，灌服，每天 1 剂，连用 2 天。或用白芍 250 克，甘草 120 克，煎汁灌服，连用 2 剂。

方剂十三：用于病的后期。芒硝 180 克，麻仁 120 克，玄参、生地黄、麦门冬、大黄、杏仁、瓜蒌仁、当归、肉苁蓉各 60 克，水煎去渣，灌服。

方剂十四：用于病的后期。大黄 60 克，滑石、牵牛子各 30 克，甘草 25 克，续随子 20 克，桂皮、甘遂、大戟、地榆各 15 克，白芷 10 克，共研细末，沸水冲调，加熟猪油 500 克，蜂蜜 200 克，一次灌服。

方剂十五：用于病的后期。秦艽 35 克，牡丹皮、当归、牛膝、地骨皮、生地黄、黄柏、陈皮、赤芍、天门冬各 25 克，知母 15 克，麦门冬、甘草各 10 克，加熟猪油、蜂蜜适量为引，水煎灌服。

方剂十六：用于病的后期。当归 30 克，商陆 25 克，青皮、麦门冬、玄参、枳壳、柴胡各 20 克，苦参、防风各 18 克，川芎、高良姜、白芷、木通、炒柏叶各 15 克，用水煎滚，加菜油 120 毫升、黄酒 500 毫升，灌服，服药后如鼻部出汗即为好转迹象。

方剂十七：用于病的后期。藜芦、常山、二丑、川芎各 60 克，当归 60～100 克，水煎后再加滑石 90 克、液体石蜡 1000 毫升、蜂蜜 250 克，内服。

【处方 4】手术疗法。以上措施无效时，可试行瘤胃切开术，通过网瓣口插入胃导管，用水充分冲洗，使干固内容物变稀，便于内容物排出。

八、皱胃变位与扭转

皱胃变位是奶牛最常见的皱胃疾患。皱胃变位可分为左方变位和右方变位。左方变位是指皱胃由腹中线偏右的正常位置，经瘤胃腹囊与腹腔底壁间潜在空隙移位于腹腔左壁与瘤胃之间的位置改变，是临床常见病型。右方变位又称为"皱胃右方不全扭转"，指位于腹底正中线偏右的皱胃，向前或向后发生位置的变化引起的疾病。皱胃扭转是皱胃围绕自己的纵轴作 180°～270°扭转，导致瓣-皱孔和幽门口不完全或完全闭锁，是一种可致奶牛较快死亡的疾病。其特征是中度或重度脱水、低血钾、代谢性碱中毒、皱胃机械性排空障碍。

（一）病因

饲养不当，日粮中含谷物（如玉米）等易发酵的饲料较多以及饲喂较多含高水平酸性成分饲料，如玉米青贮等。由此，导致挥发性脂肪酸的产生增加，其浓度过高可引发皱胃和（或）胃肠弛缓，导致皱胃膨胀和变位。高精料日粮可引起气体产生增加，促进变位或扭转的发生。一些营养代谢性疾病或感染性疾病，如酮病、低钙血症、生产瘫痪、牛妊娠毒血症、子宫炎、乳腺炎、胎膜滞留和消化不良等，也会引起胃肠弛缓。为获得更高的产奶量，在奶牛的育种方面，通常选育后躯宽大的品种，从而腹腔相应变大，增加了皱胃的移动性和发生皱胃变位的机会。

（二）诊断要点

1. 临床症状

本病较多地发生在产后，一般症状出现在分娩数日至 1～2 周（左方变位）或 3～6 周（右方变位）。发生皱胃变位的患病奶牛主要表现食欲减退，厌食谷物饲料而对粗饲料的食欲降低或正常，产奶量下降 30%～50%，精神沉郁，瘤胃弛缓，排粪量减少并含有较多黏液，有时排粪迟滞或腹泻，但体温、脉搏和呼吸正常。

（1）发生左方变位的病牛 视诊腹围缩小，两侧肷窝部塌陷，左侧肋部后下方、左肷窝的前下方显现局限性凸起，有时凸起部由肋弓后方向上延伸到肷窝部，对其触诊有气囊性感觉，叩诊发鼓音。听诊左侧腹壁，在第 9～12 肋弓下缘、肩-膝水平线上下听到皱胃音，似流水音或滴答音，在此处做冲击式触诊，可感知有局限性振水音。用听-叩诊结合方法，即用手指叩击肋骨，同时在附近的腹壁上听诊，可听到类似铁锤叩击钢管发出的共鸣音——钢管音（砰音）；钢管音区域一般出现于左侧肋弓的前后，向前可达第8~9肋骨部，向下抵肩关节-膝关节水平线，大小不等，呈卵圆形，直径10~12厘米或35~45厘米。

（2）发生右方变位的病牛　在右侧9~12肋或在7~10肋肩关节水平线上下叩诊、听诊结合有钢管音。时有磨牙，腹围膨大不显，病程长者腹围变小。有的右方变位病牛无明显临床症状，食欲旺盛，产奶量变化不大，在做检查时才被发现钢管音；有的病牛食欲与产奶量均不正常，检查时可能正好听不到钢管音，需间隔一段时间再做检查方能发现。

（3）发生皱胃扭转的病牛　突然表现腹痛不安，回头顾腹，后肢踢腹。食欲废绝，眼深陷，中度或重度脱水，泌乳急剧下降，甚至无乳。大便多呈深褐色，有的稀而臭，有的少而干，严重者甚至无大便；小便少。体温多低于正常或变化不显，心率52~130次/分钟，重度碱中毒时，呼吸次数减少，呼吸浅表，末梢发凉。腹围膨大，右侧腹尤为明显。膨胀的皱胃前缘最多可达膈（逆时针扭转时），后缘最多可达右肷部，在右肷部可发现或触摸到半月状隆起。在右侧7~13肋及肋后缘叩诊、听诊结合，可听到音质高朗的钢管音。右腹冲击触诊有明显振水音；直肠检查较易摸到膨大的皱胃。严重内出血者，可视黏膜、乳头皮肤及阴户黏膜苍白。多数病牛多立少卧，或难起难卧，个别病牛卧地不起。

2. 实验室诊断

根据病因、临床症状、一般检查情况、直肠检查等较易建立诊断。要注意皱胃扭转与皱胃右方变位的鉴别，皱胃扭转发病急，腹痛明显，腹围增大快，脱水严重，食欲废绝，奶量急剧下降，直肠检查较易摸到膨大的皱胃，右侧腹壁叩诊、听诊结合可听到大范围的钢管音，音质高朗。皱胃右方变位发病较缓，腹痛较轻，腹围变化不明显，有一定程度的食欲，一定的奶量。皱胃右方变位较皱胃扭转右侧叩诊、听诊结合钢管音的范围小，音质低沉，有时不易听到，需要多次反复听诊，防止漏诊、误诊。

（三）防制

1. 预防

预防本病应合理配合日粮，日粮中的谷物饲料、青贮饲料和优质干草的比例应适当；对发生乳腺炎或子宫炎、酮病等疾病的病牛应及时治疗；在奶牛的育种方面，应注意选育既要后躯宽大，又要腹部较紧凑的奶牛。

2. 治疗

皱胃左方变位的病例多采用保守疗法，对顽固性病例可采用手术疗法。皱胃右方变位早期的病例可采用保守疗法，后期病例和复发病例宜采用手术疗法。皱胃扭转病例如能建立诊断，应及时手术。

【处方1】保守疗法之一——药物治疗。使用健胃剂辅以消导剂，增强胃肠运动，消除皱胃弛缓，促进皱胃气液排空。①如口服风油精10克（或薄荷油），每日1次，连用2~3天；配合应用大黄苏打片、酵母片、复合维生素B口服液等。②静脉注射促反刍液，10%氯化钠溶液500~800毫升，5%氯化钙溶液150~200毫升，10%安钠咖30~50毫升，配合补糖、补液、强心等，维护动物的体液和电解质平衡。③肌内注射硫酸新斯的明 15~20 毫克，每日 1 次，连用 2~3 天，或用其他平滑肌兴奋药。④2%普鲁卡因溶液 200 毫升配在 1000 毫升生理盐水中静脉注射，每日 1 次，连用 3~5 天。⑤中药按前胃弛缓处方治疗兼消导。用四君子汤、平胃散、补中益气汤、椿皮散加减。四君子汤加减：党参 100 克，白术、茯苓各 75 克，黄芪、当归各 50 克，陈皮 40 克，炙甘草 25 克，大枣 200 克，煎水去渣，灌服，每天 1 剂，连用 2~3 剂。平胃散加减：苍术、党参、白术、黄芪、茯苓各 60 克，厚朴、陈皮各 45 克，甘草、生姜各 20 克，大枣 90 克，共研为末，沸水冲调，候温灌服，每天 1 剂，连用 2~3 剂。补中益气汤加减：沙参 30 克，黄芪 250 克，白术 100 克，当归 60 克，陈皮 60 克，升麻 20 克，柴胡 30 克，枳实 60 克，川楝子 40 克，代赭石 100 克，焦槟榔 40 克，鸡内金 100 克，焦三仙 100 克，水煎内服，1 剂分 2 次内服，1 剂/天，连用 2~3 剂。椿皮散加减：椿皮 90 克，常山 30 克，柴胡 50 克，莱菔子 300 克，枳实 60 克，木香 40 克，甘草 25 克，山楂 50 克，神曲、麦芽各 40 克，槟榔 20 克，大黄 60 克，益智仁 35 克，龙胆草 30 克，研末，开水冲调，候温灌服，每天 1 剂，连用 3 剂。⑥若存在并发症，如酮病、乳腺炎、子宫炎等，应同时进行治疗，否则药物疗法治疗效果不佳。

【处方 2】保守疗法之二——翻滚疗法。滚转法是治疗单纯性皱胃左方变位的常用方法，运用巧妙时，可以痊愈。治愈率达 70%。①让病牛绝食 1 天以上，限制饮水，使瘤胃容积变小。②让牛在有一定倾斜度的坡地（最好是草地或较松软平整的地方进行）上进行滚转。③具体的方法是使牛牛转为左侧横卧，使瘤胃与腹壁接触，然后立即使牛站立，以防左方变位复发。④也可以采取左右来回摆动 3~5 分钟后，突然一次以迅猛有力的动作摆向右侧，使病牛呈右横卧姿势，至此完成一次翻滚动作，直至复位为止。如尚未复位，可重复进行。⑤经药物治疗、滚转法治疗或药物与滚转法相结合的治疗后，让病牛尽可能地采食优质干草，以增加瘤胃容积，从而达到防止左方变位的复发和促进胃肠蠕动的作用。

【处方 3】手术疗法。请参考有关兽医外科书籍。

九、皱胃阻塞

皱胃阻塞也称"皱胃积"，主要由于迷走神经调节机能紊乱，皱胃内容物积滞，胃壁扩张，体积增大形成阻塞。多发生于 2~8 岁的黄牛，水牛少见。

（一）病因

皱胃阻塞主要是由于饲料与饲养或管理使役不当而引起的。如冬春缺乏青绿饲料，用谷草、麦秸、玉米秸、豆秸、高粱秸、甘薯蔓、麦糠或铡碎的稻草等饲喂牛，发病率较高。另外，由于机械阻塞，如成年牛吞食胎盘、毛球、破布或塑料等，都能引起皱胃阻塞。犊牛因误食破布、木屑、刨花以及塑料布等，引起机械性皱胃阻塞。根据临床观察，皱胃阻塞常继发于前胃迟缓、创伤性网胃炎、皱胃炎、皱胃溃疡、迷走神经性消化不良、脾脓肿或纵膈疾病等。

（二）诊断要点

1. 临床症状

病牛食欲废绝，反刍减少或停止，有的患牛则喜饮水，肚腹部显著膨大，右侧更为明显。右肷窝部，触诊有波动感，并发出振水声，或瘤胃内充满，腹部膨胀或下垂，瘤胃与瓣胃蠕动音消失，在肷窝部结合叩诊肋骨弓进行听诊，呈现叩击钢管清朗的铿锵音。肠音微弱，有时排出少量糊状、棕褐色恶臭粪便，混有少量黏液或血丝和凝血块。尿量少而浓稠，呈深黄色，具有强烈的臭味。重症患牛，触击右侧腹部皱胃区，病牛躲闪，皱胃增大，坚硬。若对阻塞的皱胃进行穿刺，穿刺针可感到有阻力，回抽注射器，则抽不出内容物。须向皱胃内注入 30～50 毫升生理盐水后，再回抽注射器内栓可抽出内容物。皱胃内容物测定，pH 值为 1～4。直肠检查时，直肠内有少量粪便和成团黏液，体格较小的牛，检查的手伸入骨盆腔前缘右前方，于瘤胃的右侧，能摸到向后伸展扩张呈现捏粉样硬度的皱胃体。体形较大的牛直肠内不易触诊。全身症状表现精神沉郁，结膜黄染，被毛逆立，鼻镜干燥，眼球下陷，中后期体温升高达 40℃ 左右，心率每分钟可达 100 次以上，心音低沉，心律不齐，脉搏微弱。

此外，犊牛的皱胃阻塞，也同样具有部分的消化不良综合征，由含有多量的酪蛋白牛乳所形成的坚韧乳凝块而引起的皱胃阻塞，持续下痢，体质瘦弱，腹部膨胀而下垂，用拳冲击式触诊腹部，可听到一种类似流水的异常音响。即使通过皱胃手术，除去阻塞物，仍然可能陷于长期的前胃弛缓现象。

2. 实验室诊断

根据病史和右腹部皱胃区局限性膨隆，在此部位用双手掌进行冲击式触诊便可感到阻塞皱胃的轮廓及硬度，这是诊断该病的最关键方法。在肷窝部结合叩诊肋骨弓进行听诊，呈现叩击钢管清朗的铿锵音，与皱胃穿刺时测定皱胃内容物的 pH 值为 1～4，直肠检查时可触摸到增大、坚硬的皱胃，即可确诊。

（三）防制

1. 预防

本病的预防主要是加强饲养管理、合理调制饲料、防止前胃疾病的发生，同时防止发生创伤性网胃炎。

2. 治疗

本病的治疗原则是促进皱胃内容物排出、防止脱水和自体中毒。

【处方1】病的初期皱胃运动机能尚未完全消失时，可用 25％硫酸镁溶液 500～1000 毫升、乳酸 10～20 毫升，或生理盐水 1000～2000 毫升，于右腹部皱胃区，注入皱胃内，促进皱胃内容物进入肠道。也可用硫酸钠或硫酸镁 500 克，常水 2000～4000 毫升，一次内服。也可用胃蛋白酶 80 克，稀盐酸 40 毫升，陈皮酊 40 毫升，番木鳖酊 30 毫升，一次内服，每日 1 次，连用 3 次，有较好的效果。

【处方2】补液解毒，可用 10％葡萄糖溶液 500～1000 毫升，20％安钠咖溶液 20 毫升，一次静脉注射，每日 2 次。

【处方3】用木棒在右腹下的皱胃部做前后滚压动作，对促进皱胃运动和食物后移也有一定的作用。

【处方4】发生脱水时，应根据脱水程度和性质进行输液。通常应用 5％葡萄糖生理盐水 2000～4000 毫升，20％安钠咖溶液 10 毫升，40％乌洛托品溶液 30～40 毫升，静脉注射。必要时，应用维生素 C 1～2 克，肌内注射。

【处方5】适当地应用抗生素或磺胺类药物，防止继发感染。

【处方6】中药疗法。大黄、郁李仁、滑石各100克，芒硝200克，厚朴、枳实、木通、莪术、醋香附、山楂、麦芽、沙参、石斛等各50克，京三棱、青皮各40克，糖瓜蒌2个，水煎取汁，候温，加植物油250毫升，导服。

【处方7】严重的皱胃阻塞，药物治疗多无效果，应及时施行手术疗法。

十、皱胃溃疡

皱胃溃疡是由于皱胃食糜的酸度增高，长期刺激皱胃，以致发生溃疡。

（一）病因

1. 原发性皱胃溃疡的病因

主要由于饲料质量不良，过于粗硬、霉败，难以消化，缺乏营养，或精料喂给过多，影响消化和代谢机能。另外，饲养不当，饲喂不定时定量，时饥时饱，放牧转为舍饲，突然变换饲料引起消化机能紊乱。管理使役不当，长途运输，环境卫生不良，过度拥挤，精神紧张，或因分娩疼痛，挤奶过度，异常的光、声刺激以及中毒与感染所引起的应激作用等，都能引起神经体液的调节紊乱，影响消化，这在本病的发生发展上有着决定性作用。

2. 继发性皱胃溃疡的病因。

通常见于前胃疾病、皱胃变位、皱胃炎、病毒性腹泻-黏膜病、出血性败血症、病毒性腹泻、恶性卡他热、口蹄疫、水疱病、病毒性鼻气管炎等疾病过程中，往往导致皱胃黏膜充血、出血，糜烂坏死和溃疡。严重的血矛线虫寄生，也可引发皱胃糜烂和溃疡。

（二）诊断要点

1. 临床症状

病牛消化机能严重障碍，食欲减退，甚至拒食，反刍停止，有时发生异嗜。粪便含有血液，呈松馏油样。直肠检查，手或手臂上黏附类似酱油色糊状物。有的出现贫血症状，呼吸疾速，心率加快，伴发贫血性杂音，脉搏细弱，甚至不感于手。继发胃穿孔时，多伴发局限性或弥漫性腹膜炎，体温升高，腹壁紧张，后期体温下降，发生虚脱而死亡。

2. 实验室诊断

本病易误诊为一般性消化不良，确诊困难，必要时需反复进行粪便潜血检查，并根据临床及实验室检查，排除其他能引起食欲减退和产奶量下降的疾病，有助于建立诊断。

（三）防制

1. 预防

注意饲料管理和调整，停止饲喂酸度大和粗硬难以消化的饲料，减少精料的供应量。改善饲养条件，搞好防疫卫生，避免发生应激现象，增强体质防止本病发生。在精饲料中添加0.8%～1.5%（每天50～150克）的碳酸氢钠，可有效地预防奶牛皱胃溃疡。

2. 治疗

采取少量多次的饲喂方法来减轻消化道的负担，也可灌服打碎的青绿饲料浆。本病治疗原则是除去病因，镇静止痛，抗酸止酵，消炎止血。

【处方1】首先应除去致病因素，给予富含维生素容易消化的饲料；其次避免刺激和兴奋，为减轻疼痛刺激，可用安溴注射液 100 毫升静脉注射；最后可用 30% 安乃近溶液 20～300 毫升皮下注射，每日 1 次。

【处方2】为防止黏膜受胃酸侵蚀，宜用氧化镁 50～100 克，每日 3 次内服，可连用 3～5 天。必要时，给予适量植物油或液体石蜡清理胃肠。

【处方3】为促进溃疡面愈合，防止出血，促进愈合，犊牛可使用次硝酸铋 3～5 克，于饲喂前半小时口服，每天 3 次，连用 3～5 天。

【处方4】出血严重的溃疡病牛，可用维生素 K 制剂、止血敏等止血。

【处方5】为防止继发感染，可应用抗生素或磺胺类药物。

【处方6】中药疗法。

方剂一：啤酒花全草 150～250 克，研末用沸水冲调，候温灌服。

方剂二：佛手 50 克，海螵蛸 40～90 克，白芍 40～60 克，陈皮 30 克，研末，灌服。腹痛者加延胡索 45 克。

方剂三：伏龙肝 300～500 克，浸入 2000 毫升水中约 10 分钟取液，加血余炭 30～60 克，灌服，每天 1 剂，连用 2～5 天。

【处方7】当继发胃穿孔，伴发腹膜炎时，应尽快采取手术疗法。

十一、胃 肠 炎

胃肠炎是指胃肠道表层黏膜及其深层组织的炎症。临床上以体温升高、食欲减退或废绝、腹泻和脱水为特征。按发病部位可分为胃炎、肠炎和胃肠炎。按发病原因分为原发性胃肠炎和继发性胃肠炎。

（一）病因

1. 原发性胃肠炎的病因

主要是由于饲养管理不当引起，如草料的突然变换，过饥，过饱，饲喂不定时，不定量。饮水不洁，饲喂品质不良的饲料，以及灌服刺激性药物等都能引起胃肠炎。另一方面，过食或长期滥用抗生素也可引起本病。或在营养不良、长途驱赶或车船运输、感冒等时，机体抵抗力下降，造成胃肠道内条件性致病菌异常繁殖而感染。

2. 继发性胃肠炎的病因

继发感染常见于某些传染病，如病毒性肠炎、巴氏杆菌病、病毒性腹泻-黏膜病、恶性卡他热、沙门氏菌病、大肠杆菌病、钩端螺旋体病、炭疽及副结核等传染病或绦虫、蛔虫、弓形虫和球虫病等。还可继发于严重的乳腺炎、脓性子宫炎、创伤性网胃心包炎、酮病、瘤胃酸中毒等。

（二）诊断要点

1. 临床症状

患牛精神沉郁，食欲减退或废绝，反刍停止，渴欲增加或废绝，眼结膜先潮红后黄染，舌苔重，口干臭，四肢、鼻端等末梢冷凉。腹泻是胃肠炎的重要症状之一。排泄软粪，含水较多并混有血液、黏液和黏膜组织。有的混有脓液，恶臭。病的后期，肠音减弱或停止；肛门松弛，排粪失禁。腹泻时间较长的患牛，肠音消失，尽管有痛苦的努责，但并无粪便排出。呈现里急后重的现象。全身症状较重。瘤胃蠕动减弱或消失，有轻度臌胀。有的伴有程度不同的腹痛的症状。眼球下陷，皮肤弹性减退，脉搏快而弱，触摸往往感觉不到脉搏，体温常升高 $1\sim2℃$，呼吸加快，尿量减少，病变部位不同症状也有差异。若口臭显著，食欲废绝，主要病变可能在胃；若黄染及腹痛明显，初期便秘并伴发轻度腹痛，腹泻出现较晚，主要病变可能在小肠；若脱水迅速，腹泻出现早并且有里急后重症状，主要病变在大肠。

2. 实验室诊断

根据临诊上有剧烈腹泻、粪便腥臭且有黏液、有血液及脓样物、腹痛和脱水等症状，可确诊。单纯性胃炎，特别是急性胃炎，一般经对症治疗多可奏效，也可作为治疗性诊断。对于肠炎和胃肠炎要查清病因多需要进行实验室检验。如检验粪便中寄生虫卵，培养分离病原菌。有条件的进行肠道钡剂造影，X 射线照片，或者使用内窥镜进行检查，这对确定病变类型和范围具有诊断参考意义。此外，血液检验和尿液分析，也有助于认识疾病的严重程度和预后，并对制订正确的治疗方案有指导作用。

（三）防制

1. 预防

搞好饲养管理工作，不用霉败饲料喂牛，不让牛采食有毒物质和有刺激性、腐蚀的化学物质；防止各种应激因素的刺激；保持圈舍卫生，定期消毒；搞好定期的预防接种和驱虫工作，积极治疗原发病。怀疑患有传染性疾病的牛，应尽早隔离、消毒或淘汰。

2. 治疗

治疗原则是除去病因，抗菌消炎，清肠止酵，强心补液，解除中毒，恢复胃肠机能。

【处方1】除去病因。病初要禁食，但应让患牛少量多次饮水，最好让其自由饮用口服补液盐，病情好转时需给予无刺激性易消化的食物。

【处方2】抗菌消炎。一般可灌服 $0.1\%\sim0.2\%$高锰酸钾溶液 $2000\sim3000$ 毫升，每天 $1\sim2$ 次，连用 2 天。或者用磺胺脒 $20\sim40$ 克（首次量加倍），次硝酸铋 $20\sim30$ 克，常水适量，一次内服，每天 $2\sim3$ 次，连用 $3\sim5$ 天。或内服诺氟沙星，每千克体重 10 毫克，或者肌内注射庆大霉素（每千克体重 $1500\sim3000$ 单位），或肌内注射庆大-小诺霉素（每千克体重 $1\sim2$ 毫克），环丙沙星（每千克体重 $2\sim5$ 毫克）等抗菌药物。也可用黄连素、痢菌净等。

【处方3】清理胃肠。在肠音弱、粪干、色暗或排粪迟缓，有大量黏液、气味腥臭者，为促进胃肠内容物排出，减轻自体中毒，应采用缓泻。常用液状石蜡（或植物油）$500\sim1000$ 毫升，鱼石脂 $10\sim30$ 克，酒精 50 毫升，内服。也可以用硫酸钠 $100\sim300$ 克（或人工盐 $150\sim400$ 克），鱼石脂 $10\sim30$ 克，酒精 50 毫升，常水适量，内服。在用泻剂时，要注意防止剧泻。当病牛粪稀如水，频泻不止，腥臭味不大，不带黏液时，应止泻。可用药用炭 200～300 克，加适量常水，内服；或用鞣酸蛋白 20 克、碳酸氢钠 40 克，加水适量，内服。还可灌服炒面 0.5～1.0 千克、浓茶水 1000～2000 毫升。

【处方 4】强心补液，解除中毒。根据临床脱水情况，选用复方生理盐水、葡萄糖溶液、碳酸氢钠注射液等进行补液和纠正酸中毒。强心可用安钠咖、樟脑磺酸钠等。

【处方 5】驱虫。病因为寄生虫时，应选用有效驱虫药进行治疗。

【处方 6】中药疗法。

方剂一：大蒜 300 克，捣成碎泥，加水 1500 毫升，灌服。

方剂二：白头翁 120 克，研末，灌服。

方剂三：石莲子 250 克，甘草 30 克，研末，灌服。

方剂四：五倍子（研细）、大蒜各 100 克，花椒（研末）25 克，鸡蛋 5 个，菜油或猪油 250 克，灌服。

方剂五：地椒 100 克，茯苓 200 克，生姜、红糖各 100 克，煎汁灌服，连用 2～3 天。

方剂六：醋炒槐花 60 克，伏龙肝 60 克，煎汁，加白醋 100 克，炒蒲黄 60 克，混合后，灌服。

方剂七：茵陈 150 克，红枣 120 克，白糖 250 克，茵陈、红枣煎汁后加入白糖，分 2 次灌服，间隔 4～6 小时 1 次。

方剂八：白头翁 60 克，秦皮、苦参、黄柏、滑石、赤芍各 30 克，木香、郁金、木通各 25 克，水煎灌服。

方剂九：在辣蓼、地锦草、凤尾草、马齿苋、穿心莲中任选 2 种，每种 250～500 克，水煎灌服。

方剂十：郁金 36 克，大黄 50 克，栀子、诃子、黄连、白芍、黄柏各 18 克，黄芩 15 克，共为末开水冲，候温灌服。

方剂十一：白头翁 72 克，黄连、秦皮、黄柏各 36 克，水煎取汁，一次灌服。

方剂十二：枳壳、槐花、黄柏、桑白皮、白芨、桃仁各 30 克，百部、厚朴各 25 克，桔梗 20 克，鱼腥草 45 克，甘草 15 克，共为末，百草霜为引，开水冲调，候温灌服。

方剂十三：地榆、槐花、乌梅、诃子、猪苓、泽泻、苍术、金银花、连翘各 30 克，甘草 15 克，水煎服。腹泻严重者，加车前子、茯苓各 30 克；粪干带血者，减猪苓、泽泻加火麻仁、厚朴、枳壳各 30 克；拉血水而粪少者，加蒲黄、棕榈炭、侧柏子各 30 克。

十二、肠 变 位

肠变位是由于肠管自然位置发生改变，致使肠系膜或肠网膜受到挤压或缠绕，肠管血液循环发生障碍，造成肠腔机械性阻塞（部分阻塞或完全阻塞）和肠壁局部发生循环障碍的一组重剧性腹痛病。临床特征是腹痛由剧烈狂暴转为沉重稳静，全身症状逐渐增重，腹腔穿刺液量多，红色浑浊，病程短急，直肠变位肠段有特征性改变。

（一）病因与分类

1. 病因

（1）导致肠管功能改变的因素　如突然受凉，食冰冷的饮水和饲料，肠卡他，肠炎，肠内容物性状的改变（如肠内积沙、酸碱度降低引起肠弛缓，消化不良过程引起的肠分泌、吸收和蠕动功能变化等），肠道寄生虫，全身麻醉以及肠痉挛、肠臌气、肠便秘和肠系膜动脉血栓和（或）栓塞等腹痛病的经过之中。肠管运动功能紊乱，有的肠段张力和运动性增强乃至痉挛性收缩，有的肠段张力和运动性减弱乃至弛缓性麻痹，致使肠管失去固有的运动协调性。

（2）机械性因素　在跳跃、奔跑、难产、交配等腹内压急剧增加的条件下，小肠或小结肠有时可被挤入孔穴而发生嵌闭。起卧滚转，体位急剧变换情况下（如腹痛），促使各段肠管的相对位置发生改变。

2. 分类

肠变位包括20多种病，可归纳为肠扭转、肠缠结、肠嵌闭和肠套叠等4种类型。

（1）**肠扭转**　是肠管沿自身的纵轴或以肠系膜基部为轴而作不同程度的扭转，使肠腔发生闭塞、肠壁血液循环发生障碍的疾病。比较常见的是左侧大结肠扭转，左上大结肠和左下大结肠一起沿纵轴向左或向右做180°～720°偏转；其次是小肠系膜根部的扭转，整个空肠连同肠系膜以前肠系膜根部为轴向左或向右做360°～720°偏转；再次为盲肠扭转，整个盲肠以其基底部为轴向左或向右做360°偏转。肠管沿自身的横轴而折转的，则称为折叠。如左侧大结肠向前内方折叠，盲肠尖部向后上方折叠等。

（2）**肠缠结**　是一段肠管以其他肠管、肠系膜基部、精索、韧带、腹腔肿瘤的根蒂等为轴心进行缠绕而形成络结，使肠腔发生闭塞、肠壁血液循环发生障碍的疾病。比较常见的是空肠缠结，其次是小结肠缠结。

（3）**肠嵌闭**　是一段肠管连同其肠系膜坠入与腹腔相通的天然孔或破裂口内，使肠腔发生闭塞、肠壁血液循环发生障碍的疾病。比较常见的是小肠嵌闭，其次是小结肠嵌闭。如小肠或小结肠嵌入大网膜孔、腹股沟管乃至阴囊、肠系膜破裂口、肠间膜破裂口、胃肠韧带破裂口以及腹壁疝环内。

（4）**肠套叠**　是指一段肠管套入其邻接的肠管内，使肠腔发生闭塞、肠壁血液循环发生障碍的疾病。套叠的肠管分为鞘部（被套的）和套入部（套入的）。依据套入的层次，分为一级套叠、二级套叠和三级套叠。一级套叠如空肠套入空肠、空肠套入回肠、回肠套入盲肠、盲肠尖套入盲肠体、小结肠套入胃状膨大部、小结肠套入小结肠等；二级套叠如空肠套入空肠再套入回肠、小结肠套入小结肠再套入小结肠等；三级套叠如空肠套入空肠，又套入回肠，再套入盲肠等。

（二）诊断要点

1. 临床症状

本病以腹痛为突出特征。一般是突然腹痛不安，踢腹，摇尾，频频起卧犬坐、后肢弯曲或前肢下跪，有时两前肢屈曲而横卧。病牛极度痛苦，目光凝视，全身不时发抖，磨牙，呻吟。肠变位初期，腹痛较轻，有间歇，随着血液障碍的发展，腹痛加剧而持续。应用镇痛剂，效果不明显。肠蠕动先减弱后停止。脱水症状发展迅速，很快出现心跳加快、黏膜发绀、血液浓缩等症状。直肠检查时，直肠空虚，内有较多的浓稠黏液，或松馏油样物质，或少量带血的粪便。如可发现香肠样圆柱状肿胀的肠段，表面光滑、肉样感，牵拉敏感，可怀疑肠套叠；如发现部分肠系膜紧张，呈索状或块状，如触及或牵动则病牛剧烈骚动，可怀疑肠扭转或肠缠结；如发现肠系膜向腹股沟管走向，肠腔充满液体和气体，可怀疑肠嵌闭。体温一般正常，如并发肠炎及肠坏死时，体温可升高。病的后期由于肠管麻痹，虽腹痛缓解，但全身症状恶化，预后多不良。病程可由数小时到数天，重症时 3～4 小时即可死亡。血液学变化：血沉明显变慢，红细胞数、血红蛋白含量增加。嗜中性白细胞增加，病初嗜酸性白细胞消失。没有粪便排出。

2. 实验室诊断

根据病史以及腹痛表现和直肠检查情况，可建立初步诊断，必要时剖腹检查，可以确诊。

（三）防制

1. 预防

针对病因，加强饲养管理。

2. 治疗

根本的治疗在于早期确诊后进行开腹整复，而且必须争取时间及早进行。为提高整复手术的疗效，在手术前实施常规疗法，如镇痛、补液和强心，并适当纠正酸中毒。手术后，应做好术后护理工作。少数轻度肠套叠患牛，经对症治疗，能自行恢复。

十三、肠 便 秘

肠便秘是由于肠管运动机能和分泌机能紊乱，内容物滞留不能后移，水分被吸收，致使一段或几段肠管秘结的一种疾病。反刍动物肠便秘是由于肠弛缓导致粪便积滞所引起的腹痛病。临床上以排粪障碍和腹痛为特征。牛的肠便秘与饲养和劳役不当有关。役用牛多发，老年牛发病率更高，乳牛少见。便秘部位大多数在结肠，亦有在小肠和盲肠的。阻塞物以纤维球或粪球居首位。

结肠便秘多位于结肠旋襻的中曲部，其次为结肠襻末端，便秘点由鸭蛋到鹅蛋大小，多为粪性阻塞；十二指肠便秘以髂弯曲与乙状弯曲多发，第三段发生较少。便秘点如小鸡蛋大小，阻塞物多为纤维球、毛球或粪球。阻塞部前方肠管高度臌气积液；空肠便秘偶有发生，阻塞物多为粪球、纤维球或毛球。回肠在进入盲肠的回盲口处，有时发生套叠；盲肠便秘常在盲结口，盲肠积粪其体积增大，且盲肠尖下垂进入盆腔内。

（一）病因

役用牛便秘通常由于饲喂劣质粗纤维性饲草，如甘薯蔓、花生蔓、麦秸、玉米秸、豆秸等而引起。上述饲草长期单一饲喂时更易发生。乳牛肠便秘多因长期饲喂大量精饲料而青饲料不足所引起。重度劳役，饮水不足，或运动不足以及牙齿磨灭不整，长期消化不良等，亦容易发生本病。新生犊牛因胎粪停滞而发生便秘；大量饲喂品质恶劣的合成乳或代乳粉，引起犊牛的消化不良或便秘。其他如腹部肿瘤、某些腺体增大、肝脏疾病导致胆汁排出减少等情况下，亦可见便秘。母牛临近分娩时，因直肠麻痹，容易导致直肠便秘。

（二）诊断要点

1. 临床症状

消化系统症状包括病牛食欲减退，甚至废绝。口腔干臭，鼻镜干燥，反刍停止。肠蠕动音大部分减弱或消失，排粪停止或排胶冻状黏液，少数患牛粪内混有血液。病初腹痛是轻微的，但可呈持续性，表现为呻吟，磨牙，拱腰，努责，摇尾，排粪姿势，回顾腹部（多数顾右侧腹部），后肢踢腹，或两后肢交替踏地；不时起卧，有的卧地后头颈伏于地面，或躯体间歇性地向一侧倾仰，或两后肢伸直等。少数患牛（见于小肠便秘时）腹痛剧烈，两后肢下蹲，肘后、股前乃至全身肌肉震颤，或卧地不起，卧地后四肢不断划动如游泳状。直肠检查，肛门紧缩，直肠内空虚、干燥，或有胶冻状黏液，有时在直肠壁上附着干燥的少量粪屑，有时可于结肠部摸到秘结粪块，或感到结肠或空肠、回肠有积液。耕牛便秘大多数发生于结肠，因此直肠检查须注意结肠盘的状态。有些病例，在便秘的前方胃肠积液积气，应注意对积液积气肠段后方的肠段检查。病程进入晚期，则腹痛减轻或消失，精神沉郁，卧地怕动。全身状态表现：病初体温、呼吸、心率多数正常，少数伴有腹膜炎、肠炎的，体温升高，可视黏膜往往充血；病至后期，体温下降，心律增数，呼吸促迫，两眼紧闭，常因脱水、毒血症及休克而死亡。

患病犊牛吃奶或吃食次数减少，肠音减弱，表现不安，弓背、摇尾、努责。有时踢腹、卧地，并回顾腹部。偶尔腹痛剧烈，前肢抱头打滚，以后精神沉郁，不吃奶或不吃草料。结膜潮红带黄色，呼吸、心跳加快，肠音减弱或消失，全身无力，直至卧地不起，逐渐全身衰竭，呈现自体中毒症状。有的犊牛排粪时大声鸣叫。由于粪块堵塞肛门，继发肠臌胀。

2. 实验室诊断

依据病史、腹痛、排粪的情况以及直肠检查变化，可做出初步诊断。但有时须与瓣胃阻塞和皱胃积食区别，必要时可开腹探查。

（三）防制

1. 预防

役用牛注意饲料搭配合理、多样化，应有充足的青绿饲料和饮水。适当的运动，定期驱虫。犊牛出生后，应使其尽快吃到足够的初乳，饲喂品质合格或优质的合成乳或代乳粉，以增强其抵抗力，促进肠蠕动机能。

2. 治疗

本病的治疗，主要在于疏通肠管、解除肠弛缓。

【处方1】初期，可内服泻剂和皮下注射拟胆碱药物，如硫酸镁或硫酸钠500～800克，加水10～16升，或液状石蜡1～2升，或植物油0.5～1升，一次内服。皮下注射小剂量氨甲酰胆碱、新斯的明等，亦可静脉注射浓盐水300～500毫升。

【处方 2】结肠便秘，还可采用温肥皂水 15～30 升深部灌肠。对顽固性便秘，可试对瓣胃注入液状石蜡 1～1.5 升。

【处方 3】病牛高度脱水时，需大量输液，每天至少 4000 毫升，重症患牛可补液 8000～10000 毫升，最好在液体内加输 1%氯化钾液 100～200 毫升。

【处方 4】犊牛用温肥皂水或液状石蜡油 80～100 毫升深部灌肠，干粪即可排出，必要时可再灌 1 次。病情较重者，可用液状石蜡油 100～250 毫升，蓖麻油 10～30 毫升，硫酸钠 20 克或硫酸镁 10～30 克，加入常水 200～300 毫升灌服。若腹痛明显时可用水合氯醛 3～5 克，加入上述药物中 1 次灌服。

【处方 5】中药疗法。

方剂一：大承气汤加减，如大黄、山楂、六曲各 60 克，枳实、厚朴、木香、槟榔各 30 克，芒硝 120 克（另包），水煎取汁，冲入芒硝，一次灌服。

方剂二：通结汤，大黄 95 克，醋香附、枳实各 60 克，栀子、木香、当归、厚朴各 30 克，麻仁 155 克，木通、连翘各 28 克，水煎 0.5～1 小时过滤。再加入芒硝 155 克，乳香、没药各 20 克，神曲 90 克，候温灌服。

【处方 6】经用上述措施不见好转，全身症状逐渐增重时，应立即进行剖腹破结。剖腹后，在肠外直接按压，并局部注入液状石蜡 300～500 毫升或生理盐水 1000 毫升，局部按压至粪便松软为止。若粪块粗大或过于坚实，应切开肠管取出。若肠壁已严重淤血、坏死，在切除坏死肠管后作肠管吻合术。

十四、感　冒

感冒是指机体因风寒侵袭所引起的以上呼吸道黏膜炎症为主症的急性、热性全身性疾病。以鼻流清涕，咳嗽，羞明流泪，呼吸加快，皮温不整为特征。早春、晚秋天气多变时常发，没有传染性，是呼吸器官的常见多发病。本病以犊牛多发。

（一）病因

受寒是感冒最主要的致病因素，如寒夜露宿、久卧凉地、贼风侵袭、冷雨浇淋、风雪袭击等，均可引发本病。早春、晚秋及冬季，气温骤变，机体来不及适应，或出汗后遭受雨淋、风吹等均可引发本病。在长途运输、营养不良及患有慢性疾病等机体抵抗力下降的情况下，存在于呼吸道的条件致病菌感染而引起。

（二）诊断要点

1. 临床症状

感冒常在寒冷因素作用后突然发病。表现精神沉郁、头低耳耷、食欲减退或废绝。频发咳嗽，呼吸加快，脉搏增数，心音增强，体温升高至中热或高热，皮温不整，四肢末梢和耳尖发凉。病初鼻孔流出的鼻液为浆液性，以后变为黄色黏稠。肺泡呼吸音增强。眼结膜潮红，羞明流泪。鼻镜干燥，反刍减少或停止，行走无力。若及时治疗，则很快痊愈。有时因继发引起支气管肺炎，使病情加重。

2. 实验室诊断

根据天气变化情况、机体受寒，以及临床症状可初步诊断。注意与流感鉴别，后者具有高度传染性，体温常突升至 40～41℃，且全身症状明显。

（三）防制

1. 预防

加强耐寒锻炼，增强机体抵抗力。注意天气变化，做好御寒保温工作，防止突然受凉。夏季主要防止淋雨，冬季防止露宿和贼风，同时注意圈舍和饲料的卫生。

2. 治疗

治疗原则是解热镇痛，祛风散寒，加强护理，充分休息，多给饮水，防止继发感染。

【处方1】解热镇痛，内服阿司匹林或氨基比林10～25克；也可用30％安乃近注射液或安痛定注射液20～40毫升，柴胡注射液20毫升，1次分别肌内注射，每天2次，连用3天。或阿司匹林5～10克，1次口服，连用3天。

【处方2】防止继发感染。用12％复方磺胺甲基异噁唑注射液20～80毫升，30％安乃近注射液10～40毫升，1次分别肌内注射，每天2次，连用3天。使用磺胺药首次剂量加倍。或青霉素80万～400万单位，链霉素100万～400万单位，肌内注射，每天2次，连用3天。

【处方3】排粪迟滞时，可应用缓泻剂，如能配合静脉输液，则效果更好。

【处方4】中药疗法。

方剂一：发热轻，怕冷重，耳鼻俱冷，肌肉震颤者多偏寒，治宜祛风散寒，方用加减杏苏饮。杏仁20克、桔梗30克、紫苏30克、半夏20克、陈皮30克、前胡25克、枳壳30克、茯苓25克、生姜30克、甘草15克，研末，一次冲服。

方剂二：发热重，怕冷轻，口干舌燥，眼红多眵者，治疗宜发表解热，方用桑菊银翘散加减：桑叶30克、菊花30克、二花30克、连翘25克、杏仁20克、桔梗20克、牛子30克、薄荷15克、生姜30克、甘草15克，研末，开水冲后，一次灌服。

方剂三：板蓝根60克、地龙15～20克，水煎，加白糖30～40克，灌服。

方剂四：桑白皮200～250克、生姜50克，水煎取汁，加蜂蜜100克，灌服。

方剂五：金银花60克、连翘45克、杏仁25克、薄荷50克、荆芥30克、甘草25克，研末，沸水冲调，候温灌服。

方剂六：麻黄、桂枝各60克，杏仁、生姜、葶苈子各45克，防风、桔梗各30克，炙甘草25克，共研为细末，沸水冲调灌服或水煎灌服，每天2次。

方剂七：荆芥、防风各60克，前胡、柴胡、羌活、独活各45克，枳壳、茯苓、川芎各30克，桔梗、甘草各25克，薄荷20克，共研为细末，沸水冲调灌服或水煎灌服。

方剂八：金银花、连翘各60克，桔梗、芦根各45克，荆芥穗、牛蒡子、淡竹叶、淡豆豉各30克，薄荷、甘草各25克，共研为细末，沸水冲调灌服，每天2次。

方剂九：石膏180克，杏仁、黄芩、桑白皮、五味子各45克，枇杷叶30克，麻黄、甘草各25克，共研为细末，沸水冲调，一次灌服。

方剂十：生薏仁、飞滑石各60克，杏仁、半夏各50克，通草、白豆蔻、竹叶、厚朴各20克，水煎灌服，每天2次。

十五、支气管炎

支气管炎是各种原因引起动物支气管黏膜表层或深层的炎症，临床上以咳嗽、流鼻液与不定热型为特征。各种动物均可发生，但幼龄和老龄动物常见。寒冷季节或气候突变时容易发病。

（一）病因

1. 急性支气管炎的病因

发生的主要原因是受寒感冒。当机体受寒时，其抵抗力降低，特别是支气管黏膜防卫机能减弱时，内外源非特异性细菌如肺炎球菌、巴氏杆菌、链球菌、葡萄球菌、化脓杆菌、霉菌孢子等得以发育繁殖或乘虚而入呈现致病作用。吸入刺激性的氨气、二氧化硫、烟及有毒的气体；吸入花粉、霉菌孢子、有机尘埃等；液体或饲料的误咽或灌药误入气管，都是原发性支气管炎的原因；也可继发于喉、气管、肺的疾病；由某些病毒（如口蹄疫病毒、流行性感冒病毒等）、细菌（巴氏杆菌、肺炎球菌、链球菌等）与寄生虫（肺丝虫、蛔虫等）的感染所致。饲养管理粗放，如牛舍卫生条件差、通风不良、闷热潮湿以及饲料营养价值低等，导致机体抵抗力下降，均可成为支气管炎发生的诱因。

2. 慢性支气管炎的病因

通常由急性转变而来。由于致病因素未能及时消除，长期反复作用，或未能及时治疗，饲养管理不当及使役不当，均可使急性转变为慢性。老龄动物的呼吸道防御功能下降、喉头反射减弱、单核-巨噬细胞系统功能减弱，慢性支气管炎的发病率较高。维生素 C、维生素 A 缺乏也易发生本病；也可由心脏瓣膜病、慢性肺脏疾病（如结核、肺丝虫病、肺气肿等）或肾炎等继发引起。

（二）诊断要点

1. 临床症状

根据病程可分为急性支气管炎和慢性支气管炎两种。

（1）急性支气管炎 主要症状是咳嗽。病初呈干、短并带疼痛的咳嗽，3～4天后变为湿性长咳，痛感减轻。严重时为痉挛性咳嗽，在早晨尤为严重。有时咳出较多的黏液或黏脓性的痰液，呈灰白色或黄色。同时鼻孔流浆液性鼻液，以后流黏液性或黏脓性鼻液。胸部听诊肺泡呼吸音增强，可听到干、湿性啰音。强而大的啰音是浅在性支气管炎，弱而远的啰音是深在性支气管炎，捻发音是毛细支气管炎。肺部叩诊没有明显变化。通过气管人工诱咳，可出现声音高朗的持续性咳嗽。体温一般正常，有时升高 0.5～1℃，一般持续 2～3 天后下降，全身症状较轻。吸入异物引起的支气管炎，后期可发展为腐败性炎症，除上述症状外，呼出的气体带恶臭味，两侧鼻孔流污秽不洁和带臭味的鼻液，听诊肺部还可出现支气管呼吸音或空嗡音。全身症状更为严重。

（2）慢性支气管炎 主要症状为持续性咳嗽，咳嗽可拖延数月甚至数年。咳嗽严重程度视病情而定，一般在运动、采食及早晚气温降低时更为明显，而且多为剧烈的干咳。痰量较少，有时混有少量血液，急性发作并有细菌感染时，则咳出大量黏脓性的痰液。人工诱咳阳性。体温无明显变化，有的病牛因支气管狭窄和肺泡气肿而出现呼吸困难。胸部听诊，初期因支气管有大量稀薄的渗出物，可听到湿啰音，后期由于支气管渗出物黏稠，则出现干啰音；早期肺泡呼吸音增强，后期因肺泡气肿而使肺泡音减弱或消失。病牛长期食欲不振和疾病消耗，日渐消瘦和贫血，严重的可衰竭而死亡。

2. 实验室诊断

急性支气管炎根据病史，结合咳嗽、流鼻液和肺部出现干、湿啰音等呼吸道症状即可初步诊断。血液化验、病原检测和 X 射线检查即可确诊。慢性支气管炎根据持续性咳嗽和肺部啰音等特征症状，结合实验室检查结果即可做出诊断。

（三）防制

1. 预防

预防本病主要以防寒、防贼风，保持圈舍干燥清洁卫生，避免理化因素刺激为主。及时治疗感冒等疾病，提高黏膜防卫机能。

2. 治疗

以抗菌消炎、止咳祛痰和抗过敏为原则。

【处方1】发病后首先要改善饲养，增强护理。将病牛置于温暖通风的圈舍内，饲以柔软易消化的草料，供给充足的清洁饮水，防止各种理化因素刺激，保护呼吸道防御机能，及时治疗。

【处方2】祛痰镇咳。当病牛频发咳嗽，分泌物黏稠不易咳出时，应用溶解性祛痰剂，如氯化铵 15～20 克、杏仁水 35 毫升、远志酊 30 毫升，加温水 500 毫升，一次内服。病牛频发痛咳，分泌物不多时，可选用镇痛止咳剂，如复方樟脑酊 30～50 毫升，一次内服，每天 1～2 次。当病牛呼吸困难时，可用氨茶碱 1～2 克，一次肌内注射，每天 2 次。

【处方3】消除炎症和控制感染。可用抗生素或磺胺类药物。如用青霉素、链霉素，肌内注射，每天 2 次，连用 2～3 天；也可用 10％磺胺嘧啶钠溶液 100～150 毫升，肌内或静脉注射。或者用青霉素 100 万单位，链霉素 100 万单位，溶于 1％普鲁卡因溶液 15～20 毫升，直接向气管内注射，每天 1 次，连用 3～5 次，有良好效果。病情严重者可用四环素，剂量为每千克体重 5～10 毫克，溶于 5％葡萄糖溶液或生理盐水中静脉注射，每天 2 次，连用 2～3 天。还可用红霉素、氧氟沙星、环丙沙星、卡那霉素、丁胺卡那霉素、氟苯尼考、先锋霉素等抗生素。

【处方4】抗过敏。在使用祛痰止咳药的同时，可以少量使用地塞米松，每次 5～10 毫克，每日 1 次，以抑制变态反应；还可选用扑尔敏、苯海拉明等药物。

【处方5】补液、强心。补液可选用 5％葡萄糖溶液或复方氯化钠注射液，强心可用 15％苯甲酸钠咖啡因注射液。

【处方6】中药疗法。

方剂一：外感风寒者（咳嗽，怕冷，无汗，鼻流清涕，口色青白，舌苔薄白，脉浮紧）可用紫苏散：紫苏、荆芥、防风、陈皮、茯苓、桔梗各 25 克，姜半夏 20 克，麻黄、甘草各 15 克，共为末，生姜 30 克，大枣 10 枚为引，一次开水冲调，候温灌服。

方剂二：外感风热者（咳嗽，鼻流黄涕，咽喉肿痛，耳鼻温热，身热，口干贪饮，口色偏红，舌苔薄白或黄白相间，脉浮数）可用桑菊银翘散：桑叶、杏仁、桔梗、薄荷各 25 克，菊花、银花、连翘各 30 克，生姜 20 克，甘草 15 克，共为末，一次开水冲调，候温灌服。

方剂三：咳嗽严重者（干咳无痰，咳而不爽，被毛焦枯，唇焦鼻燥，口色红而干，苔薄黄少津，脉浮细而数）可用杷叶散：枇杷叶、贝母各 15 克，知母、沙参、杏仁、冬花、远志各 30 克，瓜蒌 1 个，桔梗 60 克，百部、桑白皮各 25 克，二药子各 20 克共为末，开水冲调，加蜂蜜 120 毫升，候温灌服。

方剂四：白毛夏枯草、一枝黄花各 200 克，水煎灌服（适用于急性、慢性支气管炎）。

方剂五：鼠耳草 200 克，苏子、莱菔子各 75 克，水煎灌服（适用于慢性支气管炎）。

十六、肺　　炎

肺炎是指肺组织发生炎症的总称，其中包括小叶性肺炎（又称支气管肺炎或卡他性肺炎）、大叶性肺炎（又称格鲁布性肺炎或纤维素性肺炎）、真菌性肺炎、吸入性肺炎（又称异物性肺炎或坏疽性肺炎）。临床上主要以小叶性肺炎多发。小叶性肺炎是支气管与肺小叶或肺小叶群同时发生的炎症，通常于肺泡内充满由上皮细胞、血浆与白细胞组成的卡他性炎症渗出物，临床上以出现弛张热型、呼吸次数增多、叩诊有散在的局限性浊音区和听诊有捻发音为特征。

（一）病因

引起肺炎的发病原因比较复杂，且也是多因素的。主要是感冒受寒，饲养管理失调，物理化学因素刺激，过劳等因素，使动物机体生理防御功能降低，致使侵入呼吸道的微生物，如链球菌、肺炎球菌等表现出致病作用而发病。但大多数情况下，支气管肺炎是一种继发性疾病，如继发于巴氏杆菌病、肺丝虫病、衣原体病等。另外，还可继发于一些化脓性疾病，如子宫内膜炎、乳腺炎等，其病原菌可以通过血源性途径进入肺脏而致病。本病全年均可发生，以冬末春初、气候多变的季节比较多发。

（二）诊断要点

1. 临床症状

初期呈支气管炎的症状，但全身症状重剧，精神沉郁，食欲减退或废绝，口渴增剧，瘤胃蠕动减弱呈现前胃弛缓，泌乳减少。体温高达 39.5～41℃，弛张热型，脉搏随着体温变化而改变。两侧鼻孔流出浆液性、黏脓性分泌物，咳嗽，呼吸困难，发炎的小叶数目愈多，则呼吸越浅速，也愈困难，呼吸频率可增至 40～100 次/分钟。胸部听诊，病灶部位初期肺泡音减弱，可听到捻发音，以后可听到干性或湿性啰音。胸部叩诊，肺炎病灶浅在时，可发现小片浊音区，多在肺脏的前下方三角区内，深在而被覆有健康的肺组织时，可能无变化，或出现鼓音；如肺炎病灶互相融合时，则可能出现大片浊音区。如一侧肺脏发炎，则对侧叩诊音高朗。血液变化较明显，白细胞总数和中性白细胞增多，并伴有核左移现象。X 线检查，肺纹理增重，伴有小片状模糊阴影。

2. 病理变化

支气管肺炎主要发生于尖叶、心叶和膈叶前下部，病变为一侧性或两侧性。发炎的肺小叶肿大呈灰红色或灰黄色，切面出现许多散在的实质病灶，大小不一，多数直径在 1 厘米左右，形状不规则，支气管内能挤压出黏液性或黏脓性渗出物，支气管黏膜充血、肿胀。严重者病灶互相融合，可波及整个大叶，形成融合性支气管肺炎。

3. 实验室诊断

根据咳嗽、弛张热型、叩诊浊音及听诊捻发音和啰音等典型症状，剖检病变和X线检查即可做出诊断。

（三）防制

1. 预防

预防应加强饲养管理，避免淋雨受寒、过度劳役等诱发因素。供给全价的日粮，健全完善免疫接种制度，减少应激因素的刺激，增强机体的抗病能力。

2. 治疗

治疗原则是抑菌消炎，祛痰止咳，制止渗出，对症治疗，同时清除病因，加强护理。

【处方 1】抑菌消炎。临床上主要应用抗生素和磺胺类制剂，治疗最好采取鼻液做细菌药敏试验，如为肺炎链球菌、链球菌感染，青霉素和链霉素联合应用最好；对肺炎球菌感染的可用链霉素、卡那霉素、土霉素；对铜绿假单胞菌感染的，可使用庆大霉素和多黏菌素。

【处方 2】祛痰止咳。常用氯化铵、碳酸氢钠，混合后灌服。频发痛咳、分泌物不多时，可内服复方樟脑酊镇痛止咳；还可用复方甘草合剂或远志酊等。以上药物按照说明书的要求使用。

【处方 3】制止渗出。静脉注射 10% 氯化钙溶液或 10% 葡萄糖酸钙具有较好的效果。

【处方 4】对症治疗。体温升高时，可肌内注射安乃近注射液等；体质衰弱时，可静脉注射 25% 葡萄糖溶液等；心脏衰弱时，可肌内注射 10% 安钠咖溶液等。

【处方 5】中药疗法。方剂一至方剂三，治疗小叶性肺炎；方剂四至方剂八，治疗大叶性肺炎。

方剂一：麻黄 15 克，金银花、连翘各 30 克，知母、麦门冬、玄参、天花粉、黄芩、生地黄各 25 克，桔梗 20 克，杏仁 8 克，生石膏 90 克研末，蜂蜜适量为引，水煎灌服，每天 1 剂，连用 3～5 天。

方剂二：生石膏 180 克，麻黄、杏仁、金银花、黄芩、板蓝根各 60 克，连翘、甘草各 45 克，水煎 2 次，混合煎液分 2 次灌服。可配合青霉素 400 万～640 万单位，链霉素 4 克，肌内注射，每天 2 次，连用 5～10 天。

方剂三：石膏 120 克，大枣、麻黄、杏仁各 60 克，葶苈子 45 克，甘草 40 克，水煎 2 次，混合煎液后分 2 次灌服。

方剂四：金银花、大青叶、前胡、芦根各 60 克，连翘、薄荷、杏仁、桑白皮、玄参、甘草各 45 克，桔梗 30 克，共研为细末，沸水冲调，候温灌服。

方剂五：石膏 150 克，杏仁、黄芩、桑白皮、紫苏叶各 50 克，麻黄、甘草、桔梗、麦门冬、沙参、五味子各 30 克，共研为末，沸水冲调，候温一次灌服。

方剂六：生石膏 180 克，淡竹叶、水牛角各 60 克，连翘、生地黄、玄参、牡丹皮各 45 克，桔梗 40 克，栀子、黄芩、赤芍、知母各 30 克，黄连、甘草各 24 克，水煎，一次灌服。

方剂七：石膏 120 克，淡竹叶 90 克，地骨皮、石斛、川贝母、瓜蒌各 45 克，太子参 30 克，麦门冬、桑白皮各 12 克，共研为细末，沸水冲调，候温一次灌服。

方剂八：麻黄、甘草、木通各 24 克，杏仁、大青叶、金银花、瓜蒌仁各 30 克，石膏 90 克，芦根、白茅根各 60 克，黄芩 45 克，水煎取汁，候温灌服。

十七、尿 石 病

尿石病是尿结石嵌入泌尿道，引起出血和炎症，以及造成尿路阻塞，引起排尿机能障碍的疾病。尿结石是尿路中盐类结晶析出所形成的大小不均、数量不等的矿物质凝结物。临床上以腹痛、排尿障碍和血尿为特征。本病主要发生于公畜，各种动物均可发生，牛、羊、犬和猪常见。

（一）分类与病因

1. 分类

尿石症的种类很多，按其成分可分为磷酸盐或碳酸盐结石、尿酸铵结石、胱氨酸结石、草酸钙结石、硅酸盐结石。按尿石的位置可分为肾结石、输尿管结石、膀胱结石、尿道结石。本病以尿道结石多见，而肾结石、输尿管结石、膀胱结石较少见。

2. 病因

促使尿石症形成的因素有：①性别差异相当悬殊。公母牛的尿道在解剖上有很大差别。例如公牛及阉牛的尿道是位于阴茎中间的一条很细长的管子，长度大于母牛的几倍乃至十倍，而且有"S"状弯曲及尿道突，结石很容易停留在细长的尿道中，尤其是更容易被阻挡在"S"状弯曲部或尿道突内。母牛的尿道很短，膀胱中的结石很容易通过尿道排出体外。故产生结石的均为公牛。②维生素 A 缺乏时，特别是长期饲喂未经加工处理的棉籽饼粕，易导致结石形成。③长期饲喂高蛋白、高能量、高磷的精饲料，特别是谷类、玉米、大麦、高粱等精料，易引起尿结石的发生。④长期饮硬水（即钙、镁离子含量高的水），容易析出盐类结晶。饮水量与结石有关，饮水量少，尿液浓稠，尿中难溶性或不溶性的盐类物质增高，易与尿中异物结合形成结石。⑤肾和尿路感染。使尿中有炎性产物积聚，成为结石的核心。

（二）诊断要点

1. 临床症状

泌尿系统存有少量细砂粒时，没有多大妨害，但若堆积量太多，使排尿受到部分或全部障碍时，就会显出症状。尿石症的特征是排尿疼痛。病牛表现为摇尾不安，后肢踢腹，拱背站立，以头抵墙，阴茎反复勃起，呈频频排尿姿势，尿呈淋漓滴下或完全无尿。严重的尿石症育肥牛，在阴毛上可见有大量的结石颗粒。在剧烈运动后，多出现血尿，病牛呈紧张步样。尿道外部触诊，表现疼痛。如龟头部阻塞，可摸到硬结物。尿闭时间长时，可导致膀胱破裂或尿毒症而死。

2. 病理变化

病变集中表现在排尿生殖系统。肾脏及输尿管肿大而充血，甚至有出血点。膀胱因积尿而膨大，剖开时见有大小不等的颗粒状结石，黏膜上有出血点和化脓灶。尿道起端及膀胱颈被结石堵塞，有的尿道内也有结石。

3. 实验室诊断

根据尿频、排尿障碍、血尿等症状可做出初步诊断。确诊要进行 X 射线检查、导尿管进行尿道探诊，进行必要的尿液常规（尤其是尿沉渣、尿路上皮及感染菌的检查）和血液常规的检查。

（三）防制

1. 预防

对于舍饲的种公牛，可从饲养管理上进行预防。①增强运动，供给足量的清洁饮水，有条件的可饮磁化水。②在饲料方面，应供给优质的干苜蓿，因其含有大量维生素 A，同时能够供应钙质，以调整麸皮和颗粒饲料中含磷过多的缺点。③如果没有苜蓿干草，应给精料中加入 1%～2% 的骨粉或碳酸钙。④以谷物精料为主要日粮的育肥牛场，应在育肥开始时在饲料中添加 1% 的预防尿结石专用添加剂至出栏。⑤在配制育肥牛日粮时，应注意钙与磷的比例不能低于 1.5∶1；应控制麸皮、高粱等高磷饲料的用量，适当添加苜蓿粉或 1% 的氯化铵，并给予充足的清洁饮水。⑥尿路存在炎症时要及时地积极治疗。

2. 治疗

本病的治疗原则是消除结石，控制感染，对症治疗。

【处方1】立即改变饲养管理。首先对能排尿的牛主要是减去食盐及麸皮，单纯给予青草；其次给饲料中加入黄玉米或苜蓿，同时给病牛大量饮水或投予利尿剂，使细小的尿石随尿排出。

【处方2】按摩疗法。对于较大与疏松者使之粉碎，随尿冲出，其方法：以大拇指和食指捏住阴茎，自上而下顺次按摩 30～40 次，每天 3 次；或用温热毛巾在结石部位轻轻按摩，每次 5～10 分钟，每天 3 次，促使阴茎松弛，结石疏松，利于排石。

【处方3】中药疗法。用桃仁、归尾、香附子、滑石、扁蓄各 60 克，红花、鸡内金各 30 克，赤芍、广香各 45 克，海金沙 80 克，金钱草 150 克，木通 90 克，将以上各药碾细，共分 3 次，开水冲灌。每次用药时加水 1500 毫升左右，以增加排尿。

【处方4】用尿道肌肉松弛剂和冲洗法。当尿石症严重时，可使用 10～20 毫升的 2.5% 的氯丙嗪液溶液肌内注射，然后用消毒的、涂擦润滑剂的导尿管，缓慢插入尿道或膀胱，注入消毒液，反复冲洗。

【处方5】控制感染。控制体内其他细菌的危害，可以注射青霉素和链霉素。

【处方6】手术疗法。对于不能排尿的，应立即实施手术切开，将尿结石取出。

十八、日射病和热射病

日射病和热射病是因日光和高热所致的动物急性中枢神经机能严重障碍性疾病。动物在炎热的季节中，头部持续受到强烈的日光照射而引起的中枢神经系统机能严重障碍称日射病；而动物所处的外界环境气温高、湿度大，动物产热多、散热少，体内积热而引起的严重中枢神经系统机能紊乱称热射病。临床上将日射病和热射病统称为中暑。在炎热的夏季多发，病情发展急剧，甚至引起动物迅速死亡。

（一）病因

盛夏酷暑，动物在强烈日光下使役，驱赶或奔跑，或饲养管理不当，动物长期休闲，缺乏运动，或厩舍拥挤、闷热潮湿、通风不良，或用密闭而闷热的车、船运输等都是引起本病的常见原因。动物体质衰弱、心脏和呼吸功能不全、代谢机能紊乱、皮肤卫生不良、出汗过多、饮水不足、食盐缺乏，以及在炎热的天气条件下，动物从北方运至南方，其适应性差、耐热能力低，都易促使本病的发生。

（二）诊断要点

1. 临床症状

日射病和热射病在其发生和发展过程中，既有联系，又有区别。

（1）日射病　常突然发生，病牛开始精神沉郁，四肢无力，步态不稳，共济失调，突然倒地，四肢做游泳样划动。随着病情进一步发展，体温略有升高，呈现呼吸中枢、血管运动中枢机能紊乱。可视黏膜潮红，眼球突出，全身出大汗，甚至出现麻痹症状。心力衰竭，静脉怒张，脉微弱，呼吸急促而节律失调，结膜发绀，瞳孔散大，皮肤干燥。皮肤、角膜、肛门反射减退或消失，腱反射亢进，常发生剧烈的痉挛或抽搐而迅速死亡，或因呼吸麻痹而死亡。

（2）热射病　突然发生，病牛体温急骤上升，高达41℃以上，皮温增高，甚至皮温烫手，白色皮肤牛全身通红。常发生于使役中的牛。病牛突然停步，站立不动，或步态不稳，有的兴奋狂暴，癫狂冲撞，难于控制，或倒地张口喘气，呼吸困难，两鼻孔流出粉红色、带小泡沫的鼻液。心悸、心音亢进，脉搏疾速而微弱，每分钟可达百次以上，静脉淤血，黏膜发绀。眼结膜充血，瞳孔扩大或缩小。后期病牛呈昏迷状态，意识丧失，四肢划动，呼吸浅而疾速，节律不齐，脉不感手，第一心音微弱，第二心音消失，血压下降。濒死前，严重脱水，汗液分泌停止，皮肤干燥，尿少或无尿，呼吸节律不齐，多有体温下降，昏迷，常因呼吸中枢麻痹而死亡。

在临床实践中，日射病和热射病常常同时发生，很难区分。

2. 实验室诊断

根据发病季节，病史资料和体温急剧升高，突然发病，心肺机能障碍和倒地昏迷等临床特征，容易确诊。

（三）防制

1. 预防

在炎热季节，役用牛应早晚使役，中午休息，勤饮水；要做好牛舍的防暑降温工作，加强厩舍通风，防止潮湿、闷热和拥挤，严禁中午放牧，午间休息时到阴凉处或树荫下；补喂食盐，保证充足的饮水；车船运输，不可过于拥挤。随时注意观察，发现中暑现象时，应及时救治。

2. 治疗

本病治疗原则是立即防暑降温，应用镇静安神、强心利尿、解除酸中毒等的药物。

【处方1】消除病因和加强护理。发病后，役牛立即停止使役，将病牛牵到阴凉通风处，若卧地不起，可就地搭起阴棚，保持安静。

【处方2】降温疗法。用冷水浇头，淋浴全身，或以冷水灌肠，饮服大量1%～2%冷盐水，有条件的可在头部放置冰袋，或用电风扇吹风，以促进体热放散；肌内注射2.5%盐酸氯丙嗪溶液10～20毫升，至体温下降到39℃时停止。在恢复当天只允许喂青草。或颈静脉放血1000～2000毫升（放血至血液呈鲜红色或不粘手），然后静脉注射生理盐水2000～3000毫升。

【处方3】缓解心肺机能障碍。对心功能不全的，可皮下注射20%安钠咖注射液等强心剂10～20毫升。按每千克体重1～2毫克静脉注射地塞米松，以防止肺水肿的发生。纠正酸中毒可静脉注射5%碳酸氢钠注射液，每次400～1000毫升，每天1～2次。使用利尿剂来促进毒素的排出，但应注意机体钾离子的平衡。当病牛兴奋不安时，可静脉注射安溴注射液100毫升，也可灌服或直肠灌注水合氯醛黏浆剂。

【处方4】中药疗法。

方剂一：可用清热镇惊散。处方：防风、香薷、独活、远志、柏子仁、半夏、柴胡、僵蚕、黄芩、桔梗、石莲子、栀子各20克，枣仁、龙胆草各30克，南星、勾丁、霍草、菖蒲、薄荷各15克，甘草12克。上药共研细末，开水调剂，候温灌服，连服4剂即可。

方剂二：石膏180克，黄芪、生地黄、淡竹叶各60克，知母、玄参、麦门冬、滑石各45克，甘草、木通各24克，水煎灌服。

方剂三：香薷、黄芩、天花粉、连翘各60克，黄连、栀子、当归各45克，柴胡、甘草各24克，共研为细末，沸水冲调，候温灌服。

方剂四：新鲜人尿1000毫升，鸡蛋5个，调服。

方剂五：西瓜（去籽）5000克，白糖250克，灌服。或鸡蛋清20个，灌服。

方剂六：茯苓30克，朱砂、雄黄各10克，研末，另加1个猪胆的胆汁，加水调匀灌服。

方剂七：鲜苇根150克，青竹叶130克，绿豆150克，鲜萹蓄500克，水煎灌服。

方剂八：鲜芦根1.5千克，鲜荷叶5张，水煎灌服。

【处方5】针灸治疗。针刺颈脉、三江、太阳、蹄头、尾尖等穴。

【处方6】促进胃肠功能恢复。病情好转后，用人工盐300克，口服。或用10%氯化钠注射液300～500毫升，静脉注射。

第二节　普通外科病的诊疗与处方

一、创　　伤

组织或器官的机械性开放性损伤称创伤。

（一）撕裂创

1. 病因

撕裂创或称裂创，是由钩、钉等物的钝性牵引所造成，使组织发生机械性牵张而断裂的损伤。

2. 临床症状

创口形状不整齐，组织发生撕裂或剥离，创缘呈现不正的锯齿状，创腔深浅不一，创壁和创底凹凸不平，存在有创囊和组织碎片，创口裂开很大，出血很少，剧烈疼痛。有的皮肤呈瓣状撕裂，有的并发肌肉及腱的断裂，撕裂组织容易发生坏死或感染。

3. 治疗

【处方1】首先用灭菌纱布遮盖创面，再剪掉或剃掉创围的被毛；再用冷生理盐水或消毒液洗涤创围和创面，用镊子除去创面上的毛发和凝血块，并用70%酒精棉球擦拭干净；创面撒以青霉素粉或1∶9碘仿磺胺粉；创围涂以凡士林，盖上脱脂棉或纱布。

【处方2】对严重的撕裂创，在清洗、消毒之后，应修正创缘、创壁，撒以抗菌药粉，进行缝合。

【处方3】在炎热季节，应给创伤外部施用驱蝇防腐剂，以防止发生蝇蛆病。

（二）刺创

1. 病因

刺创一般是由于尖钉、尖桩或其他尖锐的东西（钢丝、草叉）刺入皮肤和肌肉而形成的。

2. 临床症状

创口小，创道狭而长，常伴发深部组织被损伤，并发内出血或形成组织内血肿。当致伤异物在创内折断而存留时，刺创极易感染化脓，甚至形成化脓性窦道，或引起厌氧菌感染。

3. 治疗

深部刺伤非常危险，决不可因为看到只是一个小孔而认为无关大局，随便对表面清洗擦干就了结，因为这种伤口给细菌的侵入开了方便之门，最危险的是容易继发破伤风。应该在拔除异物之后，给伤口内注入0.1%高锰酸钾溶液，或0.1%新洁尔灭溶液，或3%过氧化氢进行彻底消毒，然后给创道内灌注5%碘酊或抗生素药液。根据实际情况决定是否缝合。

二、脓　　肿

脓肿是指在任何组织或器官内形成外有脓肿膜包裹，内有脓汁潴留的局限性脓腔。如果在解剖腔内（胸膜腔、喉囊、关节腔、鼻旁窦、子宫腔）有脓汁潴留时则称为蓄脓，如关节蓄脓、上额窦蓄脓、胸膜腔蓄脓、子宫蓄脓等。

（一）病因

本病的主要致病菌是金黄色葡萄球菌，其次是化脓性链球菌、大肠杆菌、铜绿假单胞菌和化脓棒状杆菌，有时可见结核杆菌、放线菌等。刺激性强的化学药品，如氯化钙、高渗盐水、水合氯醛等被误注或注射时漏入皮下、肌肉也能发生脓肿；注射时不遵守无菌操作规程可于注射部位发生脓肿；由原发病的细菌经血液或淋巴循环转移至新的组织或器官内则形成转移性脓肿。往往是由于炎症组织在细菌产生的毒素或酶的作用下，发生坏死、溶解，形成脓腔，腔内的渗出物、坏死组织、脓细胞和细菌等共同组成脓液。由于脓液中的纤维蛋白形成网状支架才使得病变限制于局部，使脓腔周围充血水肿和白细胞浸润，最终形成的肉芽组织增生为主的脓腔包膜。

（二）诊断要点

1. 临床症状

按脓肿发生部位，可分为浅在性脓肿和深在性脓肿。

（1）浅在性脓肿　浅在性热性脓肿常发生于皮肤、皮下结缔组织、筋膜下及表层肌肉组织内。初期局部肿胀无明显的界限而稍高出于皮肤表面。触诊时局部温度增高，坚实有剧烈的疼痛反应。以后肿胀的界限逐渐清晰并在局部组织细胞、致病菌和白细胞崩解破坏最严重的地方开始软化并出现波动。由于脓汁溶解表层的脓肿膜和皮肤，脓肿可自溃排脓。但常因皮肤溃口过小，脓汁不易排尽。浅在性冷性脓肿，一般发生缓慢，局部缺乏急性炎症的主要症状，即虽有明显的肿胀和波动感，但缺乏或仅有非常轻微的温热和疼痛反应。

（2）深在性脓肿　发生在深层肌肉、肌间、骨膜下、腹膜下及内脏器官中。由于脓肿部位深在，局部肿胀增温的症状常见不到。但常出现皮肤及皮下结缔组织的炎性水肿，触诊时有疼痛反应并常有指压痕。深在性脓肿未能及时切开，其脓肿膜在脓汁的作用下容易发生变性坏死，最后在脓汁的压力下可自行破溃。脓汁沿解剖学通路下沉形成流注性脓肿。这时新的流注性脓肿和原发性脓肿之间经常有一个或多个通道互相连通。由于患病牛从局部吸收大量的有毒分解产物而出现明显的全身症状，严重时还可能引起败血症。内脏器官脓肿常常是转移性脓肿或败血症的结果。如在牛创伤性心包炎时，心包、膈肌、网胃和膈连接处常见到多发性脓肿。患牛慢性消瘦，体温升高，食欲和精神不振，血常规检查时白细胞数明显增多，特别是分叶核白细胞显著增多。

2. 实验室诊断

根据上述症状对浅在性脓肿比较容易确诊，深在性脓肿可进行诊断性穿刺和超声波检查后确诊。当脓汁稀薄时可从针孔直接排出脓汁，脓腔内脓汁过于黏稠时常不能排出脓汁，可用注射器抽吸脓汁或可见到针孔内常有干涸黏稠的脓汁或脓块附着。临床上必须与其他肿块性疾病如血肿、淋巴外渗、挫伤和某些疝、肿瘤等相区别，且不能盲目穿刺，以免损伤重要器官组织。

（三）防制

1. 预防

注射给药时应执行严格无菌操作规程。经静脉注射刺激性药物时，应避免将其漏出静脉。发生外伤时，应及时处理，防止感染。

2. 治疗

治疗原则是初期消炎止痛、促进炎性产物吸收，后期促进脓肿成熟、排出脓汁。若出现全身症状时，及时采用抗菌消炎、强心补液等对症疗法。

【处方1】消炎、止痛及炎性产物的消散吸收。对于脓肿的初期，可涂以消炎止痛作用的软膏（红霉素软膏、鱼石脂软膏等），亦可使用冷疗法。或用1％普鲁卡因青霉素溶液分点注射于脓肿周围，或采用复方醋酸铅散于患部冷敷，以促进炎症的消退和局限化。

【处方2】促进脓肿成熟。当炎性渗出停止后，局部可用温热疗法，或用10％～30％鱼石脂软膏涂敷，促进脓肿成熟。同时配合应用抗生素或磺胺类药物。

【处方3】手术疗法。当局部已出现波动后要及时进行手术疗法。常用的手术疗法有三种：脓汁抽出法、脓肿切开法、脓肿摘除法。

（1）脓肿切开法　脓肿成熟出现波动后立即切开。①切口应选择在波动最明显且容易排脓的部位。②按手术常规对局部进行除毛消毒，再根据情况对动物作局部或全身麻醉。③切开前为了防止脓肿内压力过大脓汁向外喷射，可先用粗针头将脓汁排出一部分。④切开时一定要防止外科刀损伤对侧的脓肿膜。⑤切口要有一定的长度并作纵向切口以保证在治疗过程中脓汁能顺利地排出。⑥深在性脓肿切开时除进行确实麻醉外，最好进行分层切开，并对出血的血管进行仔细的结扎或钳夹止血，以防引起脓肿的致病菌进入血液循环，而被带至其他组织或器官发生转移性脓肿。⑦脓肿切开后，要尽量排尽脓汁，但切忌用力压挤脓肿壁，或用棉纱等粗暴擦拭脓肿膜里面的肉芽组织，这样就有可能损伤脓肿腔内的肉芽性防卫面而使感染扩散。⑧如果一个切口不能彻底排空脓汁时，可根据情况作必要的辅助切口，如反对孔等。⑨对浅在性脓肿可用较温和的防腐液（3％双氧水溶液、0.1％新洁尔灭溶液等）或生理盐水反复清洗脓腔；刺激性大的防腐剂，如碘、汞、黄色素等用于伤口处理时，会破坏细胞，延迟愈合；最后用脱脂纱布轻轻吸出残留在腔内的液体。⑩切开后的脓肿创口可按化脓创进行外科处理，装置油剂类或高渗引流条，定时（24～48小时）清洗脓腔和更换引流条，直至伤口愈合。

（2）脓汁抽出法　适用于病变部位不宜进行脓肿切开、脓肿膜形成良好的小脓肿，特别是关节部的小脓肿。其方法是利用较粗的针头刺入脓肿内，并用注射器将脓肿腔内的脓汁抽出，然后用生理盐水反复冲洗脓腔，洗净脓腔后，再抽净腔中的液体，最后灌注混有抗生素的溶液。

（3）脓肿摘除法　常用以治疗脓肿膜完整的浅在性小脓肿。在小脓肿周围的健康组织上完整切除脓肿，然后缝合形成新的无菌手术创。此时须注意勿切破脓肿膜，防止新鲜手术创被脓汁污染。

【处方4】中药疗法。脓肿初期，用大黄、黄柏、姜黄、白芷、天花粉各30克，天南星、陈皮、苍术、厚朴各25克，甘草15克。共为细末，醋调，涂于患部；脓肿破溃后，用2%～4%黄柏溶液洗涤创口，然后用炉甘石1.5克、滑石30克、龙骨15克、朱砂3克、冰片1克，研极细末，撒于创口。

三、蜂窝织炎

在疏松结缔组织内发生的急性弥漫性化脓性炎症称为蜂窝织炎。它常发生在皮下、筋膜下、黏膜下、肌间隙、气管及食道周围的蜂窝组织内，以其中形成浆液性、化脓性和腐败性渗出液并伴有明显的全身症状为特征。

（一）病因

引起蜂窝织炎的致病菌主要是溶血性链球菌，其次为金黄色葡萄球菌，亦可为大肠杆菌、厌氧菌及其他链球菌等，比较少见的是腐败菌或化脓菌和腐败菌混合感染。一般是经皮肤或黏膜的微细创口而引起的原发性感染，也可能继发于邻近组织或器官化脓性感染的直接扩散，或通过血液循环和淋巴道的转移。偶见继发于某些传染病，或疏松结缔组织内误注或漏入刺激性强的化学制剂后也能发生。

（二）诊断要点

1. 临床症状

蜂窝织炎时病程发展迅速。其局部症状主要表现为大面积肿胀，局部增温，疼痛剧烈和机能障碍。其全身症状主要表现为病牛精神沉郁，体温升高，食欲不振并出现各系统（循环、呼吸及消化系统等）的机能紊乱。由于发病的部位不同其症状亦有差异。

（1）皮下蜂窝织炎　常发生于四肢（特别是后肢），主要是由于外伤感染所引起。病初局部出现弥漫性渐进性肿胀。触诊时热痛反应非常明显。初期肿胀呈现捏粉状有指压痕，后则变为稍坚实感。局部皮肤紧张，无可动性。随着炎症的进展，局部的渗出液则由浆液性转变为化脓性浸润。此时患部肿胀更加明显，热痛反应剧烈，病牛体温显著升高。随着局部坏死组织的化脓性溶解而出现化脓灶，触诊柔软而有波动感。

（2）筋膜下蜂窝织炎　常发生于前肢的前臂筋膜下、髻甲部的深筋膜和棘横筋膜下、背腰部的深筋膜下，以及后肢的小腿筋膜下和股阔筋膜下的疏松结缔组织中。其临床特征是患部热痛反应剧烈，机能障碍明显，患部组织呈坚实性炎性浸润。病程根据发病筋膜的局部解剖学特点而向周围蔓延，全身症状严重恶化，甚至发生全身化脓性感染而引起动物的死亡。

（3）肌间蜂窝织炎　常继发于开放性骨折、化脓性骨髓炎、关节炎及腱鞘炎之后。有些是由于皮下或筋膜下蜂窝织炎蔓延的结果。感染可沿肌间和肌群间大动脉及大神经的干的径路蔓延。首先是肌外膜，然后是肌间组织，最后是肌纤维。先发生炎性水肿，继而形成化脓性浸润并逐渐发展成为化脓性溶解。患部肌肉肿胀、肥厚、坚实、界限不清，机能障碍明显，触诊和他动运动时疼痛剧烈。表层筋膜因组织内压增高而高度紧张，皮肤可动性受到很大的限制。肌间蜂窝织炎时全身症状明显，体温升高，精神沉郁，食欲不振。局部已形成脓肿时，切开后可流出灰色、常带血样的脓汁。有时由于化脓性溶解可引起关节周围炎、血栓性血管炎和神经炎。

当向颈静脉注射刺激性强的药物时，若漏入到颈部皮下或颈深筋膜下，能引起筋膜下蜂窝织炎。注射后经 1～2 天局部出现明显的渐进性肿胀，有热痛反应，但无明显的全身症状。当并发化脓性或腐败性感染时，则经过 3～4 天后局部即出现化脓性浸润，继而出现化脓灶。若未及时切开，则可自行破溃流出微黄白色较稀薄的脓汁。它能继发化脓性血栓性颈静脉炎。当动物采食时，由于饲槽对患部的摩擦或其他原因，常造成颈静脉血栓的脱落而引起大出血。

2. 实验室诊断

根据病因和临床症状（局部大面积肿胀、增温、疼痛剧烈和机能障碍，并有全身症状）可以做出诊断。

（三）防制

1. 预防

平时注意牛体清洁卫生，一有创伤，立即消毒处理，防止感染。如病仅限于局部小面积，针对局部治疗即可，如面积较大或几处发病，必须局部治疗、全身治疗同时进行。

2. 治疗

蜂窝织炎治疗原则是：减少炎性渗出、抑制感染扩散、减轻组织内压、改善全身状况、增强机体抗病能力。

【处方 1】局部疗法。

（1）控制炎症发展和促进炎症产物消散吸收 ①最初 24～48 小时以内，可用冷敷（10％鱼石脂酒精、90％酒精、醋酸铅明矾液、栀子浸液），涂以醋调制的醋酸铅散。②用 0.5％盐酸普鲁卡因青霉素溶液作病灶周围封闭。③炎性渗出已基本平息（病后 3～4 天）时，可用上述溶液温敷；也可使用 He-Ne 激光照射、超短波及微波电疗等。④在蜂窝织炎的治疗上，亦可外敷雄黄散，内服连翘散。

（2）手术切开 ①倘若冷敷后，炎性渗出不见减轻，组织出现增进性肿胀，病牛体温升高和其他症状都有明显恶化的趋向时，应立即进行手术切开。②局限性蜂窝织炎脓肿时，可等待其出现波动后再行切开。③手术切开时应根据情况做局部或全身麻醉。④浅在性蜂窝织炎应充分切开皮肤、筋膜、腱膜及肌肉组织等。⑤切口必须有足够的长度和深度，作好纱布条引流。⑥必要时应造反对孔。⑦四肢应作多处切口，最好是纵切或斜切。⑧伤口止血后可用中性盐类高渗溶液（常用的是 10％硫酸镁或硫酸钠的溶液）作引流以利于组织内渗出液的外流。

【处方 2】全身疗法。①早期应用抗生素疗法、磺胺疗法及盐酸普鲁卡因封闭疗法。②对病牛要加强饲养管理，特别是多给些富有维生素的饲料。③注意纠正水和电解质及酸碱平衡的紊乱，进行合理的输液。

四、风湿病

风湿病是反复发作的急性或慢性非化脓性炎症，特点是胶原结缔组织发生纤维蛋白变性以及骨骼肌、心肌和关节囊中的结缔组织出现非化脓性局限性炎症。本病常侵害对称的肌肉或肌群和关节，有时也侵害心脏，常见于马、牛、猪、羊、犬、家兔和鸡。

（一）病因

风湿病的病因迄今尚未完全阐明。目前一般认为风湿病是一种变态反应，与溶血性链球菌感染有关。溶血性链球菌感染所引起的病理过程有两种：一种为化脓性感染，另一种为感染后的延期性非化脓性并发病，即变态反应性疾病。风湿病属于后一种类型。此外，在临床实践中证明，风、寒、潮湿、过劳等因素，在风湿病的发生上起着重要的作用。如畜舍潮湿、阴冷，大汗后受冷雨浇淋，受贼风特别是穿堂风的侵袭，夜卧于寒湿之地或露宿于风雪之中以及管理使役不当等都是容易发生风湿病的诱因。

（二）诊断要点

1. 分类与临床症状

分类 风湿病有以下几种分类方法。

① 根据发病的组织器官分类。可分为肌肉风湿病（风湿性肌炎）、关节风湿病（风湿性关节炎）和心脏风湿病（风湿性心肌炎）。

② 根据发病部位分类。可分为颈风湿、肩臂风湿（前肢风湿）、背腰风湿和臀股风湿（后肢风湿）。

③ 根据病程经过分类。可分为急性风湿病和慢性风湿病。

2. 临床症状

风湿病的主要临床特点和症状是发病的肌群、关节及蹄的疼痛和机能障碍。疼痛表现时轻时重，部位可固定或不固定。具有突发性、疼痛性、游走性、对称性、复发性和活动后疼痛减轻等特点。急性期发病迅速，患部温热、肿胀、疼痛及机能障碍等症状非常明显，同时出现体温升高等全身症状。病程经过数日或1～2周后即可好转或痊愈，但容易复发。慢性期病程较长，可拖延数周或数月之久。患病动物容易疲劳，运动强拘不灵活。患部缺乏肿胀、热痛等急性炎症的症状。颈风湿病表现为低头困难（两侧同时患病）或风湿性斜颈（单侧患病）。患病肌肉僵硬，有时疼痛。

3. 实验室诊断

在诊断时，应注意以下两个特点：患病部位并不局限于一处，常有游走性，而且多侵害后肢，故常有腰部发硬表现；跛行特点是步子短，步态僵硬。在开始行走时跛行显著，行走一段之后跛行减轻，甚至很不明显。

（三）防制

1. 预防

在风湿病多发的冬春季节，要特别注意饲养管理和环境卫生，要做到精心饲养，注意使役，勿使其过度劳累；役畜使役后出汗时不要系于房檐下或有穿堂风处，免受风寒；厩舍应保持卫生、干燥，冬季时注意保温以防动物受潮湿和着凉；对溶血性链球菌引起的急性上呼吸道感染如急性咽炎、喉炎、扁桃体炎、鼻卡他等疾病及时治疗。

2. 治疗

风湿病的治疗要点是：消除病因、加强护理、祛风除湿、解热镇痛、消除炎症。除改善饲养管理以增强患病动物的抗病能力外，还应采取以下治疗方法。

【处方 1】应用解热、镇痛及抗风湿药。水杨酸类药物（水杨酸、水杨酸钠、阿司匹林）抗风湿作用最强，特别对急性肌肉风湿病疗效较高，而对慢性风湿病疗效较差。牛口服一次量 10～60 克；注射剂量 10～30 克，每日 1 次，连用 5～7 天。也可将水杨酸钠与乌洛托品、樟脑磺酸钠、葡萄糖酸钙联合应用。

【处方 2】应用皮质激素类药物。临床上常用氢化可的松注射液、地塞米松注射液、醋酸泼尼松（强的松）、氢化泼尼松（强的松龙）注射液等。此疗法配合应用抗生素、水杨酸钠有更好的效果，但容易复发。

【处方 3】应用抗生素控制链球菌感染。风湿病急性发作期需使用抗生素，首选青霉素肌内注射，每日 2～3 次，一般应连用 10～14 天。

【处方 4】应用碳酸氢钠、水杨酸钠和自家血液疗法。牛每日静脉注射 5％碳酸氢钠溶液 200 毫升，10％水杨酸钠溶液 200 毫升；自家血液的注射量为第一天 80 毫升，第三天 100 毫升，第五天 120 毫升，第七天 140 毫升，7 天为一疗程。每疗程之间间隔 1 周，可连用 2 个疗程。该方法对急性肌肉风湿病疗效显著，对慢性风湿病可取得一定的好转。

【处方 5】中兽医疗法。中药如通经活络散、独活寄生散较常应用。针灸可根据病情选择新针、电针、水针或火针。较常用的穴位有：前肢风湿选抢风、冲天、膊尖、天宗等，背腰风湿选百会、肾俞、肾棚、肾角等，后肢风湿选百会、巴山、大胯、小胯、汗沟、阳陵等。醋酒灸法（火鞍法）适用于腰背风湿病，但对瘦弱、衰老或怀孕的病牛禁用。

【处方 6】物理疗法。物理疗法对慢性风湿病疗效较好。局部温热疗法：将酒精加热至 40℃左右，或将麸皮与醋按 4：3 的比例混合炒热装于布袋内进行患部热敷，每日 1～2 次，连用 6～7 天。亦可使用热石蜡及热泥疗法等。光疗法可使用红外线（热线灯）局部照射，每次 20～30 分钟，每日 1～2 次，用到明显好转为止。电疗法可用中波透热疗法、中波透热水杨酸离子透入疗法、短波透热疗法、超短波电场疗法、多元频谱疗法等均有较好的疗效。冷疗法包括冷蹄浴、用醋调制的冷泥敷蹄等，适用于急性蹄风湿的初期。

【处方 7】局部涂擦刺激剂。局部可应用水杨酸甲酯软膏（处方：水杨酸甲酯 15 克、松节油 5 毫升、薄荷脑 7 克、白色凡士林 15 克），水杨酸甲酯莨菪油搽剂（处方：水杨酸甲酯 25 克、樟脑油 25 毫升、莨菪油 25 毫升），亦可局部涂擦樟脑酒精及氨搽剂等。

五、骨　折

骨的完整性或连续性因外力作用遭受部分中断或完全破坏时称为骨折。骨折的同时常伴有周围软组织不同程度的损失。各种动物均可发生，以四肢长骨发生较为常见。

（一）病因

骨折都发生在打击、挤压、火器伤等各种机械外力直接作用的情况下，如车辆冲撞、重物压轧、蹂踢、角顶等，常发生开放性甚至粉碎性骨折。间接暴力如奔跑中扭闪或急停、跨沟滑倒等，可发生四肢骨折、髋骨或腰椎的骨折；肢蹄嵌夹于洞穴、木栅缝隙等时，肢体常因急速旋转而发生骨折。肌肉突然强烈收缩，可导致肌肉附着部位骨的撕裂。如患有骨髓炎、骨疽、佝偻病、骨软症或衰老、妊娠后期及高产奶牛泌乳期中，营养神经性骨萎缩，慢性氟中毒以及某些遗传性疾病等情况下，极易发生病理性骨折。

（二）诊断要点

1. 临床症状

牛骨折常发生于四肢长骨，而且多为单纯的完全骨折。骨折的特征是：骨折后肢体变形，表现为患肢弯曲、缩短、延长等异常姿势；异常活动表现为骨折的肢体在负重或做被动运动时，出现屈曲、旋转等；骨摩擦音表现为用手按摸骨折部分，可以听到骨断端摩擦音或有骨摩擦感。病牛突然倒卧不起，或者悬起断肢，用其余三肢来负担体重，呆立不动。病牛精神稍差，在刚发生之后，由于断肢不能负重而行走困难。骨折部分发生疼痛性的肿胀，且常伴有皮肤损伤，但出血表现极轻微。

2. 实验室诊断

根据外伤史和临床症状，一般不难诊断。确诊具体性质的骨折，需进行 X 线检查。

（三）防制

1. 预防

平时注意饲料中钙、磷充足且比例合理，及时发现和治疗骨质性疾病，可以避免病理性骨折的发生；在使役、运动以及保定时，要注意合理操作，不可过于野蛮，以便预防外伤性骨折的发生。

2. 治疗

动物骨折经过治疗后，是否能恢复生产能力，这是必须考虑的问题。由于动物的种类、年龄、营养状况不同，发生骨折的部位、性质、损伤程度不一，以及治疗条件、技术水平等因素，骨折后愈合时间的长短以及愈合后病肢的功能恢复程度有较大差异。除了有价值的种畜或贵重的动物，可尽力进行治疗外，对于一般动物，若预计治疗后不能恢复生产性能，或治疗费用超过该动物的经济价值时，就应该断然做出淘汰的决定。

【处方1】闭合性骨折的治疗。包括复位与固定和功能锻炼两个环节。

（1）正确复位 用消毒液洗净受伤部位及创伤周围的皮肤，涂以 5% 碘酒，以防细菌感染。整复骨折部分，使断端接合良好。

（2）合理固定 用硬纸剪成长条，或用粗细合适的木棍或竹板等，宽度根据骨折部的粗细，在腿的四面（前、后、内、外）各放一条，然后用绷带紧紧缠住，以保护伤口及固定折断部分。在使用绷带以前，应该在压力特别大的地方垫以棉花或麻屑。

（3）加强护理和功能锻炼 在治疗初期，应将病牛关在舍内，不让过多活动，或者只允许在运动场里走动。待患病肢能够着地时，让其在圈舍周围逍遥活动并进行功能锻炼，促使及早恢复正常行动。功能锻炼包括早期按摩、对未固定关节作被动的伸展活动、牵遛运动及定量使役等。

【处方2】开放性骨折的治疗。与闭合性骨折的治疗一样，开放性骨折的治疗也要遵循复位与固定和功能锻炼两个基本原则。控制感染化脓十分重要。必须全身运用足量（常规量的1倍）敏感的抗菌药物2周以上。

【处方3】骨折的药物疗法和物理疗法。①多数临床兽医认为有一定的辅助疗法，有助于加速骨折的愈合。②骨折初期局部肿胀明显时，宜选用有关的中草药外敷，同时结合内服有关中药方剂如"接骨散"（血竭、土虫各100克，没药、川断、牛膝、乳香各50克，自然铜、当归、南星、红花各25克，研为细末，分两次服，白酒250～500毫升为引），每日1剂。③为了加速骨痂形成，需要增加钙质和维生素，可在饲料中加喂骨粉、碳酸钙和增加青绿饲料等。④幼龄动物骨折时，可补充维生素A、维生素D或鱼肝油，必要时可以静脉补充钙剂。⑤骨折愈合的后期可进行局部按摩、搓擦，增强功能锻炼，同时配合物理疗法如石蜡疗法、温热疗法、直流电钙离子透入疗法、中波透热疗法及紫外线治疗等，以促使早日恢复功能。

六、眼　　病

牛常见的眼病，主要有结膜炎和角膜炎。

（一）结膜炎

结膜炎是眼睑结膜和眼球结膜的表层或深层炎症，临床上呈急性或慢性经过，是最常见的一种眼病。根据其分泌物的性质可分为浆液性、黏液性和化脓性结膜炎。根据病程长短可分急性结膜炎和慢性结膜炎。

1. 病因

主要是体内外各种因素对结膜的刺激。机械性因素，如结膜外伤、异物落入结膜囊内或粘在结膜面上、眼睑位置改变（内翻、外翻、睫毛倒生等）、结膜囊或第三眼睑内寄生有眼吸吮线虫，以上因素对结膜造成机械刺激；化学性因素，如厩舍通风不良、有大量氨气存在、熏烟、使用被毛清洁剂或驱虫剂时误入眼内；传染性因素，正常时多种微生物潜藏在眼结膜内，当结膜完整性遭到破坏时可引起感染，乳牛传染性鼻气管炎病毒可引起犊牛群发生结膜炎，放线菌病牛用碘化钾治疗时若发生碘中毒，常出现结膜炎；继发性因素，继发于上颌窦炎、角膜炎等相邻组织的疾病及流行性感冒、牛恶性卡他热、牛瘟等多种传染病等。

2. 临床症状

结膜炎的共同症状是羞明、流泪、结膜充血、结膜浮肿、眼睑痉挛、渗出物及白细胞浸润。临床上常见卡他性结膜炎和化脓性结膜炎两种。

（1）卡他性结膜炎　临床上最为常见，是多种结膜炎的早期症状，结膜潮红、肿胀、充血，眼内角流浆液、黏液或黏脓性分泌物。又可分为急性和慢性两型。

①急性型。轻时结膜及穹窿部轻度潮红、肿胀，呈鲜红色，分泌物稀薄，量少，继则变为黏液性或脓性分泌物。严重者，眼睑肿胀、热痛、羞明、充血明显，甚至见出血斑。炎症还可波及球结膜，有时角膜面也见轻微的浑浊。若炎症侵及结膜下时，则结膜高度肿胀，疼痛剧烈。

②慢性型。常由急性未及时治疗所致，症状往往不明显，患眼羞明很轻或见不到。充血轻微，结膜呈暗赤色、黄红色或黄色，疼痛常不明显。经久不愈可引起

结膜增厚呈丝绒状，有少量分泌物。

（2）化脓性结膜炎　眼部一般症状严重，眼内流出多量脓性分泌物，而且时间越久则越浓，上、下眼睑常被粘在一起。常波及角膜而形成角膜混浊甚至溃疡，且常具有一定的传染性。

3. 实验室诊断

根据病史、临床症状和对治疗方法的反应，可做出初步诊断，确诊需进一步做细胞学和细菌学检查。机械性或化学性所致的结膜炎易通过病史和临床检查诊断；细菌、支原体和衣原体性结膜炎最初通常为一只眼发病，间隔一定时间可波及另一只眼，且一般广谱抗生素治疗有效；病毒性结膜炎常见于牛传染性鼻气管炎；由于其他严重眼病和全身性疾病常导致结膜炎的发生，因此，如果结膜炎的病因难以确定或对因治疗效果不明显，可做进一步的眼部和全身性检查。

4. 防制

（1）预防　保持厩舍和运动场的清洁卫生；注意通风换气与防止光线刺激，防止风尘的侵袭；严禁在厩舍里调制饲料和刷拭动物体；笼头不合适应加以调整；在麦收季节，可用 0.9％生理盐水溶液经常冲洗眼睛，以防止眼吸虫病发生；治疗眼病时，要特别注意药品的选用及使用浓度和有无变质的情况。

（2）治疗　除去病因，消炎镇痛，防止光线刺激。以局部用药为主，必要时可辅助全身用药。

【处方1】除去病因。除去发病的主要原因。若是症候性结膜炎，则应以治疗原发病为主。若为环境因素引起，则要设法改善环境条件等。

【处方2】遮断光线。将患牛放在暗处或包扎眼绷带，避免强光刺激。但分泌物量多时不可装置眼绷带。

【处方3】清洗患眼。用 2％～3％硼酸水，或 0.9％氯化钠注射液、0.1％新洁尔灭液、0.1％利凡诺溶液等彻底洗眼，每天 1～2 次，洗除异物和分泌物。禁止使用强刺激性药物。

【处方4】消炎可选用青霉素、四环素、金霉素或可的松点眼，每日 2～4 次。

【处方5】对症疗法。

（1）急性卡他性结膜炎　①炎症初期充血肿胀严重时，可用冷敷疗法；分泌物变为黏液时，则改为温敷，再用 0.5％～1％硝酸银溶液点眼（每天 1～2 次），用药后 10 分钟要用生理盐水冲洗。②分泌物过多可用 0.3％硫酸锌液，1％～2％明矾溶液或 1％硫酸铜溶液洗眼，此外，可配合太阳穴或眼脉穴放血。③若分泌物已见减少或将趋于吸收过程时，可用收敛药，如 0.5％～2％硫酸锌溶液（每天 2～3 次），或 2％～5％蛋白银溶液、0.5％～1％明矾溶液或 2％黄降汞眼膏。④疼痛显著时，可用下述配方点眼：0.5％硫酸锌 0.05～0.1 毫升、0.5％盐酸普鲁卡因 0.5 毫升、3％硼酸 0.3 毫升、0.1％肾上腺素 2 滴及蒸馏水 10 毫升；也可用 10％～30％板蓝根溶液点眼；还可用 0.5％盐酸普鲁卡因溶液 2～3 毫升，溶解青霉素或氨苄青霉素 5 万～10 万单位，再加入氢化可的松 2 毫升（10 毫克）或地塞米松磷酸钠注射液 1 毫升（5 毫克），作球结膜注射或眼睑皮下注射（上下眼睑分别注射），1 日或隔日 1 次。

（2）慢性结膜炎　可采用刺激温敷疗法。①局部可用较浓的硫酸锌或硝酸银溶液，或用硫酸铜棒轻轻擦上、下眼睑，擦后立即用硼酸水冲洗，然后再进行温敷；也可用2％黄降汞眼膏涂于结膜囊内。②中药用川连1.5克、枯矾6克、防风9克，煎后过滤，洗眼的效果良好。③对顽固的慢性结膜炎采用自家血疗法。

（3）病毒性结膜炎　可用5％的乙酰磺胺钠眼膏涂布眼内，或用0.1％碘苷（疱疹净）或4％吗啉胍等眼药进行点眼；同时使用抗生素眼药水，以防继发和混合感染。

【处方6】全身药物治疗。一般局部治疗即可。严重感染者，可根据情况全身使用药物。

（二）角膜炎

角膜炎是角膜上皮组织因受微生物、外伤、化学性或物理性因素影响而发生的一种炎症，为最常见的眼病之一。

1. 病因

本病多因外伤（如鞭梢的打击、笼头的压迫、尖锐物体的刺激）或异物（如碎玻璃、碎铁片、麦芒、草尖等）误入眼内而引起；化学因素刺激、某些邻近器官发生炎症、维生素A缺乏及某些传染病（如牛恶性卡他热、牛肺疫等）等也常继发或并发本病。

2. 临床症状

角膜炎的共同症状是羞明、流泪、疼痛、眼睑闭合、角膜浑浊、角膜缺损或溃疡，角膜周围形成新生血管或睫状体充血。临床上可分为表在性角膜炎、深在性角膜炎和化脓性角膜炎。

（1）浅在性角膜炎　角膜表层损伤，侧望可见表层上皮脱落及伤痕。当炎症侵害角膜表层，角膜表面粗糙，侧望无镜状光泽，变为灰白色混浊，有时在眼角膜周围增生很多血管，呈树枝状侵入表面，形成所谓血管性角膜炎。

（2）深在性角膜炎　一般症状同浅在性角膜炎，不同处为角膜深部，呈点状、云雾状，灰白色、乳白色或绿色。角膜周围及边缘血管充血，血管增生，有时虹膜发生粘连。

（3）化脓性角膜炎　角膜上呈现黄色局限性混浊，周围有白色圈状，破溃后流出脓汁，严重引起全眼球化脓。

3. 实验室诊断

根据病因和临床症状，基本可确诊。

4. 防制

（1）预防　在经过有树木地区时防止树梢或灌木丛碰及眼睛，驱赶牛群防止鞭梢伤及眼睛。遇沙暴或扬尘时将牛牵进牛舍，防止沙尘、壳芒、碎草等侵入眼裂。发生角膜炎、角膜溃疡时抓紧治疗，以免角膜穿孔引起眼球炎。

（2）治疗

【处方1】急性期的冲洗和用药与结膜炎的治疗大致相同。

【处方2】为了促进角膜浑浊的吸收，可向患眼吹入等份的甘汞和乳糖（白糖也可以）；40％葡萄糖溶液或自家血点眼；也可用自家血眼睑皮下或球结膜注射；

1%～2%黄降汞眼膏涂于患眼内；还可静注5%碘化钾溶液20～40毫升，连用1周；或每日内服碘化钾5～10克，连用5～7天。

【处方3】疼痛剧烈时，可用10%颠茄软膏或5%狄奥宁软膏涂于患眼内；水肿严重时，用5%氯化钠溶液点眼，每天3～5次。

【处方4】为防止虹膜粘连或当同时发生前色素层炎时，0.5%～1%硫酸阿托品注射液点眼有效。

【处方5】如角膜未出现溃疡或穿孔，可用青霉素、普鲁卡因、氢化可的松作球结膜下或做患眼上、下眼睑皮下注射，或单纯使用醋酸强的松龙或甲强龙进行球结膜注射，对外伤性角膜炎引起的角膜翳效果良好，但是不能用于角膜有穿孔或溃疡的病例。

【处方6】角膜穿孔时，应严密消毒防止感染；1%三七灭菌液点眼可促进角膜创伤的愈合。同时内服"决明散"，方剂组成：煅石决明、决明子、黄芪、黄芩各30克，大黄、马尾连各25克，栀子、郁金、制没药、白药子、黄药子各20克，加适量清水共煎取汁后，再加适量清水煎1次，然后将2次药汁合在一起，每日分2次趁温热灌服。此汤每日用1剂，连用3剂。

【处方7】症候性、传染病性角膜炎，应注意治疗原发病。

七、蹄　　病

（一）指（趾）间皮炎

指（趾）间皮炎是指没有扩延到深层组织的指（趾）间皮肤的炎症。是牛的常发疾病，往往多肢发病。特征是皮肤不裂开，有腐败气味。

1. 病因

环境潮湿不卫生是主要病因，条件性致病菌感染为其诱因。结节状杆菌和螺旋体曾从病变部分离到。

2. 临床症状

病初，与球部相邻的皮肤肿胀，表皮增厚和稍充血，指（趾）间隙有一些渗出物，并有轻度跛行，以后在球部出现角质分离（通常在两后肢外侧趾），跛行明显。少数病例，化脓性潜道可以深达蹄匣内，严重的可引起蹄匣脱落，病牛被迫淘汰。本病常发展成慢性坏死性蹄皮炎（蹄糜烂）和局限性蹄皮炎（蹄底溃疡）。

3. 防制

首先保持蹄的干燥和清洁，其次局部应用防腐和收敛剂，每天2次，连用3天；病牛也可进行蹄浴。轻症渗出性皮炎可很快治愈。如角质分离应将其剥离清除，每天撒布硫酸铜，或涂碘酊等消毒液。

（二）蹄脓肿

本病是蹄壳真皮的一种化脓性疾病。主要特征是蹄部肿烂，发生进行性坏死。引起蹄匣脱落。牛羊都可发生。一般都是继发于未及时治疗的腐蹄病，但也可以是原发性的，故作为另一种病对待，以便及时采取正确疗法。

1. 病因

通常为坏死梭形杆菌和化脓棒状杆菌以及其他化脓性细菌。这些细菌可通过蹄壳的小裂缝或小创伤而进入蹄内。在干燥环境下不发生传染，潮湿环境容易促进传染的扩散。例如长期把牛圈养在冷湿环境或潮湿发酵的蓐草上、运动不足、蹄子不清洁以及蹄有损伤等，都是蹄脓肿发生的有利因素。

2. 临床症状

主要表现为跛行，病牛蹄部有疼痛反应。检查蹄部时，可发现蹄冠发热、肿胀而变软，发红或腐烂，有时伴有湿疹，有疼痛。一旦脓肿破裂，则疼痛减轻，如果不继续用抗生素治疗，脓肿容易复发。更严重时，蹄间腐烂，流出灰白色脓汁，恶臭，甚至蹄匣脱落。检查蹄部病理变化过程，发现最初是趾部充血，角质发生湿性表面坏死。几天以后，坏死扩延到蹄踵部及蹄壳真皮。到了后期，蹄壁的下部出现一层灰色坏死组织，造成蹄壁脱离。

3. 防制

（1）预防　平时加强蹄部护理，不要把牛圈养在低湿环境及潮湿蓐草上；保证充分运动；经常修剪蹄，及时除去蹄指（趾）间的夹杂物。对新引进的牛，应进行检疫，先隔离一个时期，对蹄部进行检查及作必要的处理以后，再放入全群内。当牛群内发现本病时，应立刻隔离患病牛，给其余牛清洗蹄部并用1%～2%硫酸铜溶液浸浴1～2分钟，达到预防目的。蹄的浸浴最好在药浴池内进行。

（2）治疗

【处方1】病初在有炎症和湿疹时，用温的浓盐水或浓醋，加等量冷水洗浴，然后涂以碘酒。也可以用2%石炭酸溶液浸浴，然后涂以松馏油。

【处方2】疼痛剧烈而严重跛行者，可用0.5%～1%普鲁卡因溶液10毫升、青霉素20万单位进行局部封闭。如5天连续注射青霉素或土霉素效果更好。

【处方3】起初由表面向内腐烂、坏死时，可先用清水洗去泥土，然后用温的10%硫酸铜溶液浸洗，每日1次，每次2～3分钟，直到痊愈为止。如果用30%硫酸铜浸洗，每隔2～3天1次，连洗3次，疗效更好。也可以用10%福尔马林溶液浸洗蹄，每次10分钟以上。

【处方4】遇到化脓情况时，可将病牛隔离到干燥处，用刀切开患部，将脓液排干净，然后用消毒液洗涤，吹入消炎粉，裹上绷带，每2～3天重复1次，直到痊愈为止；还可以局部使用青霉素水油乳剂或青霉素-凡士林软膏。洗伤口所用消毒液，在起初剧烈时可用10%硫酸铜溶液，等坏死组织消除后改用0.1%高锰酸钾溶液，以免腐蚀新生的肉芽组织，影响痊愈。

（三）指（趾）间皮肤增殖

指（趾）间皮肤增殖是指（趾）间皮肤和（或）皮下组织的增殖性反应，又称指（趾）间瘤、指（趾）间结节、指（趾）间赘生物、指（趾）间纤维瘤、慢性指（趾）间皮炎、指（趾）间穹隆部组织增殖等。各种品种的牛都可发生，发生率比较高的有荷兰牛和海福特牛。中国荷斯坦乳牛发生也很普遍。

1. 病因

引起本病的确切原因尚不清楚。一般认为与遗传有关，但仍有争论。两指（趾）向外过度扩张（开蹄），引起指（趾）间皮肤紧张和剧伸，从而引起泥浆、粪尿等异物对指（趾）间皮肤的经常刺激，都易引起本病。有人观察认为指（趾）骨有外生骨瘤与本病发生有关，也有人观察缺锌时可引起本病。运动场为沙质土壤，蹄部比较清洁的牛群，发病率明显降低。

2. 临床症状

本病多发生在后肢，可以是单侧的，也可以是双侧的。指（趾）间隙一侧开始增殖的小病变不引起跛行，容易被忽略。增大时，可见指（趾）间隙前面的皮肤红肿、脱毛、破溃。指（趾）穹隆部皮肤进一步增殖时，形成"舌状"突起，此突起随着病程发展，不断增大增厚，在指（趾）间向地面伸出，其表面可由于压迫发生坏死，或受伤发生破溃，引起感染，可见有渗出物，气味恶臭。根据病变大小、位置、感染程度和落到患指（趾）的压力，出现不同程度的跛行。严重增生者，其泌乳量可明显降低和并发变形蹄。

3. 防制

在炎症期，蹄部清理后用防腐剂包扎，可暂时缓和炎症和疼痛。对小的增生物，可用腐蚀剂腐蚀，但不易根除。大的增生物可采用手术切除进行根治。

（四）蹄叶炎

蹄叶炎又称为"弥散性无败性蹄皮炎"，是角质蹄壁下层和蹄底肉样血管组织的一种急性或慢性炎症。本病为蹄底后 1/3 处的非化脓性坏死，该部位恰是蹄底和蹄球的结合部。可分为急性、亚急性和慢性型。在急性和亚急性阶段有全身性症候。慢性蹄叶炎是急性和亚急性蹄叶炎的结果。

1. 病因

牛蹄叶炎为全身性代谢紊乱的局部表现，但确切原因尚无定论，倾向于综合因素所致，包括分娩前后到泌乳高峰时期食入过多的碳水化合物精料、不适当运动、遗传和季节因素等。研究表明，组织内组胺、内毒素和酸性增加均可诱发本病。也可继发于其他疾病，如严重的乳腺炎、子宫炎、酮病、瘤胃酸中毒、便秘、肠炎、感冒等。长途运输，四肢强力负重使蹄的局部发生充血或发炎。

2. 临床症状

（1）**急性蹄叶炎**　症状非常典型。病牛体温升高达 41℃ 左右，脉搏加快，强迫起立和行走时，表现极度痛苦，触摸蹄时有热感。病牛运步困难，特别是在硬地上。站立时弓背，四肢收于一起，低头。如仅前肢发病时，症状更加严重，后肢向前伸，达到腹下，以减轻前肢的负重。有时可见两后肢交叉，以减轻患肢（趾）的负重。通常内侧趾疾病更明显，常用腕关节跪着采食。后肢患病时，常见后肢运步时划圈。患牛不愿站立，常长时间躺卧，早期可见明显的出汗和肌肉颤抖。局部可见肢的静脉扩张，指动脉脉搏动明显，蹄冠的皮肤发红，蹄温高。蹄底角质脱色，变为黄色，有不同程度的出血。不及时治疗可转慢性。

（2）**亚急性蹄叶炎**　全身症状不明显，局部症状轻微。

（3）**慢性蹄叶炎**　临床症状比急性轻，没有全身症状。但可引起不同程度的跛行，也是发展为其他蹄病的原因之一。患牛站立时以球部负重，时间较长后，全身症状变坏，出现蹄变形、延长，蹄前壁和蹄底形成锐角。由于角质生长紊乱，出现异常蹄轮。

3. 防制

（1）预防　分娩前后应避免饲料的急剧变化，产后增加精料的速度应慢。给精料后应给适量的饲草。饲料内可添加重碳酸氢钠，可让牛自由舔盐，以增加唾液分泌。定期修蹄，减少和缓解蹄变形，使蹄合理负重。慢性蹄叶炎应注意经常护蹄。平时注意加强饲养管理，适当运动，增强机体的体质。长途运输时注意中间适当休息。积极治疗原发病，以防止和减少本病发生。

（2）治疗

【处方1】首先应除去病因。给予抗组胺制剂，也可应用止痛剂。

【处方2】瘤胃酸中毒时，静脉注射碳酸氢钠溶液，并用胃管投给健康牛瘤胃内容物；慢性蹄叶炎时注意护蹄，维持其蹄形，防止蹄底穿孔。

【处方3】中兽医疗法。

（1）放血疗法　可采取放蹄头、胸堂、玉堂血。

（2）内服活血、祛痰解毒的中草药。

方剂一：茵陈散。茵陈24克、当归24克、没药18克，甘草、桔梗、柴胡、红花、青陈皮、紫菀、杏仁、白药子各15克，水煎取汁，候温，灌服，每天1剂，连用2～3剂。

方剂二：红花散加减。红花20克、山楂30克、厚朴20克、陈皮20克、甘草15克、黄药子30克、白药子30克、没药20克、桔梗20克、枳壳30克、神曲20克、麦芽30克，水煎取汁，候温，灌服，每天1剂，连用2～3剂。

八、乳 头 状 瘤

乳头状瘤由皮肤或黏膜的上皮转化而来。它是最常见的表皮良性肿瘤之一，可发生于各种动物的皮肤。该肿瘤可分为传染性和非传染性两种，传染性乳头状瘤多发生于牛，并散播于体表呈疣状分布，所以又称为"乳头状瘤病"。

（一）病原及流行特点

牛乳头状瘤，发病率最高，病原为牛乳头状瘤病毒（BPV），具有严格的种属特异性，不易传播给其他动物。传播媒介是吸血昆虫或接触传染。易感性不分品种和性别，其中以2岁以下的牛最多发。传染性疣如经口侵入，可见口、咽、舌、食管、胃肠黏膜发生此瘤。公牛生殖器乳头状瘤常因交配感染母牛阴门、阴道。

（二）临床症状

该病潜伏期为3～4个月，其好发部位为牛的面部、颈部、肩部和下唇，尤以眼、耳的周围最多发；成年母牛的乳头、阴门、阴道有时发生；雄性可发生于包皮、阴茎、龟头部。乳头状瘤的外形，上端常呈乳头状或分支的乳头状突起，表面光滑或凹凸不平，可呈结节状与菜花状等，瘤体可呈球形、椭圆形，大小不一，小者米粒大，大者可达几千克，有单个散在，也可多个集中分布。皮肤的乳头状瘤，颜色多为灰白色、淡红或黑褐色。瘤体表面无毛，时间经过较久的病例常有裂隙，摩擦易破裂脱落。其表面常有角化现象。发生于黏膜的乳头状瘤还可呈团块状，但黏膜的乳头状瘤则一般无角化现象。瘤体损伤易出血。病灶范围大和病程过长的牛，可见食欲减退，体重减轻。乳房、乳头的病灶，则造成挤奶困难，或引起乳腺炎。

（三）防制

治疗本病的主要措施是采用手术切除，或烧烙、冷冻及激光疗法。有蒂的，结扎蒂部，切断其血液供给，即可将其除去。据报道，自家疫苗接种可预防本病，效果可高达87％。目前国外有市售的牛乳头状瘤疫苗供应。

九、疝

疝，俗称"疝气"，是腹部的内脏从自然孔道或病理性破裂孔脱出至皮下或其他解剖腔的一种常见疾病。常见的有脐疝和外伤性腹壁疝。

（一）脐疝

脐疝是指腹腔内脏从扩大了的脐孔进入皮下而引起的疾病。临床上以脐部出现局限性球形肿胀为特征。

1. 病因

脐疝多发生于犊牛，可见于初生时，或出生后数天或数周。主要由于先天性脐部发育缺陷，犊牛出生后脐孔闭合不全；母牛分娩期间强力撕咬脐带，造成断脐过短；分娩后过度舔犊牛脐部，导致脐孔不能正常闭合而发病。亦见于犊牛出生后脐带化脓感染，从而影响脐孔正常闭合而发生本病。

2. 临床症状

脐部出现局限性球形隆起，触摸柔软，无痛，多易整复，也有的紧张，但缺乏红、痛、热等炎性反应。疝内容物由拳头大小可发展至小儿头大甚至更大。病初多数能在改变体位时疝内容物还纳回腹腔，并可摸到疝轮，听诊可听到肠蠕动音。随结缔组织增生，脐疝因内容物与疝囊或疝孔缘发生粘连或嵌闭，则不能还纳入腹腔，触诊囊壁紧张且富有弹性，并不易触及脐孔。病牛表现不安，食欲废绝。如继发腹膜炎，则体温升高，脉搏增数，严重时可发生休克。

3. 实验室诊断

根据临床症状可作出诊断。

4. 防制

（1）预防　犊牛出生后断脐，脐带不宜留得太短；断脐带后要严格消毒，一旦有炎症时应立即治疗；及时制止过度舔犊牛脐部的行为。

（2）治疗　本病可根据具体情况采用保守疗法和手术疗法。

【处方1】保守疗法。适用于疝轮较小的犊牛。取95％酒精或10％～15％氯化钠溶液在疝轮周围分点注射，每点3～5毫升。

【处方2】手术疗法。①适用于较大的脐疝或疝内容物与疝孔缘发生粘连的病牛。②术前禁食，仰卧或横卧保定，术部除毛、消毒、隔离，局部浸润麻醉，做纺锤形切口，打开疝囊，暴露疝内容物。③疝内容物如无粘连、未嵌闭，将其直接还纳回腹腔。④若已经发生粘连，需仔细剥离，若为网膜，也可将其切除。⑤肠管发生嵌闭时，若嵌闭肠管已坏死，则需切除坏死肠管做端端吻合术。⑥最后对脐孔进行修整，采用水平褥式或重叠褥式缝合法缝合脐孔，皮肤做结节缝合，术部包扎结系绷带。⑦术后精心护理，不宜喂得过饱，限制剧烈活动，若有体温升高，可用抗生素治疗 5～7 天。

（二）外伤性腹壁疝

外伤性腹壁疝是由于腹肌和腹膜受到破坏，腹腔内脏通过破裂孔进入皮下而引起的疾病。临床上以外伤部位出现局限性肿胀为特征。

1. 病因

本病多由强大的钝性暴力所致。如踢踹、冲撞、牛角抵撞、外力打击或倒于地面突出的物体上等，造成腹肌和腹膜破裂，但由于皮肤的韧性和弹性大，仍保持其完整性，使腹腔内的脏器脱至腹壁皮下而形成。此外，腹腔手术中，由于缝线过细或打结不牢，也可发生本病。牛常见的是在左侧腹壁的瘤胃疝及右侧剑状软骨部的真胃疝。

2. 临床症状

腹壁受伤后多在局部突然形成一个局限性柔软的扁平或半球形隆起，1～2 天后周围出现浮肿。初期与血肿不易鉴别，肿胀部位触之温热疼痛，用力压迫突起部，疝内容物可还纳入腹腔，同时可摸到疝轮。随着炎性肿胀消退和病程延长，触诊肿胀部位无热无痛，疝囊柔软有弹性。通常情况下，全身症状不明显，但若为小肠大量脱出至皮下，引起嵌闭性疝时，可发生腹痛，甚至肠坏死而致死。

3. 诊断

根据病因，并结合触诊能摸到疝孔，听诊能听到肠蠕动音等症状时可确诊。

4. 防制

（1）预防　加强饲养管理，避免牛之间的争斗；牛舍及运动场内不能有矮木桩类物体，以避免牛误撞后发生腹壁疝；腹腔手术时要严格按照要求进行，避免发生手术疝。

（2）治疗

【处方】采用手术疗法，手术宜早不宜迟，最好在发病后立即手术。①站立或侧卧保定，做局部浸润或腰旁神经干传导麻醉，同时配合静松灵注射液进行全身浅麻醉。②病初，疝内容物尚未粘连时，可在疝轮附近作切口，如已粘连，可在疝囊皮肤上做梭形切口，钝性分离皮下组织，还纳疝内容物。③疝孔闭合一般需采用水平褥式或垂直褥式缝合。④陈旧性疝孔大多瘢痕化，应切削成新鲜创面再行缝合。⑤最后对疝囊皮肤做适当修整，采用减张缝合法闭合皮肤切口，装结系绷带。⑥术后适当控制饮食，减少活动量，防止摔跌。

十、脱肛和直肠脱

脱肛和直肠脱是指直肠末端的黏膜层脱出肛门（脱肛）或直肠一部分，甚至大部分向外翻转脱出肛门（直肠脱）。严重的病例在发生直肠脱的同时并发肠套叠或直肠疝。本病多见于幼龄动物。

（一）病因

直肠脱是由多种原因综合的结果，但主要原因是直肠韧带松弛，直肠黏膜下层组织和肛门括约肌松弛和机能不全。而直肠全层肠壁脱垂，则是由于直肠发育不全、萎缩或神经营养不良松弛无力，不能保持直肠正常位置所引起。直肠脱的诱因为长时间泻痢、便秘、病后瘦弱、病理性分娩，或用刺激性药物灌肠后引起强烈努责，腹内压增高促使直肠向外突出。

（二）临床症状

轻者，直肠在病犊卧地或排粪后部分脱出，即直肠部分性或黏膜性脱垂。在发生黏膜性脱垂时，直肠黏膜的皱襞往往在一定的时间内不能自行复位，若此现象经常出现，则脱出的黏膜发炎，很快地在黏膜下层形成高度水肿，失去自行复原的能力。临床诊断可在肛门口处见到圆球形、颜色淡红或暗红的肿胀。随着炎症和水肿的发展，则直肠壁全层脱出，即直肠完全脱垂。诊断时，可见到由肛门内突出呈圆筒状下垂的肿胀物。由于脱出的肠管被肛门括约肌箍压，而导致血循障碍，水肿更加严重。同时，因受外界的污染，表面污秽不洁，沾有泥土和草屑等，甚至发生黏膜出血、糜烂、坏死和继发损伤。此时，病犊牛常伴有全身症状，体温升高，食欲减退，精神沉郁，并且频频努责，做排粪姿势。

（三）防制

1. 预防

病初要及时治疗便秘、下痢等，并注意饲予青草和软干草，充分饮水。

2. 治疗

对脱出的直肠，则根据具体情况，及早进行治疗。

【处方1】整复。适用于发病初期或黏膜性脱垂的病犊。整复应尽可能在直肠壁及肠周围蜂窝组织未发生水肿以前施行。①先用0.25%温热的高锰酸钾溶液或1%明矾溶液清洗患部，除去污物或坏死黏膜，然后用手指谨慎地将脱出的肠管还纳原位。为了保证顺利地整复，可使躯体后部稍高。②在肠管还纳复原后，可在肛门处给予温敷以防再脱。③为了减轻疼痛和挣扎，最好给病犊施行荐尾硬膜外腔麻醉或直肠后神经传导麻醉。④为防再度脱出，应做肛门环缩术：用弯三棱针系10#缝线，线端穿上青霉素胶盖，缝针距肛门缘1.5～2厘米处的6点钟处刺入皮下，经皮下至3点钟处穿出，再缝合上一个胶盖，缝针于2～3点钟之间的皮外进针，经皮下于12点钟处出针，再缝合上一个胶盖，在9点钟处同样出针，再缝合上一个胶盖，至6点钟处胶盖进针与出针，缝线绕肛门一周，抽紧两线头使肛门缩小并打一活结。

【处方2】黏膜剪除法。是我国民间传统治疗动物直肠脱的方法，适用于脱出时间较长，水肿严重、黏膜干裂或坏死的病例。其操作方法是按"洗、剪、擦、送、温敷"五个步骤进行。①先用温水洗净患部，继以温防风汤（防风、荆芥、薄荷、苦参、黄柏各12克，花椒3克，加水适量煎两沸，去渣，候温待用）冲洗患部。②之后用剪刀剪除或用手指剥除干裂坏死的黏膜，再用消毒纱布兜住肠管，撒上适量明矾粉末揉擦，挤出水肿液。③用温生理盐水冲洗后，涂1%～2%的碘石蜡油润滑。④然后再从肛门腔口开始，谨慎地将脱出的肠管向内翻入肛门内。⑤最后在肛门外进行温敷。

【处方3】固定法。在整复后仍继续脱出的病例，则需考虑将肛门周围予以缝合，缩小肛门孔，防止再脱出。方法是：距肛门孔1～3厘米处，做一肛门周围的荷包缝合，收紧缝线，保留2～3指大小的排粪口，打成活结，以便根据具体情况调整肛门口的松紧度，经 7～10 天左右病犊牛不再努责时，则将缝线拆除。

【处方 4】直肠周围注射酒精或明矾液。本法是在整复的基础上进行的，其目的是利用药物使直肠周围结缔组织增生，借以固定直肠。临床上，常用 70％酒精溶液或 10％明矾溶液注入直肠周围结缔组织中。

【处方 5】直肠部分截除术。手术切除用于脱出过多、整复有困难、脱出的直肠发生坏死、穿孔或有套叠而不能复位的病犊牛。

【处方 6】以上措施实施后，再喂以麸皮、米粥和柔软饲料，多饮温水，防止卧地。根据病情给予镇痛、消炎等对症疗法。

第八章　牛普通产科病的诊疗与处方

第一节　妊娠期疾病和分娩期疾病的诊疗与处方

一、流　　产

流产是由于胎儿或母体异常而导致妊娠的生理过程发生扰乱，或它们之间的正常关系受到破坏而使妊娠中断。它可发生在妊娠的各个阶段，但以妊娠的早期较多见。根据流产的症状不同，可分为隐性流产、小产、早产及延期流产。

（一）病因

造成流产的原因很多，一般分为传染性的和非传染性的两大类。

（1）传染性流产　是由传染病（布鲁氏杆菌病、弯杆菌病、支原体病、衣原体病、钩端螺旋体病、李氏杆菌病、乙型脑炎、口蹄疫、传染性鼻气管炎等）和寄生虫病（弓形体病、胎儿滴虫病、新孢子虫感染等）引起的。

（2）非传染性流产　可见于子宫畸形、胎盘胎膜炎、羊水增多症等；严重的内科病、外科病、产科病、中毒病等也能引起流产的发生；饲养管理不当，如长期饲料不足而过度瘦弱，饲料单一而缺乏某些维生素和无机盐，饲料腐败或霉败，大量饮用冷水或带有冰碴的水等；机械性损伤，如长途运输过于拥挤，剧烈的跳跃、跌倒、抵撞、蹴踢和挤压等；药物使用不当，如使用大量的泻剂、利尿剂、麻醉剂和其他可引起子宫收缩的药品等。

（二）诊断要点

1. 临床症状

流产的临床症状有以下五种表现。

（1）胚胎消失（又称隐性流产）　母牛不表现明显的临床症状，常见于胚胎早期死亡，表现为屡配不孕或返情推迟，妊娠率降低。

（2）排出未足月胎儿　有如下两种情况：小产，即排出未经变化的死胎，胎儿及胎膜很小，常在无分娩征兆的情况下排出，多不被发现。早产，即排出不足月的活胎，有类似正常分娩征兆和过程，但很不明显，常在排出胎儿前 2～3 天，乳腺突然膨大，阴唇稍微肿胀，阴门内有清亮黏液排出，乳头内可挤出清亮液体。有的妊娠牛出现腹痛、起卧不安。

（3）胎儿干性坏疽（干尸化）　胎儿死于子宫内，胎儿及胎膜水分被吸收后体积缩小变硬，胎膜变薄而紧包于胎儿（"纸质型"），呈棕黑色，犹如干尸。母牛表现发情停止，但随妊娠时间延长腹部并不继续增大。直肠检查，不感有胎动，子宫内没有胎水，但有硬涸物，子宫中动脉不变粗且无妊娠样搏动，牛的一侧卵巢有十分明显的黄体。干尸化胎儿，有时伴随发情被排出。

（4）胎儿浸溶　胎儿死于子宫内，由于子宫颈开张，非腐败性微生物侵入，使胎儿软组织液化分解后被排出，但因子宫开张有限，故骨骼存留于子宫内。患牛表现精神沉郁，体温升高，食欲减退，腹泻、消瘦；母牛努责，可排出红褐色或黄棕色的腐臭黏液或脓液，并有时排出小短骨头；黏液沾污尾及后躯，干后结成黑痂。阴道检查，子宫颈开张，阴道及子宫发炎，在宫颈或阴道内可摸到胎骨；直肠检查时，在子宫内能摸到残存的胎儿骨片。

（5）胎儿腐败分解（气肿的胎儿）　胎儿死于子宫内，由于子宫颈开张，腐败菌（厌气菌）侵入，使胎儿内部软组织腐败分解，产生硫化氢、氨、丁酸及二氧化碳等气体积存于胎儿皮下组织，胸、腹腔及阴囊内。母牛表现腹围增大，精神不振，呻吟不安，频频努责，从阴门内流出污红色恶臭液体，食欲减退，体温升高。阴道检查，产道有炎症，子宫颈开张，触诊胎儿有捻发音。

2. 实验室诊断

流产的诊断，既包括流产类型的确定，还应当确定引起流产的病因，如为传染性流产，应及早采取措施。流产病因的确定，需要参考流产母牛的临床表现、发病率和母牛生殖器官及胎儿的病理变化等，怀疑可能的病因并确定检测内容。通过详细的资料调查与实验室检测，最终做出病因学诊断。

（三）防制

1. 预防

根据妊娠牛的特点，实施综合性防控措施。①给予数量足、质量高的饲料，日粮中所含的营养成分，要考虑母体和胎儿需要，严禁饲喂冰冻、霉败及有毒饲料，防止饥饿、过渴和过食、暴饮；②妊娠牛必须适当运动和使役，防止挤压碰撞、跌摔踢跳、鞭打惊吓、重役猛跑；③作好冬季防寒和夏季防暑工作；④合理选配，以防偷配、乱配。母牛的配种、预产期，都要记录。配种（授精）、妊娠诊断；直肠及阴道检查，都要严格遵守操作规程，严防粗暴从事；⑤定期进行检疫、预防接种、驱虫和消毒，确定无布鲁氏菌、毛滴虫、环形泰勒虫及锥虫感染，无异常反应的牛方可进行配种；⑥凡遇疾病，要及时诊断，及早治疗，用药谨慎，以防流产；⑦发生流产时，先行隔离消毒，一面查明原因，一面进行处理，以防传染性流产传播。

2. 治疗

治疗首先应确定是何种流产，怀孕能否继续进行，再确定治疗措施。

【处方1】对先兆流产的治疗。对有流产征兆（胎动不安，腹痛起卧，呼吸、脉搏增数等）、胎儿未被排出体外及习惯性流产的母牛，应全力保胎，以防流产。①将妊娠牛单独置于安静环境中，减少外界不良刺激。可肌内注射黄体酮注射液50～100毫克，每天或隔天1次，连用2～3次，亦可肌内注射维生素E，剂量为每次每千克体重5～20毫克。②也可用0.1%硫酸阿托品皮下注射，或使用溴制剂、安定等进行镇静辅助治疗。③或用中药疗法，取炒白术、当归各30克，川芎、白芍、党参、砂仁、熟地各20克，炒阿胶、苏叶、黄芩、陈皮各25克，生姜15克，甘草10克。共为末，开水冲调，候温，一次灌服，每天1剂，连用2～5剂。④对有流产病史的母牛，为防止形成习惯性流产，可根据上次流产的孕期提前15~30天，用孕酮50~100毫克，肌内注射，隔天再注射1次，连续3~4次。⑤禁止阴道检查，适当加强运动，减轻和抑制努责。⑥胎儿死亡且已排出，应调养母牛。⑦胎儿已死未排出，应尽早排出死胎，并剥离胎膜，须在子宫内放入抗生素，以防继发病的发生。

【处方2】对小产及早产的治疗。宜灌服落胎调养方：当归、川芎、赤芍各24克，熟地、桃仁各9克，生黄芪15克，丹参12克，红花6克，共研末冲服。

【处方3】①对难免流产的处理。出现流产先兆，经上述处理后病情仍未稳定，阴道排出物继续增多，起卧不安，子宫颈口已经开放，胎囊已经进入阴道或已经破水，属于难免流产，应尽快促使子宫内容物排出。②若子宫颈口已经开大，可用手将胎儿拉出。③若胎儿已经死亡，牵引、矫正有困难，可进行截胎术。④如子宫颈口开张不大，手不易伸入，可用前列腺素溶解黄体，用雌激素促使子宫颈松弛，然后施行人工助产；对子宫颈口仍不开放或不易取出胎儿的，应剖腹取出胎儿。

【处方4】对胎儿干尸化的治疗。①可灌注灭菌石蜡油或植物油于子宫内，将死胎拉出，再以复方碘溶液冲洗子宫。②当子宫颈口开张不足时，可肌内或皮下注射己烯雌酚5~20毫克（必要时，间隔两天重复注射），肌内注射前列腺素 $F_{2\alpha}$ 25毫克，或氯前列烯醇0.1~1毫克，促使黄体萎缩、子宫收缩及子宫开张，待宫颈开张较大后，按上述方法助产。③一般将黄体压碎后4~5天，死胎可自行排出。④用上述方法后，子宫颈口仍开放不大，可先截胎后取出；对不易经产道取出的，早起施行剖腹产手术。

【处方5】胎儿浸溶及腐败分解的治疗。尽早将死胎组织和分解物排出，并按子宫内膜炎处理，同时应根据全身状况配以必要的全身疗法。

二、阴道脱出

阴道脱出是指阴道底壁、侧壁和上壁的一部分组织、肌肉出现松弛扩张，子宫和子宫颈也随着向后移动，松弛的阴道壁形成折襞，嵌堵于阴门内或突出于阴门外。可以是部分阴道脱出，也可以是全部阴道脱出。本病常发生于妊娠末期的牛。

（一）病因

发病可能与母牛骨盆腔的局部解剖生理有关。在骨盆韧带及阴道邻近组织松弛、阴道腔扩张、阴道壁松软，又有一定的腹内压情况下，多发生本病。母牛年老经产，衰弱，营养不良，缺乏钙、磷等矿物质及运动不足，常引起骨盆韧带松弛。妊娠末期，胎盘分泌的雌激素较多，或摄食含雌激素样活性物质较多，可使固定阴道的组织及外阴松弛。牛产后发生阴道脱出，须检查是否有卵巢囊肿。

（二）诊断要点

1. 临床症状

按其脱出程度，可分为轻度阴道脱出、中度阴道脱出和重度阴道脱出三种。

（1）轻度阴道脱出　主要发生在产前。病牛卧下时，可见阴道前庭及阴道下壁（有时为上壁）形成皮球大、粉红湿润并有光泽的瘤状物，堵在阴门内，或露出于阴门外；母牛起立后，脱出部分能自行缩回。若病因未除，母牛多次卧下和站起，脱垂的阴道壁周围往往有延伸来的脂肪，或因分娩损伤引起松弛时，导致脱出的阴道壁会逐渐增多，病牛起立后脱出的部分长时间不能缩回，黏膜红肿、干燥。有的母牛每次妊娠末期均发生，称为"习惯性阴道脱出"。

（2）中度阴道脱出　当阴道脱出伴有膀胱和肠道进入骨盆腔，其阴道脱出加重，脱出物呈排球大小的囊状物。起立后，脱出的阴道壁不能缩回，组织充血、肿胀、频频努责，使阴道脱出得更多，表面干燥或溃疡，由粉红色转为暗红色、蓝紫色或黑色，有的发生坏死或穿孔。

（3）重度阴道脱出　子宫和子宫颈后移，子宫颈脱出于阴门外。阴道的腹侧可见到尿道口，排尿不畅；有时在脱出的囊内可触摸到胎儿的前置部分。若脱出的阴道前端子宫颈明显并紧密关闭，则不易发生早产及流产；若宫颈外口已开放且界限不清，则常在24～72小时内发生早产。持续强烈的努责，可引起直肠脱出、胎儿死亡及流产等。脱出的阴道黏膜淤血、水肿；严重的，黏膜可与肌层分离，阴道黏膜破裂、糜烂或坏死，易继发全身感染。产后发生者，脱出往往不完全，在其末端有时可看到子宫颈膣部肥厚的横皱襞。

2. 实验室诊断

根据病因及临床症状比较容易诊断。

（三）防制

1. 预防

加强饲养管理，给予营养全面足够的日粮，加强运动，防止过度劳累和损伤阴道，预防和及时治疗增加腹压的各种疾病。

2. 治疗

因脱出的程度不同措施而异。

【处方1】对轻度阴道脱出的治疗。易于整复，关键是防止复发。站立时能自行缩回的，一般不需整复和固定。在加强运动、增强营养、减少卧地，并使其保持前低后高姿势的基础上，灌服具有"补中益气"的中药方剂，多能治愈。将尾拴于一侧，以免尾根刺激脱出的黏膜。当站立时不能自行缩回者，则应进行整复固定，并配以药物治疗。孕牛注射孕酮，每日肌内注射50～100毫克，至分娩前20天左右为止，可有一定的疗效。

【处方2】对中度和重度阴道脱出的治疗。先行整复固定，并配以药物治疗。①整复时，将病牛保定在前低后高的地方，裹扎尾巴并拉向体侧，选用温的2%明矾水、1%食盐水、0.1%高锰酸钾溶液、0.1%雷夫诺尔或淡花椒水，清洗局部及其周围。②水肿严重时，热敷挤揉或划刺以使水肿液流出。③然后用消毒的湿纱布或涂有抗菌药物的油纱布把脱出的阴道包盖，趁母牛不甚努责的时候用手掌将脱出的阴道托送还纳后，取出纱布，再用拳头将阴道复位。推回后手臂最好在阴道内再放置一段时间，使阴道得以恢复、适应。④取治脱穴（阴唇两侧，阴唇上下联合中点旁开2厘米）及后海穴电针，或在两则阴唇黏膜下蜂窝组织内注入70%酒精30～40毫升，或以栅栏状阴门托或绳网结予以固定，亦可用消毒的粗缝线将阴门上2/3作减张缝合或钮孔状缝合。⑤当病牛剧烈努责而影响整复时，可作硬膜外腔麻醉或尾骶封闭。

【处方3】对顽固性阴道脱出病例的治疗。可采用坐骨小孔缝合固定法。先在坐骨小孔投影的臀部剃毛消毒并刺一皮肤小口，一手伸入阴道内探摸坐骨小孔，将双股或四股粗缝线的一端缚一粗的圆枕或有机大衣钮扣带入阴道，另一手持长柄针向坐骨小孔方向刺入，穿透阴道，把缝线嵌入缝针缺口拔出长柄针，缝线即被导出臀部，再在外面同样嵌一圆枕或有机大衣钮扣，拉紧线打结；无长柄缝针时，可用一长粗缝针从阴道经坐骨小孔穿出臀部。另一侧按同法进行，如此即将阴道壁和骨盆侧壁组织牢固地固定在一起。

【处方4】对脱出的阴道有严重感染病例的治疗。应施以全身疗法，必要时，可行阴道部分切除术。除上述处理外，配服"加味补中益气汤"能加速病愈。

【处方5】针灸疗法。阴道脱出部分小且没有坏死直接针灸即可缩回，不需打针，配合口服补中益气散。若脱出部分较大，先消毒处理，然后处理坏死部分再进行针灸。圆利针深度在10～12厘米之间，共五针。外阴上方两侧旁开1厘米位置，向前下方刺入，左右各1穴；肛门左右各1穴，向前下方刺入；肛门与尾根之间（后海穴）刺入1穴。留针20～30分钟。

三、难产与助产

难产是指由于各种原因而使分娩的第一阶段（开口期），尤其是第二阶段（胎儿排出期）明显延长，如不进行人工助产，则母体难于或不能排出胎儿的产科疾病。

（一）病因

母牛发育不全，提早配种，骨盆和产道狭窄，加之胎儿过大，不能顺利产出；营养失调，运动不足，体质虚弱，老龄或患有全身性疾病的母牛引起子宫及腹壁收缩微弱及努责无力，胎儿难以产出；胎位不正，羊水胞破裂过早，使胎儿不能产出，成为难产。

（二）诊断要点

1. 临床症状

妊娠母牛发生阵痛，起卧不安，时有拱腰努责，回头顾腹，阴门肿胀，从阴门流出红黄色浆液，有时露出部分胎衣，有时可见胎儿蹄或头，但胎儿长时间不能产出。

2. 实验室诊断

当努责无力、子宫颈开张不全，胎儿通过产道比较缓慢；产期超过正常时限，努责强烈，胎膜露出，或胎水流失，胎儿久未排出，即可确诊。在正生时，如一侧或两侧前腿已经露出很长而不见唇部，或唇部已经露出而不见一侧或两侧蹄尖；倒生时只见一侧蹄或尾尖，表示发生胎势异常。

（三）防制

1. 预防

【措施1】对于繁殖用的母牛，从小就要加强饲养管理，保证发育良好，培育体格健壮的母牛。后备母牛不要过早配种，否则也容易发生骨盆狭窄而难产。

【措施 2】妊娠期间要按妊娠饲养标准喂养，保证胎儿生长发育的需要和母牛的健康。妊娠牛必须适当运动，一直到胎儿正常产出为止。为此应该分群饲养管理。

【措施 3】对于接近预产期的母牛，应再进行分群，特别多加照管。①准备好分娩场所，天气温暖时，可在露天生产，但必须备有棚舍，以防天气突然变化时应用。在大型牧场，应备有较大的空气良好的产房或产圈或产棚，除了干燥及排水良好外，还应装置分娩栏。②应该有专人值班，特别注意接产，尤其注意清晨和傍晚的时候。

【措施 4】在分娩过程中，要尽量保持环境安静；接产人员不要高声喧哗，防止母牛受到惊扰。

【措施 5】对于分娩的异常现象，要做到尽早发现，及时处理。当发现分娩时间拉长时，即应进行胎儿和产道检查，根据检查情况进行助产。只要发现及时，母牛还有分娩力量，稍微加以帮助，即容易产出，可以防止发生严重的难产。

【措施 6】做好临产检查。临产时做好产道和胎儿的检查。妊娠牛采取站立保定，可将母牛置于前低后高的坡地上，侧卧保定要将后躯臀下垫以草束，胎儿反常姿势位于上方。洗涤消毒外阴部和手臂；将消毒过的或戴上消毒长臂手套的手臂伸入产道，详细检查，确定难产的种类，以便采取相应的助产措施。

（1）产道检查　检查产道的松软及润滑程度，子宫颈的松软及开张程度，骨盆腔的大小及软产道有无异常等。

（2）胎儿检查　正常正生的胎儿的两前肢平直伸入骨盆，胎头伸直，唇向前于两前肢之间，胎儿的背腹方向与母畜背腹方向一致；检查时可以摸到胎儿蹄掌向下、扁平的腕关节和置于两前肢间的唇部。正常倒生是两后肢平直伸入产道，臀部也进入产道；检查时可以摸到蹄掌向下或侧向和向下突起的跗关节。若胎儿有吸吮动作、心跳，或四肢有收缩活动，表示胎儿仍存活。正常正生或正常倒生，产道正常的让其自然娩出。凡不正常的应立即矫正助产。

2. 治疗

【处方 1】首先进行临产检查，判定难产的原因，以便采取助产的方法。助产器械需浸泡消毒，术者、助手的手及母牛的外阴处，均要彻底清洗消毒。

【处方 2】对于胎位正常且已进入分娩过程的母牛，如表现没有努责，或者努责的时间短而无力，迟迟不能将胎儿排出。可肌内或静脉注射催产素，观察母牛分娩进程，待其自然娩出。但这种方法并不十分可靠。根据笔者经验，可将外阴部和助产者的手臂消毒后，伸入产道，正生时抓住胎儿的两前肢，护住胎儿的头部，缓慢均匀地用力把胎儿拉出。倒生时抓住或拴住胎儿的两后肢缓慢地牵引出来。牵拉出胎犊臀部时，脐带已被撕断，此时应全力以赴迅速将胎儿牵拉出产道，以避免胎犊窒息死亡。

【处方 3】对于胎儿横向、竖向，胎儿下位、侧位，头颈下弯、侧弯、仰弯，前肢腕关节屈曲，后肢跗关节屈曲等的难产母牛，术者手臂消毒后伸入产道，将异常的胎位、胎向、胎势进行矫正，抓好胎儿的前肢或后肢把胎儿牵引拉出。

【处方 4】对于阴门狭窄或胎头过大的母牛，往往是胎头的颅顶部卡在阴门口，母牛虽然使劲努责，但仍然产不出胎儿。遇此情况可在阴门两侧上方，将阴唇剪开1～5厘米，术者两手在阴门上角处向上翻起阴门，同时压迫尾根基部，以使胎头产出而解除难产。胎儿排出后消毒切口并结节缝合。

【处方5】对于双犊同时楔入产道的母牛，术者手臂消毒后伸入产道将一个胎儿推回子宫内，把另一个胎儿拉出后，再拉出推回的胎儿。如果双犊各将一肢体伸入产道，形成交叉的情况，则应先辨明关系，可通过触诊腕关节和跗关节的方法区分开前后肢，再顺手触摸肢体与躯干的连接，分清肢体的所属，最后拉出胎儿解除难产。

【处方6】对于子宫颈狭窄、扩张不能、骨盆狭窄的母牛，应果断地施行剖腹产手术，以挽救母仔的生命。

第二节　产后期疾病的诊疗与处方

一、胎 衣 不 下

母畜分娩出胎儿后，如果胎衣在正常时限内不排出，就称为胎衣不下或胎衣、胎膜滞留。胎衣为胎膜的俗称。牛排出胎衣的正常时间为12小时，如超过12小时则表示异常。正常健康奶牛分娩后胎衣不下的发生率在3%～12%之间，平均为7%。

（一）病因

引起胎衣不下的原因很多，主要与胎盘结构、产后子宫收缩无力或弛缓及妊娠期间胎盘发生炎症有关。牛、羊胎盘属于上皮绒毛膜与结缔组织绒毛膜混合型，胎儿胎盘与母体胎盘联系比较紧密，是胎衣不下发生较多的主要原因。产后子宫收缩无力或弛缓，是由于妊娠期间，饲料单纯、缺乏矿物质及微量元素和维生素，特别是缺乏钙盐与维生素 A，孕畜消瘦、过肥、运动不足等，都可使子宫弛缓；怀多胎、胎水过多及胎儿过大，使子宫过度扩张，可继发产后子宫阵缩微弱而发生胎衣不下；流产、早产、难产等异常分娩后，造成产出时雌激素不足，或者子宫肌疲劳收缩无力而继发本病。另外，怀孕期间子宫受到某些细菌或病毒的感染，发生子宫内膜炎及胎盘炎，使胎儿胎盘和母体胎盘发生粘连，流产后或产后易于发生胎衣不下。高温季节、产后子宫颈收缩过早，也可引起胎衣不下。还可能与遗传有关。

（二）诊断要点

1. 临床症状

胎衣不下分为胎衣部分不下及胎衣全部不下两种类型。

2. 胎衣全部不下

即整个胎衣未排出来，胎儿胎盘的大部分仍与母体胎盘连接，仅见一部分已分离的胎衣悬吊于阴门之外。脱露出的部分主要为尿膜绒毛膜，呈土红色，表面上有许多大小不等的胎儿子叶。滞留的胎衣经过2～3天，炎热夏季经1～2天，发生腐败分解，从阴道排出污红色恶臭液体，内含腐败的胎衣碎片，患牛卧地时，排出量增多。病程延长，常继发子宫内膜炎。腐败分解产物被吸收后，则引起全身症状，病牛体温升高，食欲和反刍减退，脉搏和呼吸增数，不安，频繁努责，拱背，瘤胃弛缓、积食或臌气，有时腹泻，产奶量下降。多数病例经1个月左右，自行排尽腐败分解产物，但由于继发子宫内膜炎和子宫蓄脓，影响以后怀孕。

3. 胎衣部分不下

即胎衣的大部分已排出，仅有一部分或个别胎儿胎盘残留在子宫内，从外部不易发现，通常仅在恶露排出时间延长时才被发现，所排恶露的性质与胎衣完全不下时相同，仅排出量较少。

4. 实验室诊断

本病根据在阴门外悬吊有胎衣而易于确诊。对胎衣未悬吊于阴门外者，需进行阴道检查。

（三）防制

1. 预防

预防本病主要是加强妊娠母牛的饲养管理。给妊娠母牛饲喂富含多种矿物质和维生素的饲料；舍饲奶牛要有一定的运动时间和干奶期；产前1周减少精料，搞好产房的卫生消毒工作；分娩后让母牛自己舔干犊牛身上的黏液，尽可能灌服羊水，并尽早挤乳或让犊牛吮乳；分娩后，特别是在难产后应立即注射催产素或钙制剂，避免使产牛饮用冷水；分娩后饮益母草及当归煎剂或水浸液，亦有防止胎衣不下的效用。

2. 治疗

胎衣不下的治疗原则是：尽早采取治疗措施，防止胎衣腐败吸收，促进子宫收缩，局部和全身抗菌消炎，在条件适合时可剥离胎衣。治疗胎衣不下的方法很多，概括起来可以分为药物疗法和手术疗法两大类。

【处方1】药物疗法。在确诊胎衣不下之后要尽早进行药物治疗。

（1）子宫腔内投药　①向子宫腔内投放四环素、土霉素、磺胺类或其他抗生素，起到防止胎衣腐败、延缓溶解及子宫感染的作用，然后等待胎衣自行排出。②在子宫黏膜与胎衣之间放置粉剂土霉素或四环素，剂量为1～2克，把药物装入胶囊或用水溶性薄膜纸包好置放于两个子宫角中，隔天1次，视情况可用1～3次。③也可用其他抗生素（如青霉素、链霉素等）或磺胺类药物。④子宫内投药可同时肌内注射催产素。⑤如子宫颈口已缩小，可先肌内注射苯甲酸雌二醇等，使子宫颈口松软开张，排出腐败物，然后再放入防止感染的药物，隔天注射1次，共用2～3次。

（2）肌内注射抗生素　在胎衣不下的早期阶段，常常采用肌内注射抗生素的方法。当出现体温升高、产道创伤等情况时，还应根据临诊症状的轻重缓急，增大药量，或改为静脉注射，并配合使用支持疗法。

（3）促进子宫收缩　①为加快排出子宫内已腐败分解的胎衣碎片和液体，可先肌内注射苯甲酸雌二醇20毫克，1小时后肌内或皮下注射催产素50～100单位，2小时后重复1次。催产素需早用，最好在产后12小时以内注射，超过24小时或难产后继发子宫弛缓者，效果不佳。②还可应用麦角新碱1～2毫克，皮下注射。③牛灌服羊水300毫升，促使胎衣排出；如灌服后2～6小时仍不排出胎衣，可再灌服1次。羊水可在分娩时收集，放在阴凉处，防止腐败变质；如用非自身的羊水，必须保证供羊水的母牛健康无病，尤其是没有结核病及传染性流产等传染病。

（4）促进胎儿胎盘与母体胎盘分离　在子宫内注入5%～10%氯化钠溶液2000～3000毫升，促使胎儿胎盘缩小，从母体胎盘上脱落，但注入后须注意使盐水尽可能完全排出。

（5）在奶牛产后，立即喂饮红糖麸皮水（红糖3千克、麸皮1千克、温水25升），随即静脉注射25%葡萄糖1000毫升、10%氯化钠溶液500毫升、10%安钠咖注射液20毫升、5%氯化钙注射液500毫升。注射后胎衣多在3～6小时内自行脱落。

【处方2】中药疗法。

方剂一：用桃红四物汤加味。处方：熟地、当归、赤芍各60克，桃仁、红花各45克，川芎、青皮各30克，益母草120克，童尿半碗为引，水煎，候温灌服，每天1剂，根据情况用1～3剂。

方剂二：党参60克，黄芪45克，当归90克，川芎、红花各25克，桃仁30克，炮姜20克，甘草15克，以黄酒150毫升为引，体温升高者加黄芩、连翘、金银花，研末，灌服。

方剂三：车前子250～300克，用300～500毫升50°白酒或75%酒精拌湿后点燃，边燃边拌，待酒或酒精燃尽冷却后研碎，加温水一次灌服。

方剂四：当归60克，党参、益母草各30克，川芎、桃花各20克，炮姜、炙甘草各15克，以120毫升黄酒为引，共研细末冲调灌服。

方剂五：当归、川芎、滑石、海金沙、大戟、芫花、甘遂各30克，益母草50克，研末，沸水冲调，候温灌服。

方剂六：党参、当归各60克，五灵脂、生蒲黄、川芎、益母草各30克，共研细末，沸水冲调，候温灌服。

方剂七：车前子50克，益母草50克，水煎取汁，加白酒150毫升，一次灌服。

方剂八：生蒲黄250克，五灵脂（酒炒）250克，研末，沸水冲调，分3次服完。

方剂九：向日葵盘150克，益母草100克，当归30克，水煎取汁，加红糖200克，一次灌服。

方剂十：南瓜蒂500克，艾叶50克，红花30克，煎汁适量，加白酒150毫升，灌服。

方剂十一：鸡蛋10个，醋250毫升，混合灌服。

方剂十二：榆白皮45克，荷叶40克，王不留行35克，研末，沸水冲调，每天1剂，连用2天。

方剂十三：榆白皮100克，胡麻子250克（盐炒），研末，沸水冲调，灌服。

方剂十四：胡麻油150毫升，青盐35克，水煎灌服。

方剂十五：鲜荷叶1000克，煎汁，加红糖500克，灌服。

方剂十六：全当归150～200克，川芎75～100克，水煎灌服。

方剂十七：术后整复以理气养血、活血散瘀为原则，可取当归、川芎、白芍、熟地黄、党参、茯苓、白术、肉桂、黄芩、桃仁、赤芍各30克，红花、甘草各15克，水煎灌服。

【处方3】手术疗法。

(1) 即徒手剥离胎衣 ①如药物治疗无效，在产后48～72小时，子宫颈口尚未缩小到手不能伸入以前，对没有继发急性子宫内膜炎和体温升高的病牛可试行胎衣剥离。②剥离胎衣应注意的原则是：容易剥离就坚持剥，否则不可强行剥离，患急性子宫内膜炎或体温升高的，不可剥离。③最好到产后72小时进行剥离。④剥离胎衣应做到快（5～20分钟内剥完）、净（无菌操作，彻底剥净）、轻（动作要轻，不可粗暴），严禁揪扯子叶和损伤子宫内膜。

(2) 具体手术操作 ①母牛外阴部常规消毒，术者手臂皮肤消毒后，先擦0.1%碘化酒精加以鞣化，使保护层不易脱落，然后涂液状石蜡。②为防止胎衣粘在手上，妨碍操作，可在子宫内灌入10%氯化钠注射液500～1000毫升。③操作时，左手扯住胎衣，右手顺着胎衣伸入子宫，找到胎盘。④剥离要有顺序，由近及远，螺旋前进，逐个逐圈进行，由一个子宫角到另一个子宫角。⑤手触及母子胎盘后，用拇指及食指捏住胎儿胎盘的边缘，轻轻将其自母体胎盘上撕开一点，或者用食指尖把它抠开一点，再将食指或拇指伸入胎儿胎盘与母体胎盘之间，逐步将其分开。剥离得越完整，效果越好。⑥剥离过程中，左手要把胎衣扯紧，以便顺着它去寻找尚未剥离的胎盘。剥离过的胎盘表面粗糙，不和胎衣相连。未剥离过的胎盘表面光滑，和胎衣相连。⑦为防止由于剥出的部分太重把胎衣扯断，可将一部分剪掉。当剥离到子宫角尖端时，可轻拉胎衣，使子宫角尖端内翻，便于剥离。⑧胎衣剥离完后，用0.1%高锰酸钾溶液或0.1%新洁尔灭溶液等反复冲洗子宫，直至流出的液体与注入的液体颜色一致为止。⑨再向子宫内投放土霉素5～10克，每天或隔天投放1次，连用3～5次，以防子宫感染。

二、子宫脱出

子宫脱出即指子宫角的前端甚至子宫角和子宫体全部翻出于阴门之外。多见于产程的第三期，有时则在产后数小时之内发生，产后超过1天发病的患病动物极为少见。牛特别是乳牛多发。羊、猪也常发生。

(一) 病因

体质虚弱，运动不足，胎水过多，胎儿过大或多次妊娠，致使子宫肌收缩力减退和子宫过度伸张引起的子宫弛缓，是其主要原因。分娩过度延迟时，子宫黏膜紧裹胎儿，随着胎儿被迅速拉出而造成宫腔负压，而腹压相对增高，则子宫可随胎儿翻出阴门之外。分娩和胎衣不下的强烈努责；产后长期站立于向后倾斜的床栏，以及便秘、腹泻、疝痛等引起的腹压增大，是其诱因。

(二) 诊断要点

1. 临床症状

牛的子宫脱出在阴门之外见有呈不规则的长圆形物体突出，表面布满圆形或半圆形的海绵状母体胎盘（子叶），且可分为大小两堆（大者为孕角，小者为非孕角），有时可达或超过跗关节。脱出的子宫黏膜表面常附着有未脱落的胎膜，剥去胎膜或自行脱落后呈粉红色或红色，后因瘀血而变为紫红色或深灰色。随着水肿呈肉冻状，且多被粪土污染和摩擦而出血，进而结痂、干裂、糜烂等。有的伴有阴道脱出。寒冷季节常因冻伤而发生坏死。如不及时治疗，子宫可发生出血、坏死，甚至感染而引起败血症，病牛即表现出全身症状。

2. 实验室诊断

子宫脱出通常结合病史及临床症状不难做出诊断。

（三）防制

1. 预防

平时加强饲养管理，保证饲料质量，使牛体身体状况良好；在怀孕期间，保证母牛有足够的运动，增强子宫肌内的张力；遇到胎衣不下时，绝不要强行拉出；遇到产道干燥时，在拉出胎儿之前，应给产道内涂灌大量灭菌油类，以预防子宫脱出。

2. 治疗

子宫脱出时必须及早治疗。以整复为主，配以药物治疗。但当子宫严重损伤坏死及穿孔而不宜整复时，应实施子宫截除术或淘汰。

【处方1】整复法。整复脱出的子宫之前必须检查子宫腔内有无肠管和膀胱，如有，应将肠管先压回腹腔并将膀胱中尿液导出，再行整复。

（1）保定与麻醉　首先对患牛进行妥善保定，站在前低后高的地面上，也可侧卧保定于前低后高的床面上，对牛可进行全身浅麻醉或后海穴深部局部麻醉。在保定前，应先排空直肠内的粪便，防止整复时排便，污染子宫。

（2）清洗　①用温热的消毒液将脱出的子宫及外阴部和尾根彻底清洗干净，除去其上黏附的污物及坏死组织，用灭菌单子保护。②同时静脉内注射钙制剂，以减少黏膜的渗出，并根据疾病的全身情况进行补液、强心和纠正代谢性酸中毒等，然后再进行整复。③用垂体后叶素行子宫壁注射。④遇有胎盘出血，可用缝线结扎或药物止血。⑤表面涂以碘甘油或其他抗生素软膏。

（3）整复　①由两助手用纱布将脱出的子宫兜起提高，使它与阴门等高，然后整复。②整复子宫的方法有两种：一种是由子宫角尖端开始，术者一手用拳头顶住子宫角尖端的凹陷，小心而缓慢地将子宫角推入阴道，另一手和助手从两侧辅助配合，并防止送入的部分再度脱出，同法处理另一子宫角，逐渐将脱出的子宫全部送回骨盆腔内；另一种是由子宫基部开始，从两侧压挤并推送靠近阴门的子宫部分，一部分一部分地推送，直至脱出的子宫全部被送回盆腔内。待子宫被全部还纳后，将手臂尽量伸入其中上下左右摆动数次，以使子宫恢复正常位置并防止再脱出。为保证子宫全部复位，可灌入热消毒药液，然后导出。整复后，为防止感染，可向子宫内放入大剂量抗生素或其他防腐抑菌药物，并注射促进子宫收缩药物。

【处方2】预防复发及护理。①整复后为防止复发，应皮下或肌内注射50～100单位催产素。②为防止患牛努责，也可进行荐尾间硬膜外麻醉或后海穴深部局部麻醉。③为防止子宫整复后不会再次脱出，可缝合阴门，清洗消毒外阴，采用双内翻缝合法，或结节缝合法，或荷包缝合法，或减张缝合法，或纱布包减张缝合法，或圆枕缝合法，固定无毛外阴部位。根据阴门裂的长度，通常在阴门裂的腹侧留下3～5厘米的开放范围。注意缝合松紧度适宜，既要有效固定，还要能够顺利排尿。缝合后，可在阴门两边中间距离阴唇 5 毫米处分别注射 10 毫升高浓度酒精，通过刺激阴门两侧的组织出现无菌性炎症而明显肿胀，形成压迫，从而能够进一步避免发生子宫复脱。通常在 2～3 天后，母牛停止努责时就可将缝合线拆除，但要注意在进行拆线前必须每天都采取一次直肠检查，如果发现子宫角出现内翻，要立即进行整复，不然会对今后的受孕产生不良影响。还可采用明尼可夫氏缝合法，取一定长度的 18 号缝合线，线两端分别穿入长 8～10 厘米的直三棱缝合针，两针再通过大号塑料纽扣（或类似表面光滑、无棱角塑料制品）双孔，术者手持握缝合针、线、纽扣进入阴道内 20～25 厘米，将阴道壁尽力压向骨盆上侧壁，使针穿过臀部肌肉及皮肤，并用吻合扣固定在臀部。④若配以具有"补虚益气"的中药方剂，则效果更好。除阴道脱出的中药方剂外，下列方剂供使用。益母补气散：益母草、炙黄芪各 120 克，升麻、党参、白术、当归各 60 克，柴胡 24 克，陈皮 30 克，炙甘草 45 克，共末，一次用粳米粥冲调灌 240 克，每天 2 次，连服 6～8 天。

【处方 3】脱出子宫切除术。如确定子宫脱出时间已久，无法送回，或者子宫有严重的损伤与坏死，整复后有可能引起全身感染、导致死亡的危险，可将脱出的子宫切除，以挽救母牛的生命。或根据实际情况进行淘汰。

三、生产瘫痪

生产瘫痪亦称"乳热症"或"低钙血症""产后瘫痪"，是母牛分娩前后突然发生的一种严重代谢疾病。其特征是低血钙，全身肌肉无力、知觉丧失及四肢瘫痪。

(一) 病因

本病多发生在饲养良好的高产奶牛，以产奶量最高的 3～6 胎（5～9 岁）奶牛居多，但第 2～11 胎也有发生；初产母牛几乎不发生此病。而且该病大多发生在顺产后的头 3 天之内，特别是产后 12～48 小时内，少数在分娩过程中或分娩前数小时发病，极少数在怀孕末期或分娩后数天、数周发生。发病的直接原因与分娩前后血钙浓度急剧降低有关，也有人认为与一时性脑贫血所致的脑组织缺氧、脑神经兴奋性降低有关。本病为散发的，然而个别牧场的发病率可高达 25%～30%。

(二) 诊断要点

1. 临床症状

生产瘫痪时，表现的症状不尽相同，有典型的与非典型（轻型）的两种。

(1) 典型症状　病情发展很快，从开始发病到出现典型症状，整个过程不超过12 小时。初期表现食欲减退或废绝，反刍、瘤胃蠕动、排粪及排尿停止，泌乳量降低，精神沉郁，表现轻度不安。不愿走动，后肢交替踏脚，后躯摇摆，好似站立不稳，四肢（有时是身体其他部分）肌肉震颤。有些病例开始时则出现惊慌、哞叫、凶暴、目光凝视等兴奋和敏感症状；头部及四肢肌肉痉挛，不能保持平衡。所有病例开始时鼻镜即变干燥，四肢及身体末端发凉，皮温降低，脉搏则无明显变化。不久，出现意识抑制和知觉丧失的特征症状。病牛昏睡，眼睑反射微弱或消失，瞳孔散大，对光线照射无反应，皮肤对疼痛刺激亦无反应。肛门松弛，肛门反射消失。心音减弱，速率增快，每分钟可达 80～120 次；脉搏微弱，勉强可以摸到；呼吸深慢，听诊有啰音；有时发生喉头及舌麻痹，舌伸出口外不能自行缩回，呼吸时出现明显的喉头呼吸声。吞咽发生障碍，因而易引起异物性肺炎。病牛以一种特殊姿势卧地，即伏卧，四肢屈于躯干以下，头向后弯到胸部一侧，用手将头拉直后，手已松开，头又重新弯向胸部。体温降低也是生产瘫痪的特征症状之一。病初体温仍在正常范围之内，但随着病程发展，体温逐渐下降，最低可降至 35～36℃。病牛死前处于昏迷状态，死亡时毫无动静，有时注意不到死亡时间；少数病例死前有痉挛性挣扎。如果本病发生在分娩过程中，努责和阵缩则停止，不能排出胎儿。

（2）非典型症状　呈现非典型（轻型）病例所占的数目较多，产前及产后较长时间发生的生产瘫痪也多为非典型的。其症状除瘫痪外，主要特征是头颈姿势不自然，由头部至鬐甲呈现轻度的"S"状弯曲。病牛精神极度沉郁，但不昏睡，食欲废绝。各种反射减弱，但不完全消失。病牛有时能勉强站立，但站立不稳，且行动困难，步态摇摆。体温一般正常或不低于 37℃。

2. 实验室诊断

诊断生产瘫痪的主要依据是：病牛为 3～6 胎的高产母牛，刚刚分娩不久（绝大多数在产后 3 天以内），并出现特征的瘫痪姿势及血钙降低（一般在 0.08 毫克/毫升以下，多为 0.02～0.05 毫克/毫升，正常血钙浓度为 0.086～0.111 毫克/毫升）。如果乳房送风疗法有良好效果，便可做出确诊。

（三）防制

1. 预防

在干奶期中，最迟从产前 2 周开始，给母牛饲喂低钙高磷饲料，减少从日粮中摄取的钙量，是预防本病的一种有效方法。即分娩前将每头奶牛钙量限制在每天 60 克以下，增加谷物精料，减少饲喂豆科干草及豆饼等，使钙、磷比例控制在（1.5：1）～（1：1）。在分娩后，立即将每头奶牛摄入的钙量增加到每天 125 克以上，或在分娩后立即肌内注射 10 毫克双氢速变固醇。或分娩前 8～2 天，1 次肌内注射维生素 D_2（骨化醇）1000 万单位，或按每千克体重 2 万单位的剂量应用。如果用药后母牛未产犊，则每隔 8 天重复注射 1 次，直至产犊为止。或产前 7～3 天每天肌内注射 1000 万～2000 万单位维生素 D_3。此外，产后不立即挤奶及产后 3 天内不将初乳挤净，对于预防生产瘫痪也有一定的积极作用。

2. 治疗

静脉注射钙剂或乳房送风是治疗生产瘫痪最有效的惯用疗法，治疗越早，疗效越高。

【处方 1】静脉注射钙剂。①最常用的是硼葡萄糖酸钙溶液（葡萄糖酸钙溶液中加入 4% 的硼酸，以提高葡萄糖酸钙的溶解度和稳定性），一般剂量为静脉注射 20%～25% 硼葡萄糖酸钙 500 毫升（中等体格的黑白花乳牛）。如无硼葡萄糖酸钙溶液，可改用市售的 10% 葡萄糖酸钙注射，但剂量应加大，一次静脉注射 500～1500 毫升，或静脉注射 10% 氯化钙溶液，一次量 150～250 毫升。②静脉补钙的同时，肌内注射 5～10 毫升的维丁胶性钙注射液，有助于钙的吸收和减少复发率。

③注射后 6～12 小时，病牛如无反应，可重复注射；但最多不得超过 3 次，而且继续注射可能发生不良后果。④使用钙剂量过大或注射的速度过快，可使心率增快和节律不齐，严重时还可能引起心传导阻滞而发生死亡，所以一般注射 500 毫升溶液至少需要 10 分钟的时间。⑤另外可给予轻泻剂，促进积粪排出，并改进消化机能。

【处方 2】乳房送风疗法。该法为治疗牛生产瘫痪最有效和最简便的方法，特别适用于对钙制剂效果差的病例。向乳房内打入空气，需用专门的器械乳房送风器。使用之前应将送风器的金属筒消毒并在其中放置干燥消毒棉花，以便滤空气，防止感染。没有乳房送风器时，也可利用大号连续注射器或普通打气筒，但过滤空气和防止感染比较困难。打入空气之前，使牛侧卧，挤净乳腺中的积奶，并消毒乳头，然后将消毒过、尖端涂有少许润滑剂的乳导管插入乳头管内，注入青霉素 10 万单位及链霉素 0.25 克（溶于 20～40 毫升生理盐水内）。然后从倒卧侧的后乳区开始逐个打入空气，4 个乳区内均应打满空气。打入的空气量以乳房皮肤紧张、乳腺基部的边缘清楚并且变厚，同时轻敲乳房呈现鼓响音时为宜。应当注意，打入的空气不够，不会发生效果。打入空气过量，可使腺泡破裂，发生皮下气肿。打气之后，乳头孔用胶布密封或用宽纱布条将乳头轻轻扎住，防止空气逸出。待病牛起立后，经过 1 小时，将纱布条解除。扎勒乳头不可过紧及过久，也不可用细线结扎。多数病例经打气后 30 分钟左右痊愈。如果效果不明显，6 小时后可重复送风 1 次，或根据病情继续使用。

【处方 3】中药疗法。

方剂一：黄芪、党参各 60 克，当归 45 克，川芎、桃仁、川续断、桂枝、牛膝、白术、秦艽各 30 克，木瓜 20 克，益母草 90 克，炮姜、甘草各 15 克。水煎取汁，加入骨粉 60 克，黄酒 200mL，调匀，一次灌服。

方剂二：龙骨 400 克，当归、熟地黄各 50 克，红花 15 克，麦芽 400 克，煎汤分 2 次口服，连用 3 天。

方剂三：当归 50 克，益智仁 45 克，血竭、木通、没药、巴戟天、小茴香、白术、秦艽、川断、海风藤、熟地黄、枸杞子、桑寄生、天麻各 30 克，川楝子、破故纸、木瓜各 25 克，水煎灌服。

方剂四：延胡索、桃仁、赤芍、没药各 45 克，红花、牛膝、白术（炒）、牡丹皮、当归、川芎各 21 克，共研细末，沸水冲调，候温灌服。

方剂五：鳝鱼头 120～150 克，焙成黄色，研末加白酒 120 毫升，调匀口服。

【处方 4】其他疗法。用钙剂治疗疗效不明显或无效时，也可考虑应用胰岛素和肾上腺皮质激素，同时配合应用高糖和 2%～5% 碳酸氢钠注射液。对怀疑血磷及血镁也降低的病例，在补钙的同时静脉注射 40% 葡萄糖溶液和 15% 磷酸钠溶液各 200 毫升及 25% 硫酸镁溶液 50～100 毫升。

四、子宫内膜炎

子宫内膜炎是母牛分娩后或流产后的子宫黏膜的炎症，是常见的一种母牛生殖器官疾病，也是导致母牛不孕的重要原因之一。就其炎症性质可分为黏液性、黏脓性和脓性子宫内膜炎。依其发病经过可分为急性型和慢性型，慢性型较多见。

（一）病因

配种、人工授精及阴道检查时消毒不严，分娩、助产、难产、胎衣不下、子宫脱出、阴道炎、腹膜炎、胎儿死于腹中及产道损伤后，或剖腹产时无菌操作不严等，细菌侵入而引起。阴道内存在的某些条件性病原菌，在机体抵抗力降低时，亦可发生本病。此外，在布氏杆菌病、结核杆菌、副伤寒、牛胎儿弧菌、牛鼻气管炎病毒、牛腹泻病毒等传染病时，也常发生相应的子宫内膜炎。

（二）诊断要点

1. 临床症状

本病按病程可分为急性子宫内膜炎和慢性子宫内膜炎两种。

（1）急性子宫内膜炎 多见于分娩后或流产后。主要表现为体温升高，精神不振，食欲减退或废绝，反刍及泌乳减少或停止等全身症状。常见拱背、努责、常作排尿姿势，从阴门排出黏液性或黏脓性渗出物，卧地时排出量增多，阴门周围及尾根常黏附渗出物并干涸结痂。阴道检查，子宫颈稍微开张，有时可见脓性渗出物从子宫颈流出。直肠检查可感到子宫角粗大肥厚。病重者分泌物呈现污红色或棕色，具有臭味。严重时，呈现昏迷，甚至死亡。

（2）慢性子宫内膜炎 多由急性炎症转变而来，全身症状常不明显，有时体温略微升高，精神欠佳，食欲及泌乳稍减，发情周期不正常。自阴道排出灰白色或黄褐色稍稀薄的脓汁，病牛尾根、阴门、大腿和飞节上常黏附薄痂。直肠检查，一侧或两侧子宫角稍大，冲洗子宫的回流液混浊，很像面汤或米汤，其中夹杂有脓块和絮状物。有的临床症状、直肠及阴道检查，均无任何变化，仅表现屡配不孕，发情时从阴道流出多量不透明的黏液，子宫冲洗物在静置后有沉淀物。

2. 实验室诊断

根据观察阴道分泌物性质和阴道检查、直肠检查结果可做出诊断。

（三）防制

1. 预防

首先应加强饲养管理，注意保持圈舍和产房的清洁卫生，给予全价营养饲料，适当增加日照和运动，提高牛只抵抗力。其次在临产前后，对阴门及周围部位进行消毒；在配种、人工授精和助产时，应注意器械、术者手臂和外生殖器的消毒。最后要及时正确的治疗流产、难产、胎衣不下、子宫脱出及阴道炎等疾病，以防损伤和感染。

2. 治疗

主要是应用抗菌消炎药物，防止感染扩散，清除子宫腔内渗出物并促进子宫收缩。

【处方1】清除子宫内渗出物。采用子宫冲洗法，是治疗急、慢性子宫内膜炎的有效方法。冲洗应在母牛发情时进行。对不发情的母牛要事先注射苯甲酸雌二醇或己烯雌酚，促使子宫颈松弛开张后再进行冲洗。冲洗子宫应严格遵守无菌操作。常用的子宫冲洗液有0.1%高锰酸钾溶液、0.1%利凡诺溶液、0.01%～0.05%新洁尔灭溶液等。药液温度40～42℃（急性炎症期可用20℃的冷液），每天或隔天冲洗 1 次，连做 3～4 次，直至排出液透明为止。如子宫积脓，先将脓液排出后再冲洗。但要注意，对伴有严重全身症状的病牛，为了避免引起感染扩散使病情加重，禁止冲洗疗法。

【处方 2】应用抗菌消炎，防止感染扩散。子宫冲洗后，根据病情和疾病性质，选用以下药物子宫内注入。子宫注药法治疗慢性黏液性、黏脓性及脓性子宫内膜炎，子宫内渗出物不多时，不需冲洗子宫，只向子宫内注入抗生素混悬油剂（青霉素 160 万单位、链霉素 200 万单位、新霉素 600 毫克、灭菌植物油 20 毫升，混合配成混悬油剂）20 毫升或中药抗生素混悬油剂（用当归、益母草、红花浸出液 5 毫升，青霉素 80 万单位，链霉素 100 万单位，灭菌植物油 20 毫升，混合配成混悬油剂）25 毫升，1 次即可。还可以购买市场上销售的这类药物来使用，如宫得康乳剂等。若重症子宫内膜炎有全身症状时，应适用广谱抗生素进行全身治疗。

【处方 3】促进子宫收缩，便于冲洗液和子宫内渗出物排出。可给予垂体后叶素、缩宫素等。

【处方 4】中药疗法。

方剂一：应用"失笑散"，将"失笑散"（蒲黄、五灵脂各 100 克）1 剂，用开水冲泡，以五灵脂泡开为度，大约需要 6 小时，1 次灌服，间隔 1～3 天再服 1 剂，也可视病情变化酌情给药，一般 1～3 剂即愈。

方剂二：白术、白芍、白芷、白扁豆、白糖各 12 克，共研为细末，沸水冲调，候温灌服。

方剂三：生地炭、熟地炭、当归、焦白术、醋香附、延胡索、五灵脂、吴芋、炙甘草、棕炭各 25 克，川芎 15 克，炒白芍、炒小茴香各 30 克，茯苓、赤芍各 21 克，共研为细末，沸水冲调，候温灌服。

方剂四：益母草 500 克，鸡冠花 180 克，混合研末，分成 3 份，用沸水冲调，候温灌服。

方剂五：野菊花 200 克，煎水 400 毫升，候温注入子宫内，隔天使用 1 次，连用 3～5 次。

五、乳　腺　炎

乳腺炎是母畜乳腺的炎症，多发生在乳用家畜，特别是奶牛乳腺炎则更为常见，其特点是乳汁发生理化性质、细菌学变化，乳中的体细胞，特别是白细胞增多以及乳腺组织发生的病理变化。本病不仅影响产奶量，造成经济损失，而且影响产奶的品质，危及人的健康。

（一）病因

引起奶牛乳腺炎的病因复杂，可能是由一种或多种因素所致。造成乳腺炎的病因主要是感染了病原微生物，有细菌、霉菌、病毒和支原体等，共有 130 多种，较常见的有 23 种，其中细菌 14 种，支原体 2 种，真菌及病毒 7 种。感染乳腺炎的主要途径是病原体通过乳头管口和乳头管进入乳房。当乳房受到摩擦、挤压、碰撞、刺伤、划伤等机械因素，尤以幼畜吮乳时用力碰撞和徒手挤乳的方法不当，使乳腺损伤，并通过厩舍、运动场、挤乳手指和用具而引起感染。某些传染病（布氏杆菌病、结核病等）也常并发乳腺炎；体内某些脏器疾病产生的毒素，病原微生物产生的毒素，以及饲料、饮水或药物中的毒素也可影响到乳房而引起炎症；还与遗传因素有关。另外，泌乳期饲喂精料过多而乳腺分泌机能过强，用激素治疗生殖器官疾病而引起的激素平衡失调，是本病诱因。本病的发生与气候、饲养管理、泌乳量、泌乳阶段、乳头形态、不同乳区等因素有关。如在气温高、雨季、运动场积水、环境卫生差等情况下，发病率高。高产奶牛及产奶高峰期，乳头为皿形、口袋形和漏斗形发病率高，后乳区较前乳区发病率高等。此外，还可继发于子宫内膜炎、胎衣不下、创伤性网胃腹膜炎等疾病过程中。

（二）诊断要点

1. 临床症状

根据乳腺和乳汁有无肉眼可见变化，可将乳腺炎分为非临诊型（亚临诊型）乳腺炎、临诊型乳腺炎和慢性乳腺炎。

（1）非临诊型（亚临诊型）乳腺炎　通常又称为"隐性乳腺炎"。乳腺和乳汁通常都无肉眼可见变化，要用特殊的试验才能检出乳汁的变化。

（2）临诊型乳腺炎　乳房和乳汁均有肉眼可见的异常，发病率为2%～5%。根据临诊病变程度，可分为轻度临诊型乳腺炎、重度临诊型乳腺炎、急性全身性乳腺炎和坏疽性乳腺炎。

① 轻度临诊型乳腺炎。触诊乳房无明显异常，或有轻度发热和疼痛或不热不痛，可能肿胀。乳汁中有絮片、凝块，有时呈水样，pH偏碱性，体细胞数和氯化物含量增加。从病程看，相当于亚急性乳腺炎。这类乳腺炎只要治疗及时，痊愈率高。

② 重度临诊型乳腺炎。患病乳区急性肿胀，皮肤发红，触诊乳房发热、有硬块、疼痛敏感，经常拒绝触摸。奶产量减少，乳汁为黄白色或血清样，内有乳凝块。全身症状不明显，体温正常或略高，精神、食欲基本正常。从病程看，相当于急性乳腺炎。这类乳腺炎，如果早治疗，可以较快痊愈，预后一般良好。

③ 急性全身性乳腺炎。患病乳区肿胀严重，皮肤发红发亮，乳头也随之肿胀。触诊乳房发热、疼痛，全乳区质硬，挤不出奶，或仅能挤出少量水样乳汁。患牛伴有全身症状，体温持续升高（40.5～41.5℃），心率增速，呼吸增加，精神萎靡，食欲减少，进而拒食、喜卧。从病程看，相当于最急性乳腺炎。如治疗不及时，可危及患牛生命。

④ 坏疽性乳腺炎。又称"乳房坏疽"。最急性者分娩后不久即表现症状，最初乳房肿大、坚实，触诊硬、痛。随疾病演变恶化，患部皮肤由粉红逐渐变为深红色、紫色甚至蓝色。最后全区完全失去感觉，皮肤湿冷。有时并发气肿，捏之有捻发音，叩之呈鼓音。如发生组织分解，可见呈浅红色或红褐色油膏样恶臭分泌物排出和组织脱落。患牛有全身症状，体温升高，呈稽留热型。食欲废绝，反刍停止，剧烈腹泻，喜卧，可能在发病后1～2天后死于毒血症。

（3）慢性乳腺炎　通常是由于急性乳腺炎没有及时处理或由于持续感染，而使乳腺组织处于持续性发炎的状态。一般局部临诊症状可能不明显，全身也无异常。但奶产量下降。此类乳腺炎治疗价值不大，病牛可能成为牛群中一种持续的感染源，应视情况及早淘汰。

2. 实验室诊断

临诊型乳腺炎病例根据其乳汁、乳腺组织和出现的全身反应，就可做出诊断。隐性乳腺炎的诊断需要采用一些特殊的仪器和检测手段，并根据具体情况确定标准。

（三）防制

1. 预防

【措施1】搞好卫生。保持厩舍、运动场、挤乳人员手指和挤乳用具的清洁，创造良好的卫生条件，作好传染病的防检工作。

【措施2】正确挤乳。挤乳前，先用温水将各乳区洗净，然后认真按摩。挤乳时姿势要正确，用力均匀并尽量挤尽乳汁。每挤完1头牛最好洗手1次。逐渐停乳，停乳后注意乳房的充盈度和收缩情况，发现异常及时检查处理。

【措施3】加强护理。奶牛产前要及时并彻底停乳，在停乳后期与分娩前，特别是在乳房明显膨胀时，应适当减少多汁饲料和精料的饲喂量；分娩后加强护理，从生殖器官排出的恶露或炎性分泌物，及时清除消毒，并经常消毒外阴部及尾部，同时控制饮水，适当增加运动和挤乳次数。有乳腺炎征兆时，除采取医疗措施外，并根据情况隔离病牛。

【措施4】隔离病牛。病牛要隔离治疗，挤奶时先挤健牛后挤病牛，先健叶后病叶。从病叶挤出的奶汁必须废弃，并消毒好容器。

2. 治疗

乳腺炎的治疗主要是针对临诊型的，对隐性乳腺炎则主要是控制和预防。并且越早治效果越好。及时采用以下局部和全身治疗的综合性措施。

【处方1】挤乳及按摩疗法。白天每经2～3小时挤乳1次，夜间5～6小时挤乳1次。每次挤乳时，按摩乳房15～20分钟。

【处方2】冷敷、热敷及涂擦刺激剂。在初期需冷敷，2～3天后热敷或红外线照射等。涂擦樟脑软膏或涂擦用常醋调制的复方醋酸铅散等药物，以促进炎性渗出物吸收，消散炎症。

【处方3】乳房内注入药物。常选用青霉素160万单位和链霉素100万单位或土霉素100万单位，溶解后用注射器借乳导管通过乳头管注入，然后抖动乳头基部和乳房，每天2次，连续用2～4天。注药前要尽量使乳房内残留的乳汁和分泌物排出。还可应用大环内酯类（红霉素、替米考星）、三甲氧苄二氨嘧啶、四环素和氟喹诺酮类药物等。

【处方4】乳房基底封闭。即将0.25%或0.5%盐酸普鲁卡因溶液注入乳房基底结缔组织中和用2%普鲁卡因注射液进行生殖股神经注射，对浆液性乳腺炎有一定疗效，溶液中加入适量抗生素可提高疗效。

【处方5】外科疗法。乳房的浅表脓肿，可行切开排脓、冲洗、撒布消炎药等一般外科处理。深部脓肿，可穿刺排脓并配合抑菌药治疗。当其破溃，炎症被抑制后，取二期愈合。

【处方6】抗菌疗法。主要采用抗生素，也可用磺胺类药物。常用的抗菌药物有青霉素、链霉素、四环素、环丙沙星、恩诺沙星、卡那霉素和磺胺类药等。一般采取肌内注射给药。出现全身症状的病牛，可采取输液疗法，同时采取对症疗法。

【处方7】中药疗法。

方剂一：急性乳腺炎，可用肿疡消散饮。处方为：金银花60克，连翘30克，归尾、甘草、赤芍、乳香、没药、花粉、贝母各15克，防风、白芷、陈皮各12克，共为细末，黄酒100毫升为引，开水冲调，候温灌服。

方剂二：慢性乳腺炎，可口服黄芪散或局部涂抹冲和膏。黄芪散的处方为：生黄芪、全当归、元参各30克，肉桂6克，连翘、金银花、乳香、没药各15克，生香附、青皮各12克，有硬结者加穿山甲9克，皂刺15克，煎汁灌服。冲和膏处方为：炒紫荆皮15克，独活90克，炒赤芍60克，白芷120克，石菖蒲45克，共研为细末，葱汁酒调，敷于患部。

方剂三：乳腺炎上有肿块的，可用降痈饮。处方为：当归90克，生黄芪60克，甘草30克，酒煎灌服，日服1剂，连服2～8剂。

方剂四：鲜韭菜用沸水浸泡后，捣烂，敷于患部。

方剂五：枸杞叶、醋糟等量，捣烂，敷于患部。

方剂六：马齿苋500克，明矾30克，捣烂，加醋调敷患处。

方剂七：油菜叶适量，捣烂，敷于患处。

方剂八：生烟叶或羌活适量，捣烂加醋调敷患处。

第三节　不育症的诊疗与处方

一、母牛的不育

不育是指动物受到不同因素的影响，生育力严重受损或被破坏而导致的绝对不能繁殖，但目前通常将暂时性的繁殖也包括在内。由于各种因素而使母畜的生殖机能暂时丧失或降低，称为不孕。不孕症则为引起母畜繁殖障碍的各种疾病的统称。关于母畜不育的标准，目前尚无统一规定。一般认为，超过始配年龄的或产后的奶牛，经过三个发情周期（65天以上）仍不发情，或繁殖适龄母牛经过三个发情周期的配种仍然不能受孕或不能配种的（管理利用性不育），就是不育。这里仅讲不孕症。

（一）病因

引起不孕症的原因比较复杂，按其性质不同可概括为八类：即先天性（或遗传性）因素、营养因素、管理利用因素、繁殖技术因素、环境气候因素、衰老性因素和疾病性因素、免疫性因素。临床上主要是疾病性因素为主。

（二）临床症状

一般分为两大类症状。

1. 症状一

表现为性周期无规律，发情频繁，持续时间长，间情期短；大多数牛常试图爬跨其他母牛并拒绝接受爬跨，常像公牛一样表现攻击性的性行为，寻找接近发情或正在发情的母牛爬跨。直肠检查，在卵巢的一侧或两侧卵泡大而明显，但不成熟，最后发展为卵泡囊肿。或久不发情，直肠检查，卵巢萎缩如豌豆大小，卵巢质地较硬，由于卵巢萎缩而引起子宫变小。或发情周期停滞，长期不发情或情期间隔较长，直肠检查，一侧或两侧卵巢体积增大，卵巢上有大小不等的黄体存在，同时有小卵泡存在，数目不一。

2. 症状二

表现性周期正常，但屡配不孕；直肠检查，卵巢上有发育好的卵泡，有发育成熟的滤泡，但卵泡壁较厚，致使排卵困难，产生久配不孕。

（三）防制

1. 预防

搞好饲养管理是增强母牛健康，减少营养性不孕症的基本方法；把好分娩护理，分娩时搞好产房的护理是确保下胎母牛发情配种的重要措施。因为母牛在产房期间的护理会直接影响到泌乳、子宫恢复及下一次配种；准确掌握发情，正确判定母牛发情，不漏掉发情母牛，不错过发情期，是防止母牛不孕症的先决条件；抓好适时配种，在正确发情鉴定的前提下，掌握正确的配种时间是提高母牛受胎率的关键一环；除做好以上四项工作外，还要对具体疾病所造成的不孕症要及时进行针对性治疗。

2. 治疗

【处方1】对于表现症状一的不孕症母牛，采用激素疗法。①用促黄体素释放激素进行治疗，方法是：初情期当天肌内注射促黄体素释放激素200微克，隔天再肌内注射相同剂量，第2次注射后即进行授精，隔天复配1次。②在促黄体素释放激素缺乏的情况下，可使用复方黄体酮治疗，方法是：在初情期，每天1次肌内注射复方黄体酮40毫克，连续肌内注射3天，第4天即进行授精。③对久不发情的母牛，可先用己烯雌酚注射液每天肌内注射1次，连续3次，每次剂量为25毫克，待发情后再用复方黄体酮治疗；若6天后仍无性欲，可用绒毛膜促性腺激素（绒促性素）1000～5000单位，肌内注射。还可使用孕马血清促性腺激素（孕马血清）1000～2000单位，皮下或肌内注射。或三合激素，肌内注射，剂量为5～10毫升。

【处方2】对于表现症状二的不孕症母牛，用促卵泡素进行治疗。方法是：当直肠检查发现有成熟的卵泡后，在授精前12小时肌内注射促卵泡素100单位，授精后再肌内注射相同剂量的促卵泡素，隔天再复配1次。

【处方3】中药疗法。即当归、益母草各100克，党参90克，枸杞子80克，白术、补骨脂各60克，熟地、白芍、阳起石、生蒲黄各50克，牛膝、川断各45克，红花、巴戟天、淫羊藿各35克。混合煎汁，候温灌服。

二、公牛的不育

公牛具有正常的生育力有赖于以下几个方面的功能正常，即精子生成、精子的受精能力、性欲和交配能力。公牛不育在临床上包含两个概念：一是指公牛完全不育，即公牛达到配种年龄后缺乏性交能力、无精或精液品质不良，其精子不能使正常卵子受精；二是指公牛生育力低下，即由于各种疾病或缺陷使公牛生育力低于正常水平。

公牛的不育可分为先天性不育和后天性不育。作为种用公牛，先天性不育者多在选种时淘汰。生产中常见的公牛不育，主要是疾病、管理利用不当和繁殖技术错误造成的，主要表现为无精症、少精或死精症，性欲低下或无性欲，以及阳痿、自淫等。阴囊、睾丸、附睾和附性腺等炎症是无精、少精或死精症的主要原因。此外，精子的特异性抗原引起免疫反应而使精子发生凝集反应等，可造成不育。

公牛的不育在临床上发生的极少，由于篇幅所限，这里仅介绍这么多。如有需要，请查相关资料。

第四节　新生犊牛疾病的诊疗与处方

一、新生犊牛窒息

新生犊牛窒息又称为"新生犊牛假死"，是刚出生的犊牛呈现呼吸障碍或无明显呼吸，仅有心跳，可视黏膜呈紫绀色或苍白色，全身松软不动，反射消失的假死状态。如不及时抢救，则往往死亡。其施治原则是一旦发生立即抢救。

（一）病因

母牛分娩时间拖长或胎儿产出受阻，早期破水，胎盘早期剥离，胎囊破裂过晚，胎儿倒生产出时脐带受到压迫，阵缩过强或胎儿脐带缠绕等，引起胎儿严重缺氧，二氧化碳急剧蓄积，刺激胎儿过早地呼吸，以至吸入羊水而发生窒息；分娩前母牛患有某种热性病或全身性疾病，同时能使胎儿缺氧而发生窒息；早产胎儿易发生窒息。

（二）临床症状

1. 轻度窒息

又称"轻度假死""青紫窒息"，表现可视黏膜发绀，舌头垂于口外，口腔和鼻腔内充满黏液，呼吸困难，张口呼吸，呈喘气状，有时咳嗽，听诊肺部有湿啰音，脉搏快而弱，四肢活动无力。

2. 严重窒息

又称"重度假死""苍白窒息"，表现为几乎近似于死亡，卧地不动，可视黏膜苍白，全身松软无力，各种反射消失，呼吸停止，心脏跳动微弱无力。

（三）防制

1. 预防

应建立和完善产房值班制度，培训产房人员学会正确接产。不论母牛何时分娩，都应有人观察和护理。尤其对分娩过程延滞、胎儿倒生、产力不足、产道开张不良及胎囊破裂过晚的要及时报告值班兽医并及时进行助产。对胎位、胎势、胎向有异常的要进行矫正，不可盲目注射催产药物，否则可引起胎儿窒息或死亡。要提前做好接产和胎儿护理的准备工作，如倒吊犊牛的器械、助产器械、各种药物等。正确护理犊牛，防止窒息或死亡。

2. 治疗

【处方1】清除口腔、鼻腔内的羊水和黏液。方法是提举后肢，使犊牛头朝下，用手拍打胸部，有节奏地按压胸腹部，使吸入呼吸道的羊水和黏液等排出，并用纱布将口腔、鼻腔擦净。严重者，可将胶管插入鼻腔及气管内，吸出其中的羊水和黏液。

【处方2】诱发呼吸。可用草秆刺激犊牛的鼻腔黏膜，或用酒精涂于牛犊鼻腔内，或在其身上泼洒冷水（天冷时禁用）。如还不出现呼吸，则立即肌内或皮下注射山梗菜碱5～10毫克或25%尼可刹米溶液1.5毫升，或肌内注射安钠咖注射液、樟脑磺酸钠注射液等。还可输入氧气，并进行人工呼吸。有节奏地按压胸腹壁，使胸腔交替扩张和缩小，同步拉推两前肢，使其向外扩张和向里压拢。有呼吸动作后，不要马上停止，再持续2分钟，以防再次发生窒息。也可捂住犊牛的嘴及一个鼻孔，每隔数秒钟，用橡皮球从另一侧鼻孔吹入空气1次，然后再压迫胸壁，使空气排出。如果心跳刚刚停止，体外按摩心脏数分钟至30分钟可帮助心脏恢复跳动。

【处方3】辅助治疗。经过抢救恢复了呼吸的犊牛，可静脉注射10%葡萄糖溶液500毫升，加入3%过氧化氢溶液30毫升；纠正酸中毒时，静脉注射5%碳酸氢钠注射液50～100毫升；防止发生肺炎可肌内注射抗生素。

二、新生犊牛孱弱

新生犊牛孱弱是指犊牛生理功能不全或先天性发育不良，导致有些犊牛在出生后数小时或几天之内死亡。孱弱的犊牛出生后衰弱无力，生活能力低下或长久躺卧不起。本病多发生于冬季和早春。

（一）病因

主要是由于妊娠期母牛饲料中蛋白质缺乏，维生素（尤其维生素A、维生素B_2、维生素E）严重不足，矿物质（主要是铁、钙、钴、磷）和微量元素（硒、锌、碘、锰）缺乏。另外，可见于母牛妊娠毒血症、产前截瘫、慢性胃肠疾病及血液寄生虫病时。当母牛患布鲁氏杆菌病、传染性鼻气管炎及沙门氏菌病等传染病时，可引起胎儿子宫内感染，产出孱弱犊牛。母牛近亲繁殖、产双胎及早产时，犊牛常表现孱弱。天气寒冷，犊牛出生后未能及时吃上初乳也使其活力受到影响。

（二）临床症状

犊牛出生后卧地不起，软弱无力，肌肉松软，心跳快而弱，呼吸浅表而不规则，耳、鼻、唇及四肢末梢发凉，对外界刺激反应迟钝或微弱，吮乳反射很弱或不会吮乳。

（三）防制

治疗原则是保温、人工哺乳、补给维生素和钙盐，以及采取强心、补液等对症疗法。

【处方1】首先应把犊牛放在温暖的舍内，室温应保持在25～30℃，必要时可用覆盖物盖好。

【处方2】冻僵的假死犊牛，可将其头部以下浸泡在45℃的温水中，可以救活过来；然后静脉注射 10％葡萄糖溶液 500 毫升，加入 3％过氧化氢溶液 30～40 毫升，达到供给养分及补氧的目的。也可用 5％葡萄糖溶液 500 毫升，10％葡萄糖酸钙溶液 40～100 毫升，维生素 C 溶液 10 毫升，10％安钠咖注射液 5～10 毫升，1 次静脉注射；根据病情还可应用维生素 A、维生素 D 及 B 族维生素等制剂和能量药物（如三磷酸腺苷、辅酶 A、细胞色素 C）等。

【处方 3】对衰弱犊牛的护理十分重要。要定时实行人工哺乳，最好喂给母牛初乳。犊牛如不能站立，应勤翻动，防止发生褥疮。

三、新生犊牛胎粪停滞

新生犊牛通常在生后数小时内排出胎粪，如果超过 24 小时仍排不出胎粪者，就称为胎粪停滞或便秘或秘结。

（一）病因

妊娠母牛营养不良、初乳分泌不足或品质不佳，犊牛吃不到初乳或吃初乳过晚，先天性发育不良或早产、体质衰弱的新生犊牛，母牛不舔犊牛肛门等，都易发生胎粪停滞。

（二）临床症状

犊牛生后 24 小时不见胎粪排出，逐渐表现不安，弓背努责，回头顾腹，举尾，甚至打滚鸣叫。以后精神沉郁，不吃奶，肠音消失，呼吸心跳加快，全身衰竭，陷于自体中毒状态。用手指检查直肠或肛门部，常可触到硬固的粪块，即可确诊。

（三）防制

1. 预防

妊娠后期必须改善母牛饲养，给予全价饲料，以保证胎儿的正常生长发育。犊牛出生后，应使其尽快吃到足够的初乳，以增强其抵抗力，促进肠蠕动机能。

2. 治疗

【处方 1】灌肠排粪。用温肥皂水先进行直肠浅部灌肠，将橡皮管插入直肠浅部，以排出浅部粪便；然后使橡胶管插入 20～40 厘米深并灌注温肥皂水。必要时经 2～3 小时再灌肠一次。

【处方 2】润肠排结。液状石蜡油或香油 150～300 毫升，一次灌服。

【处方 3】疏通肠道。可用硫酸钠 20～50 克，加温水 500～1000 毫升，另加植物油 50 毫升，鸡蛋清 2～3 个，混合一次灌服。

【处方 4】刺激肠蠕动。硫酸新斯的明注射液 3～6 毫升，肌内注射；或用 3％过氧化氢溶液 200～300 毫升，一次灌服，灌服投药后，按摩腹部并热敷。

【处方 5】掏结。剪短指甲并将手指涂上油脂，伸入直肠内将粪结掏出。如果粪结较大且位于直肠深部，可用铁丝制的钝钩（或套）将粪结掏出。具体方法为：将犊牛放倒保定，灌肠后，用涂油脂的铁丝钝钩（或套）沿直肠上壁伸到粪结处，并用食指伸入直肠内把握好钩（或套）的位置，使其钩住或套住粪块，缓缓用力将其掏出。

【处方 6】剖腹术。上述方法无效时，可施行剖腹术，挤压肠壁或粪块内注水后，促使胎粪排出；或切开肠壁取出粪块。如有自体中毒表现，必须及时采取补液、强心、解毒及抗感染等治疗措施。

四、新生犊牛搐搦症

新生犊牛搐搦症多发生于 2～7 日龄的犊牛。特征为发病突然，表现强直性痉挛，继之出现惊厥和知觉消失；病程短，死亡率高。

（一）病因

病因不详，有人认为是胚胎期间母体矿物质不足，由急性钙、镁缺乏引起的。也有人认为是镁代谢紊乱引起的。

（二）临床症状

新生犊牛突然发病，多立少卧，头颈伸直，呈强直性痉挛。口不断空嚼，唇边有白色泡沫，并由口角流出大量带泡沫的涎水。继则眼球震颤，牙关紧闭，呈全身性痉挛，角弓反张，随即死亡。

（三）防制

1. 预防

对妊娠后期的母牛应供给全价饲料，注意钙、磷平衡；多晒太阳，保证充足的运动。

2. 治疗

【处方一】10％氯化钙溶液 20 毫升、25％硫酸镁注射液 10 毫升、20％葡萄糖溶液 20 毫升，混合后，一次静脉注射。

【处方二】25％硫酸镁注射液 20 毫升，分 3～4 点肌内注射，同时用 10％氯化钙溶液 20～30 毫升，一次静脉注射。

【处方三】氯化钙 2～4 克、氯化镁 1～2 克、葡萄糖 2～4 克、蒸馏水 20～40 毫升，溶解、过滤、煮沸灭菌，待温后，一次静脉注射。

【处方四】口服鱼肝油 1 万单位，维丁胶性钙注射液 5 毫升，维生素 B_1 50 毫克，钙糖片 5 克，混合后灌服，每天服用 1～2 次，连用 4～6 天。维生素 B_{12} 1 毫克，维生素 D_3 注射液 1500 单位/千克体重，肌内注射，每天 1 次，连用 3～5 天。

五、新生犊牛脐炎

新生犊牛脐炎是新生犊牛脐血管（脐动脉、脐静脉）及其周围组织的炎症。

（一）病因

接产时对脐带消毒不严格，脐带受到污染；或新生犊牛互相吸吮脐带，遭受病原菌感染而致。

（二）临床症状

主要表现脐孔周围充血、肿胀、有疼痛反应，犊牛经常弓腰，不愿行走。严重时脐部形成脓肿、瘘管，可挤出带臭味的脓汁。脐孔处皮下可摸到硬索状物。如果脐带坏疽时，脐带残段呈现污红色，有恶臭味，除掉脐带残段后，脐孔处肉芽赘生，形成溃疡面，常附有脓性渗出物。引起全身感染时，出现败血症或脓毒败血症症状。有时可继发破伤风。

（三）防制

1. 预防

保持产房、产圈清洁卫生，脐带不进行结扎和包扎，并每天涂以碘酊，可促进其干燥脱落，防止感染发炎。要防止犊牛互相吸吮脐带。

2. 治疗

【处方1】可在脐孔周围皮下分点注射青霉素普鲁卡因溶液，并局部涂以松馏油与5%碘酊等量合剂。

【处方2】化脓时，切开并冲洗排净脓汁，涂布碘仿磺胺粉。必要时切除脐带残段，除去坏死组织，清洗消毒后，撒布碘仿磺胺粉或涂以5%碘酊。

【处方3】形成瘘管时，用3%过氧化氢溶液和新洁尔灭洗净瘘管内的脓液，去除坏死的脐带碎片，然后注入魏氏流膏或碘仿醚。

【处方4】为防止炎症扩散引起全身感染，可肌内或静脉注射抗生素。

六、新生犊牛脐出血

新生犊牛脐出血是指新生犊牛脐带断端或脐孔出血，多发生于出生后不久。在自行分娩的情况下比较多见。

（一）病因

本病的发生主要是因断脐后动脉不能完全闭合或闭合不全所致。在犊牛窒息、孱弱的情况下，也可由于肺膨胀不全或无呼吸动作而影响脐静脉的封闭，造成静脉断端出血，但大多数病例是动脉出血。

（二）临床症状

犊牛脐出血时，多呈滴状或缓慢流出，如不能及时发现，可导致新生犊牛死亡。大多数牛场令母牛自行分娩，这是正确的，但若疏于管理，常会发生新生犊牛脐带出血而不能被及时发现的现象。

（三）防制

【处方1】若为脐带断端出血，可用浸有碘酊的细绳或12号丝线结扎脐带。结扎之前，用5%碘酊浸一下脐带断端，结扎点应距脐带断端2～3厘米。

【处方2】如果血液从脐孔中流出，可用12号丝线在脐孔周围作荷包缝合，即使犊牛的脐动脉断端已经弹缩回脐孔内，血液也只是流入腹膜外的疏松组织而不是流入腹腔，故缝合后血液可很快凝固。

七、新生犊牛腹泻

新生犊牛腹泻是许多消化系统疾病以及某些营养缺乏症、传染病和寄生虫病所表现的一种临床症状，也被统称为肠炎。

（一）病因

引起新生犊牛腹泻的病因比较复杂，难以确诊，如细菌性（大肠杆菌、沙门氏菌、产气荚膜梭菌）、病毒性（轮状病毒、冠状病毒）、原虫性（球虫病、隐孢子虫病）腹泻，体质虚弱、饲喂不当、环境不良等因素，以及消化不良引起的腹泻和其他组织器官炎症继发引起的腹泻。饲养管理不良是引起本病的主要原因，如饲喂过饱、不定时、奶温过低或未严格消毒、牛奶变质，牛舍潮湿、卫生条件不良，气温剧变、寒冷等，都可促使腹泻的发生。同时，常受到致病性大肠杆菌、沙门氏菌等病原菌的感染而使腹泻加剧。

（二）临床症状

轻度腹泻时，新生犊牛表现食欲减少或基本正常，体温正常或略升高，肠音响亮，稀粪污染肛门和尾根周围的被毛，粪便稀软，呈水样或稀粥状腹泻，粪便中带有气泡，黄白色，其内混有未充分消化的酸腥臭的乳块。重度腹泻时，新生犊牛表现精神沉郁，体温升高，排出黑绿色或黄白色恶臭的稀糊状或水样粪便。若有肠道出血，粪便带有血液。肛门松弛，病犊因为严重腹泻而发生脱水、酸中毒和体内电解质代谢紊乱。后期体温下降，四肢末梢冰凉，步态蹒跚，呼吸困难，心跳加快。垂危病例卧地不起，呈现昏迷状态。

（三）防制

1. 预防

保证新生犊牛在出生后 0.5～1.0 小时内吃到初乳，发病后减食或饮喂温开水稀释的牛奶；或饮服口服补液盐（ORS）溶液（其配方为：氯化钠 3.5 克，碳酸氢钠 2.5 克，氯化钾 1.5 克，葡萄糖 20 克或蔗糖 40 克，常水 1000 毫升）。

2. 治疗

【处方 1】胃蛋白酶 10 克、稀盐酸 5 毫升，加温水 1000 毫升，犊牛每头喂服 30～50 毫升，以促进消化功能恢复，本方可在腹泻缓和之后使用，每天 2 次，连用 2～4 天。

【处方 2】链霉素，犊牛首次剂量 1 克，维持量 0.5 克，配成注射液，间隔 6～8 小时 1 次肌内注射；或庆大霉素，每天每千克体重 1.0～1.5 毫克肌内或静脉注射；或磺胺脒，首次量 2～5 克，维持量 1～3 克，每天 2～3 次口服。

【处方 3】鱼肝油 10～20 毫升、氯化钠 10 克、新鲜鸡蛋 3～5 枚、鲜温牛奶 1000 毫升，混合搅拌均匀，每天饮喂 5～6 次。

【处方 4】对于脱水的病犊牛，用 10% 葡萄糖或 5% 葡萄糖氯化钠溶液 500～1000 毫升，静脉注射或腹腔内注射。

八、新生犊牛肛门及肠道闭锁

肛门及肠道闭锁属于先天性畸形，肛门闭锁是肛门被皮肤所封闭，无肛门孔。肠道闭锁又分为直肠闭锁及结肠闭锁，前者是除无肛门外，直肠末端也形成盲囊，后者是小结肠或大结肠一部分闭锁不通或缺乏一段肠管。

（一）病因

一般认为，这种畸形是由于隐性基因所引起的隐性遗传所致。当近亲繁殖时，隐性基因出现频率较高，故容易发生此种畸形。此外，怀孕期间，维生素 A 缺乏也可造成此种畸形。

（二）临床症状

1. 肛门闭锁

新生犊牛时常不安，不能排粪，肛门为皮肤所封闭，努责时此处皮肤明显突出，隔着皮肤可摸到胎粪。无肛门孔。

2. 直肠闭锁

新生犊牛无肛门孔，同时直肠末端也闭锁，成为盲囊。盲囊靠近肛门皮下时，其症状与肛门闭锁相似。如果盲囊距肛门较远，新生犊牛努责时整个会阴向外突出，但不能摸到胎粪。

3. 结肠闭锁

新生犊牛出生后一切正常，也具有肛门，但不见排粪。经 12～24 小时，呈现与新生犊牛便秘相似的轻度腹痛症状。1～2 天后，患病犊牛精神不振，食欲减退，腹部膨胀，常表现明显腹痛症状。以后逐渐出现自体中毒现象。直肠内通常无胎粪。

4. 膣肛

直肠末端开口于阴道前庭或阴道的上壁，新生犊牛仍能排粪，但粪便中的液体常由阴门中流出，粪便干燥。常有便秘症状，故排粪稍有困难。如果直肠开口于阴道前庭，拨开阴门可发现。

（三）防制

发现后应立即进行手术，使肛门或肠道畅通。

【处方 1】肛门闭锁。局部消毒并进行浸润麻醉后，在肛门部最突出处，以十字形切开皮肤，并剪除皮瓣，做成圆形肛门孔。注意勿损伤肛门括约肌。为了防止创口愈合，在术后 2～3 天内，每天用红霉素软膏或磺胺软膏涂抹伤口周围。

【处方 2】直肠闭锁。先按前述方法切开并剪除皮肤后，向前剥离组织，发现直肠末端后，用镊子将它拉出。剪开盲囊，用软膏涂抹切开边缘，排出胎粪。清洗和消毒后，以结节缝合将直肠末端创缘缝合在肛门周围皮肤切口的边缘上。如直肠末端位于深部，继续剥离组织找不到盲端时，可仰卧保定犊牛，在脐部后方沿腹下白线侧面切开腹壁。在骨盆腔内找到直肠末端后，设法将它拉出肛门外，再按上述方法进行手术。

【处方 3】结肠闭锁。开腹探查，若发现一部分肠管闭锁，可根据具体情况，切除闭锁的肠管，然后施行肠管吻合术，使肠管畅通。当遇有某些肠管缺乏，其前后形成两个盲囊，可将它们拉近，切开两个盲囊，然后施行肠管吻合术，最后缝合腹壁。术后进行相应的治疗。

【处方 4】膣肛。直肠开口于阴道时，须进行手术治疗。手术方法是：于阴道的直肠开口处插一橡皮管或塑料导管，切开皮肤，钝性分离直肠末端的周围组织，将直肠末端于阴道上壁处切断，拉到肛门部，并且和皮肤切口的边缘缝起来。对阴道壁的切口可不加处理。

【处方 5】造肛术。全身麻醉或镇静结合局部麻醉，在肛门的位置（会阴突出的顶部），消毒后，圆形切除一块皮肤，须大于正常扩张的肛门，以防术后肉芽增生形成疤痕后造成肛口窄小，不利排粪。然后，手指伸入皮肤切口内，探得直肠的盲端（有积粪容易触知），并将其拉至皮肤切口外，切除盲囊的部分，排出积粪，将切口的周边全层缝合于造肛口的皮肤周边上。术后造口部应注意清洗和涂油膏。

九、新生犊牛败血症

新生犊牛败血症是一种严重的全身感染性疾病，常以脐炎、关节炎表现出来，并伴有胃肠、肺以及其他实质器官受到侵害的症状。

（一）病因

能引起本病的病原微生物很多，如链球菌、葡萄球菌、沙门氏菌、大肠杆菌、流产杆菌、变形杆菌等，犊牛可因感染一种或两种以上的细菌而发病，营养不良、先天性孱弱等都是导致本病发生的重要原因。

（二）临床症状

最急性和急性病例以高热和腹泻为主要症状，体温可高达 40～41.5℃，精神沉郁，粪便呈淡黄色或灰色，有些病犊从脐带断端可挤出脓性分泌物。若治疗不及时，病犊迅速衰竭，导致死亡。有些病犊除有肠炎症状外，还发生多发性关节炎。当发生败血性休克时，则表现恶寒战栗、皮肤及四肢厥冷，可视黏膜青紫、昏迷等症状。

（三）防制

1. 预防

应加强母牛和犊牛的饲养管理，严格消毒脐带，保证犊牛及时吃上足够的初乳。

2. 治疗

【处方1】为控制全身感染，应大剂量联合应用广谱抗生素，连续3～5天。青霉素160万～200万单位、链霉素100万单位，肌内注射；或庆大霉素，每千克体重1.5毫克，肌内注射；或四环素，每千克体重5毫克，肌内注射；或磺胺嘧啶钠注射液，首次剂量按每千克体重0.2克，以后按每千克体重0.1克，肌内注射。

【处方2】应用皮质激素，如氢化可的松注射液，每次0.2克，静脉注射，注意待临床症状减轻时，应立即停药。

【处方3】如出现休克，应快速注射低分子右旋糖酐，并及时补充葡萄糖溶液。

参 考 文 献

[1]　中国兽医协会.2020年执业兽医资格考试应试指南（兽医全科类）.北京：中国农业出版社，2020.
[2]　金东航.牛病类症鉴别与诊治彩色图谱.北京：化学工业出版社，2020.
[3]　金东航，马玉忠，张英海.牛病防治新技术宝典.北京：化学工业出版社，2017.
[4]　张庆茹，史书军.牛病快速诊治实操图解.北京：中国农业出版社，2019.
[5]　金东航，马玉忠.牛羊常见病诊治彩色图谱.北京：化学工业出版社，2014.
[6]　汪得刚，陈玉库，王长林.中兽医防治技术（第二版）.北京：中国农业大学出版社，2012.
[7]　赵远良，柳旭伟，刘晓娜.察言观色看牛病.北京：金盾出版社，2014.
[8]　金东航.犊牛疾病防控技术问答.北京：金盾出版社，2014.
[9]　赵朴，魏刚才，阿不都热衣木·赛提.牛场卫生、消毒和防疫手册.北京：化学工业出版社，2015.
[10]　赵月兰.规范化健康养殖奶牛疾病防治技术.北京：中国农业大学出版社，2015.
[11]　东北农业大学.兽医临床诊断学（第三版）.北京：中国农业出版社，2013.
[12]　张子威，邢厚娟.奶牛异常症状的鉴别诊断与治疗.北京：中国农业科学技术出版社，2015.
[13]　陈剑杰.实用牛场疾病防控技术.北京：中国农业科学技术出版社，2013.
[14]　史书军，张庆茹.轻轻松松诊牛病.北京：中国农业出版社，2010.
[15]　钟秀会，陈玉库，赵炳芳，等.新编中兽医学.北京：中国农业科学技术出版社，2012.
[16]　陈溥言.兽医传染病学（第五版）.北京：中国农业出版社，2006.
[17]　金东航，顾宪锐，杨磊.牛病防治新技术问答.石家庄：河北科学技术出版社，2013.
[18]　王小龙.畜禽营养代谢病和中毒病.北京：中国农业出版社，2009.
[19]　王世雄，薛增迪，黄解珠.兽医临床诊疗技术.武汉：华中科技大学出版社，2016.
[20]　张宏伟，董永森.动物疫病（第二版）.北京：中国农业出版社，2009.
[21]　冀一伦.实用养牛科学（第二版）.北京：中国农业出版社，2005.
[22]　李英，桑润滋.现代肉牛产业化生产.石家庄：河北科学技术出版社，2000.
[23]　王子轼，周铁忠.动物病理（第三版）.北京：中国农业出版社，2010.
[24]　王春璈.奶牛临床疾病学.北京：中国农业科学技术出版社，2007.
[25]　王洪斌.兽医外科学（第五版）.北京：中国农业出版社，2011.
[26]　李建国.现代奶牛生产.北京：中国农业大学出版社，2007.
[27]　王根林.养牛学.北京：中国农业出版社，2000.
[28]　候引绪.牛病防治特点.农村养殖技术，2008.16：15-16.
[29]　史志诚.动物毒物学.北京：中国农业出版社，2001.
[30]　董彝.实用牛马病临床类症鉴别.北京：中国农业出版社，2001.
[31]　李宏全.门诊兽医手册.北京：中国农业出版社，2004.